Walter · Piraten des Kaisers

John Walter

Piraten des Kaisers

Deutsche Handelsstörer 1914–1918

Übertragen ins Deutsche von Helma und Wolfram Schürer

Motorbuch Verlag Stuttgart

Einbandgestaltung: Ina Olenberg, unter Verwendung der Originalvorlage.

Die Abbildung auf dem Einband stellt einen Ausschnitt des Gemäldes »Die Kaperung der CLAN MATHESON« von Jim Mitchell dar. Aufgebracht durch die EMDEN am 14. September 1914.

Mit freundlicher Genehmigung durch Mirage Fine Art, Stoke-on-Trent.

Abbildung S. 2/3: »Das letzte Gefecht« von Claus Bergen. Das Gemälde zeigt den letzten Kampf der EMDEN (im Vordergrund) mit HMAS SYDNEY.

Mit freundlicher Genehmigung von Fregattenkapitän d.R. Meinrad Prinz von Hohenzollern-Emden. Foto mit freundlicher Genehmigung von Fregattenkapitän Walter Reichenmiller.

Die englische Originalausgabe erschien unter dem Titel THE KAISER'S PIRATES 1994 bei Arms & Armour Press, Villiers House, 41–47 Strand, London WC2N 5JE.

Ins Deutsche übertragen und bearbeitet von
Helma und **Wolfram Schürer**.

In Liebe für Alison und Adam!

Vorbemerkung:
Jede Anstrengung ist unternommen worden, um die Herkunft der Abbildungen genau zu belegen, wenn auch einige Druckwerke darüber keine klare Auskunft geben. Unbeabsichtigte Urheberrechtsverletzungen werden gegebenenfalls in späteren Auflagen berichtigt.

In der Übersetzung werden die geografischen Bezeichnungen so wiedergegeben, wie sie heute in Deutschland in Gebrauch sind. Hierbei werden frühere Bezeichnungen, falls erforderlich, in einem Klammerzusatz berücksichtigt.

Die teilweise geminderte Bildqualität ist auf das Alter der Abbildungen zurückzuführen.

ISBN 3-613-01729-6

Satz: primustype Robert Hurler GmbH, Notzingen
Druck: Maisch & Queck, 70839 Gerlingen
Bindung: Karl Diesinger, 70839 Gerlingen
Printed in Germany

INHALT

VORWORT

Die Entstehung des Buches und Danksagungen des Verfassers

PIRATEN DES KAISERS entstand aus einem Werk über die EMDEN, das ich 1988/89 für The Lyon Press Ltd. in Eastbourne herausgegeben hatte: *»Emden. The Last Cruise of the Chivalrous Raider«*. Dieses Buch versuchte, einen lebendigen und sehr interessanten Erinnerungsbericht in einer Form wiederzugeben, die für moderne Leser ansprechend sein würde. Von vielen dieser Leser konnte nicht erwartet werden, daß sie sich ohne Hilfe von Fotos ein charakteristisches Handelsschiff aus der Zeit vor 1914 vorstellen könnten.

Das Buch erfuhr gute Kritiken, seltsamerweise die Tatsache ausgenommen, daß die meisten Besprechungen im Druck erst erschienen, als es bereits ein Jahr auf dem Markt war. Neben den vielen positiven Bewertungen lehnte jedoch eine bestimmte Zeitschrift das Buch rundweg mit der Aussage ab, niemand wünsche wirklich, etwas über versenkte britische Schiffe zu lesen. Dies traf mich umso eigenartiger, weil sich die Kommandanten der deutschen Handelsstörer vor 1918 im großen und ganzen so ehrenhaft verhielten, wie es den Umständen nach erwartet werden konnte. Dies traf sogar noch auf jene Männer zu, die in der zweiten Kriegshälfte hinausgesandt wurden, als der allgemeine Verlauf der Feindseligkeiten menschenverachtend geworden war. Zudem war aus neueren Schifffahrtszeitschriften deutlich zu erkennen, daß Überlebende häufig die Versöhnung mit den Männern suchten, die sie versenkt hatten.

Daher begann ich nach und nach, mich im einzelnen außer mit der EMDEN auch mit anderen Handelsstörern zu befassen. Ich faßte den Entschluß, den guten Ruf von Fregattenkapitän Erich Köhler, Kommandant der KARLSRUHE, wiederherzustellen, der im November 1914 den Tod fand, als sein Schiff nach einer plötzlichen Explosion unterging. Zudem gab es unter diesen Kommandanten viele interessante Persönlichkeiten, wie etwa Felix Graf von Luckner, der Kommandant der SEEADLER, des einzigen unter Segeln fahrenden Hilfskreuzers dieser Zeit. Der umgebaute Trampdampfer WOLF hatte sogar ein Seeflugzeug als Mittel der Aufklärung eingesetzt.

Ursprünglich lag dem Konzept eine chronologische Jahresfolge zugrunde, aber der Versuch, viele Einzelheiten miteinander zu verflechten, gestaltete eine solche Annäherung an die Thematik schwierig. Daher kehrte ich zur bewährten Darstellungsweise zurück, das Schicksal der einzelnen Schiffe präzise zu behandeln, wenn auch in der Erzählweise etwas vereinfacht, wodurch die Operationen der einzelnen Handelsstörer im Verhältnis zueinander etwas zu kurz kommen.

Für das Grundkonzept meines Manuskriptes stellte Keble Chattertons »The Sea Raiders«, veröffentlicht Anfang der 1930er Jahre, eine große Unterstützung dar. Auf dem Fachgebiet der Marinegeschichte war Chatterton ein sehr versierter Schriftsteller und seine vielen Bücher sind auch heute noch lesenswert. Durch ihn angeregt, zog ich es daher vor, eine detaillierte strategische Analyse der Kreuzerkriegführung zu vermeiden und statt dessen den Versuch zu unternehmen, die Geschichte der Handelsstörer vor dem Hintergrund des Entstehens der Kaiserlich Deutschen Marine, des ungestümen Drangs in den Kolonialismus, der britisch-deutschen Rivalität in der Industrie und im Handel sowie der Entwicklung der Funktelegraphie zu schildern.

Interessanterweise stellte ich fest, daß sich in den Erinnerungsberichten Einzelheiten voneinander unterscheiden. Die zeitliche Einordnung konnte zu einem Problem werden, da es nicht immer klar war, ob die britische oder die deutsche Zeitrechnung benutzt worden war; so bestand zum Beispiel für die Seeschlacht bei den Falkland-Inseln eine Zeitdifferenz von einer halben Stunde. Daher war für die Bewertung von Karten große Sorgfalt erforderlich; denn in einigen von ihnen waren die Zeitsysteme unterschiedslos miteinander vermengt.

Viele Stunden verbrachte ich mit Nachprüfungen in den Lloyd's Registers of Shipping. Sie brachten zutage, daß in einigen Erinnerungsberichten hartnäckig Schiffsnamen falsch geschrieben waren. Andere gaben zuweilen die Wasserverdrängung in »tons« statt in »Bruttoregistertonnen« an, um die erkannte Bedeutung eines Opfers zu erhöhen oder den Wert der »gesamten Jagdbeute« zu steigern.

Das größte Problem ergab sich im Zusammenhang mit Felix Graf von Luckner und dessen SEEADLER. Noch ehe der Erste Weltkrieg begann, war der »Seeteufel« bereits ein geschickter Geschichtenerzähler gewesen, und es ist kaum die Schlußfolgerung zu vermeiden, daß zuweilen auch Seemannsgarn in seine Nachkriegserinnerungen mit einfloß. Drei verschiedene Berichte über die Kerbe, die er in die Heckreling der PINMORE, seines früheren Schiffes, einschnitt, geben drei verschiedene Versionen wieder und die ausgewählten Namen, um die SEEADLER als norwegisches Schiff zu tarnen, sind ebenso schwankend. Und sollte man Graf v. Luckners Bericht über das Ende seines Schiffes Glauben schenken? – Zweifellos ist hier noch viel Arbeit zu leisten.

Ich muß den vielen Menschen Dank sagen, die mit Informationen zum Werk beigetragen haben – häufig noch während der Arbeit am EMDEN-Buch – und die kaum etwas darüber wußten, daß sich das Projekt über die Grenzen des ursprünglichen Buches hinaus fortsetzen würde. Besonderen Dank schulde ich folgenden Personen: Fregattenkapitän a.D. Meinrad Prinz v. Hohenzollern-Emden für die große Begeisterung, mit der er sich dem Nachdruck der Erinnerungen seines Vaters annahm; Fregattenkapitän Walter Reichenmiller, ehemaliger Kommandant der Fregatte EMDEN (F 210) der deutschen Bundesmarine, für das Beschaffen von Informationen; Laurence Dunn für das Besorgen vieler Fotos von den Handelsschiffen; Ray Burt für seine Hilfe mit Abbildungen von britischen Kriegsschiffen; Fregattenkapitän a.D. Alfred Nitzschke vom Deutschen Marinebund e.V.; Joachim Görz für zahlreiche, mit dem Aufspüren von Abbildungen und Dokumenten im Bundesarchiv verbrachte Stunden; Günter Huff für Fotos aus seinem Archiv und Kopien der Aust'schen und Borne'schen Erinnerungen an die KARLSRUHE; Jonathan Minns und Susan Wadbrook vom British Engineerium in Hove für den Zugang zur Museumsbibliothek; Alexander Hurst für seine einzigartigen Kennntnisse hinsichtlich der letzten Jahre der Segelschifffahrt; Mrs. Dorothy Owston und Mrs. Rosemary Matthews, Schwester und Tochter von Laurence Prosser (dessen Erinnerungen im EMDEN-Kapitel wiedergegeben sind); John L. Glossop, Neffe des Kommandanten von HMAS SYDNEY für das Beschaffen von Bennet Copplestones Bericht über das Gefecht mit der EMDEN; Frau Elfriede Hennig, älteste Tochter Karl v. Müllers (den die meisten britischen Berichte als kinderlosen Junggesellen beschreiben) für Einzelheiten aus dem Leben ihres Vaters; Mrs. Barbara Jones von der Information Library im Lloyd's Register of Shipping; Paul Kemp vom Imperial War Museum; David Lyon vom National Maritime Museum, dem Bundesarchiv in Koblenz; dem Bayerischen Hauptstaatsarchiv in München und dem Australian War Memorial in Canberra.

Doch ohne die Liebe meiner Frau Alison und meines Sohnes Adam wäre dieses Werk nicht möglich gewesen. Sie haben mich in den Zeiten unterstützt, da der Fortgang des Werkes nicht weiterzugehen schien – eine unvermeidliche Begleiterscheinung kreativer Prozesse. Ich spreche daher die Hoffnung aus, daß PIRATEN DES KAISERS ebenso interessant zu lesen ist wie es zu schreiben war.

John Walter, Hove, 1994

AUSGEWÄHLTE BIBLIOGRAPHIE

ASSMANN, Konteradmiral a.D. Kurt: »Der Krieg zur See 1914 1918«, Abt. 6: »Die Kämpfe der Kaiserlichen Marine in den deutschen Kolonien«; E.S. Mittler & Sohn, Berlin 1935.

AUST, Kapitänleutnant Hubert: »Die Kriegsfahrten S.M.S. KARLSRUHE«; Braun'sche Hofdruckerei u. Verlag, Karlsruhe 1925.

BENNETT, Geoffrey: »Coronel and the Falklands«; B.T. Batsford Ltd., London 1962.

– »Die Seeschlachten von Coronel und Falkland«, Wilhelm Heyne Verlag, München 1980.

BURT, R.A.: »British Battleships, 1889–1904«; Arms & Armour Press, London, und Naval Institute Press, Annapolis, Maryland, 1988.

CHARLEWOOD, Commander Clement J.: »Channels, Cloves and Coconuts«; The Western Press, ohne Datum (1935?).

CHATTERTON, E. Keble: »The ›Königsberg‹ Adventure«; Hurst & Blackett, London 1932.

– »The Sea Raiders«; Hurst & Blackett, London 1931.

CORBETT, Sir Julian: »History of the Great War: Naval Operations«, fünf Bände; Longmans, Green & Co. Ltd., London 1920–1931 .

DOHNA-SCHLODIEN, Nikolaus Burggraf und Graf zu: »Die Fahrt der MÖWE«; Gotha 1917.

– »Der MÖWE Fahrten und Abenteuer«; Friedr. Andreas Perthes, Berlin 1927.

FAYLE, C. Ernest: »Seaborne Trade«, drei Bände; Longmans, Green & Co. Ltd., London 1920–1924.

FIKENTSCHER-EMDEN, Fregattenkapitän d.R. Erich: »Erinnerungen an unsere ›Emden‹-Zeit«; München 1964.

FRIEDAG, B.: »Führer durch Heer und Flotte«, 11. Auflage; E. S. Mittler & Sohn, Berlin 1914. Nachdruck von Jürgen Olmes, Krefeld 1918.

GARDINER, Robert (Hrsgb.): »Conway's All the World's Fighting Ships, 1860–1905«; Conway Maritime Press, Greenwich, London 1979.

– »Conway's All the World's Fighting Ships, 1906–1921«; Conway Maritime Press, Greenwich, London 1985.

GRÖNER, Erich: »Die deutschen Kriegsschiffe 1815–1945«; Bernard & Graefe Verlag, München 1982–1989. Die Neuherausgabe des klassischen Werkes in sechs Bänden von Dieter Jung und Martin Maass (ursprüngl. Lehmann's-Verlag, München 1966–1968).

HANSEN, Hans-Jürgen: »Die Schiffe der deutschen Flotten 1848–1945«; Urbes-Verlag Hans-Jürgen Hansen, Gräfelfing bei München 1973.

HAWS, Duncan: »Merchant Fleets«. Eine Buchreihe im Verlag TCL Publications, East Grinstead, mit folgenden Bänden:
»Blue Funnel Lines« (1988),
»British India S.N. Co.« (1987),
»Cunard Line« (1987),
»Ellerman Lines« (1989),
»Thos. & Jas. Harrison« (1988),
»New Zealand Shipping & Federal S.N. Co.« (1985),
»Pacific Steam Navigation Company (P.S.N.C.)« (1986),
»Royal Mail Line & Nelson Line« (1982) und
»Shaw, Savill & Albion« (1987).

– »Merchant Fleets in Profile«. Die frühere Ausgabe von »Merchant Fleets« bei Patrick Stephens Ltd., Cambridge, mit den Bänden:
»The Ships of the Cunard, American, Red Star, Inman, Leyland, Dominion, Atlantic Transport and White Star Lines« (1978) ,
The Ships of the Hamburg America, Adler and Carr Lines« (1980),
»The Ships of the P & 0, Orient and Blue Anchor Lines« (1977) und
»The Ships of the Union, Castle & Union-Castle, Allan and Canadian Pacific Lines« (1979).

HEATON, Paul M.: »Tatems of Cardiff«; Selbstverlag, Pontypool; Gwent,1987.

HILDEBRAND, Hans H., ROHR, Albert, und STEINMETZ, Hans-Otto: »Die deutschen Kriegsschiffe. Biographien: Ein Spiegel der Marinegeschichte von 1815 bis zur Gegenwart«; Koehlers Verlagsgesellschaft mbH, Herford 1979–1989 (sechs Bände).

HOCKING, Charles, FLA: »Dictionary of Disasters at Sea during the Age of Steam«; The London Stamp Exchange, 1990.

HOHENZOLLERN-EMDEN, Oberleutnant zur See a.D. Franz-Joseph Prinz von: »EMDEN – Meine Erlebnisse auf S.M. Schiff 'Emden'«; Richard Eckstein Nachfolger, Leipzig 1925. Übersetzungen:

– »EMDEN. The Story of the Famous Raiding Cruiser«; Herbert Jenkins Ltd., London 1928, und

– François-Joseph de Hohenzollern: »L'Emden«; Librarie Payot, Paris 1929.

– Fregattenkapitän a.D. Meinrad Prinz von Hohenzollern-Emden und John Walter (Hrsgb.): »EMDEN. The Last Cruise of the Chivalrous Raider, 1914«; The Lyon Press Ltd., Eastbourne 1989. Eine modernisierte Version des vorhergehenden Buches.

HOUGH, Richard: »The Pursuit of Admiral von Spee«; Allen & Unwin, London 1969.

HOYT, Edwin Palmer: »Defeat at the Falklands. Germany's East Asia Squadron, 1914«; Robert Hale Ltd., London 1981.

– »The Last Cruise of the Emden«; André Deutsch, London 1966.

HURD, Archibald: »The Merchant Navy« (drei Bände); Longman,
Green & Co. Ltd., London 1921–1929.

KING-HALL, Admiral Sir Herbert: »Naval Memories and Traditions«; Hutchinson, London 1926.

LAUTERBACH, Schiffskapitän Julius: »1000 Pf. Sterling Kopfpreis – tot oder lebendig. Fluchtabenteuer des ehemaligen Prisenoffiziers S.M.S. Emden«; August Scherl, Berlin 1917.

LOCHNER, R.K.: »Die Kaperfahrten des Kleinen Kreuzers EMDEN«, Wilhelm Heyne Verlag, München 1979. Übersetzung:
Thea und Harry Lindauer (Hrsgb.): »The Last Gentleman of War. The Raider Exploits of the Cruiser Emden«; Naval Institute Press, Annapolis/ Maryland 1988.

– »Kampf im Rufij-Delta. Das Ende des Kleinen Kreuzers KÖNIGSBERG. Die deutsche Marine und Schutztruppe im ersten Weltkrieg in Ostafrika«; Wilhelm Heyne Verlag, München 1987

LOOFF, Vizeadmiral a.D. Max: »Kreuzerfahrt und Buschkampf«; Neudeutsche Verlags-Treuehand GmbH, Berlin 1927.

MANTEY, VizeadmiraL E. v. (Hrsgb.): »Der Krieg zur See 1914–1918. Der Kreuzerkrieg in den ausländischen Gewässern«, bearbeitet von Kapitän z. S. Erich Raeder und Vizeadmiral a.D. von Mantey, drei Bände; E.S. Mitter & Sohn, Berlin 1922/23.

MARDER, Arthur J.: »From Dreadnought to Scapa Flow. The Royal Navy in the Fisher Era«; Oxford University Press 1961–1970 (fünf Bände).

MIDDLEMAS, Keith: »Command the Far Seas«; Hutchinson & Co. Ltd., London 1961.

MIDDLEMISS, Norman L.: »Gathering of the Clans. History of The Clan Line Steamers Ltd.« Shield Publications Ltd . Newcastle upon Tyne 1988.

MILLER, Charles: »Battle for Bundu. The First World War in East Africa«; Macdonald and Jane's, London 1974.

MILLER, William H.: »German Ocean Liners of the 20th Century«; Patrick Stephens Ltd., Wellingborough 1989.

MÜCKE, Kapitänleutnant Helmuth von: »AYESHA«; August Scherl, Berlin 1915 – sowie Langerhuysen, Amsterdam 1917. Eine neubearbeitete Auflage bei August Scherl, Berlin 1926.

– »Die Abenteuer der EMDEN-Mannschaft«; Verlag Ensslin, Reutlingen 1921.

– »Die Taten der EMDEN und anderer Kreuzer«; Hessische Volksbücherei, Leipzig 1915.

– »EMDEN«; August Scherl, Berlin 1915 – sowie Ritter & Co., London 1917.

– J.G. Lockhart (Hrsgb.): »The AYESHA. A Great Adventure – The Escape of the Landing Squad of the EMDEN«; Phillip Allan & Co. Ltd., London 1930.

NERGER, Fregattenkapitän Karl August: »Die Kaperfahrt des WOLF«; Berlin 1918.

PITT, Barrie: »Coronel and Falklands«; Cassell & Company, London 1960.

PRAGER, Hans-Georg: »Blohm + Voss. Schiffe und Maschinenanlagen für die Welt«; Koehlers Verlagsgesellschaft mbH, Herford 1977.

PRETORIUS, Major Pieter, DSO: »Jungle Man«; Dutton & Co., New York 1948.

RAEDER, KAPITÄN z.S. Erich, zusammen mit MANTEY, Vizeadmiral E. v.: »Der krieg zur See 1914–1918. Der Kreuzerkrieg in den ausländischen Gewässern« (drei Bände); E.S. Mittler & Sohn, Berlin 1922/1923.

SMITH, Engineer-Captain Edgar C., OBE, RN: » A Short History of Naval and Marine Engineering«; Babcock & Wilcox Ltd. 1937.

Spencer-Cooper, Commander E.H., RN: »The Battle of the Falkland Islands. Before and After«; Cassell & Company Ltd., London 1919.

STEINBERG, J.: »Yesterday's Deterrent: Tirpitz and the Birth of the German Battle Fleet«; Macdonald & Company, London 1935.

THOMAS, Lowell: » Luterbach of the China Sea«; Hutchinson & Co. Ltd., London 1929.

THOMAS, P.N.: »British Ocean Tramps«, Bd. 1: »Buiilders & Vargoes«; Waine Research Publications, Woverhampton 1992.

VAN DER VAT, Dan: »The Last Corsair. The Story of the Emden«; Hodder & Stoughton, Dunton Green/Sveneoaks 1983.

WALDEYER-HARTZ, Kapitän zur See Hugo von: »Der Kreuzerkrieg 1914–1918. Das Kreuzergeschwader. EMDEN, KÖNIGSBERG, KARLSRUHE. Die Hilfskreuzer«; Verlag Gerhard Stalling, Oldenburg i.O. 1931.

- »Ran an den Feind!«; Verlag Jugendhorst Walter Bloch Nachf., Berlin 1915.

– »Von Tsingtau zu den Falklandinseln. Eine Erzählung von den Heldenkämpfen um Tsingtau und der ruhmreichen Fahrt des deutschen Kreuzergeschwaders im Weltkrieg 1914«; E.S. Mittler & Sohn, Berlin 1917.

WALKER, Fred M.: »Song of the Clyde. A History of Clyde Shipbuilding«; W.W. Norton & Company, London und New York 1985.

WITTHÖFT, Korvettenkapitän Robert: »Unsere EMDEN. Erlebnisse auf den Kaperfahrten im Jahre 1914«; Reimar Hobbing, Berlin 1926.

– (Heinz Oskar Wuttig, Hrsgb.) »Unsere EMDEN. Kaperfahrten im Indischen Ozean«; Ernst Steiniger, Berlin 1938.

EINFÜHRUNG

Britisch-deutsche Rivalität zur See, der Aufstieg der Kaiserlichen Marine, Fortschritte vor 1914 in der Schiffs- und Maschinenbautechnik sowie der Wert eines Krieges gegen den britischen Seehandel

Anfang des Sommers 1889 erhielt Wilhelm II., König von Preußen und erst seit kurzem gekrönter deutscher Kaiser, von seiner Großmutter mütterlicherseits, Königin Victoria, eine Einladung zur Flottenparade der Royal Navy im Spithead. Zum erstenmal, seit er seinem im Juni 1888 verstorbenen Vater, Friedrich III., auf den Thron gefolgt war, nahm er eine derart erhabene Aufgabe wahr.[1] Die Parade war für den 2. August geplant, mußte aber infolge schlechten Wetters um drei Tage verschoben werden.

Die Royal Navy besaß in jeder Beziehung und gemessen an jedem Maßstab die stärkste Flotte der Welt. Nur die französische Flotte konnte noch einigen Anspruch auf Rivalität erheben. Doch die Auswirkungen der Industrialisierung – die Anfänge dessen, was später als »Industrielle Revolution« bezeichnet wurde – waren in Großbritannien weitaus spürbarer gewesen und seine Schiffbauindustrie war in überlegener Weise vorherrschend. Bereits 1889 standen viele Werften zur Verfügung, die imstande waren, die Schiffe zu bauen, mit deren Hilfe die Royal Navy ein weit ausgedehntes Kolonialreich schützte.

Als Wilhelm II. die langen Reihen der Kriegsschiffe passierte, muß die britische Flotte ihren kaiserlichen Gast beeindruckt haben. Die größten Kriegsschiffe waren die Einheiten der ›Admiral‹-Klasse. Die letzten beiden – CAMPERDOWN und HOWE – dieser vier Schiffe wurden erst nach diesem Ereignis fertiggestellt. Vier Schiffe der VICTORIA- und der TRAFALGAR-Klasse, 1885/86 bewilligt, waren zwar zu diesem Zeitpunkt bereits vom Stapel gelaufen, aber keines von ihnen war bis dahin in Dienst gestellt worden.

Typisch für diese Schiffskolosse war die HMS ANSON der ›Admiral‹-Klasse, gebaut auf der staatseigenen Marinewerft in Pembroke. Im Mai 1889 fertiggestellt, hatte die ANSON eine Wasserverdrängung von 10600 ts maximal[2]. Bei einer Breite von 20,93 m betrug die Länge über alles zwischen den Loten 100,58 m[3]. Die Hauptbewaffnung dieses Barbetteschiffes[4] bestand aus vier 34,3-cm-Hinterladerkanonen Mark I L/36. Jedes dieser Geschütze wog 67 ts und war imstande, ein 567 kg schweres Geschoß mit einer maximalen Reichweite von 13250 m zu verschießen. Die Nebenbewaffnung umfaßte sechs 15,2-cm-, zwölf 6-Pfünder (5,7-cm)- und zwei 3-Pfünder (4,7-cm)-Geschütze. Außerdem waren noch fünf 35,6-cm-Torpedorohre in Breitseit-Unterwasseraufstellung vorhanden[5]. Die Besatzungsstärke betrug 460 Offiziere und Mannschaften, wobei ein größerer Teil der Besatzung erforderlich war, um die Kessel für die Drei-Zylinder-Verbund-Dampfmaschinen zu heizen und zu bedienen.

Bei einer Antriebsleistung von 7500 PSi erreichte die ANSON eine Höchstgeschwindigkeit von 16 kn. Diese konnte durch die Verwendung von verstärktem Zug (mittels Gebläse) auf 17 kn gesteigert werden. ANSON besaß zwei hintereinander angeordnete Schornsteine sowie achteraus von ihnen einen einzelnen Pfahlmast mit Gefechtstopp. Variationen dieser seltsamen Anordnung hielten sich bis 1910, einfach deswegen, weil der Mast an dieser Stelle mit einem Ladebaum verbunden werden konnte, um auf wirkungsvolle Weise die kleinen Boote aus- und einzusetzen. Andererseits war der Gefechtstopp während der Fahrt ständig in Rauch gehüllt.

Wenn auch 1889 viele der unbedeutenderen Kriegsschiffe der Royal Navy noch Relikte der Segel-und-Dampf-Ära darstellten, so hatte doch die Modernisierung in nahezu jeder Schiffskategorie begonnen.

Die neuesten Schiffe bedeuteten den Höhepunkt des Kriegsschiffbaus; sie waren jedem Spitzenentwurf, den rivalisierende Marinen aufbieten konnten, weit überlegen. Vor allem die Franzosen be-

Das britische Schlachtschiff BENBOW, ein Barbetteschiff, einer der fortschrittlichsten Entwürfe der 1880er Jahre. Zu beachten ist der Mast mit Baum achtern. (R.A. Burt.)

Oben: Das Panzerschiff FRIEDRICH DER GROSSE, ein Turmschiff, aufgenommen vor 1890. Auf der Kaiserlichen Werft in Kiel gebaut, wurde es 1877 in Dienst gestellt und 1906 als Hulk aus der Flottenliste gestrichen. Das Schiff verdrängte 7718 t maximal, führte vier 26-cm-Ringkanonen (in zwei Türmen vor und hinter dem Schornstein) und zwei 17-cm-Ringkanonen. Seine Geschwindigkeit betrug 14,1 kn. (IWM, Negativ-Nr. Q 22320.)

trachteten die britischen Schiffe mit neidischen Blicken. Den größten Teil der vorausgegangenen zwei Jahrhunderte hatten Frankreich und Großbritannien miteinander um die Vorherrschaft gewetteifert. Jedes der beiden Länder hatte sich ein Kolonialreich geschaffen, das nur über offene Seeverbindungen versorgt werden konnte. Infolgedessen war jede der beiden Marinen mit einer verhältnismäßig weitreichenden Aufgabe betraut. Bei großen Auseinandersetzungen zwischen den Flotten hatten die Franzosen im allgemeinen den kürzeren gezogen, wie beim letzten Zusammentreffen dieser Art im Jahre 1805 vor Kap Trafalgar, aber der Niedergang der französischen Marine in der zweiten Hälfte des 19. Jahrhunderts war mehr der Industriealisierung als einem Schlachtgeschehen zuzuschreiben. Wenn auch die Franzosen das erste gepanzerte Schlachtschiff mit Dampfantrieb geschaffen hatten, die GLOIRE im Jahre 1858, so hatte die Royal Navy 1861 mit der HMS WARRIOR gekontert, und das Können, mit dem die britischen Werften bauen konnten, stellte sicher, daß es bei diesem neuerlichen Marinewettrüsten nur einen Sieger geben würde.

Im Jahre 1889 war die französische Marine durch den katastrophalen Ausgang des Deutsch-Französischen Krieges von 1870/71 und durch eine längere Zeitspanne politischer Unruhen immer noch geschwächt. Die französische Industrie war zwar leistungsfähig, aber klein und in ihrem Spielraum verhältnismäßig begrenzt. Deshalb hatten die französischen Schiffe auf dem Papier durchaus eine starke Kampfkraft, waren aber häufig von technischer Unzulänglichkeit.

Obwohl die HOCHE und die drei weiteren Hochseepanzerschiffe der MARCEAU-Klasse bereits auf Kiel gelegt worden waren, gehörten 1889 die AMIRAL BAUDIN und die FORMIDABLE als neueste Panzerschiffe zur französischen Flotte. Mit einer Besatzungsstärke von etwa 625 Offizieren und Mannschaften verdrängten diese Schiffe 11 905 t und wiesen bei einer Breite von 21,3 m eine Länge von 101 m in der Wasserlinie auf. An Bewaffnung führten sie drei 37,0-cm-, vier 16,3-cm- und acht 13,9-cm-Hinterlader-Geschütze sowie vier 4,7-cm-Schnellfeuerkanonen und eine Anzahl Hotchkiss-Revolverkanonen. Hinzu kamen noch sechs 40-cm-Torpedorohre in Unterwasser-Aufstellung. Die Schwäche des Entwurfs ergab sich im wesentlichen aus der Antriebsanlage: Zwei stehende Verbund-Dampfmaschinen mit einer Leistung von 8400 PSi (auf AMIRAL BAUDIN) verliehen den Schiffen eine Höchstgeschwindigkeit von lediglich 15 kn. Auch der Bunkerraum mit einem Fassungsvermögen von nur 800 t Kohle begrenzte den Operationsradius.

Das rasche Veralten dieser Schiffe erwuchs aus ihrer sich in die Länge ziehenden Bauzeit. Im Herbst 1879 auf Kiel gelegt, gelangten sie erst im Dezember 1888 (AMIRAL BAUDIN) und im Februar 1889 (FORMIDABLE) zur Fertigstellung. Im Gegensatz dazu brauchten die Panzerschiffe der britischen ›Admiral‹-Klasse von der Kiellegung bis zur Indienststellung durchschnittlich nur sechs Jahre. In einer Zeit, in der die Entwicklung von Kriegsschiffen außerordentlich rasch voranschritt, waren sich lange hinziehende Bauzeiten häufig die Ursache dafür, daß ein Panzerschiff der Schlachtlinie zum Zeitpunkt seiner Indienststellung fast schon wieder veraltet war.

Im Gegensatz zu den Flotten seiner beiden illusteren Nachbarn, die eine atemberaubende Quantität aufwiesen, wobei ihre qualitativen Mängel dahingestellt sein mochten, hatte Deutschland kaum etwas zu bieten. Seine Kaiserliche Marine war noch sehr jung – das deutsche Kaiserreich war erst im Januar 1871 entstanden – und bis 1889 waren lediglich Seestreitkräfte vorhanden, die über eine Küstenverteidigung hinaus kaum zu mehr dienen konnten. Bis zu diesem Zeitpunkt hatte Wilhelm II. noch wenig Gelegenheit gefunden, seine Ambitionen zu verwirklichen. Obwohl als Ergebnis des weitgehend unerwarteten Ausgangs des Deutsch-Französischen Krieges das Ansehen des Deutschen Reiches gestiegen war, hatte seine koloniale Expansion bisher zu kaum mehr als ein paar Landstrichen in Afrika und einer Handvoll pazifischer Inseln geführt.

Die Industrialisierung hatte begonnen, im 19. Jahrhundert verhältnismäßig früh die Struktur der deutschen Staaten zu durchdringen, aber das zerrissene politische Gefüge hatte dafür gesorgt, daß das Wachstum der Industrie uneinheitlich geblieben war. 1857 führte eine Finanzkrise im 1834 gegründeten Zollverein[6] zu einem teilweisen wirtschaftlichen Zusammenbruch, der bis zum Ausbruch des Krieges gegen Dänemark im Jahre 1864 noch nicht vollständig überwunden worden war. Preußen sah sich deshalb gezwungen, die Unterstützung Österreichs zu gewinnen, um den Sieg sicherzustellen. Nur zwei Jahre später besiegte Preußen jedoch Österreich und seine Verbündeten in einem kurzen, nur sieben Wochen währenden Krieg. Dies erstaunte viele Beobachter, die erwartet hatten, daß die habsburgischen Truppen mit der preußischen Herausforderung verhältnismäßig mühelos fertig werden würden.

Die Kommentatoren führten den Sieg auf das Kriegsglück, das preußische Hinterlader-Infanteriegewehr – das Dreyse'sche Zündnadelgewehr –, die leistungsfähige Feldartillerie oder auf die bessere Führungskunst zurück. Die eigentliche Ursache lag jedoch in dem intensiveren Ausmaß an Industrialisierung in Preußen als in Österreich. Als die verbündeten deutschen Staaten 1871 den Sieg über Frankreich errangen, war die Überraschung fast allgemein. Wenn auch das französische Heer viele Jahre lang durch politische Querelen ausgehöhlt worden war, so hatte die Weltöffentlichkeit es doch gegenüber den verbündeten deutschen Streitkräften als ebenbürtig angesehen.

Mit dem Niedergang des industriellen Einflusses Frankreichs stieg der Stern des vereinten Deutschen Reiches empor. Trotz einer Krise wirtschaftlichen Vertrauens, die 1874/75 viele Verkaufsmärkte nachteilig beeinträchtigte, wurden im Verlaufe der 1870er Jahre gemeinsame Anstrengungen unternommen, um dem neuen Kaiserreich als Großmacht Geltung zu verschaffen. In den Erfolgen der ersten Mauser-Gewehre und Krupp-Geschütze sowie in den Exportaufträgen für die deutschen Erbauer von Eisenbahnlokomotiven konnten Anzeichen für Größe wahrgenommen werden.

Am Anfang war die im Entstehen begriffene deutsche Schiffbauindustrie nicht in der Lage, diesen Erfolg zu teilen. Über viele Jahre hinweg hatte es in Norddeutschland, besonders in den Hansestädten entlang der Nordseeküste und an den Rändern der Ostsee, eine seefahrende Tradition gegeben. Dennoch konnte 1889 nur die Werft A.G. ›Vulcan‹ in Stettin für sich in Anspruch nehmen, eine wirklich internationale Bedeutung zu besitzen. Die ersten Schiffe der Kaiserlichen Marine waren in Großbritannien oder Frankreich angekauft worden, während die staatseigenen Werften allmählich entstanden. Die Panzerfregatte FRIEDRICH CARL zum Beispiel, ein Batterieschiff II. Ranges, war 1866/67 bei der Société Nouvelles des Forges et Chantiers La Seyne in Toulon gebaut worden, während die Panzerfregatte KÖNIG WILHELM (1865–1869 gebaut), ein Batterieschiff I. Ranges, von der Thames Iron Works & Ship Building Company in Blackwall/London kam. Die älteste deutsche Werft war die ehemals Königlich Preußische (nunmehr Kaiserliche) Werft in Danzig; sie war noch vor dem Deutsch-Französischen Krieg entstanden. Das erste Schiff (Bau-Nr. 1), das auf der neuen Kaiserlichen Werft in Kiel zwischen 1871 und 1877 entstand, war das Panzerschiff FRIEDRICH DER GROSSE, ein Turmschiff II. Ranges, während auf der Kaiserlichen Werft in Wilhelmshaven als deren zweites Schiff (Bau-Nr. 2) das Schwesterschiff GROSSER KURFÜRST (1869–1878 gebaut) noch in der Zeit des Norddeutschen Bundes auf Kiel gelegt wurde.

Als der die See liebende Wilhelm II. die Reihen der britischen Schiffe bestaunte, muß er über den Stand seiner eigenen Marine nachgedacht haben. Die vier stärksten deutschen Schiffe waren die als »Panzer-Ausfallkorvetten« bezeichneten Turmschiffe III. Ranges der SACHSEN-Klasse. Die vier Einheiten dieser Klasse wurden (je zwei) auf der Kaiserlichen Werft in Kiel und auf der privateigenen Werft A.G. ›Vulcan‹ in Stettin gebaut. 1874/75 (BAYERN und SACHSEN) und 1876 (WÜRTTEMBERG und BADEN) auf Kiel gelegt, wurden die vier Schiffe mit erstaunlicher Schnelligkeit fertiggestellt. Die Indienststellung des ersten, der SACHSEN, erfolgte bereits im Oktober 1878 und bis zum September 1883 waren alle in Dienst gestellt. In technischer Hinsicht wiesen sie jedoch nichts Bemerkenswertes auf. Bei einer Wasserverdrängung von 7938 t maximal (BADEN) hatten sie eine Länge über alles von 98,20 m sowie eine Breite von 18,40 m. An Hauptbewaffnung führten sie je sechs 26-

Unten: Das Panzerschiff BAYERN (7742 t maximal) mit seiner ursprünglichen quadratischen Schornstein-Anordnung vor 1895. Auf der Kaiserlichen Werft in Kiel gebaut, führte das im August 1881 in Dienst gestellte Turmschiff sechs 26-cm-Ringkanonen (zwei vor der Brücke und je zwei beiderseits des Mastes). Beachte den Mast mit Baum achtern. Ab 1911 war die BAYERN Flottenzielschiff. (IWM, Negativ-Nr. Q 22313.)

cm-Hinterlader-Ringkanonen. Zwei dieser Geschütze waren auf der Back und die übrigen an jeder Kante der quadratischen Mittelzitadelle achteraus der – ebenfalls quadratisch angeordneten – vier Schornsteine aufgestellt[7]. Zur Nebenbewaffnung gehörten sechs 8,7-cm-Ringkanonen, acht 8,8-cm-Geschütze S.K., vier 3,7-cm-Hotchkiss-Revolverkanonen sowie mehrere Torpedorohre. Die Besatzungsstärke schwankte zwischen 32–35 Offizieren und 285–401 Mannschaften. Zwei liegende Dreizylinder-Einfach-Expansionsmaschinen lieferten eine Antriebsleistung von 4600 PSi–5620 PSi für eine Höchstgeschwindigkeit von lediglich 13,5 kn–13,9 kn.

1886 wurde die Panzerkorvette OLDENBURG als Kasemattschiff fertiggestellt. Sie stellte kaum mehr als die Schiffe der SACHSEN-Klasse dar. Die begrenzte Verfügbarkeit öffentlicher Mittel zwang dazu. Das erste Küstenpanzerschiff der aus acht Einheiten bestehenden SIEGFRIED-Klasse wurde 1888 auf der Krupp-Germaniawerft in Kiel auf Stapel gelegt, aber erst im April 1890 in Dienst gestellt.

Mit Ausnahme von Großbritannien und Frankreich hatten nur wenige andere Marinen etwas zu bieten. Die russische Flotte stand im wesentlichen nur auf dem Papier; sie war von Korruption geschüttelt und ihre Schiffe waren qualitativ armselig. Das mit Ausnahme der Adriaküste vom Land umschlossene Österreich-Ungarn besaß ein paar Küstenpanzerschiffe und Geschützte Kreuzer. Die US-Marine begann, sich erst langsam aus der Lethargie nach dem Bürgerkrieg zu lösen, während Spanien die Reste seines einst so mächtigen Kolonialreiches weitgehend mit antiquierten Segel-Dampfschiffen schützte.

Nur in Italien – wie das deutsche Kaiserreich erst in jüngerer Zeit entstanden – gab es Fortschritte. Die katastrophale Niederlage der Italiener 1866 durch die österreichische Flotte in der großen Seeschlacht bei der Insel Lissa (heute Vis) in der Adria hatte zu einer dramatischen Auswirkung geführt[8]. Von da an bauten die Italiener Schiffe, die in technischer Hinsicht fast immer hochinteressant und den in anderen Ländern gebauten durchaus ebenbürtig waren. 1889 besaß die Regia Marina, die Königlich Italienische Marine, die größten und schnellsten Panzerschiffe Europas. Die beiden Barbetteschiffe der ITALIA-Klasse wiesen bei einer Wasserverdrängung von 15 987 t eine Länge über alles von 124,60 m auf (LEPANTO) und führten als Hauptbewaffnung vier 43,2-cm-Geschütze in zwei hydraulisch drehbaren Zwillingsbarbetten. Vier stehende Verbund-Dampfmaschinen lieferten eine Antriebsleistung von 15 797 PSi und verliehen eine Höchstgeschwindigkeit von 18,4 kn (LEPANTO).

In Anbetracht der Stärke seiner eigenen Flotte, verglichen mit jenen rivalisierender europäischer Mächte, hatte Kaiser Wilhelm II. jedoch durchaus Grund, niedergeschlagen zu sein.

Der Aufstieg der deutschen Handelsmarine

Bei der Flottenparade im Spithead wurde das Auge des deutschen Kaisers auch vom äußeren Erscheinungsbild der brandneuen TEUTONIC angezogen, auf der Werft Harland & Wolff in Belfast für die White Star Line gebaut. Das elegante Passagierdampfschiff mit seinem schwarz gestrichenen Rumpf war größer als selbst das größte der britischen Panzerschiffe. Bei einer Breite von 17,61 m war es 172,21 m lang und hatte eine Wasserverdrängung von etwa 12 000 ts (9686 BRT). Die Maschinenanlage bestand aus zwei Dreifach-Expansionsmaschinen mit einem Zylinderdurchmesser von 1,52 m, 2,41 m und 3,54 m sowie einem Kolbenhub von 2,12 m. Bei seinen Erprobungsfahrten erreichte das Schiff mit einer Antriebsleistung von 19 500 PSi eine Höchstgeschwindigkeit von 21 kn.

Wenn die Kaiserliche Marine des Jahres 1889 im Vergleich mit den Marinen der europäischen Nachbarn unzulänglich war, so konnte weitgehend dasselbe auch von der deutschen Handelsmarine gesagt werden. Obwohl der geschäftliche Scharfsinn der Hansestädte nicht kritisiert werden konnte, mußte sich diese insbesondere gegen die Unfähigkeit der deutschen Schiffbauindustrie richten, den an sie gestellten Forderungen nachzukommen.

Die Bürger Hamburgs hatten eine so starke Englandfreundlichkeit entwickelt, daß sie gewohnheitsmäßig neue Schiffe bei den Werften am Clyde oder in Nordostengland in Auftrag gaben. Hans-Georg Prager zitierte in seiner klassischen Geschichte der Werft Blohm & Voss einen zeitgenössischen Bericht über die Lebensweise in Hamburg: *»Viele... der Häuser, eigentlich die Mehrheit jener der besseren Gesellschaftsschicht, sind so gründlich anglisiert, daß man bei einem Aufenthalt in ihnen vollständig vergißt, auf deutschem Boden zu sein. Man könnte schwören, daß es ein Haus an der Fleet Street, an der Charing Cross Road oder am Soho Square ist. Die Kleidung ist englisch und auch die Langeweile und die Verwünschungen sind englisch. Fragt man nach einer Zeitung, so erhält man den »Star«, den »Morning Chronicle« oder »The Times«. Man sitzt auf schwarzem englischen Roßhaar an einem Tisch, gedeckt mit englischem Porzellan, und ißt Roastbeef und Plumpudding und trinkt Porter oder Ale aus London oder Burton.»*

Viele Hamburger waren verärgert, als die Politik Bismarcks in den 1880er Jahren ihre auf dem Freihandel beruhende Wirtschaftsordnung rüde unterbrach.

Die deutsche Handelsmarine des Jahres 1889 – wenn sie auch nach Bruttoregistertonnen an zweiter Stelle rangierte – versetzte Großbritannien, den Eigner der größten Handelsflotte nicht nur in Europa sondern auf der gesamten Welt, kaum in Unruhe. Eine 1890 veröffentlichte Statistik offenbarte, daß Großbritannien 55% der 9638 registrierten Schiffe über 100 BRT gehörten.

Obwohl in Deutschland Handelsschiffe durchaus gebaut wurden – bemerkenswert war hierbei die Stettiner Maschinenfabrik A. G. ›Vulcan‹ –, stammte der größte Teil der deutschen Passagierschiffe aus Großbritannien. So waren zum Beispiel die NORMANNIA und die LAHN von der Fairfield Ship Building & Engineering Company am Clyde gebaut worden. War es für die deutsche Industrie nicht an der Zeit, so muß der deutsche Kaiser gegrübelt haben, mit der britischen in den Wettbewerb zu treten oder, besser noch, sie zu überflügeln?

Zu den wichtigsten Pionieren der Schiffahrt gehörte die »*H*amburg-*A*merikanische *P*aketfahrt-*A*ktien*g*esellschaft«, die »Hapag« (oder auch nur »Hamburg-Amerika-Linie« – »HAL« – genannt), gegründet im Mai 1847 durch eine Gruppe von Kaufleuten, deren Ziel es war, einen ständigen Verkehr mit Segelschiffen zwischen Hamburg und New York einzurichten. Die rivalisierende »Norddeutsche Lloyd A.G.« (NDL) wurde im Februar 1857 durch den Zusammenschluß mehrerer kleiner Reedereien im Bereich von Bremen gegründet.

Von den zwischen 1857 und 1861 für den NDL gebauten fünf Dampfschiffen stammten drei von der Werft Caird & Company in Greenock am Clyde. Nach dem Ende des amerikanischen Bürgerkrieges im Jahre 1865 brachte das rasche Anwachsen des Geschäftes mit Auswanderern den Erfolg. Dem 1863 bei Caird gebauten, 2753 BRT großen Passagierdampfer AMERICA folgten bis 1872 immerhin 21 ähnliche Schiffe, sämtlich auf derselben Werft gebaut. Die Geschäftsgrundlage des NDL wurde durch den Erwerb des deutsch-amerikanischen Postdienstes erheblich erweitert. Außerdem erwies sich die Auswahl des englischen Kanalhafens Southampton als Basis für den transatlantischen Schiffsverkehr als eine wesentliche Verbesserung.

Britische Kommentatoren drückten häufig Überraschung darüber aus, daß die beiden einzigen größeren Reedereien, die die Hafeneinrichtungen von Southampton vor 1900 benutzten, die beiden deutschen waren. Cunard, White Star und andere einheimische Reedereien zogen Liverpool oder Queenstown (heute Cobh) vor, die näher an den walisischen Kohlengruben und auch einige hundert Seemeilen näher an Amerika lagen. Den Zugang nach Liverpool beherrschte die gefürchtete Mersey-Barre, die Schiffe mit größerem Tiefgang nur bei Flut passieren konnten, während das Von-Bord-Gehen in Queenstown eine Eisenbahnreise quer durch Irland sowie die Inanspruchnahme eines Dampfers zur Überquerung der Irischen See erforderte, um das britische Festland zu erreichen.

Zu Beginn der 1880er Jahre war die Einträglichkeit des Atlantikverkehrs der Hamburg-Amerika-Linie und des NDL durch die Einführung neuerer und schnellerer Schiffe unter britischer Flagge bedroht worden. Diese Verschärfung des Wettbewerbs beschleunigte auch den Erwerb größerer und schnellerer Schiffe durch den Norddeutschen Lloyd. Der auf der Werft von John Elder & Company in Glasgow gebauten ELBE (4511 BRT, 16 kn) im Jahre 1881 folgten 1882/83 die WERRA und die FULDA (beide je 4817 BRT, 17 kn) sowie 1884 die EIDER und die EMS (4722 bzw. 4730 BRT, 17 kn) von derselben Werft. 1886 ließ der NDL bei der Fairfield Shipbuilding and Engineering Co. in Govan/Glasgow die 4969 BRT großen Passagierdampfer ALLER, TRAVE und SAALE bauen. Mit der ALLER befuhr der erste mit Dreifach-Expansionsmaschinen (17,5 kn) ausgerüstete Passagierliner die Route Großbritannien-New York.

1887 stellte die Fairfield-Werft in Glasgow für den Norddeutschen Lloyd den Passagierdampfer LAHN fertig. Mit einer vermessenen Tonnage von 5099 BRT, einer Länge von 136,55 m und einer Höchstgeschwindigkeit von 18,5 kn war die LAHN imstande, mit den besten ihrer britischen Rivalen im Wettbewerb mitzuhalten. Als erster Transatlantik-Liner hatte sie Dreifach-Expansionsmaschinen nach einem besonderen Fairfield-Modell erhalten, wobei zwei Hochdruckzylinder den Dampf mit Atmosphärendruck in eine einzelne Zwischeneinheit und von da in zwei Niederdruckeinheiten abgaben (Auspuffdampfmaschine). Dieses Modell ging auf Andrew Laing zurück, den Leiter der Maschinenbau-Abteilung bei Fairfield.

Einige Zeit nach der Ablieferung der LAHN durch die Werft am Clyde erhielt 1890 der Norddeutsche Lloyd seine beiden ersten großen in Deutschland gefertigten Schnelldampfer (sechs kleinere und ein größerer, aber langsamerer Passagierdampfer waren vorausgegangen): die auf der Stettiner ›Vulcan‹-Werft gebauten Liner SPREE und HAVEL (beide je 6966 BRT mit einer Länge über alles von 147,80 m). Ihre Vierzylinder-Dreifach-Expansionsmaschinen entwickelten eine Antriebsleistung von ca. 12500 PSi und verliehen den Schiffen eine Höchstgeschwindigkeit von fast 20 kn. In der technischen Presse Großbritanniens wurden die beiden Schwesterschiffe für das Beibehalten der Ein-Wellen-Anordnung unverblümt kritisiert, statt auf das fortschrittlichere und angeblich sicherere Zwei-Schrauben-System überzugehen. Mit Ausnahme der beiden Cunard-Schiffe UMBRIA und ETURIA, gebaut 1885, wiesen alle in diesem Zeitraum gebauten maßgeblichen britischen Schiffe zwei Schrauben auf. Im Dienstbetrieb zeigten sich die deutschen Schiffe jedoch bald als gelungener Wurf.

Die britische Werft Cammell, Laird & Co. In Birkenhead/Liverpool lieferte im Sommer 1889 den 7363 BRT großen Schnelldampfer COLUMBIA an die Hamburg-Amerika-Linie ab und bereits am 18. Juli lief das Schiff zu seiner Jungfernreise aus Hamburg aus. Zwei Dreifach-Expansionsmaschinen lieferten bei den Erprobungsfahrten eine Antriebsleistung von 13800 PSi. Damit war das Schiff imstande, eine Höchstgeschwindigkeit von 19,1 kn zu entwickeln. Im Frühjahr 1890 errang die COLUMBIA das Blaue Band für die Ostüberquerung des Atlantik[9].

Ebenfalls im Frühjahr 1890 lieferte die Werft Fairfield Shipbuilding & Engineering Company in Govan/Glasgow die NORMANNIA an die Hamburg-Amerika-Linie ab. Dieser elegante Schnelldampfer mit drei Schornsteinen maß zwischen den Loten 152,40 m, wies eine Breite von 17, 45 m aus und verdrängte etwa 10500 ts; seine registrierte Tonnage wurde ursprünglich mit 8242 BRT angegeben. Zwei Dreifach-Expansionsmaschinen – bei der Erprobungsfahrt in der Mündung des Clyde entwickelten sie eine Antriebsleistung von 16352 PSi – verliehen dem Schnelldampfer eine Höchstgeschwindigkeit von 20,78 kn. Schon bald übernahm die NORMANNIA das Blaue Band für die Ostüberquerung des Atlantik von der COLUMBIA, aber nur, um es an den beim Stettiner ›Vulcan‹ gebauten Schnelldampfer FÜRST BISMARCK wieder zu verlieren.

Die NORMANNIA war aber auch der letzte große Passagierliner, der für eine deutsche Reederei in Großbritannien gebaut wurde. Nachdem die Kaiserliche Marine 1895 den Schnelldampfer als »Hülfskreuzer« geprüft hatte, wurde er 1898 an die spanische Marine verkauft, die ihn als Hilfskreuzer PATRIOTA in Dienst stellte[10]. Im November 1899 ging der Schnelldampfer schließlich in den Besitz der französischen Reederei Compagnie Générale Transatlantique über, die ihn als L'AQUITAINE im Verkehr über den Atlantik einsetzte, bis das Schiff 1906 an die Abbruchwerft verkauft wurde.

Die COLUMBIA und die NORMANNIA hatten beide ein Schwesterschiff, das ihnen sehr glich: die AUGUSTA VICTORIA und die FÜRST BISMARCK, beide jedoch auf der Werft Stettiner Maschinenfabrik A.G. ›Vulcan‹ erbaut. Anfang 1890 vom Stapel gelaufen, verließ die FÜRST BISMARCK am 8. Mai 1891 zu ihrer Jungfernreise Hamburg. Bei einer Breite von 17,6 m hatte dieser Schnelldampfer mit drei Schornsteinen zwischen den Loten eine Länge von 153,20 m und wies eine Wasserverdrängung von 10362 t auf (8430 BRT). Seine beiden Dreizylinder-Dreifach-Expansionsmaschinen brachten es bei der Erprobungsfahrt auf eine Antriebsleistung von 16412 PSi, die dem Schiff eine Höchstgeschwindigkeit von 20,7 kn verliehen.

Unten: Die 6966 BRT große SPREE, 1890 bei der A.G. ›Vulcan‹ in Stettin für den Norddeutschen Lloyd fertiggestellt. Gemälde eines unbekannten Künstlers. (Sammlung des Verfassers.)

Oben: Die 14281 BRT große SAXONIA, 1900 bei John Brown & Co. in Glasgow für die Cunard-Linie fertiggestellt. Eine »Oilette«-Postkarte aus der Reihe »Berühmte Passagierschiffe« (Nr. 9126), herausgebracht von Raphael Tuck & Sons. Künstler unbekannt. (Sammlung des Verfassers.)

Der FÜRST BISMARCK war ein interessantes Schicksal beschieden. 1904 im Verlaufe der Krise mit Japan an die russische Marine verkauft und in DON umbenannt, ging das Schiff 1906 als MOSKWA in die Hände der russischen Freiwilligen Flotte über und wurde schließlich 1909 an die österreichisch-ungarische Marine verkauft. Im Ersten Weltkrieg war der inzwischen mit vier 12-cm- und vier 6,6-cm-Geschützen bewaffnete Schnelldampfer als Torpedodepotschiff GÄA eingesetzt. Nach dem Waffenstillstand 1918 an Italien ausgeliefert, erfolgte anschließend sein Rückbau zum Handelsschiff. Wieder als Schnelldampfer und in SAN GIUSTO umbenannt, befuhr das Schiff die Linie Triest-Neapel-New York, bis es durch schwere Seen erheblich beschädigt 1923 ausgemustert und abgebrochen wurde.

Das Streben nach dem »Blauen Band«

In den 1890er Jahren hatte das Anwachsen des öffentlichen Interesses an der Leistungsfähigkeit der transatlantischen Passagierschifffahrt einen Punkt erreicht, an dem die schnellste Atlantiküberquerung – zur Erringung des legendären »Blauen Bandes« – zu einem Wettstreit wurde, in dem die Schiffahrtslinien ein unermeßliches Prestige gewinnen konnten und bei dem der nationale Stolz auf dem Spiel stand. Die Schnelldampfer wurden immer größer und schneller, obwohl erst 1899 Brunels legendäre GREAT EASTERN (Stapellauf 1858, 211 m Länge) in der Länge übertroffen wurde.

Die bei Fairfield für die Cunard-Linie gebauten Schwesterschiffe CAMPANIA und LUCANIA waren charakteristisch für die britische Antwort auf die LAHN und die NORMANNIA. Mit einer Länge über alles von 189,59 m und einer Breite von 19,89 m waren sie die größten im Dienst befindlichen Schiffe. Ihre Wasserverdrängung betrug etwa 18000 ts (12950 BRT) und die beiden Fünfzylinder-Dreifach-Expansionsmaschinen – entworfen, um im Dienstbetrieb eine Antriebsleistung von 30000 PSi zu erbringen – gestatteten es der CAMPANIA, bei der Erprobungsfahrt 23,18 kn zu erreichen.

Die CAMPANIA brach im Mai 1893 auf ihrer zweiten Reise den Rekord Sandy Hook-Queenstown. Ihre schnellste Atlantiküberquerung legte sie im August 1894 mit einer Durchschnittsgeschwindigkeit von 21,59 kn zurück, eine Ostüberquerung, die der Schnelldampfer in 5 Tagen, 9 Stunden und 21 Minuten schaffte.

Kurz vor dem Ausbruch des Ersten Weltkrieges musterte die Reederei die CAMPANIA aus und am 27. November 1914 erwarb die britische Admiralität das Schiff von der Abbruchwerft Thomas W. Ward & Company. Die Werft Cammell, Laird & Co. in Birkenhead/Liverpool baute die CAMPANIA um und rüstete das Schiff mit acht 12-cm-Geschützen aus. Doch die altersschwache Antriebsanlage wurde als zu unzuverlässig angesehen, um die CAMPANIA als Hilfskreuzer einzusetzen. Statt dessen wurde sie zu einem der ersten Flugzeugmutterschiffe der Royal Navy umgerüstet. Sie sank im November 1918 nach einer Kollision mit dem Schlachtschiff REVENGE im Firth of Forth[11].

Die LUCANIA, noch etwas schneller als ihr Schwesterschiff, übernahm im Oktober 1894 den Atlantikrekord mit einer durchschnittlichen Geschwindigkeit von 21,75 kn und hielt ihn, bis er 1897 von dem deutschen Schnelldampfer KAISER WILHELM DER GROSSE gebrochen wurde. Die LUCANIA fuhr bei Cunard bis 1909 im Atlantikverkehr. Längseits der Pier in Liverpool liegend, brannte das Schiff aus und wurde an die Werft Thomas W. Ward zum Abbruch verkauft.

Die aus dem Deutschen Reich erwachsende Konkurrenz wurde in der Mitte der 1890er Jahre offensichtlich, als die ersten großen Transatlantik-Schnelldampfer bei einheimischen Werften in Auftrag gegeben wurden. Zum Teil ergab sich diese Situation durch das Handeln der deutschen Regierung, indem diese Anfang der 1890er Jahre lukrative Verträge für den Reichspostdienst vergab und auch neue Schiffahrtsrouten (Reichspostdienst-Linien) eröffnete. So hatte der Norddeutsche Lloyd zum Beispiel Mitte der 1880er Jahre fünf neue Schiffe gleichzeitig in Auftrag gegeben, um den Linienverkehr nach Indien, in den Fernen Osten und nach Australien aufzunehmen. Darüber hinaus wurde sichergestellt, daß die Post nur durch Schifffahrtslinien befördert wurde, die ihre Schiffe auf deutschen Werften in Auftrag gaben (Reichspostdampfer). Infolgedessen wurden außerhalb des Deutschen Reiches nur sehr wenige Schiffe in der Größenordnung über 10000 BRT angekauft, obwohl Frachtschiffe bei britischen Werften immer noch in großer Anzahl in Auftrag gingen.

Alle Ressourcen auf die lukrative Beförderung von Passagieren konzentrierend, die auch ein großes Prestige verschaffte, garantierte, daß die großen deutschen Schiffahrtslinien ein starkes Wachstum in einer Weise aufwiesen, mit der nur wenige ihrer britischen Rivalen Schritt halten konnten. Obwohl die britische Handelsflotte ihrem Erzkonkurrenten noch immer zahlenmäßig überlegen war, begriff die deutsche Handelsmarine, daß sie die Führung in technischer Hinsicht übernommen hatte. Dies wurde besonders deutlich, als im November 1897 KAISER WILHELM DER GROSSE von der CARMANIA das Blaue Band für die schnellste Atlantiküberquerung übernahm. Der deutsche Schnelldampfer legte die Strecke auf der Heimreise nach Europa mit einer durchschnittlichen Geschwindigkeit von 22,35 kn zurück.

Am Freihandel festhaltend, gewährten die Briten ihrer Industrie nur selten staatliche Subventionen oder Garantien in derselben Weise, wie die deutsche Regierung das Wachstum der nationalen Schiffahrt förderte. In Großbritannien herrschte die weit verbreitete Meinung vor, daß die Schaffung einer wettbewerbsfähigen Schiffbauindustrie und Handelsmarine in Deutschland weitgehend den »unfairen« Postdienst-Subventionen und der staatlichen »Förderung« des Auswanderergeschäftes zu verdanken waren. Darin wurde auch die kurzfristige oder zeitweilige Anwerbung britischer Arbeitskräfte einbezogen, deren fachliches Können kopiert werden konnte.

Das Abwandern großer Teile der Bevölkerung Mittel- und Osteuropas im späten 19. Jahrhundert erwies sich für die deutsche Schiffbauindustrie als ein großer Segen. Waren es ursprünglich weitgehend Mitteleuropäer gewesen, die auswanderten, um in Nordamerika eine bessere Zukunft zu finden (unmittelbar nach dem Ende des amerikanischen Bürgerkrieges waren es im Jahresdurchschnitt 113 000 Personen), so waren es später größtenteils die ärmeren Bevölkerungsschichten aus dem europäischen Teil Rußlands – zu dieser Zeit gehörten auch Polen und Finnland dazu –, die als Auswanderer in die USA befördert werden mußten. Bis 1913 war die Jahresrate deutscher Auswanderer in die USA auf 34 000 Personen zurückgegangen, wohingegen die Anzahl der Auswanderer aus Rußland von jährlich 2000 in den Jahren 1865–1874 auf nahezu 200 000 im Jahre 1912 angestiegen war.

Für Auswanderer aus dem europäischen Teil Rußlands war es außerordentlich schwierig, den Weg nach Osten über Wladiwostok zu nehmen. Obwohl die Transsibirische Eisenbahn bis 1903 fertiggestellt worden war, wurde die Schleife um den Baikalsee erst 1905 vollendet und die Unterstützung durch die 1100 km lange chinesische Ostbahn durch die Mandschurei endete erst 1915. Somit war die Kapazität dieser Eisenbahn, um eine riesige Anzahl von Personen zu befördern, vor dem Ersten Weltkrieg sehr begrenzt. Daher blieb der auswanderungswilligen Bevölkerung aus Rußland nur die Wahl, sich nach Westen zu wenden. Nach Westen zu reisen, bedeutete für die Auswanderer, nach Deutschland zu gelangen; denn nach Süden und Südwesten blockierten die Alpen den Weg, der sie ansonsten nach Frankreich oder Italien geführt hätte. Auf diese Weise blieben sie den französischen Atlantikhäfen automatisch fern und kamen im allgemeinen in die Häfen an der norddeutschen Küste, insbesondere nach Hamburg und Bremerhaven.

Anfang 1894 ließ die deutsche Regierung – unter Hinweis auf die schreckliche Cholera-Epidemie, die zu Beginn der 1890er Jahre Hamburg heimgesucht hatte, und mit der Begründung, die Ausbreitung von Infektionskrankheiten zu verhindern – entlang der deutschen Ostgrenze zum damaligen Russisch-Polen besondere Zollabfertigungsstellen einrichten. Die Oberaufsicht über diese Abfertigungsstellen wurde der Hamburg-Amerika-Linie und dem Norddeutschen Lloyd übertragen; sie trugen sehr dazu bei, die Durchreise der Auswanderer von den Eisenbahnendpunkten an der Grenze zwischen Ostpreußen und Russisch-Polen zu den norddeutschen Häfen zu erleichtern. Das fast ausschließliche Unterbringen dieser russischen Auswanderer auf deutschen Dampfern war nicht nur von wirtschaftlicher Vernunft geprägt, sondern trug auch außerordentlich zum Aufstieg der deutschen Reedereien und damit zum Bau neuer Schiffe bei.

Der Schnelldampfer KAISER WILHELM DER GROSSE, von der allgegenwärtigen Stettiner ›Vulcan‹-Werft A.G. gebaut, ließ sich leicht durch seine vier Schornsteine unterscheiden, gruppiert in getrennten Paaren. Bei einer Breite von etwa 20,10 m und einer Länge über alles von 197,50 m wies er eine Wasserverdrängung von 21 210 t (14 349 BRT) auf. Mit einer aus zwei Vierzylinder-Dreifach-

Unten: Der 19 361 BRT große Schnelldampfer KAISER WILHELM II., 1903 bei der A.G. ›Vulcan‹ in Stettin für den Norddeutschen Lloyd in den Abmessungen 216,6 m x 21,9 m fertiggestellt. Ein charakteristisches Merkmal ist der mittlere Mast. (Sammlung des Verfassers.)

Expansionsmaschinen bestehenden Maschinenanlage konnte er im Dienstbetrieb mit einer Antriebsleistung von ca. 30 000 PSi eine Geschwindigkeit von 22,5–23 kn erreichen. Jede dieser Maschinen besaß eine Hochdruckstufe (Stufe = Zylinder), eine Zwischenstufe und zwei Niederdruckstufen. Ihr Durchmesser lag bei 132 cm, 225 cm und 245 cm; der Kolbenhub betrug 175 cm. Zum Zeitpunkt seiner Fertigstellung war KAISER WILHELM DER GROSSE das größte Schiff der Welt .

In Anwesenheit von dreißigtausend Gästen und Zuschauern lief KAISER WILHELM DER GROSSE vom Stapel. Insgesamt stellte das Schiff einen sehr gelungenen Entwurf dar. Von seiner Jungfernfahrt kehrte der Schnelldampfer mit einer durchschnittlichen Geschwindigkeit von 21,39 kn auf der Ausreise und mit 21,94 kn auf der Heimreise zurück, einer Leistung, die er bei seiner dritten Atlantiküberquerung mit 22,35 kn bzw. 22,83 kn sogar noch verbesserte.

Ein zweites deutsches Vier-Schornstein-Schiff, die DEUTSCHLAND, lief im Januar 1900 auf der Stettiner ›Vulcan‹-Werft für die Hamburg-Amerika-Linie vom Stapel. Mit 212,79 m wies der Schnelldampfer faktisch dieselbe Länge wie der zur gleichen Zeit erbaute Passagierliner OCEANIC der White-Star-Linie auf; das erste Schiff, das die legendäre GREAT EASTERN sowohl an Länge wie auch an Wasserverdrängung übertraf. Im Ringen um die Geschwindigkeit hatte die DEUTSCHLAND einen etwas schlankeren Schiffskörper als ihre britische Rivalin. Dies drücke sich auch mit 16 502 BRT gegenüber 17 274 BRT in der registrierten Tonnage und mit lediglich 24 300 t gegenüber 27 500 t in der Wasserverdrängung aus. Von zwei Sechszylinder-Vierfach-Expansionsmaschinen angetrieben, erreichte der Schnelldampfer bei der Erprobungsfahrt 23,5 kn. In technischer Hinsicht war seine Maschinenanlage hochinteressant; die Zylinderdurchmesser steigerten sich von einer 93-cm-Hochdruckstufe über zwei einzelne 187-cm- und 264-cm-Stufen zu zwei 270-cm-Niederdruckstufen. Der Kolbenhub betrug 185 cm. Nach ihrer Fertigstellung im Sommer 1900 errang die DEUTSCHLAND auf Anhieb bei der Westüberquerung des Atlantik mit einer durchschnittlichen Geschwindigkeit von 23,15 kn das Blaue Band.

Die leistungsstarken Maschinen vibrierten jedoch so heftig, daß eine ruhige Überfahrt nicht garantiert werden konnte, und im Dienstbetrieb erbrachte das Schiff nie eine gleichmäßige Leistung. Genau wie alle großen, auf der Stettiner ›Vulcan‹-Werft gebauten Schiffe dieser Zeit wies auch die DEUTSCHLAND eine leichte Bauweise auf, war anfällig für Schwächen in den Verbänden und kostspielig in der Instandhaltung.

Auf die DEUTSCHLAND folgte die 14 908 BRT große KRONPRINZ WILHELM, 1901 für den Norddeutschen Lloyd ebenfalls auf der Stettiner ›Vulcan‹-Werft gebaut. Das Schiff hatte bei einer Breite von 20,10 m eine Länge über alles von 202,10 m und seine Maschinenanlage bestand aus zwei Sechszylinder-Vierfach-Expansionsmaschinen mit einer Antriebsleistung von 36 000 PSi. Die Geschwindigkeit der KRONPRINZ WILHELM glich jener ihrer unmittelbaren Vorgängerin. Bei der Jungfernfahrt erreichte sie auf der Ausreise 19,74 kn und auf der Heimreise 23,01 kn. 1902 verbesserte sich ihre durchschnittliche Geschwindigkeit auf 23,09 kn für die Westüberquerung sowie auf 23,47 kn für die Rückreise.

Der Schnelldampfer KAISER WILHELM II. (1903 auf der Stettiner ›Vulcan‹-Werft gebaut) war noch größer – 19 361 BRT mit einer Länge über alles von 216,60 m und einer Breite von 21,90 m – und seine vier Vierzylinder-Vierfach-Expansionsmaschinen entwickelten eine Antriebsleistung von ca. 38 000 PSi. Das charakteristische Merkmal dieses Schiffes für den Norddeutschen Lloyd war ein dritter Mast unmittelbar achteraus des vierten Schornsteins. Die Höchstgeschwindigkeit blieb im Bereich von 23,5–24 kn; sie spiegelte die Erfahrung wider, daß dies das Äußerste war, was aus Kolbendampfmaschinen herausgeholt werden konnte. Immerhin reichte aber diese Geschwindigkeit aus, um im Juni 1904 mit einem Durchschnitt von 23,58 kn auf der Ostüberquerung das Blaue Band zu gewinnen.

Die Grenzen der Maschinenbautechnik beschränkten auch die Geschwindigkeit der KRONPRINZESSIN CECILIE, 1907 beim Stettiner ›Vulcan‹ für den Norddeutschen Lloyd gebaut.[12] Bei einer Breite von 21,90 m hatte dieser Schnelldampfer eine Länge über alles von 217,20 m sowie eine Größe von 19 503 BRT, aber er war nicht imstande, eine Geschwindigkeit von mehr als 23,5 kn zu erreichen, obwohl seine Vierzylinder-Vierfach-Expansionsmaschinen mehr als 40 000 PSi Antriebsleistung entwickelten. Bei ihrer Jungfernfahrt erzielte die KRONPRINZESSIN CECILIE auf der Ausreise von Cherbourg nach New York enttäuschende 21,8 kn, brachte es aber auf der Heimreise auf ermutigende 22,65 kn. Obwohl sich die Durchschnittsgeschwindigkeit im Sommer 1908 bei der Westüberquerung des Atlantik noch auf 23,21 kn verbesserte, war die KRONPRINZESSIN CECILIE nicht in der Lage, mit den Schnelldampfern der Cunard-Linie, die Turbinenantrieb hatten, in den Wettstreit zu treten.

Die größten deutschen Passagierdampfer im Linienverkehr konnten auch als Hilfskreuzer Verwendung finden, wenn sich je hierzu die Notwendigkeit ergeben sollte. Diese Absicht war stets ein offenes Geheimnis gewesen. Charles Lee schrieb in den 1930er Jahren in seinem Buch »The Blue Riband»:

»Als Hilfskreuzer war das Schiff [die KRONPRINZESSIN CECILIE] so entworfen, daß sich Ruder und Rudermaschinenanlage weit unter der Wasserlinie befanden, und es bestand die Absicht, den Schnelldampfer in Kriegszeiten mit acht 15-cm-, vier 10,4-cm-, zwei 8,8-cm- sowie mit 16 leichten Schnellfeuergeschützen und mit Maschinengewehren auszurüsten. Zusätzlich war Vorsorge getroffen, zwei kleine Torpedoboote mit 16 Torpedos in Abwurfkragen an Bord zu nehmen....«

Gewissenhafte Vorsorge war getroffen, um zu gewährleisten, daß die Ausrüstung dieser großen Schiffe, welche einsatzmäßigen Mängel sie auch haben mochten, der weitverbreiteten Wertschätzung entsprach, auf deren Niveau sie gehalten wurden. Der Norddeutsche Lloyd verkündete öffentlich:

»Niemand, sei er Multimillionär oder Arbeiter, soll sich beklagen. Die prächtigen 'Suites de luxe‹ und Kabinen, entworfen und ausgestattet unter Leitung von Johann Poppe, einem deutschen Architekten, sind genauso erlesen und komfortabel wie das Boudoir der wohlhabendsten Dame an Land. Doch der Glanz von Poppes Können erstrahlt in den großen Speisesalons, den Damen-, Kinder- und Rauchsalons sowie in den Cafés und Bibliotheken.... Gemälde und Skulpturen sind in verschwenderischster Weise vorhanden. Ihre Themen reichen von allegorischen Phantasien der Künstler bis zu den Porträts der Herrscher und größten Staatsmänner der beiden Nationen, die der Lloyd so eng miteinander verbindet: Deutschland und die Vereinigten Staaten.

Poppes Werk erreichte seinen Höhepunkt in der Ausstattung des berühmten Quartetts [d. h. KRONPRINZESSIN CECILIE, KAISER WILHELM II., KRONPRINZ WILHELM und KAISER WILHELM DER GROSSE]. Über dem Speisesalon auf KAISER WILHELM II. erhebt sich der dreigeschossige Lichtschacht, umgeben von prachtvollen Dekorationen. Die vier großen Gemälde am Plafond verkörpern die Jahreszeiten. Die Paneele an den Wänden dieses Salons sind – wie auch bei KAISER WILHELM DER GROSSE – mit erhaben gearbeiteten Lederdesigns dekoriert. Die allegorischen Figuren im großen Lichtschacht der KRONPRINZ WILHELM stehen den Werken der berühmtesten Künstler gleich....«[13]

Das Erscheinen dieser großen Schnelldampfer förderte das Ansehen der Reedereien und darüber hinaus auch das Ansehen des Deutschen Reiches unermeßlich. Eine direkte Folge des verstärkten Einflusses war ein bemerkenswertes Ansteigen des Wohlstandes und viele der größeren Reedereien zahlten ihren Aktionären beeindrukkende Dividenden. In den zehn Jahren von 1896 bis 1905 zahlte die Deutsche Dampfschiff-Gesellschaft »Kosmos« in Hamburg eine durchschnittliche Dividende von 10,65%; sie fiel nie unter 7,5% (1913 waren es sogar 16%). Die Hamburg-Südamerikanische Dampfschiff-Gesellschaft (Hamburg-Südamerika-Linie) zahlte durchschnittlich 8,6%, trotzdem 1902 überhaupt keine Dividende gezahlt

Oben: Die große Haupttreppe auf dem 52 117 BRT großen Schnelldampfer IMPERATOR der Hamburg-Amerika-Linie, bei der A.G. ›Vulcan‹ in Stettin gebaut. Aus einer Postkarten-Serie »An Bord des Vierschrauben-Turbinen-Schnelldampfers IMPERATOR«, herausgegeben von NPG, Berlin 1913. (Sammlung des Verfassers).

wurde (1913 waren es sogar 14%), während die Hamburg-Amerika-Linie 7,65% erbrachte (1913 immerhin 10%). Einigen kleineren Schiffahrtslinien erging es schlechter – die 1889 gegründete Deutsche Levante-Linie in Hamburg zahlte zwischen 1903 und 1906 überhaupt keine Dividende aber dies waren nur Ausnahmen von der allgemeinen Regel.

1906 erhöhte die Hamburg-Amerika-Linie ihr Kapital auf 120 Millionen Mark. Hinzu kamen zusätzliche Obligationen in einer Höhe bis zu 50 Millionen Mark sowie Reserven von 27 Millionen Mark. Ende 1905 belief sich die Tonnage der Hapag-Flotte auf 811 943 BRT, während die Einnahmen im Geschäftsjahr 1905/06 auf schwindelerregende 38 Millionen Mark stiegen. Das Kapital des Norddeutschen Lloyd erhöhte sich in diesem Zeitraum auf 125 Millionen Mark und die Reserven betrugen 26,88 Millionen Mark. Die NDL-Flotte umfaßte 86 Hochseedampfer mit insgesamt 577 912 BRT, 48 Küstendampfer mit 68 853 BRT sowie 50 Binnenschiffe mit 5849 BRT.

Die Steigerungen in der Größenordnung der Schiffe spiegelte sich in der Verbesserung und Erweiterung der Hafeneinrichtungen wider. So war zum Beispiel bis 1906 das 72 km lange Elbestück bis zum Hamburger Hafen auf eine schiffbare Tiefe von acht Metern bei Niedrigwasser ausgebaggert worden. Damit die Fahrrinne schiffbar blieb, mußten jährlich 700 000 Mark aufgewendet werden. Das Gebiet der 13 von den Gezeiten abhängigen Hafenbecken und der von den Hochseedampfschiffen befahrene Teil des Flusses umfaßten 220 ha mit 30 km Pier.

Der Gesamtwert des Warenumschlags im Hamburger Hafen, d. h. die Summe aller Ein- und Ausfuhren, stieg im Jahre 1906 auf 5,570 Milliarden Mark, gegenüber dem Vorjahr eine Steigerung um 12%. Im Europahandel beliefen sich die Ausfuhren auf 1,368 Milliarden Mark und die Einfuhren auf 1,244 Milliarden Mark. Der größte Teil des Handelsverkehrs wurde mit Großbritannien und – in geringerem Ausmaße – mit anderen deutschen Häfen abgewickelt. Auch der Ausfuhrhandel mit Britisch-Indien war von beträchtlichem Umfang. Im Vergleich zu 76 Millionen Mark im Jahre 1905 erreichte er 1906 bereits 87 Millionen Mark und der Wert der Einfuhren stieg 1906 auf 273 Millionen Mark, ein spürbar größerer Umfang als die ein Jahr zuvor verzeichneten 228 Millionen Mark.

Dennoch blieb die britische Handelsmarine weiterhin an der Spitze und widerstand allen deutschen Versuchen, mit ihr zu konkurrieren. Mitte 1890 besaß Großbritannien 5302 Dampfschiffe mit insgesamt 5 106 581 BRT und bis 1895 hatte sich der Umfang seiner Handelsflotte auf 8386 Dampfschiffe mit insgesamt 9 952 211 BRT gesteigert. 1906 erreichte der Umfang der Handelstonnage 14 883 594 BRT und nahm bis zum Ausbruch des Ersten Weltkrieges auf 20 431 543 BRT zu. Obwohl die größten deutschen Schnelldampfer luxuriös ausgestattet waren, gut ausgebildete Besatzungen hatten sowie eine schöne Linienführung und Maschinenanlagen von tadelloser Qualität aufwiesen, waren sie für den Dienstbetrieb nicht unbedingt gelungene Entwürfe. KAISER WILHELM DER GROSSE wurde für seine mangelhafte Stabilität berühmt; in britisch-amerikanischen Kreisen hatte der Schnelldampfer den Spitznamen »Rolling Billy« – der »Schlingernde Willy« – erhalten. Zudem hatte das Ersetzen der Dreifach- durch Vierfach-Expansionsmaschinen auf späteren Schiffen zu starken Vibrationen bei hohen Fahrtstufen geführt[14].

Die KRONPRINZESSIN CECILIE befand sich noch im Zustand der Ausrüstung, als im Bereich des Schiffsmaschinenbaus mit den Cunard-Linern LUSITANIA und MAURETANIA die Initiative wieder an Großbritannien überging. Bezüglich des gelungenen Entwurfs dieser Schiffe lag das Geheimnis darin, daß Bauwerft und Reederei voll auf die Möglichkeiten der Dampfturbine setzten. Doch dorthin, wo Großbritannien führend war, konnten natürlich auch andere nachfolgen.

Die Dampfturbine

Die Entwicklung einer Turbine mit ausreichender Leistungsfähigkeit für die Verwendung auf Schiffen war weitgehend dem Honourable Sir Charles Parsons, sechster Sohn des Earl of Rosse, zu verdanken.

Das Wesentliche der vervollkommneten Parsons-Turbine, abgeleitet von den Generatoren zur Erzeugung elektrischen Stroms, war ein Gehäuse, durch dessen Mitte eine Schraubenwelle verlief, ausgestattet mit Laufrädern, die mit verstellbaren Schaufeln versehen waren. An der Vorderseite der Turbinenverkleidung wurde Hochdruckdampf eingeleitet und strömte durch angewinkelte Düsen eines Leitrades, integriert in die Innenfläche des Turbinengehäuses und mit der Schraubenwelle verbunden. Dieses Leitrad lenkte den Dampfstrom auf das erste Schaufelrad, wodurch die Schraubenwelle in eine drehende Bewegung versetzt wurde. Anschließend trat der Dampf, der nur einen geringen Teil seiner Spannung verloren hatte, an der Rückseite des Schaufelrades aus und strömte in ein weiteres Leitrad (Verlassen der ersten Stufe). Je nach Anzahl der Stufen wiederholte sich dieser Vorgang. Bei einer dreistufigen Parsons-Überdruckturbine noch zweimal. Die zwischen den Schaufelrädern angebrachten Leiträder dienten zur Umkehr der Dampfrichtung.

Nach dem Verlassen der letzten Stufe hatte der Dampf so viel an Spannung verloren, daß er für eine weitere Steigerung der Drehbewegung nicht mehr von Nutzen war. Der nunmehr entstandene Niederdruckdampf wurde schließlich einem Kondensator zugeführt und in Wasser zurückverwandelt. Letzteres strömte dann zur Kesselanlage zurück und der Kreislauf begann von neuem.

Bei den meisten Turbinen handelte es sich um Verbundmaschinen, wobei mehrere Schaufelräder mit zunehmendem Durchmesser – entsprechend der nachlassenden Spannung des Dampfdrucks die Mehrfachzylinder der konventionellen Dreifach- und Vierfach-Expansionsstufen der Kolbenmaschinen ersetzten. Turbinen brauchten weder Kolben noch Kurbelgetriebe oder Ventilsteuerung einer Kolbenmaschine, sie liefen wesentlich ruhiger und waren im allgemeinen einfach in der Bauweise. Von besonderer Bedeutung war die Gewichtseinsparung. Diesen Vorteilen standen jedoch hohe Anfangskosten – die Montage der vielen Schaufeln und Leiträder war besonders kritisch – und unwirtschaftliche Leistungsfähigkeit bei niedrigen Fahrtstufen gegenüber. Im Gegensatz zu konventionellen Dampfmaschinen konnte eine Turbine mit direktem Antrieb, d . h. ohne Untersetzung oder Getriebe, nicht umgesteuert werden.

Charles Parsons gründete im Januar 1894 die Parsons Marine Steam Turbine Co. Ltd., um für seinen neuen Antrieb ein geeignetes Schiff zu bauen. Als Ergebnis kam die TURBINIA zustande, berühmt wegen ihrer Eleganz, mit der sie während der Flottenparade zum diamantenen Krönungsjubiläum 1897 auf dem Spithead die Reihen der Schiffe mit einer Geschwindigkeit entlangfuhr, die alle Erwartungen überstieg. Sie übertraf an Geschwindigkeit sogar die zur selben Zeit erbauten »Dreißig Knoten»-Torpedobootszerstörer[15]. Dieser Erfolg war nicht von selbst gekommen. Die zuerst eingebaute Turbinenanlage mit Ein-Wellen-Anordnung erbrachte eine Antriebsleistung, die etwa 1500 PSi entsprach und die der TURBINIA eine Geschwindigkeit von etwas mehr als 18 kn verlieh. Mit einem Leistungsmesser durchgeführte Erprobungsfahrten zeigten, daß die Turbine in der Lage war, eine ausreichende Antriebskraft zu erzeugen. Doch die Ein-Wellen-Anordnung in Verbindung mit einem mangelhaft geformten Propeller begrenzte ihre Leistungsabgabe.

Daraufhin erhielt die TURBINIA eine Drei-Wellen-Anordnung mit einer Hochdruckmaschine an Steuerbord, einer Mitteldruckmaschine an Backbord und einer Niederdruckmaschine in der Mitte. Eine getrennte Umsteuerungsturbine wurde auf die Niederdruckwelle aufgeschaltet. Diese Antriebsmaschinenanlage und die damit verbundenen kohlebefeuerten Kessel halbierten die Wasserverdrängung auf 44 ts. Die Erprobungsfahrten ergaben dann, daß dieses kleine Boot imstande war, mit einer Antriebsleistung von 2300 WPS eine Geschwindigkeit von 34,5 kn zu erreichen. Das langsamere Tempo, mit dem die Kessel unter den beengten Verhältnissen im Kesselraum beheizt werden konnten, begrenzte die Antriebsleistung.

Die britische Admiralität, die sich der Möglichkeiten der Turbine bereits bewußt war, noch ehe die Fahrt der TURBINIA zu einem historischen Meilenstein wurde, sah in der neuen Antriebsanlage einen geeigneten Ersatz für die Dreifach-Expansionsmaschinen, mit denen die Torpedobootszerstörer ausgerüstet waren. Kolbenmaschinen waren zu heftigen Vibrationen imstande, selbst auf den größten Passagierschiffen, wenn sie nicht sorgfältig ausbalanciert waren, während leichte Kriegsschiffe derart schlimm erschüttert wurden, daß die Festigkeit der Schiffs- bzw Bootskörper beeinträchtigt war.

1896/97 unternommene Versuche hatten zu den drei »Dreißig Knoten»-Torpedobootszerstörern geführt: ALBATROSS (Thornycroft), EXPRESS (Cammell Laird) und ARAB (Thomson). Doch trotz in die Länge gezogener Versuche mit Maschinen und Propellerprofilen erreichte keines dieser Boote die Kontraktgeschwindigkeit. Für

12 000-PS-Curtis-Marine-Turbine für die US-Zerstörer PERKINS und STERRETT.
Gebaut bei der Fore River Shipbuilding Company in Quincy/Mass.

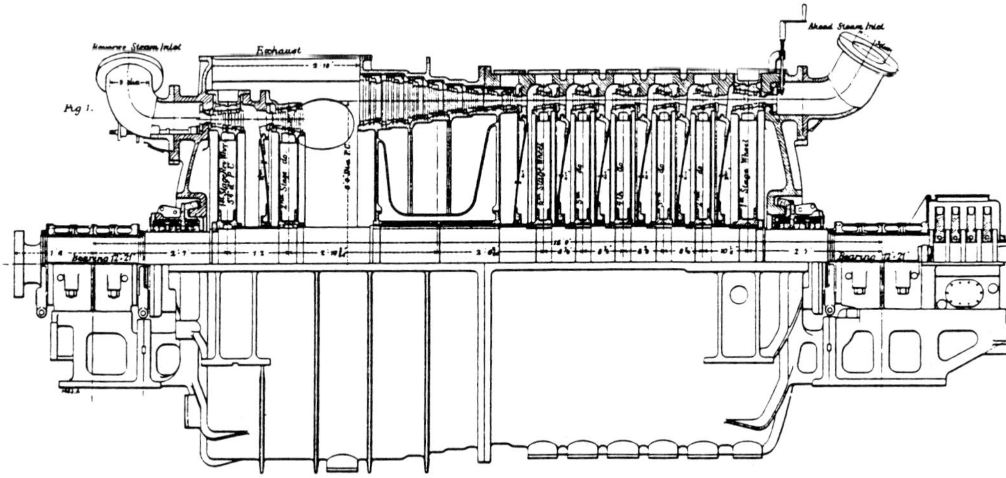

Oben: Eine typische Schiffsturbine – ein amerikanisches Curtis-Modell. Die kompliziertheit der Beschaufelung ist deutlich zu erkennen. Aus der Zeitschrift »Engineering«, 1908. (British Egineerium, Hove.)

jedes Boot waren übermäßige Vibrationen und – insbesondere bei der ARAB – eine unzuverlässige Maschinenanlage charakteristisch. Die Entwicklung von Hochgeschwindigkeitskriegsschiffen mit Kolbenmaschinen hatte ihren Scheitelpunkt erreicht.

Am 4. März 1898 gab deshalb die britische Admiralität einen Zerstörer mit Turbinenantrieb bei der Parsons Marine Steam Turbine Co. Ltd. in Wallsend-on-Tyne in Auftrag; den Bootskörper hatte R. & W. Hawthorn, Leslie & Co. Ltd. in Hebburn-on-Tyne als Subunternehmer zu bauen. HMS VIPER lief im September 1899 vom Stapel und ihre Fertigstellung erfolgte Anfang des Jahres 1900.

Obwohl nach dem Standard von Torpedobootszerstörern groß und weit größer als die TURBINIA war das neue Kriegsschiff immer noch verhältnismäßig klein: 64,10 m in der Länge über alles, 6,40 m in der Breite, 344 ts Wasserverdrängung bei geringem Tiefgang, Die beiden äußeren der vier Wellen waren direkt an die Hochdruckturbinen angekuppelt, die beiden inneren Wellen waren mit der Niederdruck- und der Umsteuerungsturbine verbunden. Jede Welle war mit zwei Propellern ausgestattet.

Die ohne Bewaffnung durchgeführten Erprobungsfahrten erbrachten die vielversprechende Geschwindigkeit von 36,58 kn. Damit war die VIPER das schnellste Schiff der Welt.* Die Versuche hatten auch gezeigt, daß die VIPER die Geschwindigkeit mit nur einem Bruchteil der Vibration halten konnte, die die Kolbenmaschinen des nicht gelungenen »Dreißig Knoten»-Entwurfs erzeugt hatten. Selbst nach dem Anbordnehmen der aus einem 12-Pfünder-(5,2-cm-)Geschütz, fünf 6-Pfünder-(3,7-cm-)Geschützen und zwei 45,7-cm-Torpedorohren bestehenden Bewaffnung konnte noch eine Geschwindigkeit von 33,75 kn erreicht werden. Bevor jedoch VIPER ihre wahren Fähigkeiten beweisen konnte, lief sie am 3. August 1901 im Bereich der Kanal-Inseln auf die Renonquet-Felsen vor der Insel Alderney auf und wurde zum Totalverlust.

Bald darauf verlor die Royal Navy auch den einzigen ihr noch verbliebenen anderen Turbinenzerstörer: die HMS COBRA. Dieses Boot war von der Werft Armstrong, Whitworth & Co. Ltd. in Elswick auf eigene Rechnung gebaut worden. Mit bei Parsons angekauften Turbinen ausgerüstet, wies das Boot bei einer Breite von 6,25 m eine Länge über alles von 65,11 m und hatte bei geringem Tiefgang eine Wasserverdrängung von 375 ts. Die Ende Juni 1899 kurz nach dem Stapellauf durchgeführten Erprobungsfahrten ergaben eine Geschwindigkeit von 34,9 kn. Doch die Fertigstellung des Bootes verzögerte sich durch eine Kollision und die britische Admiralität kaufte es erst im Frühjahr 1901 an. Zu diesem Zeitpunkt erhielt die COBRA die gleiche Bewaffnung wie die VIPER und ihre Geschwindigkeit ging auf etwas über 30 kn zurück. Beim Herausholen der größtmöglichen Leistungsabgabe durch die Turbinen während der Zeiträume ständiger Höchstgeschwindigkeit ergaben sich infolge des unzureichenden Tempos beim Beheizen der Kessel Probleme.

Noch ehe jedoch Abhilfe geschaffen werden konnte, lief die COBRA am 18. September 1901 vor der Outer Dowsing Shoal auf der Höhe von Flamborough Head auf Grund und ging verloren. Von den 79 Mann an Bord konnten nur zwölf gerettet werden. Unter den Toten befanden sich auch der Kommandant, Lieutenant Alan Bosworth Smith, sowie Magnus Sandison, der Chefingenieur der Werft Armstrong, Whitworth & Co. Ltd., und Robert Barnard von Parsons Marine Steam Turbine Co. Ltd. Infolge Arbeitsüberlastung war Sir Charles Parsons selbst zum Glück nicht an Bord gewesen.

Das einberufene Kriegsgericht zur Ermittlung des Untergangs der COBRA stellte abschließend fest, daß dieser *»den Konstruktionsschwächen des Schiffes [zuzuschreiben wäre], da dieses Schiff schwächer als andere Zerstörer gebaut war. Es ist zu bedauern, daß es von Seiner Majestät Marine angekauft worden ist,... [da das Schiff] der Höhepunkt einer Bauweise [wäre], bei der die Sicherheit in gefährlicher Art und Weise zugunsten geringen Gewichtes sowie der Geschwindigkeit geopfert worden war».* Mehrere Überlebende sagten aus, daß unmittelbar vor dem Entzweibrechen des Schiffes in schwerer See ein Schlag zu spüren gewesen war, aber die Folgerung, daß ein als Treibgut umherschwimmender Mast oder ein Rundholz zumindest teilweise für den Untergang verantwortlich gewesen sein könnten, wurde zurückgewiesen.

Den nacheinander rasch eingetretenen Verlusten von VIPER und COBRA wurde durch den Ankauf der VELOX begegnet, als spekulatives Wagnis von der Werft Hawthorn, Leslie & Co. Ltd. in Hebburn-on-Tyne gebaut. Das neue Kriegsschiff war robuster als seine Vorgänger, verdrängte bei geringem Tiefgang etwa 400 ts und wies vier Wellen mit je zwei Propellern auf. Die Probleme unwirtschaftlicher Leistung bei niedrigen Fahrtstufen, die bei den frühen Turbinen mit Direktantrieb nachteilig war, wurde durch das Ankuppeln von Dreifach-Expansionsmaschinen an die inneren oder Niederdruckturbinen-Wellen zur Erleichterung der Marschfahrt und des Umsteuerns gelöst. Diese Mehrfach-Maschinenanlage war nie besonders erfolgreich; sie begrenzte die Betriebsgeschwindigkeit auf enttäuschende 27 kn. Erst als im Jahre 1906 Getriebeturbinen an ihre Stelle traten, verbesserte sich die Leistung merklich.

Trotz der Wechselfälle mit den frühen turbinenangetriebenen Zerstörern waren die Verantwortlichen der britischen Marine von den Vorzügen des Turbinenantriebs überzeugt. Unter dem Bauprogramm von 1901/02 wurde die Gelegenheit ergriffen, mit der Bewilligung von zwei Zerstörern – der eine ein Turbinenschiff und der andere ein ansonsten gleiches Schwesterschiff, aber mit Kolbenmaschinen ausgestattet – einen direkten Vergleich herbeizuführen. Frühere Erfahrungen legten nahe, daß die Werft Hawthorn, Leslie & Co. Ltd. die beiden Zerstörer der ›River‹Klasse bauen sollte. DERWENT (Dreifach-Expansionsmaschinen) und EDEN (Parsons-Turbinen mit Drei-Wellen-Anordnung) wurden im Juni 1902 auf Kiel gelegt, liefen im Februar bzw. im März 1903 vom Stapel und wurden im Sommer 1904 im Abstand von einem Monat fertiggestellt.

Diese beiden Zerstörer waren weitaus robuster als die vorhergehenden britischen Kriegsschiffe dieses Typs. Mit einer Länge von 68,73 m hatten sie bei niedrigem Tiefgang eine Wasserverdrängung von 550 ts. Die Frage der Geschwindigkeit hatte man zugunsten der Verbesserung der See-Eigenschaften untergeordnet. Sie sollten daher vom Entwurf her nur wenig mehr als 27 kn erreichen. EDEN erbrachte keine höhere Geschwindigkeit als DERWENT, war aber vibrationsfrei und beträchtlich wirtschaftlicher bei hohen Fahrtstufen. Sie setzte den Maßstab und fast alle nachfolgenden Zerstörer erhielten Turbinenantrieb.

Fortschritte ergaben sich jedoch nicht ohne Zufall. Von den Lokkungen des Turbinenantriebs verführt, kehrte die britische Admiralität schon bald zur Frage der Geschwindigkeit zurück. Teilweise war dies Versuchen mit turbinenangetriebenen Schiffen in Deutschland zuzuschreiben. Von dort wurde im September 1907 berichtet:

»Einige außergewöhnliche Ergebnisse sind mit dem Turbinen-Torpedobootszerstörer G 137 erzielt worden.... Bei den vorhergehenden Zerstörern..., ausgestattet mit Kolbenmaschinen, hat es sich... als unmöglich erwiesen, die Kontraktgeschwindigkeit zu erreichen, obwohl nacheinander mehrere verschiedenartige Propeller zum Einbau kamen. Bei G 137 jedoch, ausgerüstet mit Parsons-Turbinen, wurde bei der ersten Erprobungsfahrt eine Geschwindigkeit von nicht weniger als 33,9 kn erzielt, wobei das Kontrakterfordernis lediglich bei 30 kn lag. Die Erprobungsfahrten wurden mit voller Zuladung durchgeführt; die Wasserverdrängung betrug 580 t. Auf der gemessenen Meile lag die Geschwindigkeit, wie dargelegt, bei 33,9 kn und bei einer Erprobungsfahrt mit voller Antriebsleistung wurde fünf Stunden lang eine Geschwindigkeit von 33 kn gehalten. Wir sind nicht imstande, den großen Vorsprung in der erbrachten Antriebsleistung zu erklären. Doch die Tatsache, daß die Einführung der Parsons-Turbine in die deutsche Marine auf entschlossensten Widerstand bei bestimmten Stellen gestoßen ist, hat vermutlich seine Auswirkung gehabt, indem die Konstrukteure ver-

* Anmerkung des Verfassers: 36,58 kn ist der »Admiralitätsdurchschnitt«, errechnet aus sechs Erprobungsfahrten, die am 13. Juli 1900 vor der Mündung des Tyne durchgeführt wurden. Die bei zweien dieser Fahrten erreichte Höchstgeschwindigkeit betrug 37,11 kn.

Oben: Das deutsche Große Torpedoboot *G 137*, das zweite mit Parsons-Turbinen (580 t auf CWL, eine 8,8 cm S.K. achtern, zwei 5,2 cm, drei 45-cm-Torpedorohre), bei einer Erprobungsfahrt im Jahre 1907. Aus der Postkarten-Serie »Neptun« (Nr. 27), herausgegeben von Gebr. Lempe, Kiel. (Sammlung des Verfassers.)

anlaßt wurden, für alle Fälle einen beträchtlichen Vorsprung zu liefern.«[16]

Die britischen Zerstörer der ›Tribal‹-Klasse – die ersten fünf Einheiten wurden unter dem Bauprogramm des Haushaltes 1905/06 in Auftrag gegeben – hatten Ölfeuerung und waren in der Lage, acht Stunden lang eine Geschwindigkeit von 33 kn zu halten. Da die technischen Details erneut den Bauwerften überlassen blieben, variierten Seitenansicht und Ausrüstung, wenn auch bei allen Einheiten Parsons-Turbinen mit Drei-Wellen-Anordnung gleich waren. Die Typverdrängung reichte von 850 ts bis 1090 ts, während sich die Länge über alles von 76,20 m bis 85,34 m erstreckte.

Die Erprobungsfahrten ergaben, daß diese Zerstörer – beträchtlich größer als *G 137* – unter günstigen Bedingungen sehr hohe Geschwindigkeiten liefen. HMS TARTAR, auf der Werft John J. Thornycroft & Co. Ltd. in Woolston bei Southampton gebaut, erzielte bei sechs Erprobungsfahrten, die im Dezember 1907 in der Themsemündung durchgeführt wurden, eine Durchschnittsgeschwindigkeit von 35,672 kn. Die auf der Werft von J. Samuel White & Co. Ltd. In East Cowes auf der Isle of Wight gebaute HMS MOHAWK erbrachte im Verlaufe von sechs Erprobungsfahrten in der Nähe der Maplin Sands eine Durchschnittsgeschwindigkeit von 34,511 kn. Die schnellsten Erprobungsfahrten absolvierten HMS TARTAR mit 37,037 kn und HMS MOHAWK mit 35,019 kn; Geschwindigkeiten, von denen die britische Admiralität annahm, sie stellten einen ausreichenden Überlegenheitsabstand gegenüber Rivalen wie dem deutschen *G 137* dar. Obwohl sich die Zerstörer der ›Tribal‹-Klasse im Dienstbetrieb bald als unwirtschaftlich herausstellten, war die Leistungsfähigkeit des Turbinenantriebs deutlich geworden. Alle nachfolgenden britischen Zerstörer erhielten diese Antriebsart, wenn auch eine Vervollkommnung erst mit der Einführung der Getriebeturbinen im Verlaufe des Ersten Weltkrieges eintrat.[17]

Die ersten großen Kriegsschiffe mit Turbinenantrieb

1902/03 gab die Royal Navy vier Kreuzer 3. Klasse, sog. »Geschützte Kreuzer«, in Auftrag, die später als die ›Gem‹-Klasse bezeichnet wurden. DIAMOND, SAPPHIRE und TOPAZE besaßen konventionelle Dreifach-Expansionsmaschinen mit Zwei-Wellen-Anordnung, während AMETHYST Parsons-Dampfturbinen mit Drei-Wellen-Anordnung erhielt. Die Schiffe hatten eine Wasserverdrängung von 3000 ts und wiesen bei einer Breite von 12,19 m eine Länge über alles von 113,92 m auf. Ihre Bewaffnung bestand aus zwölf 10,2 cm-Geschützen und acht 3-Pfünder-(4,7 cm-) Schnellfeuergeschützen, vier Maschinengewehren und zwei 45,7 cm-Torpedorohren in Unterwasser-Anordnung.

Ende 1904 wurden mit dreien dieser Kreuzer vor dem Einbau der Bewaffnung vergleichende Erprobungsfahrten durchgeführt. Die Fertigstellung der AMETHYST erfolgte schließlich im März 1905 auf der Werft von Armstrong, Whitforth & Co. Ltd. in Low Walker-on-Tyne mit von Parsons gelieferten Turbinen. Ihre Schwesterschiffe TOPAZE und SAPPHIRE mit Kolbenmaschinen wurden im November 1904 auf der Werft von Cammell, Laird & Co. Ltd. in Birkenhead/Liverpool bzw. im Februar 1905 auf der Werft der Palmer's Shipbuilding & Iron Co. Ltd. in Jarrow-on-Tyne fertiggestellt.[18]

Die Kontraktgeschwindigkeit von 21,75 kn bei einer Antriebsleistung von 9000 PSi bei forcierter Fahrt wurde ohne weiteres überschritten: TOPAZE 22,1 kn bei 9868 PSi, SAPPHIRE 22,34 kn bei 10 200 PSi und AMETHYST 23,63 kn bei 14 002 WPS. Die See-Erprobungen zeigten auf, daß die Seeausdauer mit einer Standardzuladung von 750 ts Kohle bei der TOPAZE mit Kolbenmaschinen 7300 sm bei 10 kn betrug, verglichen mit nur 5570 sm für das mit Turbinen ausgerüstete Schwesterschiff. Bei 14 kn Geschwindigkeit glichen sich die Werte für die Seeausdauer an: 5100 sm bzw. 4950 sm. Mit 20 kn konnte die AMETHYST jedoch 3160 sm zurücklegen, d. h. immerhin fast das Doppelte der Fahrstrecke ihrer konventionell angetriebenen Schwesterschiffe.

Der gelungene Entwurf des Turbinenkreuzers überzeugte den Chef des Marinekonstruktionsamtes (Director of Naval Construction), für das neue »All big gun»-Schlachtschiff DREADNOUGHT Turbinen vorzusehen. Obwohl die Zwei-Wellen-Anordnung die Antriebsleistung auf 24 700 WPS und die Dienstgeschwindigkeit auf etwa 21 kn beschränkte, wurde das neue Schiff ein augenblicklicher Erfolg und ließ jedes andere Schlachtschiff veralten. Dieser große Vorteil wird im allgemeinen dem Weitblick von Admiral Sir John Fisher[19] zugeschrieben, aber er ist wohl mehr dem Chef des Marinekonstruktionsamtes und dessen Stab – der schon die vorausgegangene LORD NELSON-Klasse ausschließlich mit 30,5-cm-Geschützen bewaffnen wollte – und der Entwicklung leistungsfähiger Turbinen durch Sir Charles Parsons zu verdanken.

Gegenüber früheren Schlachtschiffen steigerten die Turbinen die Geschwindigkeit nur um ein paar Knoten, aber die Gewichtseinsparung (verglichen mit Kolbenmaschinen) gestattete den Einbau eines besseren Panzerschutzes, ohne die Wasserverdrängung beträchtlich zu erhöhen. Doch noch vor 1914 übernahmen Schiffe mit erneut fortgeschrittenerer Technik die Aufgabe der DREADNOUGHT, die allmählich zu veralten begann.

Das Flottenwettrüsten

Große Vorteile beim Entwurf der Schlachtschiffe haben schon häufig ihre Zeitgenossen auf einen Schlag in den Schatten gestellt. Die britische ›Admiral‹-Klasse hätte in einem Gefecht Schiff gegen Schiff jedes frühere Panzerschiff niederkämpfen können – und es ist sogar behauptet worden, daß ein einziges Schiff der ›Admiral‹-Klasse im selben Gefecht alle vor 1881 gebauten Panzerschiffe hätte besiegen können und wäre verhältnismäßig unversehrt daraus hervorgegangen.

Die MAJESTIC-Klasse aus den 1890er Jahren verkörperte einen weiteren Fortschritt, wenn auch nicht so deutlich. Ein einziges Schiff dieses Schlachtschifftyps hätte kein aus Schiffen der ›Admiral‹-Klasse bestehendes Geschwader niederkämpfen können, aber eine Schlacht zwischen Flotten gleicher Größe wäre zugunsten der ersteren ausgegangen. Der Wert eines jeden individuellen Fortschritts dauerte jedoch nur so lange an, bis auch ein potentieller Gegner Schiffe des verbesserten Typs baute. Zumindest in Großbritannien konnte die Überlegenheit gewöhnlich dadurch verlängert werden, weil es mehr Schiffe als jedes andere Land baute. Doch dieser Anspruch war nur so lange berechtigt, wie die technische Überlegenheit bei der Royal Navy verblieb, um andere zu zwingen, der Führung nachzujagen. Ging der technische Fortschritt jedoch ans Ausland über, so hatten die Briten viel zu verlieren. Ihre Geschwader konnten auf einen Schlag veraltet sein.

Den wichtigen Bauprogrammen Großbritanniens von 1888/89 und 1893/94 lag hauptsächlich die Absicht zugrunde, den »Two Power Standard« aufrechtzuerhalten – d. h. die Royal Navy mußte genauso stark sein wie die beiden nächstfolgenden Marinen in der Weltrangliste zusammengenommen oder sie an Stärke noch übertreffen. Die erste Krise – in Großbritannien damals als »Flottenpanik« bezeichnet – ergab sich aus einem Bericht von drei hochangesehenen Admiralen, der Zweifel an der Wirksamkeit aufkommen ließ, mit der Großbritannien die erforderliche Stärke erreicht hatte. Der Bericht wies darauf hin, daß anstelle von fünf einzelnen Schiffen, die in Dienst gestellt worden waren, eine ganze Flotte neuer Schlachtschiffe erforderlich wäre. Die zweite Krise entstand, als im Mittelmeer das nagelneue Panzerschiff VICTORIA nach einer Kollision mit dem Panzerschiff CAMPERDOWN sank.

Als in Frankreich ein wirksames rauchloses Treibmittel auftauchte, veralteten damals die Geschütze, die als Treibmittel für die Geschosse das britische *Prismatic Brown Powder* verwendeten, fast über Nacht. Schließlich entwickelte die Geschützfabrik Sir W.G. Armstrong & Co. Ltd. in Elswick eine leistungsfähige Schnellfeuerkanone (S.K.). Imstande, fünfzehn 15,2-cm-Granaten pro Minute abzufeuern, revolutionierte diese Waffe die Seekriegsführung. Bedauerlicherweise für Großbritannien verbreitete das in die Werft Armstrong gesetzte Vertrauen hinsichtlich des Exportes von Kriegsschiffen dieses Geheimnis bald weltweit.

Die Möglichkeiten des Unterseebootes und der Seemine wurden in Großbritannien weitgehend ignoriert, bis sich unter großen Opfern aus den Erfahrungen des Ersten Weltkrieges eine andere Erkennntnis durchsetzte. Doch bis 1914 gab es in dieser Hinsicht nirgendwo einen Fortschritt.

Wenn auch die Royal Navy häufig durch politische Unentschlossenheit und durch das Fehlen finanzieller Mittel gelähmt wurde, so war die Flotte immer noch stark genug, um das Deutsche Reich oder den Zweibund[20] – beides schwache Seemächte – davon abzuhalten, in den zweiten Burenkrieg von 1899 bis 1902 einzugreifen. Der gelungene DREADNOUGHT-Entwurf und die weltweite Einführung des Turbinenantriebs machten es den zur See schwächeren Nationen leicht, größere und bessere Schiffe in der Erkenntnis zu entwerfen, daß die große zahlenmäßige Überlegenheit der Royal Navy durch die technischen Fortschritte ernstlich gefährdet war. Die Entwicklung schritt erstaunlich rasch voran. Bei den Erprobungsfahrten im Herbst 1914 erreichte der britische Schlachtkreuzer TIGER 29,7 kn mit einer überwältigenden Antriebsleistung von 104 635 WPS – eine viermal höhere Antriebsleistung, als sie die DREADNOUGHT lediglich sieben Jahre zuvor erzielt hatte. Doch selbst diese Leistung erfüllte die Kontraktbedingungen nicht.

In sehr bemerkenswerter Weise entschloß sich die deutsche Seite, die Royal Navy herauszufordern. Auch Admiral Fisher erkannte die Gefahr und drängte darauf, viele veraltete Schiffe zu verschrotten, da sie nicht mehr imstande waren, der Royal Navy noch wertvolle Dienste zu leisten. Eine Verringerung der zahlenmäßigen Stärke ihrer Flotte konnte jedoch die britische Regierung nicht billigen, was auch immer an qualitativen Mängeln bei den einzelnen Schiffen vorhanden war. Die Zielsetzung war immer noch der »Two Power Standard«.

Als erste Marine im kontinentalen Europa unternahm die französische Versuche mit dem Turbinenantrieb und gab im März 1898 bei der Werft Forges et Chantiers de la Méditerranée in Le Havre (Zweigwerft von La Seyne/Toulon) das Torpedoboot LIBELLULE in Auftrag, ausgestattet mit einer versuchsmäßigen Rateau-Turbinenanlage. Allerdings gelangte dieses Boot erst 1904 zur Fertigstellung. Bedauerlicherweise erwies sich die Anlage als nicht leistungsfähig; sie lieferte lediglich eine Antriebsleistung für eine Höchstgeschwindigkeit von nur 15 kn. Ein größerer Erfolg gelang mit dem Torpedoboot *293* (39,5 m Länge über alles, 94 t Wasserverdrängung), im Oktober 1902 bei der Werft A. Normand & Co. in Le Havre in Auftrag gegeben. Es erreichte 1904 mit Parsons-Turbinen in Drei-Wellen-Anordnung 27,3 kn und das im Entwurf ähnliche Torpedoboot *294* (39,45 m Länge über alles, 100 t Wasserverdrängung), im März 1903 in Auftrag gegeben, erzielte bei den Erprobungsfahrten 1905 mit Bréguet-Laval-Turbinen in Zwei-Wellen-Anordnung eine Geschwindigkeit von 25,14 kn. Die französische Marine hatte jedoch das Antriebsproblem viele Jahre lang vernachlässigt und war nicht in der Lage, die Verwendung von Turbinen fortzuführen. Der fehlgeschlagene Versuch, mit der ersten Laval-Turbinenanlage eine ausreichende Antriebsleistung zu erzielen, stellte für ihre Befürworter eine große Enttäuschung dar.

Die deutsche Marine hatte sich eine bessere Ausgangslage als die französische gesichert und genoß ein weitaus höheres fachliches Ansehen. Die Entwicklung des Turbinenantriebs machte in Deutschland rasche Fortschritte. Sie begann mit dem Torpedoboot *S 125* 1903/04 auf der Werft F. Schichau in Elbing gebaut (64,70 m Länge über alles, 454 t Einsatzverdrängung) und dem Kleinen Kreuzer LÜBECK, im April 1905 fertiggestellt (Bauwerft A.G. ›Vulcan‹ in Stettin).[21]

Ansonsten liefen vor der Fertigstellung der HMS DREADNOUGHT in Großbritannien nur bei wenigen Marinen Kriegsschiffe mit Turbinenantrieb vom Stapel. Dennoch war die erste Herausforderung erfolgt. Die deutsche Seite war sich durchaus bewußt, daß die britische Schiffbauindustrie sie leicht überflügeln konnte, erkannte aber klar, daß die politische Führung Großbritanniens nicht immer bereit sein würde, große Marineausgaben in Kauf zu nehmen – und daß sich der Bau der Kriegsschiffe über eine große Anzahl Werften von unterschiedlicher Leistungsfähigkeit verteilte. Daher traf der deutsche Admiralstab die Entscheidung, sich auf wenige Werften von hohem technischen Standard sowie auf mehrere Flottengesetze zu stützen. Letztere fanden im Bauprogramm von 1909 ihren Höhepunkt; denn hier wurden die Richtlinien fur den raschen Ausbau der Kaiserlichen Marine festgelegt.[22] Großadmiral v. Tirpitz, dem der Übergang von Küstenverteidigungsstreitkräften zur zweitstärksten Marine der Welt zugeschrieben werden konnte, war sich des Risikos durchaus im klaren, das hierbei eingegangen wurde. Der

Bau der neuen Schiffe führte zu einer Flotte, die sogar als »Risikoflotte« bezeichnet wurde. Ihr lag der Gedanke zugrunde, daß Deutschland eine so starke Schlachtflotte besitzen müßte, um einer Royal Navy, die durch koloniale Verpflichtungen weit auseinandergezogen wäre, zumindest in der Nordsee überlegen zu sein. Daher würde es Großbritannien nicht wagen, einen Gegner anzugreifen, der insgesamt als die schwächere Seemacht angesehen wurde.[23]

Die britische Seite betrachtete das Wachsen der deutschen Marine mit beträchtlicher Besorgnis, obwohl wenig unternommen wurde, ausgenommen den Neubau von Schiffen. Im Jahre 1909 gab Kaiser Wilhelm II. jedoch dem »Daily Telegraph« ein Interview, das die Briten im allgemeinen und die Royal Navy im besonderen verächtlich machte. Eine schärfer urteilende öffentliche Meinung zwang danach die damalige britische Regierung, den Bau einer ständig wachsenden Anzahl neuer Kriegsschiffe zu billigen. Doch wohin sollte dieses Wettrüsten führen?

Das Passagierschiff mit Turbinenanlage

Der Erfolg des Einbaus von Turbinenanlagen in britische Zerstörer, selbst wenn diese Auffassung von der Flotte noch nicht geteilt wurde, überzeugte Sir Charles Parsons und seine Geldgeber, daß eine ähnliche Maschinenanlage auch für Passagierdampfer geeignet sein könnte. Seine Begeisterung wurde nicht von deren Besatzungen geteilt, die mit den vervollkommneten Kolbenmaschinen zufrieden waren. Durch Tandem-Verbund-Diagonalmaschinen angetriebene Raddampfer wurden von den in vielen Teilen Großbritanniens vorhandenen Schiffahrtslinien zur Bewältigung des starken Passagierverkehrs in den Flußmündungen immer noch bevorzugt. Die sich am frenetischsten äußernden Linien befuhren den Clyde, da sich dort zwischen den im Raum Glasgow tätigen selbständigen Eisenbahngesellschaften ein heißer Konkurrenzkampf entwickelt hatte. Parsons erkannte deutlich, um den Wettbewerb mit den herkömmlichen Raddampfern aufzunehmen, müßte zur Überzeugung der Skeptiker ein Turbinenschiff auf dem Clyde verkehren.

Von der Parsons Marine Steam Turbine Co. Ltd., der Werft William Denny & Brothers in Dumbarton bei Glasgow und dem Handelsschiffskapitän John Williamson wurde ein Syndikat gegründet, um einen Turbinendampfer zu bauen und mindestens ein Jahr lang fahren zu lassen. Das Ergebnis war die im Mai 1901 auf der Denny-Werft als Bau-Nr. 651 vom Stapel gelaufene KING EDWARD. Es hatte eine Turbinenanlage mit Drei-Wellen-Anordnung und wies bei einer Breite von 9,19 m eine Länge über alles von 76,35 m auf. Den Antrieb der Mittelwelle mit einem einzigen Propeller lieferte die Hochdruckturbine, während die Niederdruck- und die Umsteuerungsturbine mit den Außenwellen, jede mit zwei Propellern versehen, gekoppelt waren. Im Gegensatz zu den vorausgegangenen Kriegsschiffen hatte die KING EDWARD konventionelle Doppelenderkessel, die mit einem mäßigen Betriebsdruck von 10,2 atü arbeiteten. Das Schiff war auch zu einer raschen Umwandlung in einen Raddampfer entworfen, falls die Turbinen die Erwartungen nicht erfüllten.

Die Besorgnisse erwiesen sich als grundlos, als das neue Schiff nach Versuchen mit verschiedenen Propellermodellen im Juni 1901 auf der Skelmorlie-Meile eine Durchschnittsgeschwindigkeit von 20,48 kn erzielte. Die beste Erprobungsfahrt erbrachte eine Geschwindigkeit von 20,57 kn, mehr als zwei Knoten schneller als der leistungsfähigste der Raddampfer. KING EDWARD erwies sich als großer Erfolg und das Schiff blieb 50 Jahre im Dienst, auch wenn sich Manövrierfähigkeit und Umsteuerung gegenüber den Raddampfern als unterlegen zeigten.

Der Erfolg der bahnbrechenden Clyde-Dampfer reichte aus, um andere zu überzeugen, daß der Turbine der Vorzug gebührte. Zu den ersten Turbinendampfern, die in Dienst gestellt wurden, gehörte der 1676 BRT große Kanalpostdampfer QUEEN der South Eastern & Chatham Railway, der 1903 mit einer Länge über alles von 94,49 m in Auftrag gegeben worden war. Das erste deutsche Passagierschiff mit Turbinenantrieb war die 563 BRT große *392*, die spätere ADLER der Hamburg-Amerika-Linie. Dieses Schiff wurde von den Howaldtswerken in Kiel als spekulatives Wagnis gebaut und lief

Unten: HMS DREADNOUGHT, in Fahrt auf dem Spithead. Erstes »All big gun«-Schlachtschiff (zehn 30,5 cm) mit Turbinenantrieb der Welt. Foto von S. Cribb, Southsea, veröffentlicht von The Rapid Photo Printing Co. Ltd., London. (Sammlung des Verfassers.)

Oben: Der 10629 BRT große Turbinen-Schnelldampfer VICTORIAN, 1905 bei Workman, Clark & Co., Belfast, fertiggestellt. Der Liner führt die Reedereifarben der Allan Line vor dem Ersten Weltkrieg. Eine »Oilette»-Postkarte aus der Reihe »Berühmte Passagierschiffe« (Nr. 9213), herausgegeben von Raphael Tuck & Sons. Künstler unbekannt. (Sammlung des Verfassers.)

im Oktober 1904 vom Stapel. Eine Zoelly-Turbine mit 1200 WPS Leistung trieb einen einzelnen Propeller an und verlieh ihm eine Geschwindigkeit von 15,5–16 kn.

Wo kleinere Reedereien führten, folgten die größeren Unternehmen bald nach. So beschloß die Cunard-Linie, einen Turbinendampfer von erstaunlicher Größe zu bauen, um gegen ein Schwesterschiff mit Kolbenmaschinen in den Wettbewerb zu treten. Doch die weniger bekannte Allan-Linie, später von der Canadian Pacific Navigation Company aufgekauft, brachte als erste größere Reederei 1905 mit der VIRGINIAN (10757 BRT) und der VICTORIAN (10629 BRT) hochseegehende Turbinendampfschiffe in Fahrt. Auf den Werften von A. Stephen & Sons in Glasgow und Workman, Clark & Co. Ltd. in Belfast gebaut, hatten sie Parsons-Turbinen mit einer Antriebsleistung von 12000 WPS und einer Drei-Wellen-Anordnung erhalten. Vom Entwurf her sollte eine optimale Dienstgeschwindigkeit von 17 kn erreicht werden – wie Parsons und Denny mit der KING EDWARD herausgefunden hatten, waren unterhalb dieser Geschwindigkeit Kolbenmaschinen häufig genauso wirtschaftlich. Bei den Erprobungsfahrten erzielte die VICTORIAN eine vielversprechende Durchschnittsgeschwindigkeit von 19,8 kn.

Mit Ausnahme ihrer Antriebsanlagen waren die auf der Werft von John Brown & Company in Clydebank gebauten Passagierschiffe CARONIA (19687 BRT) und CARMANIA (19524 BRT) der Cunard-Linie in jeder Beziehung Schwesterschiffe. Die Fertigstellung des ersteren erfolgte im Februar 1906, gefolgt vom letzteren im Dezember. Beide wiesen bei einer Breite von 22,02 m eine Länge über alles von 205,74 m auf und hatten eine Wasserverdrängung von ca. 30000 ts. Als Antriebsanlage besaß die CARONIA zwei Vierzylinder-Vierfach-Expansionsmaschinen mit einer Leistung von 21000 PSi. Das für eine Dienstgeschwindigkeit von 18 kn entworfene Schiff lief auf der Skelmorlie-Meile immerhin 19,5 kn. Die CARMANIA dagegen war mit einer Parsons-Turbinenanlage und Drei-Wellen-Anordnung ausgerüstet. Die Hochdruckturbine wirkte auf die Mittelwelle, während die Niederdruck- und die Umsteuerungsturbine an die Außenwellen gekoppelt waren.

Die Erprobungsfahrten erwiesen, daß das durch Turbinen angetriebene Schiff imstande war, eine Geschwindigkeit von etwas über 20 kn zu erbringen, wenn auch diese Tatsache später mehr der veränderten Linienführung am Heck als der Maschinenanlage zugeschrieben wurde. Nach allgemein übereinstimmender Meinung waren die Vierfach-Expansionsmaschinen der CARONIA billiger und weniger problematisch in der Wartung, wohingegen die Turbinen der CARMANIA ruhiger liefen.

Bei Ausbruch des Ersten Weltkrieges als Hilfskreuzer in Dienst gestellt, wurde die CARMANIA für die Vernichtung des deutschen Passagierschiffes CAP TRAFALGAR 1914 auf der Höhe der Ilha da Trindade bekannt (siehe unten).

Der Verlust des Blauen Bandes für die schnellste Atlantiküberquerung an KAISER WILHELM DER GROSSE, wenn auch der Cunard-Linie diese Ehrung nie offiziell zuerkannt worden war, stellte eine große nationale Enttäuschung dar. Angesichts der ernsten Auswirkungen der deutschen Vorrangstellung auf den britischen Anteil am Nordatlantikverkehr gewährte 1903 die damalige britische Regierung der Cunard-Linie eine Anleihe von 2,6 Millionen Pfund Sterling zu einem Zinssatz von 2,75% aus dem Interesse heraus, einen Passagierdampfer mit Turbinenantrieb zu bauen, um das Blaue Band zurückzuholen. Die einzige Bedingung war, daß das Schiff so ausgerüstet werden sollte, um – falls erforderlich – als Hilfskreuzer eingesetzt zu werden.

Die für das Jahr 1907 vorgesehene Rückkehr in das Nordatlantikgeschäft gemahnte daran, daß dieser Schritt schon lange überfällig war. Nach den Ergebnissen des Jahres 1904 hatte der Norddeutsche Lloyd 135547 Passagiere befördert, gefolgt von der Hamburg-Amerika-Linie mit 120323 Passagieren. Die Cunard-Linie hatte lediglich 82851 Passagiere befördert, während die White Star Line – eine in Großbritannien registrierte Schiffahrtslinie, die sich weitgehend in amerikanischer Hand befand – mit 82 332 Passagieren den vierten Rang einnahm. Hinter ihr kamen die Compagnie Générale Transatlantique (bekannt in Großbritannien als »Die französische Linie«) mit 50 609 Passagieren, die unter belgischer Flagge fahrende Red Star Line mit 48 586 Passagieren und die American Line mit 37 251 Passagieren. Vom Durchschnitt der beförderten Passagiere pro Reise ausgehend, erwiesen sich die deutschen Schiffe immer noch als erfolgreich. Die Hamburg-Amerika-Linie beförderte mit ihren Schiffen durchschnittlich 1256 zahlende Passagiere, gefolgt vom Norddeutschen Lloyd mit 1201 Passagieren. Die entsprechenden Zahlen für die Cunard-Linie und die White Star Line lagen bei 906 bzw. 869 Passagieren.

Als Folge des Eingreifens der Regierung wurden die prachtvollen Halbschwestern LUSITANIA und MAURETANIA gebaut. Die LUSITANIA lief am 7. Juni 1906 auf der Werft von John Brown & Company in Clydebank vom Stapel. Bei einer Breite von 26,77 m hatte sie eine Länge über alles von 240,79 m. Das 31 550 BRT große Schiff war damals das größte in Fahrt befindliche britische Schiff überhaupt. Bei den Erprobungsfahrten erreichte die LUSITANIA mit direkt wirkenden Parsons-Turbinen und Vier-Wellen-Anordnung eine Geschwindigkeit von 26,45 kn, allerdings ohne die unangenehmen Vibrationen, die einige ihrer deutschen Rivalinnen mit Kolbenmaschinen im Fahrverhalten so beeinträchtigten.

Sehr zur Freude ihrer Eigner und der britischen Bevölkerung übernahm die LUSITANIA auf ihrer zweiten Reise das Blaue Band für die Westüberquerung des Atlantik vom Schnelldampfer KAISER WILHELM II. Ihre Durchschnittsgeschwindigkeit lag nur um einen winzigen Bruchteil unter 24 kn.

Die auf der Werft von Swan, Hunter & Wigham Richardson in Wallsend-on-Tyne gebaute MAURETANIA glich im wesentlichen der LUSITANIA mit der Ausnahme, daß ihr Rauminhalt ursprünglich mit 31 938 BRT angegeben worden war. Nach einem Austausch des Blauen Bandes mit der LUSITANIA verschaffte der Einbau verbesserter Propeller 1909 einen beträchtlichen Vorteil. Mit einer Durchschnittsgeschwindigkeit von 25,69 kn für die Atlantiküberquerung gewann die MAURETANIA das Blaue Band zurück und hielt diesen Rekord 20 Jahre lang.[24]

Obwohl auf deutscher Seite weiterhin große Schiffe gebaut wurden, war keines von ihnen in den Jahren vor dem Ersten Weltkrieg der LUSITANIA und MAURETANIA ebenbürtig. Im Anschluß an diese beiden Schiffe gab die Cunard-Linie sogar ein noch größeres Schiff in Auftrag: die AQUITANIA, während die White Star Line zuerst mit der OLYMPIC und dann mit der glücklosen TITANIC und der BRITANNIC dagegen setzte. Die Konstrukteure der White Star Line lösten die erkannten Schwächen der Turbinen mit Direktantrieb – eine vergleichsweise Unwirtschaftlichkeit bei niedrigen Fahrtstufen sowie die bei diesen Turbinen nicht vorhandene Möglichkeit zur Umsteuerung –, indem sie die Schiffe zusätzlich mit Kolbenmaschinen ausstatteten. Das bevorzugte Verfahren, 1906 erfolgreich auf dem Torpedobootszerstörer VELOX erprobt, bestand darin, Hochdruckdampf von den Kolbenmaschinen in eine Niederdruckturbine zu leiten. Diese Anordnung fand sowohl bei der OLYMPIC als auch bei der TITANIC Anwendung: konventionelle Maschinen trieben die Außen- und Turbinen die Innenwellen an.

Parsons fand schließlich 1909 mit der von ihm gefertigten Getriebeturbine eine bessere Lösung. Er kaufte das von einer Dreifach-Expansionsdampfmaschine angetriebene Dampfschiff VESPASIAN von seinen Eignern an und unterzog es einer gründlichen Erprobung. Danach wurde die Maschinenanlage durch eine Standardturbine ersetzt. Ein mit ihr verbundenes Getriebe untersetzte auf 20 : 1. Die ursprünglichen Kessel und Propeller wurden beibehalten. Der Brennstoffverbrauch verringerte sich um etwa 20%. Von da an wurden die meisten Kriegsschiffe, die eine hohe Geschwindigkeit liefen, und viele Dampfer im Kanalverkehr mit Getriebeturbinen ausgerüstet.

Die leistungsfähige Turbine mit Direktantrieb hatte viel dazu beigetragen, die ins Abseits geratene Vorherrschaft der britischen Schiffbauindustrie bis 1910 wiederherzustellen. Die Rückgewinnung des Blauen Bandes, auch wenn die Cunard-Linie und andere Reedereien seine Existenz nicht offiziell zugaben, war eine große moralische Stärkung; und der Niedergang der vibrationsanfälligen deutschen Schiffe verdroß den deutschen Kaiser nicht nur, sondern beunruhigte auch Albert Ballin und dessen Mitdirektoren der Hamburg-Amerika-Linie. Die einzige Antwort darauf mußte lauten, sogar noch größere Schiffe zu bauen und statt der massigen Kolbenmaschinen, mit denen sich die deutschen Bauwerften früher hervorgetan hatten, den Turbinenantrieb zu akzeptieren.

Die neuen deutschen Passagierliner wiesen einfach atemberaubende Dimensionen auf: IMPERATOR, auf der neuen Werft A.G. ›Vulcan‹ in Hamburg gebaut, und VATERLAND, entstanden bei Blohm & Voss in Hamburg. Die registrierte Tonnage dieser Kolosse betrug 52 117 BRT bzw. 54 282 BRT. Zum Zeitpunkt ihrer Fertigstellung waren beide nacheinander das jeweils größte Schiff der Welt; beide hatten eine Länge von mehr als 275 m.[25] Noch ein dritter Riese hätte hinzukommen sollen: die BISMARCK (56 551 BRT, 291,30 m Länge über alles). Doch das Heraufkommen des Krieges verzögerte die Fertigstellung bis 1922.

IMPERATOR und VATERLAND brachen jedoch nur den Größenrekord; ihre Dienstgeschwindigkeit betrug lediglich 23 kn.[26] Trotz der Pracht ihrer Ausstattung ist es strittig, ob die beiden deutschen Schiffe die britischen Königinnen des Atlantik in den Schatten gestellt hätten. Vor allem die IMPERATOR war sehr topplastig. Auf ihrer Jungfernreise erwies sich ihr großes Obergewicht als derart nachteilig, daß sie einem radikalen Umbau unterzogen werden mußte. Ihre Schornsteine wurden um drei Meter verkürzt und der größte Teil der schweren Marmortäfelung wurde aus den Räumen über dem Oberdeck entfernt und durch ein leichteres Material ersetzt. Um die Neigung zum Krängen und Rollen zu verringern, erhielten die Kielräume eine beträchtliche Menge Beton als Ballast.

Keines dieser riesigen deutschen Passagierschiffe spielte im Verlaufe des Krieges eine Rolle. Die IMPERATOR lag aufgelegt in Hamburg und die VATERLAND in New York. Ironischerweise setzte sich ihr Nachkriegswerdegang unter der britischen bzw. der amerikanischen Flagge fort.[27]

Den Verlust der »unsinkbaren« TITANIC ausgenommen, verschiedentlich ihrer Glücklosigkeit, sorgloser Navigation oder – erst vor kurzem – der Sprödigkeit ihrer Beplattung in kalten Gewässern zugeschrieben, war die Versenkung der LUSITANIA am 7. Mai 1915 die größte Tragödie, die diesen prächtigen Schiffen widerfuhr. Dieses Ereignis war um so bitterer, da es sich in Sichtweite von Land ereignete. Der Untergang eines so großen Schiffes, verursacht durch einen einzigen, von *U 20* abgeschossenen Torpedo, ist bei vielen Gelegenheiten in Frage gestellt worden. Es scheinen jedoch kaum mehr Zweifel daran zu bestehen, daß sein Sinken tatsächlich einer zusätzlichen inneren Explosion – vielleicht der Detonation von Munition oder der Entzündung von Kohlenstaub – zugeschrieben werden muß, die den Schiffskörper weit aufriß.

Weitaus größer als der Verlust des Schiffes war die Auswirkung dieser Versenkung auf die internationalen politischen Beziehungen. Durch die britische Propaganda geschickt manipuliert, trug dieser Vorfall sehr zum Umschwenken der öffentlichen Meinung in den USA gegen Deutschland bei. Außerdem – wenn auch nicht in direkter Verbindung zu diesem Ereignis stehend – endeten damit auch die Tage der Gefahr für den britischen Handel durch Überwasser-Handelsstörer zugunsten der Bedrohung durch Unterseeboote.

Seehandel

Die im Seehandelsverkehr zurückzulegenden Entfernungen waren häufig gewaltig. Um einen typischen westafrikanischen Hafen, wie zum Beispiel Freetown in Sierra Leone, zu erreichen, mußten auf der Ausreise vom Londoner Hafen aus 3000 Seemeilen zurückgelegt werden; und Kapstadt lag in einer Entfernung von 6100 sm. Halifax auf Neuschottland, einer der nächstgelegenen nordamerikanischen

Oben: Der 52 117 BRT große Schnelldampfer IMPERATOR der Hamburg-Amerika-Linie unmittelbar nach der Fertigstellung. Beachte den Adler am Bug und die ursprünglichen hohen Schornsteine. Unten: Der Festsaal an Bord der IMPERATOR. Aus einer Postkarten-Serie »An Bord des Vierschrauben-Turbinen-Schnelldampfers IMPERATOR«, herausgegeben von NPG, Berlin 1913. (Sammlung des Verfassers.)

Häfen, war 2480 sm von Southampton entfernt und die zurückzulegende Strecke von Southampton nach New York betrug – grob geschätzt – 3060 sm, und die nach Kingston auf Jamaika 4065 sm.

Eine Reise von Southampton nach Port Stanley auf den Falkland-Inseln bedeutete 7310 sm, wohingegen sich die Entfernung nach Valparaiso über Rio de Janeiro, Buenos Aires und um Kap Hoorn auf 8460 sm belief.

Um von Southampton aus Pernambuco (heute Recife) in Brasilien zu erreichen, war eine Reise über 3960 sm erforderlich und nach Rio de Janeiro kamen weitere 1065 sm hinzu. Buenos Aires war etwa 6300 sm von London entfernt. Eine Reise von London aus nach Bombay umfaßte 6400 sm oder nach Kalkutta 8300 sm, wohingegen Hongkong etwa 9900 sm entfernt war. Die längsten Seewege führten nach Australien, wie zum Beispiel 9800 sm von London zum westaustralischen Hafen Fremantle. Eine Reise von Port Said nach Melbourne führte über 7915 sm mit zusätzlichen 575 sm nach Sydney und weiteren 1745 sm, um die Fiji-Inseln zu erreichen. Wellington auf Neuseeland lag über den Suez-Kanal 12 600 sm von London entfernt.

Die voraussichtliche Länge und Dauer von Seereisen waren vor allem für Dampfer hinsichtlich der ständigen Brennstoffergänzung von Bedeutung. Segelschiffe verließen sich offenkundig auf die Natur, wenn auch häufig die Launen des Wetters einen Streich spielten; aber sie waren von einer ständigen Versorgung nicht so abhängig. Das Aufkommen der Dampfschiffe führte zur Einrichtung von Anlagen, um Brennstoff zu bunkern, an einst unbedeutenden Plätzen und die Staaten schacherten oft bis an den Rand eines Krieges um Landstriche oder Inseln, die wertlos erschienen.

Vor dem Ersten Weltkrieg war das britische Empire die einflußreichste Kolonialmacht und in geografischer Hinsicht auch die mannigfaltigste. Da sich Großbritannien weitgehend auf den Seehandel stützen mußte, war es von lebenswichtiger Bedeutung, daß britische Schiffe so ziemlich überall auf der Welt an Großbritannien gehörenden Orten Kohlen übernehmen konnten. Mit Ausnahme Südamerikas war dieses Ziel bis 1914 auch erreicht worden.

Großbritanniens Wirtschaft hatte ihren Höchststand in den 1870er Jahren erzielt, zu einem Zeitpunkt, da viele Vorteile der Industrialisierung bereits eingeheimst waren. In dieser Zeit war das Deutsche Reich gerade erst aus einer Anzahl kleinerer Staaten entstanden, Frankreich litt noch unter den Folgen des Deutsch-Französischen Krieges und die USA waren, wenn auch große Fortschritte erzielend, noch immer nicht nur durch die schlechten Verkehrsverbindungen sondern auch durch eine Konzentration seiner Bevölkerung an der Ostküste benachteiligt.

Das Anwachsen des Protektionismus gegen Ende des 19. Jahrhunderts hatte jedoch Großbritanniens Handelsbilanz ernsthaft beeinträchtigt. Deutschland hatte von 1879 an einschränkende Handelsbestimmungen erlassen, Rußland war ihm von 1881 an gefolgt und Frankreich und Österreich-Ungarn beschnitten seit 1882 denselben Weg. In den USA waren 1890 bzw. 1897 das McKinley- und das Dingley-Gesetz verabschiedet worden, um die Wareneinfuhr aus dem Ausland zu beschränken. Selbst die Außenposten des britischen Empire blieben von dieser Praxis nicht verschont. Kanada erließ 1879 ein entsprechendes Gesetz und das Commonwealth Act von 1900 zwang Neusüdwales, die letzte Freihandelsbastion Australiens, sich der Linie des Staatenbundes zu unterwerfen.

Infolgedessen nahm Ende des 19. Jahrhunderts der Absatz einiger Industrieprodukte spürbar ab, wohingegen der Handel mit britischer Kohle sowie mit britischen Maschinen, Schiffen und Eisenbahnlokomotiven und ähnlichen Gütern blühte. Auf lange Sicht jedoch würde der Absatz von Gütern dieser Art nur von Erfolg gekrönt sein, wenn es den Konkurrenten gestattet wird, ihre eigenen Waren in größerem Umfange zu produzieren – um sie dann mit ständig zunehmendem Vorteil zu verteilen.

Nach dem *Fiscal Blue Book* von 1903 war der Gesamtwert der in Großbritannien hergestellten Baumwollwaren von 75 564 000 Pfund Sterling im Jahre 1880 auf 69 751 000 Pfund Sterling im Jahre 1900 zurückgegangen, während umgekehrt der Absatz von Kohle, Koks, Eisen, Stahl und anderen Metallen von 40 373 000 auf 76 258 000 Pfund Sterling anstieg. Ein Wachstum im Werte von 9 264 000 Pfund Sterling im Jahre 1880 auf 19 620 000 Pfund Sterling 20 Jahre später gab es auch bei Maschinenanlagen und Getrieben. Allein der Schiffbau erbrachte 1899 einen Wert von 9 897 000 Pfund Sterling.

Nachdem die USA Anfang der 1880er Jahre in der Weltstahlproduktion den ersten Platz eingenommen hatten, überholten sie 1899 auch Großbritannien in der Kohleförderung und übernahmen damit die Führung. 1895 hatte Deutschland unter den stahlerzeugenden Ländern Großbritannien auf den dritten Platz verwiesen und 1903 geschah dies auch in der Roheisenerzeugung. Außerdem stieg die deutsche Kohleförderung 1893–1913 um 159%, verglichen mit nur 75% in Großbritannien. Die entsprechenden Zahlen für die Rohstahlproduktion lagen bei 522% bzw. 136% und die Zahlen für die Ausfuhr von Industriegütern lauteten 239% bzw. 121%.

Bis 1908 hatte sich die deutsche Stahlerzeugung mit 10,9 Millionen Tonnen auf das Doppelte der Produktion Großbritanniens gesteigert. Produktionsstände dieser Größenordnung stellten jedoch letztlich eine Bedrohung dar. Anfangs wurde ein wesentlicher Teil der deutschen Stahlerzeugung zu verhältnismäßig niedrigen Preisen an Großbritannien verkauft, um damit die Schiffe zu bauen, die dann der britischen Wirtschaft das Geld einbrachten. Die deutschen Werften, deren Stahlbedarf weitaus geringer war, mußten denselben Stahl zu einem höheren Preis einkaufen. Letzten Endes hatte die britische Seite den Vorteil, da sie ihre Schiffe billiger bauen und deshalb auch billiger fahren konnte.

Die hohe Stahlproduktion in Deutschland erwies sich in den Anfangsphasen des Ersten Weltkrieges als vorteilhaft, da sie es ermöglichte, den Ausstoß der Werften mit verhältnismäßig wenig Schwierigkeiten zu steigern, während gleichzeitig die britischen Stahlhersteller unter Druck gerieten, die sich vorher auf den Stahl aus dem Ruhrgebiet verlassen hatten. Die begrenzte Kapazität der wenigen großen deutschen Werften verhinderte jedoch im Gegensatz zu Großbritannien eine weitere Steigerung im Schiffbau, der schließlich durch die Knappheit an Rohstoffen auch noch ernsthaft in Gefahr geriet.

Die britische Blockade, die weitaus wirksamer war, als der Durchbruch der wenigen Handelsstörer andeutete, trug ebenfalls viel dazu bei, die Fähigkeit Deutschlands zu verringern, um den Krieg zu gewinnen – und die Einführung des uneingeschränkten U-Bootkrieges im Frühjahr 1917 erwies sich als ein nur kurzfristig hoffnungsvoller Versuch, Großbritannien die Fähigkeit zur Ernährung seiner Bevölkerung zu nehmen.

Bis 1914 hatte sich der Anteil Großbritanniens an der Weltproduktion von Industriegütern von 32% im Jahre 1870 auf lediglich 14% verringert, obwohl sich diese Entwicklung hinter einem Anstieg der eigenen Produktion verbarg. Die einfache Erklärung dafür lautete, daß die britischen Fertigungsraten langsamer als die Weltproduktion gestiegen waren.

Der Umfang des Frachtverkehrs blieb Großbritannien noch erhalten, wenn auch die Reeder durch die Verringerung des europäischen Handels gezwungen waren, auf die Märkte in Asien, im Fernen Osten, in der Levante und – in geringerem Maße – in Südamerika auszuweichen. Dies steigerte wiederum die nationale Abhängigkeit vom Seehandel und beließ die britische Schiffbau- und Schiffsmaschinenbauindustrie bis zum Ausbruch des Ersten Weltkrieges in einer beherrschenden Position. Die Produktionszahlen stiegen zufriedenstellend. Im jährlichen Durchschnitt steigerte sich auf britischen Werften gebaute Tonnage von 463 500 BRT in den Jahren 1870–1874 auf 769 950 BRT von 1895 bis 1899. Eine Aufschlüsselung aus dem Jahre 1870 ergab, grob gerechnet, 86% für die heimischen Reedereien und 14% für den Export. Bis zum Ende des Jahrhunderts hatte sich dieses Verhältnis nur geringfügig auf 77% : 23% verändert.

Obwohl das Aufrechterhalten einer starken Schiffbauindustrie im

Verlaufe einer Zeitspanne allmählicher Rezession als eine Leistung angesehen werden konnte, war es einigen Ländern – besonders Deutschland – möglich, ihren Seehandel durch den Ankauf in Großbritannien gebauter Schiffe auszubauen, während gleichzeitig eigene leistungsfähige Industrien geschaffen wurden. Bis zum Ende des 19. Jahrhunderts waren von deutschen Reedern nur noch sehr wenige große Schiffe bei Werften außerhalb von Deutschland in Auftrag gegeben worden. In den ersten Jahren nach der Jahrhundertwende traten deutsche, französische und italienische Werften, häufig durch Subventionen unterstützt, sogar in den direkten Wettbewerb gegen britische Interessen ein.

Die Fertigstellung an Handelsschiffen von mehr als 100 BRT belief sich im Jahre 1900 in Großbritannien auf 1 442 471 BRT, in den USA auf 333 527 BRT und in Deutschland auf 204 731 BRT. Bis 1913 lauteten die entsprechenden Zahlen: Großbritannien 1 932 153 BRT, USA 276 448 BRT und Deutschland 465 226 BRT. Aus diesen Zahlen ist deutlich zu ersehen, daß das Deutsche Reich seine Schiffbauproduktion auf schwindelerregende 127% steigerte, obwohl die britischen Werften eine Zunahme ihrer Fertigungsrate um 34% verzeichneten, während sie in den USA sogar zeitweilig zurückging.

Laut »Lloyd's Register of Shipping« umfaßte am 1. Juni 1913 die britische Handelsmarine 43,5% der Welthandelstonnage. Auf den nächsten Plätzen folgten die USA mit 11,6%, Deutschland mit 10,8%, Norwegen mit 5,2% und Frankreich mit 4,7%. Die britischen Schiffe gehörten jedoch einer Vielzahl von Eignern, einige von ihnen besaßen nur ein paar Schiffe – unter Umständen vielleicht sogar nur ein einziges. Häufig wurden die Schiffe von besonderen Expedienten eingesetzt und von Unternehmensgruppen oder Einzelpersonen bereedert. Ihre Anteile waren traditionsgemäß in Vierundsechzigstel aufgeteilt.

Obwohl die britische Handelsmarine einige der größten, schnellsten und elegantesten Schiffe der Welt besaß, stellten 1914 mehr als sechs Zehntel der Handelsschiffe die »Trampdampfer« dar – so bezeichnet, weil diese Schiffe auf der Suche nach Fracht durch die Welt vagabundierten. Passagiere wurden auf ihnen selten befördert.

Der britische Trampdampfer des Jahres 1914 war verhältnismäßig klein, im Durchschnitt nur 3650 BRT groß, wurde aber sehr wirtschaftlich gefahren. Typisch für diese Größenordnung – wenn auch nicht von der Bauweise her – war das »Turret»-Schiff NONSUCH, 1906 auf der Wearside-Werft von William Doxford & Sons Ltd. für die Reederei Bowles Brothers & Company in London vom Stapel gelaufen.[28]* Bei einer Breite von 15,24 m, einer Länge über alles von 106,68 m und einem Tiefgang von 7,70 m hatte die NONSUCH eine Größe von 3826 BRT. Ihre Dreifach-Expansionsmaschine erbrachte eine Antriebsleistung von 1700 PSi und hatte bei einem Kolbenhub von 1,14 m Zylinderdurchmesser von 0,61 m, 1,04 m und 1,73 m. Der Brennstoffverbrauch lag bei etwa 101,6 kg (2 cwt) Kohle pro Seemeile oder 0,590 kg/PSi/sm (1,3 lb/ihp/mile) bei 10 kn.

Der Bunkerraum hing von der Länge der zu unternehmenden Reise ab, denn soviel Schiffsraum wie möglich blieb der gewinnabwerfenden Ladung vorbehalten. Die zweckgebauten Bunker faßten 361 ts Kohle, ausreichend für eine Fahrstrecke von 3600 sm. Wurden auch noch die Reservebunker und der kleine Brückenladeraum vollgebunkert, dann stieg der maximale Kohlevorrat auf 1372 ts. Infolgedessen hätte die NONSUCH, zumindest theoretisch, ohne

* Anmerkung des Verfassers: Anfang der 1890er Jahre von Doxford patentiert, verbesserte diese Bauweise das Verhältnis zwischen Deadweight- und BRT-Tonnage und stellte einen erfolgreichen Versuch dar, die Gebühren für die Passage des Suez-Kanals in bezug auf den Umfang der beförderten Ladung zu senken. Die Bordwände oberhalb der Wasserlinie waren nach innen gebogen, um ein sehr viel schmaleres Oberdeck zu erhalten. Doxford baute bis 1914 immerhin 176 dieser sogenannten »Turret»-Schiffe.

Unten: Der 1907 BRT große Frachter PATMOS der Deutschen Levante-Linie (1902 bei der A.G. ›Neptun‹ in Rostock gebaut) beim Auslaufen aus Hamburg. (Sammlung des Verfassers.)

Brennstoffergänzung von London nach dem neuseeländischen Hafen Wellington versegeln können. Diese Leistungsfähigkeit – typisch für so ziemlich alle Schiffe dieser Bauart – stellte auch den entscheidenden Faktor für den Erfolg der deutschen Hilfskreuzer MÖWE und WOLF dar (siehe weiter unten).

Einige wenige Reedereien, die weit größer als jene waren, die auf britischer Seite aufgeboten werden konnten, beherrschten die deutsche Handelsmarine. Außerdem war ein Großteil der Schiffe entweder nur für den Passagierverkehr oder für eine Kombination aus Passagier- und Frachtverkehr bestimmt.

Nahezu zwei Drittel der insgesamt in Deutschland registrierten Handelsschiffstonnage gehörten lediglich elf Reedereien, die als führend anzusehen waren: die Hamburg-Amerika-Linie, der Norddeutsche Lloyd, die Hamburg-Südamerikanische Dampfschiffahrts-Gesellschaft, die Roland-Linie A.G., die Deutsche Levante-Linie, Woermann-Linie A.G., Deutsche Dampfschiff-Gesellschaft »Hansa«, Deutsche Ost-Afrika-Linie, Hamburg-Bremer Afrika-Linie, Deutsch-Australische Dampfschiff-Gesellschaft und Deutsche Dampfschiff-Gesellschaft »Kosmos«. Mit Ausnahme des Norddeutschen Lloyd (Bremerhaven), der DDG »Hansa« (Bremen) und der Roland-Linie (Bremen) hatten alle Reedereien ihren Sitz in Hamburg. Diesen elf Reedereien gehörten Schiffe mit insgesamt 3 334 900 BRT und sie erhielten jährlich mehr als 400 000 Mark an Subventionen.

Drei typische Handelsdampfer aus der Zeit vor 1914:
Oben: Die 4938 BRT große TARANTIA (ex-KIRKFIELD) der Anchor Line, 1911 bei Russell in Port Glasgow für die Kirkfield Shipping Company fertiggestellt
Mitte: Die EISENACH (6757 BRT) des Norddeutschen Lloyd, 1908 beim Bremer ›Vulcan‹ in Vegesack gebaut.
Unten: Die NJEGOS des Jugoslavenski Lloyd. Dieser 4746 BRT große Trampdampfer wurde 1908 als SURUGA bei A., MacMillan & Sons Ltd. in Dumbarton gebaut. (Sammlung des Verfassers.)

Im August 1914 war die Handelsflotte der Hamburg-Amerika-Linie die größte der Welt; sie umfaßte nahezu 500 Schiffe, Schlepper und Leichter mit insgesamt 1 093 000 BRT. Diese Reederei erbrachte über siebzig verschiedene Dienstleistungen und beförderte im Durchschnitt jährlich etwa 400 000 Passagiere. Der Norddeutsche Lloyd, dessen erstes Dampfschiff 1857 bei Caird in Greenock gebaut worden war, stand in Deutschland mit weiteren 716 000 BRT an zweiter Stelle.

Im gesamten Zeitraum zwischen 1870 und 1914 wurden andererseits im Seehandel Großbritanniens nur wenige Veränderungen wahrnehmbar. Von 1870 bis 1899 betrug der Anteil britischer Schiffe an den in britischen Häfen ein- und ausklarierenden Schiffen über 70%. Der Niedergang des Seehandels war daher weit weniger spürbar als dies bei anderen Industrien der Fall war.

Der Wert einer Handelskriegsführung

Im Jahre 1914 stellte die britische Handelsmarine die Lebensader für Großbritannien und das Empire dar. Mit Ausnahme Afrikas und Asiens, die nur einen mäßigen Exportüberschuß aufwiesen, hatte sich die Ausgewogenheit des Handels am Vorabend des Ersten Weltkrieges zugunsten der Einfuhren verschoben. Die Zahlen von 1913 legten dar, daß sich die Einfuhren aus Nordamerika – verglichen mit den Ausfuhren britischer Güter, die lediglich einen Wert von 54,4 Millionen Pfund Sterling darstellten – auf stolze 174,1 Millionen Pfund Sterling beliefen. Die entsprechenden Zahlen, auf Großbritannien bezogen, lauteten für

- Südamerika: 55,8 Millionen Pfund Sterling an Ausfuhren und 80,7 Millionen Pfund Sterling an Einfuhren,
- für Europa: 188,3 Millionen Pfund Sterling an Ausfuhren und 317,9 Millionen Pfund Sterling an Einfuhren.

Selbst Australien und Ozeanien verschifften mehr Waren nach Großbritannien, als sie von dort einführten.

Zweifellos würde ein zusammengefaßter Angriff auf die Schiffahrt Großbritanniens mitten ins Herz des nationalen Wohlstandes treffen. Der größte Teil der Ausfuhren umfaßte Kohle, Maschinen und ähnliche Industriegüter. Ihre Vernichtung würde ein Ausbleiben von Zahlungen und ein Notleiden der Wirtschaft bedeuten. Einen Großteil der Einfuhren stellten Nahrungsmittel dar:

- Reis aus Burma,
- Weizen und Roggen aus den USA, aus Kanada und Australien,
- Früchte aus dem karibischen Raum,
- Fleisch aus Südamerika und Neuseeland.

Ihre Vernichtung würde ein Notleiden der britischen Bevölkerung verursachen und könnte eine politische Instabilität nach sich ziehen.

Der Seehandel war häufig jahreszeitlichen Bedingungen unterworfen, aber seine Abläufe waren durch hergebrachten Brauch festgelegt und die Schiffe folgten alten Seewegen. Der Hauptseeweg nach Nordamerika überquerte den Atlantik auf dem Großkreis als Direktroute, während die Karibik entweder über einen nordamerikanischen Hafen oder über die Kanarischen Inseln und Kap Roca (Cabo São Roque – der westlichste Punkt Europas in Portugal) angesteuert wurde. Vor der Eröffnung des Panama-Kanals verliefen die westwärts fahrenden Seewege in den Pazifik und in den Fernen Osten um Kap Hoorn.

Alternativ hierzu konnten Südafrika, der Indische Ozean, der Ferne Osten und der Pazifik über eine ostwärts verlaufende Route erreicht werden, wobei die Wahlmöglichkeit bestand, entweder durch den Atlantik Südostkurs zu steuern und das Kap der Guten Hoffnung zu runden oder vorbei an den Säulen des Herkules das Mittelmeer zu durchqueren, um danach über den Suez-Kanal, das Rote Meer und den Golf von Aden in den Osten zu gelangen.

Die geografischen und wirtschaftlichen Geboten folgenden Seewege schufen Zentren, wo sich der Schiffsverkehr automatisch bündelte:

- auf der Höhe von Cabo São Roque vor Portugal,
- in den Western Approaches, den westlichen Zugängen vom Atlantik her nach Großbritannien,
- vor dem Eingang zum Roten Meer, wo die Schiffe in den Golf von Aden strömten,
- in der Nähe der Kanarischen Inseln,
- rund um Kap Hoorn in der Drake-Straße sowie
- südlich des Kaps der Guten Hoffnung.

Gegen den Schiffsverkehr in diesen Seegebieten durchgeführte Angriffe mußten Erfolg haben. Hierzu war jedoch erforderlich, daß nicht nur eine ausreichende Anzahl von Schiffen zur Verfügung stand, um einen sich lange hinziehenden Handelskrieg zu führen, sondern es mußte auch die Möglichkeit gegeben sein, diese Schiffe mit Brennstoff zu versorgen. Diese Schwachstellen waren letztlich die Ursache dafür, alle Pläne für eine Kreuzerkriegsführung unter Einbeziehung deutscher Kriegsschiffe mit Kolbenmaschinen oder Turbinenantrieb aufzugeben.[29]

Die Schaffung des deutschen Kolonialreiches

Das deutsche Kaiserreich verdankte seine Gründung dem Deutsch-Französischem Krieg von 1870/71. Doch diese verhältnismäßig späte Geburt brachte eine Reihe von Problemen mit sich. Zum einen war Zeit erforderlich, um die Länder des neuen Deutschen Reiches zusammenzuschweißen. Zum anderen war zwar das Industriepotential gewaltig, aber der Erfolg hing von guten Verkehrswegen ab und selbst die Eisenbahnnetze der größeren Länder im neuen Reich mußten ausgebaut werden. Daher hatte das Expansionsbestreben des neuen Deutschen Reiches, das von einigen Kreisen gefordert wurde, um durch ein Ausbreiten des deutschen Einflusses überall auf der Welt mit Großbritannien und Frankreich in den Wettbewerb zu treten, zurückzustehen, bis eine stabile wirtschaftliche Grundlage geschaffen worden war.

Bereits 1874 brachten die Abgeordneten des neuen deutschen Reichstages Anträge ein, in welchen nachdrücklich betont wurde, daß die Schaffung eines Kolonialreiches von allergrößter Bedeutung wäre. Die Argumente, daß dies nicht nur den Handel fördern sondern auch den Ehrgeiz jener Deutschen befriedigen würde, die expansionistische Auffassungen vertraten – die innerhalb der Grenzen Mitteleuropas nicht zu verwirklichen waren –, konnten jedoch Otto v. Bismarck, den neuen Reichskanzler, nicht überzeugen.[30]

Bis 1871 war der Globus bereits weitgehend kolonisiert worden. Die großen Kolonialreiche Spaniens und Portugals waren auseinandergefallen und die Staaten Südamerikas hatten unwiderruflich ihre Unabhängigkeit erlangt. Wenn auch der Spanisch-Amerikanische Krieg von 1898 die direkte Einflußnahme Spaniens in der Neuen Welt beendete, blieb seine kulturelle Vorherrschaft in Mittel- und Südamerika überall erhalten, das protugiesisch orientierte Brasilien ausgenommen. Deutschland konnte daher in dem gesamten Raum wenig ausrichten. Übrig blieb lediglich die Förderung von Handelsverbindungen, die sich auf kluge Weise häufig um militärische Lieferungen – wie zum Beispiel Krupp-Kanonen und Mauser-Gewehre – rankten. Bis 1914 hatten sich deshalb überraschenderweise große Gemeinschaften deutscher Auswanderer in Argentinien, Brasilien und Chile gebildet.

Der Anstoß zu Kolonisierungsbestrebungen kam von Vereinigungen wie der »Gemeinschaft für Deutsche Kolonisation« sowie insbesondere von kühnen Kaufleuten, die ihre Absatzmärkte nach Afrika ausdehnten. Allerdings waren ihre Aussichten düster; denn Großbritannien und Frankreich hatten den größten Teil dieses Kontinents unter sich aufgeteilt, wenn auch die Italiener im Norden Fuß gefaßt hatten und es den Belgiern gelungen war, ihre Herrschaft über den Kongo auszudehnen.

Das erste deutsche Vordringen in den sogenannten »Dunklen Kontinent« hinein geschah rund um Ansiedlungen, die Mitte des 19. Jahrhunderts in bahnbrechender Weise von Missionaren gegründet worden waren.[31] Die Erwerbungen folgten dann einem allgemeinen Plan. Der Großteil dieser Gebiete hatte keine Verbindungen zu anderen Handelsagenturen und die örtlichen Häuptlinge der Eingeborenen konnten leicht überzeugt werden, im Gegenzug zu Geschenken und kleineren Zugeständnissen Freundschaftsverträge zu unterzeichnen. Carl Peters, ein führender deutscher Kolonisator, dehnte den deutschen Einfluß über ein großes Gebiet Ostafrikas aus. Es gelang ihm, den widerstrebenden Bismarck zu überreden, der Deutsch-Ostafrikanischen Gesellschaft einen Freibrief zu gewähren und damit 1885 die Besetzung von Dar-es-Salaam zu gestatten. Schließlich erkannte die Reichsregierung in Berlin 1891 die Kolonie an.

Die Geschichte Deutsch-Südwestafrikas verlief ähnlich. Hier war die treibende Kraft der Bremer Kaufmann Hans Lüderitz. Die britische Verwaltung der Kapkolonie hatte 1876 mit den örtlichen Häuptlingen Vereinbarungen in der Hoffnung geschlossen, daß das neue Territorium von der britischen Regierung in Besitz genommen würde. London beanspruchte jedoch nur einen kleinen Streifen Landes um die Ansiedlung an der Walfischbucht. Infolgedessen landeten im April 1884 Lüderitz und seine Gefährten in Angra Pequena und nahmen den übrigen Teil Südwestafrikas als Schutzgebiet in Besitz.

Togo und Kamerun kamen 1884 hinzu, letzteres, nachdem die Deutschen Duala besetzt hatten. Die anfängliche Inbesitznahme Kameruns war Gustav Nachtigal, einem weiteren Hamburger Kaufmann, zu verdanken.

Anfang der 1880er Jahre wurden Streifzüge in den Pazifischen Ozean unternommen und hierbei wurde im Oktober 1884 der Bismarck-Archipel in Besitz genommen. In der Folge dehnte sich der deutsche Einfluß in diesem Raum aus: 1886 auf die Ellice-Inseln (heute Tuvalu) und einen Teil von Neuguinea (damals Kaiser-Wilhelm-Land), 1888 auf die Marshall-Inseln, 1889 auf die Marianen, 1892 auf die Gilbert-Inseln (heute Kiribati) und 1899 auf die Karolinen.[32]

Unter dem Vorwand der Ermordung zweier lutheranischer Missionare im November 1897 in Jen-tschu-fu steckte Deutschland seine Forderungen an China ab. Konteradmiral v. Diederichs, der Chef der Ostasiatischen Kreuzerdivision, erhielt unmittelbar darauf den Befehl, nach Norden zu gehen, um im Gebiet von Tsingtau »deutsche Interessen zu schützen«. Aus früheren Geheimdienstberichten war bekannt, daß es sich bei Tsingtau nicht nur um einen ausgezeichneten Naturhafen sondern auch um einen Platz handelte, von wo aus Einfluß auf das zerfallende Kaiserreich ausgeübt werden konnte.

Am 13. November 1897 warfen die Panzerfregatte KAISER sowie die Kreuzerkorvetten PRINZESS WILHELM und CORMORAN vor dem verschlafenen chinesischen Fischerdorf Anker. In der Morgendämmerung des nächsten Tages ging ein Landungskorps an Land, um die chinesische Garnison zu überwältigen und von der örtlichen Verwaltung die Übergabe zu fordern. Klugerweise leisteten die Chinesen keinen Widerstand. Um 14.30 Uhr am 14. November schossen die deutschen Kriegsschiffe 21 Schuß Salut, als die deutsche Flagge über dem neuen Schutzgebiet Kiautschou gehißt wurde.

Bis 1914 hatte Deutschland ein Kolonialreich mit etwa 1,6 Millionen km^2 und einer Bevölkerung von ca. 14 Millionen geschaffen. Der wirksame Schutz dieser weit verstreuten Kolonien erforderte jedoch den Bau geeigneter Kriegsschiffe, insbesondere, um die vielen kleinen Inseln zu überwachen. Aufgrund einer kaiserlichen Kabinettsorder vom 1. Oktober 1884 erfolgte die Bildung der Westafrikanischen Kreuzerdivision, ursprünglich aus der Gedeckten Korvette BISMARCK als Flaggschiff, der Gedeckten Korvette GNEISENAU, der Korvette ARIADNE und der Kreuzerkorvette OLGA unter dem Befehl von Konteradmiral Eduard Knorr bestehend. Kurze Zeit später wurden auch die Ostafrikanische und die Ostasiatische Kreuzerdivision geschaffen.

Schließlich erzwang die Errichtung des Schutzgebietes Kiautschou eine Verstärkung der Seestreitkräfte im Fernen Osten. Am 23. November 1897 wurde Konteradmiral Prinz Heinrich v. Preußen als Chef der zweiten Ostasiatischen Kreuzerdivision mit der Panzerfregatte DEUTSCHLAND als Flaggschiff sowie den Kreuzern KAISERIN AUGUSTA und GEFION nach Tsingtau entsandt.

Im März 1898 schlossen die deutsche und die chinesische Regierung über das Schutzgebiet Kiautschou einen Pachtvertrag für 99 Jahre ab – auf eben dieselbe Weise, wie Großbritannien 50 Jahre früher Hongkong erworben hatte. Am 5. Mai 1898 traf die II. Kreuzer-Division in der Kiautschou-Bucht ein und bildete den Kern des neugeschaffenen Ostasiatischen Kreuzergeschwaders (mit Konteradmiral Prinz Heinrich v. Preußen als seinem ersten Chef). Sein Auftrag lautete auf Aufrechterhaltung der Ordnung im Schutzgebiet Kiautschou sowie im »Deutschen Schutzgebiet Südsee«.

Anfänglich waren die Auslandsstationes der Kaiserlichen Marine mit veralteten Kriegsschiffen besetzt, häufig aus Segel-Dampfschiffen der 1870er Jahre umgebaut. Diese wiesen gewöhnlich eine hinreichende Seetüchtigkeit auf und führten eine ausreichende Bewaffnung, um mit lokalen Händeln und Unruhen fertig zu werden. Bis 1905 schienen weder die chinesische noch die japanische Flotte für die europäischen Koloniesierungsbestrebungen im Fernen Osten eine Gefahr darzustellen. In diesem Jahr vernichteten die Japaner die russische Flotte in der Straße von Tsushima und kippten damit das Gleichgewicht der Macht.

Im Jahre 1900 führte Vizeadmiral Bendemann das Kreuzergeschwader und hatte seine Flagge auf dem brandneuen Panzerkreuzer FÜRST BISMARCK gesetzt, 1895–1900 auf der Kaiserlichen Werft in Kiel als Bau-Nr. 23 gebaut. Das als erster »Großer Kreuzer« klassifizierte Schiff war besonders für den Dienst in tropischen Gewässern entworfen worden. Sein Schiffskörper wies unter der Wasserlinie eine Holzverkleidung (Korkdämmung) auf, um in den Tropen die Korrosion auf ein Mindestmaß zu verringern. FÜRST BISMARCK hatte eine Wasserverdrängung von 11 461 t maximal mit einer Länge über alles von 127 m. Ihre Antriebsanlage bestand aus drei stehenden Vierzylinder-Dreifach-Expansionsmaschinen mit Drei-Wellen-Anordnung. Die Höchstgeschwindigkeit lag bei 18,7 kn und die Fahrstrecke betrug 4560 sm bei 10 kn. An Bewaffnung

Oben: Dieses Inserat – der Zeitschrift »The War Illustrated«, August 1914, entnommen – spiegelt das Vertrauen Großbritanniens in den Handel mit seinen Kolonien wider. (Sammlung des Verfassers.)

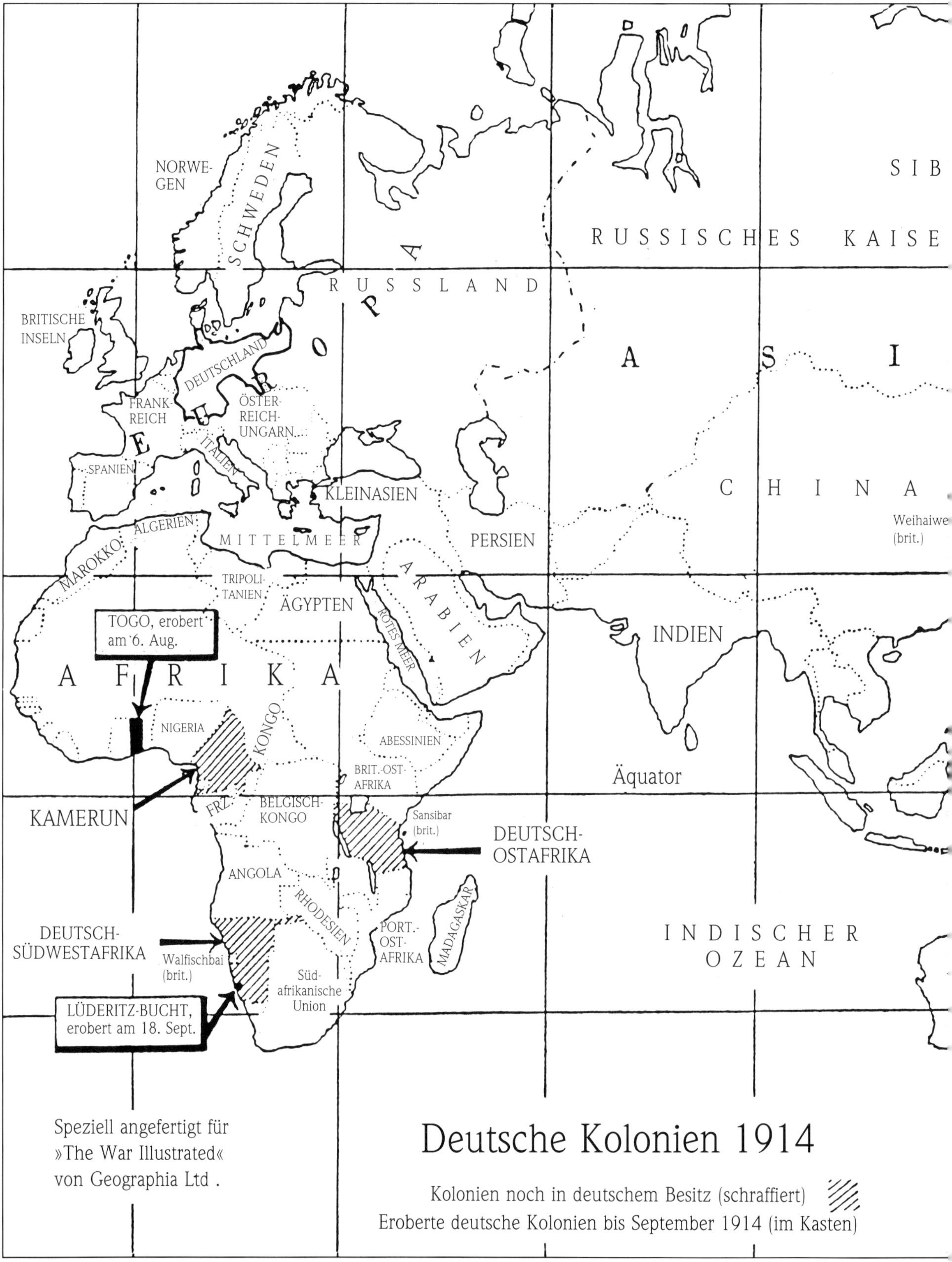
NORWEGEN
SCHWEDEN
EUROPA
RUSSLAND
RUSSISCHES KAISE
SIB
BRITISCHE INSELN
DEUTSCHLAND
FRANKREICH
ÖSTERREICH-UNGARN
ITALIEN
SPANIEN
KLEINASIEN
ASIEN
CHINA
Weihaiwe (brit.)
PERSIEN
ALGERIEN
MAROKKO
MITTELMEER
ARABIEN
TRIPOLITANIEN
ÄGYPTEN
ROTES MEER
INDIEN
TOGO, erobert am 6. Aug.
AFRIKA
NIGERIA
KONGO
ABESSINIEN
BRIT.-OST-AFRIKA
Äquator
KAMERUN
FRZ.
BELGISCH-KONGO
Sansibar (brit.)
DEUTSCH-OSTAFRIKA
ANGOLA
RHODESIEN
MADAGASKAR
DEUTSCH-SÜDWESTAFRIKA
Walfischbai (brit.)
PORT.-OST-AFRIKA
Süd-afrikanische Union
INDISCHER OZEAN
LÜDERITZ-BUCHT, erobert am 18. Sept.
Speziell angefertigt für »The War Illustrated« von Geographia Ltd .
Deutsche Kolonien 1914
Kolonien noch in deutschem Besitz (schraffiert)
Eroberte deutsche Kolonien bis September 1914 (im Kasten)

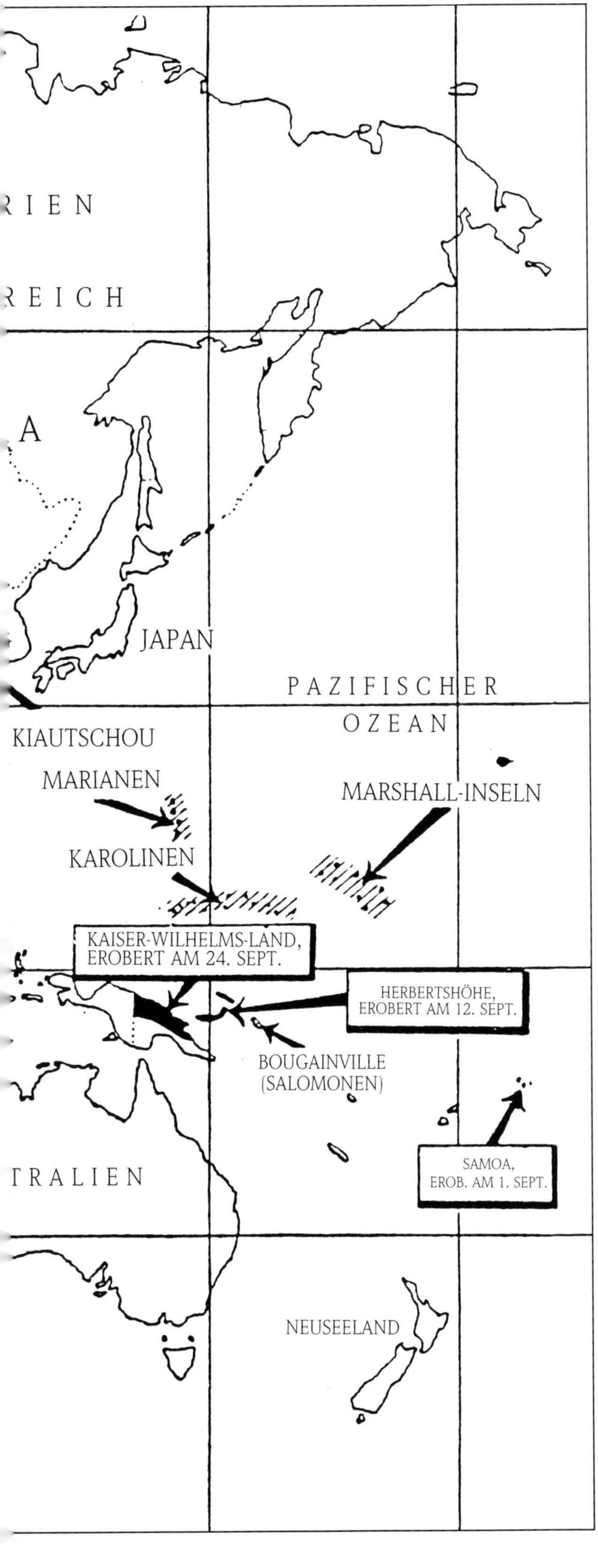

führte das Schiff: vier 24-cm-, zwölf 15-cm-, zehn 8,8-cm- und vier 3,7-cm-Geschütze. Außerdem waren noch sechs 45-cm-Torpedorohre vorhanden. Zur Besatzung gehörten 36 Offiziere und 585 Mannschaften. Weitere ca. 80 Offiziere und Mannschaften bildeten den Geschwaderstab.

Am fernöstlichen Standard im Jahre 1900 gemessen, stellte dieser deutsche Kreuzer tatsächlich ein sehr starkes Kriegsschiff dar.

Zum Geschwader Vizeadmiral Bendemanns gehörten ferner HERTHA, HANSA und KAISERIN AUGUSTA, sämtlich als Große Kreuzer eingestuft, sowie die Kleinen Kreuzer IRENE und GEFION. Damit besaß das Geschwader eine ausreichende Stärke, um jeden abzuschrecken, sich in deutsche Anlegenheiten einzumischen.

Die Amerikanische Station war durch den Großen Kreuzer VINETA, den Kleinen Kreuzer GEIER und das Kanonenboot LUCHS besetzt. Die Kleinen Kreuzer CORMORAN und SEEADLER standen zusammen mit dem Vermessungsschiff MÖWE auf der Australischen Station, während die Stationsyacht LORELEY im Mittelmeer (Mittelmeer-Station) die deutschen Interessen vertrat. Die Auslandskreuzer BUSSARD, CONDOR und SCHWALBE bildeten die Ostafrikanische Station und zum Schutz deutscher Interessen in Westafrika standen das Kanonenboot HABICHT und das Vermessungsschiff WOLF bereit.

Tsingtau war nicht nur die Basis für das Kreuzergeschwader, sondern diente auch als Stützpunkt für die Kanonenboote JAGUAR, ILTIS und TIGER der Ostasiatischen Station.

Das Erscheinen leistungsfähiger Kleiner Kreuzer in den ersten Jahren des 20. Jahrhunderts gestattete der Kaiserlichen Marine, im Fernen Osten ein Geschwader verhältnismäßig schneller und starker Schiffe zu stationieren. Dies zwang wiederum die Royal Navy, in Hongkong und Wei-hai-wei (Stadt mit britischem Pachtgebiet von 1898 bis 1930 am Gelben Meer) ebenfalls Seestreitkräfte in zumindest ebenbürtiger Stärke zu unterhalten.[33]

Die Funkentelegraphie

Zu den größten Problemen, denen sich zu Beginn des 20. Jahrhunderts die Admiralstäbe der Marinen gegenübersahen, gehörte die Verbindungsaufnahme mit einzelnen Kriegsschiffen. Eine aufeinander abgestimmte Kohleversorgung verließ sich auf den Zufall und dies galt auch für das sichere und rasche Übermitteln von Botschaften der Marineführungen an detachierte Kriegsschiffe oder für das Sicherstellen des Eintreffens von Ablösungen für Besatzungen. Daher stellten die Unterseekabel und vor allem die Funkentelegraphie für die Marineführungen einen ungeheuren Fortschritt dar.

Als Vater der drahtlosen Telegraphie wird weithin der in Italien geborene Guglielmo Marconi angesehen – der im Juni 1896 seine ersten britischen Patente beantragte –, aber die Grundprinzipien der »Funkentelegraphie« waren seit vielen Jahren bekannt. Bereits 1866 hatte der amerikanische Erfinder Mahlon Loomis erfolgreich einfache Nachrichten von Catochin Ridge nach Bear's Den in den Appalachen Virginias übermittelt. Ein US-Patent für »Verbesserungen beim Telegraphieren« wurde Loomis im Juli 1872 erteilt, aber Kapitalknappheit verhinderte ein Florieren der Loomis Aerial Telegraph Company.

Im Juli 1897 gründeten Marconi und seine Geldgeber die Wireless Telegraph & Signal Co. Ltd. und im November wurde auf der Isle of Wight eine ständige Station eingerichtet. Aus der Erkenntnis heraus, daß dieses System die Meldungen über Schiffsbewegungen erleichtern würde, bestellte Lloyd's im Sommer 1898 einen Marconi-Sender/Empfänger, um den Leuchtturm auf der Insel Rathlin mit einer Küstenstation in Ballycastle in der Grafschaft Antrim zu verbinden. Die erfolgreichen Versuche überzeugten Lloyd's bald, sämtliche Signalstationen des Unternehmens mit Marconi-Apparaten auszurüsten.

1901 überbrückte Marconi erfolgreich den Atlantik, indem eine von Poldhu in Cornwall ausgesandte Botschaft von einem Empfänger in St. John's auf Neufundland aufgenommen wurde. Die erste erfolgreiche Übermittlung einer Nachricht von Großbritannien direkt nach Australien – ausgesandt von der Großfunkstation Carnarvon – geschah 1918.

In einem präsidialen Grußwort an die Institution of Civil Engineers im November 1907 bemerkte Sir William Matthews, daß die Länge der Unterseekabel von 19 263 sm (staatseigen) bzw. 145 154 sm (privateigen) im Jahre 1897 auf 44 988 sm bzw. 216 116 sm im Jahre 1907 angestiegen wäre. Er fuhr fort:

»Obwohl es erst ein paar Jahre her ist, daß das Verfahren, mit Hilfe der Herz'schen Wellen zu signalisieren, von Mr. Marconi zur praktischen Anwendung gebracht worden ist, gibt es zu Beginn dieses Jahres in Verbindung mit diesem System nicht weniger als 195 Stationen, die entweder ganz oder teilweise in allen Teilen der Welt dem kommerziellen Gebrauch dienen, sowie 147 Stationen, die ausschließlich der Marine, dem Heer oder... den Leuchttürmen zur Verfügung stehen. Die Reichweite hat sich allmählich auf 1500 Meilen gesteigert; sie hat kürzlich mit Mr. Marconis großer Leistung ihren Höhepunkt erreicht, indem es gelang, Botschaften von diesem Land nach Amerika und Kanada unabhängig von Ozeankabeln zu übermitteln.»

Dieser Erfolg veranlaßte eine Reihe von Erfindern, nach anderen Formen drahtloser Telegraphie zu forschen. Der Erfolg von Patentprozessen hing weitgehend davon ab, ob der Marconi gewährte Schutz ausreichend war, um andere daran zu hindern, das Prinzip der drahtlosen Telegraphie zu benutzen, oder einfach eine Möglichkeit einschloß, mit deren Hilfe er erreicht werden konnte. Die Wireless Telegraph & Signal Co. Ltd. – später in Marconi's Wireless Telegraphy Ltd. umbenannt – hatte in Großbritannien nahezu eine Monopolstellung erlangt und verkaufte Lizenzen im Juni 1903 an die britische Admiralität und im August 1904 an den britischen Postminister. Doch anderswo waren die Gerichte oft weniger tolerant. So war zum Beispiel in den USA der Präzedenzfall des alten Loomis-Patents von 1872 von entscheidender Bedeutung.

1914 war der führende deutsche Hersteller die »Telefunken Gesellschaft für drahtlose Telegraphie m.b.H.«, kurz »Telefunken« genannt, in Berlin. 1903 wurde Telefunken durch Siemens & Halske und die Allgemeine Elektrizitäts-Gesellschaft (AEG) gegründet, indem die Systeme von Friedrich Braun in Straßburg und der Arco-Slaby-Gesellschaft in Berlin vereinigt wurden. Braun war vorher von Siemens (»Braun-Siemens Gesellschaft für drahtlose Telegraphie«) und die Arco-Slaby-G.m.b.H. von der AEG gefördert worden. Beide Gründerfirmen blieben an Telefunken beteiligt.

Eine der wichtigsten frühen Anlagen von Telefunken war die im niederländischen Scheveningen aus dem Jahre 1906 mit einer garantierten Reichweite von 350 km und gelegentlichen Überreichweiten bis zu 800 km. Gleiche Anlagen wurden auch in Batavia (heute Jakarta) und Cheribon (heute Cirebon) auf Java im damaligen Niederländisch-Ostindien gebaut.

Die Aggressivität, mit der die Telefunken-Systeme die Märkte eroberten – häufig in Verbindung mit deutschen Waffenlieferungen –, gewährleistete ihre rasche Verbreitung. Bis 1906 errichtete Telefunken die folgenden Funkstationen: für die kubanische Regierung in Mariel bei Habana und auf der Isla de Pinos vor der Südküste im Golf von Batabanó sowie im Auftrag des Osmanischen Reiches in Derna in der Cyrenaica und in Patara an der Südküste Kleinasiens. Darüber hinaus hatten die Arbeiten an der Errichtung von Funksta-

Unten: Die Gedeckte Korvette GNEISENAU (2843 t auf CWL, vierzehn 15-cm-Ringkanonen, zwei 8,8 cm S.K.), gebaut auf der Kaiserlichen Werft in Danzig und im Oktober 1880 bei der Kaiserlichen Marine in Dienst gestellt. Das Schiff sank am 16. Dezember 1900 im Orkan an der Mole von Malaga. (IWM, NegativNr. Q 22324.)

tionen in Argentinien, Brasilien, Mexiko, Siam (heute Thailand) und China begonnen. Es ist kein zufälliges Zusammentreffen, daß die Streitkräfte dieser Staaten allesamt mit deutschen Gewehren, Maschinengewehren und Geschützen ausgerüstet waren.

Die von Telefunken errichtete transozeanische Großfunkstation Nauen der Deutschen Reichspost, 40 km westlich von Berlin, nahm im Sommer 1907 ihren Betrieb auf. Am 3. Oktober 1907 gelang es, mit dem 10 525 BRT großen Passagierdampfer BREMEN (1897 auf der Schichau-Werft in Danzig gebaut) des NDL im Atlantik über eine Entfernung von 2 500 km eine Funkverbindung herzustellen. Dieser große Erfolg war nur durch den Bau einer großen und kostspieligen Anlage erzielt worden. Der eiserne Gitterturm mit der Gitterantenne war zum Beispiel 100 m hoch. Telefunken bot jedoch auch ein Sende- und Empfangsgerät mit einem Gewicht von lediglich 400 kg an. Es erforderte einen 15-m-Mast und besaß eine Reichweite von 50 km. Eine größere Version mit einer Reichweite von 300 km wog 1500 kg und brauchte einen 30-m-Mast. Dennoch waren diese Anlagen nach damaligen Begriffen ausreichend transportfähig, um den Einsatz der drahtlosen Telegraphie mit überraschender Schnelligkeit auszuweiten.

Die Kaiserliche Marine verfolgte die Entwicklung der neuartigen drahtlosen Telegraphie mit großer Begeisterung. Sie erkannte die Rolle, die diese bei der Führung von Kriegsschiffen im Auslandsdienst spielen konnte. Bis zum Ende des Jahres 1906 waren an der Nord- und Ostseeküste bereits 13 Slaby-Arco- oder Telefunken-Stationen gebaut worden und alle größeren deutschen Kriegsschiffe hatten Sende- und Empfangsanlagen an Bord. Im Oktober 1907 berichtete die Zeitschrift »Engineering»:

»Die Anzahl der mit den Apparaten des... Slaby-Arco-Systems [d. h. mit den originalen Slaby-Arco- und Telefunkentypen] für drahtlose Telegraphie ausgerüsteten Stationen liegt nunmehr bei 641 oder 41% der gesamten Liste derzeit vorhandener drahtloser Telegraphie-Stationen, die 1550 Stationen aufweist. Diese 641 Stationen sind über das Territorium oder auf Schiffen von einunddreißig verschiedenen Ländern verteilt. Hiervon befinden sich 174 Stationen an Land. Gewöhnlich decken sie einen Radius von etwa 200 km ab, besitzen aber in mehreren Fällen eine Reichweite von 500 km, 700 km oder sogar von noch größeren Entfernungen. Deutschland selbst hat sechsunddreißig Stationen, zumeist an der Nord- und Ostseeküste gelegen. Es unterhält in Nauen eine große Versuchsstation mit einer Reichweite von 3000 km. In den Vereinigten Staaten gibt es 20 Stationen, unter anderem auf Fire Island, in Washington, New Orleans, San Francisco und San Juan. Rußland hat siebzehn Stationen. Die Funkstation von Wladiwostok ist die markanteste; sie hat eine Reichweite von 1000 km. Ansonsten sind vorhanden: in Österreich-Ungarn zehn Stationen, in Dänemark und Spanien je sieben, in Holland sechs (darunter die von Scheveningen mit einer Reichweite von 700 km) sowie in Norwegen und Schweden je fünf. In außereuropäischen Ländern gibt es nach deutschem System an Stationen: in Argentinien vier, in Brasilien sechs, in China fünf, auf Kuba acht (darunter die von Habana mit einer Reichweite von 1500 km), in Mexiko sechs, auf den Philippinen zwei und auf den Sandwich-Inseln [die heutigen Hawaii-Inseln] eine (in Honolulu). Die Mehrheit dieser Landstationen stehen im Eigentum der Regierung und werden von der Post, der Marine oder in Zusammenhang mit Leuchtfeuern betrieben. Der größte Teil der Funkanlagen befindet sich auf Hochseeschiffen. Hiervon gibt es 22 auf niederländischen und deutschen Dampfern, während sich auf Kriegsschiffen 389 befinden. Die letzteren verteilen sich wie folgt: Deutschland 140, Rußland 126, Vereinigte Staaten 43, Schweden 19, Österreich-Ungarn 17, die Niederlande 10, Norwegen 8, Argentinien 6, Brasilien 5, Spanien 5, Dänemark 5, Griechenland 3 und Indien 2. In mehreren Ländern sind außerdem 54 mobile Heeresfunkstationen vorhanden. Infolge der örtlichen Kontrolle des Marktes ist das deutsche System nicht in der Lage, in Frankreich, Großbritannien und Italien in einen Wettbewerb einzutreten.»

Selbst die primitivste funkentelegraphische Anlage war imstande, die Struktur des Seehandels oder – falls erforderlich – die Kriegsführung zu revolutionieren. Ein alter Bericht aus dem Jahre 1906 sagt vertrauensvoll aus:

»Der Einfluß atmosphärischer Bedingungen ist durchaus nachgewiesen.... Mehrmals haben außerordentliche Fernreichweiten – ein Doppeltes der durchschnittlichen Reichweite und mehr – die Ostküste der Vereinigten Staaten überspannt, während in den Tropen die Apparate manchmal bis zur Hälfte [sic] ihrer normalen Leistung abfielen. Nebel scheint die ausgesandten Wellen aufzuhalten.... Infolge dieser Unbestimmtheit müssen radiotelegraphische Stationen mit einer beträchtlichen Reserveleistung errichtet werden.»

Doch es gab auch noch größere Probleme. Die Übermittlungsentfernung war verhältnismäßig gering, ein klares Durchkommen der Nachricht war nicht voraussagbar und die Auswirkungen von Störungen waren häufig ernsthaft genug, um zu verhindern, daß die Botschaften in verständlicher Weise empfangen wurden. Da das Prinzip der Einpeilung zu diesem Zeitpunkt weitgehend unbekannt war, ist die Mühelosigkeit verständlich, mit der Schiffe in den Weiten des Atlantiks, des Indiks oder des Pazifiks verschwinden konnten.

Die begrenzte Reichweite der Funkanlagen vor 1914 erforderte die Unterstützung von Zwischensendern (Relaisstationen), um die Übermittlung von Botschaften über große Entfernungen zu ermöglichen. Und wenn auch die Ausrüstung von ein paar hundert Schiffen die Leserschaft von »Engineering« im Jahre 1907 beeindruckt haben mag, so stellten sie doch nur einen kleinen Teil der Hochseeschiffe dieser Welt dar. Allein Großbritannien besaß zehntausend Dampfschiffe und nur die größten oder die fortschrittlichsten Reeder waren in der Lage, sich mit drahtloser Telegraphie zu befassen. Als der Krieg ausbrach, war dies für die deutschen Handelsstörer ein Segen; denn die Angriffe konnten häufig in der Kenntnis durchgeführt werden, daß die Opfer nicht imstande waren, einen Hilferuf auszusenden oder die genaue Position des Handelsstörers mit einem Notsignal anzugeben.[34]

Damals hatten nur wenige Enthusiasten die Funkanlagen zur Einpeilung eines Senders mit einem gewissen Erfolg auf kurze Entfernung benutzt, und sie hatten auch den Versuch unternommen, aus der Lautstärke des Senders auf die Entfernung zu schließen. Doch die atmosphärischen Bedingungen konnten die Empfangsstärke so grundlegend verändern, daß die Versuche oft in einem Mißerfolg endeten. Dieses Unverständnis für eine funkentelegraphische Ausrüstung gereichte schließlich nur einem Handelsstörer zum Nachteil: Obwohl die Funker an Bord der EMDEN Funksprüche vor der Ankunft des Kreuzers HMAS SYDNEY auffingen, wurde die schwache Lautstärke, mit der sie empfangen wurden, als Zeichen dafür gewertet, daß sich der australische Kreuzer noch in einigen hundert Seemeilen Entfernung befand. Die deutschen Funkgasten wußten allerdings nicht, daß die SYDNEY nur mit halber Leistung sendete und daß jede Minute, die die EMDEN vor der Insel Direction verbrachte, für ihr Überleben von lebenswichtiger Bedeutung war. Fregattenkapitän v. Müller und seine Besatzung saßen in der Falle und die nachfolgende Vernichtung ihres Schiffes war weitgehend einer einfachen Fehlkalkulation zuzuschreiben.

Das Etappen-System

Die Funkentelegraphie spielte auch eine bedeutsame Rolle, indem sie den deutschen Handelsstörern des Jahres 1914 gestattete, ihre Kreuzerkriegsführung auszudehnen. Die deutsche Marineleitung war sich schon vor dem Ausbruch des Ersten Weltkrieges der Tatsache bewußt, daß es schwierig sein würde, die Kriegsschiffe auf den Auslandsstationen mit Brennstoff zu versorgen, insbesondere dann, wenn Tsingtau den Briten oder Japanern in die Hände fiel und gegnerische Streitkräfte die Seeverbindungen kontrollierten.

Die Lösung dieser Aufgabe fand sich im sogenannten »Etappen-

Oben: Der die Nordsee mit der Ostsee verbindende Kaiser-Wilhelm-Kanal (heute Nord-Ostsee-Kanal) war und ist für Deutschland von großer Bedeutung. Im Bild der Kleine Kreuzer S.M.S. CÖLN auf dem Wege zur Ostsee. Im Hintergrund ist die Rendsburger Hochbrücke zu erkennen. (Sammlung des Verfassers.

System«; das Wort stammte aus dem Französischen und bedeutete soviel wie »Versorgungszone«. Zur Durchführung des Etappendienstes waren die Ozeane in Zonen (Etappenbereiche) eingeteilt. Zu jeder Etappe gehörte eine Etappenstation, in der Regel in einem größeren Seehafen gelegen, in dem das deutsche Auswärtige Amt (Außenministerium) eine diplomatische Vertretung unterhielt, geleitet von einem Marineoffizier als Etappenoffizier.[35]

Dieses System ermöglichte es, Nachrichten von Nauen (Reichweite 5000 sm) und von anderen Funkstationen (Norddeich: 2000 sm, Eilvese bei Hannover: 4500 sm) in Deutschland aus entweder direkt an die in Frage kommenden Schiffe oder Landstationen zu übermitteln oder, wenn die Leistung dieser Sendeanlagen nicht stark genug war, sie über Relaisstationen weiterzugehen. Die Handelsschiffe aller größeren deutschen Schiffahrtslinien waren mit Sende- und Empfangsanlagen ausgerüstet und ihre Kapitäne führten Befehle in versiegelten Umschlägen mit, die im Falle eines Krieges oder nationalen Notstandes zu öffnen waren. Diese Befehle enthielten Einzelheiten der Etappe, der das betreffende Handelsschiff zugeteilt worden war, um der Kaiserlichen Marine als Hilfsschiff zu dienen.

Von Zeit zu Zeit wurde das Etappen-System einer gründlichen Prüfung unterzogen und auf den neuesten Stand gebracht. Als die ersten Schüsse des beginnenden Ersten Weltkrieges fielen, war es daher sofort einsatzbereit. Bedauerlicherweise war die weltweite Umschließung des Globus durch deutsche F.T.-Stationen im August 1914 noch nicht abgeschlossen. Es hatte die Absicht bestanden, die Nachrichten von Nauen aus zu senden und sie über ein paar starke Relaisstationen weiterzugehen.

Relaisstationen mit starker Leistung befanden sich in Kamina/Togo (Reichweite 3000 sm), in Windhuk/Deutsch-Südwestafrika (Reichweite 2000 sm), in Tsingtau/Kiautschou (Reichweite 2000 sm) und auf Yap/Karolinen (Reichweite 1900 sm). Doch die Großstationen in Tabora/Deutsch-Ostafrika und auf Sumatra im damaligen Niederländisch-Ostindien waren noch nicht fertiggestellt worden. F.T.-Stationen mit geringerer Leistung und Reichweite standen in Lomé/Togo (600 sm), Duala/Kamerun (600 sm), Swakopmund und Lüderitzbucht in Deutsch-Südwestafrika (beide 500 sm und 900 sm), Muansa (325 sm) und Daressalam (600 sm) in Deutsch-Ostafrika, Angaur/Palau-Inseln (300 sm), Herbertshöhe bei Rabaul (1200 sm) auf Neu-Pommern (heute Neubritannien), auf Nauru (1800 sm) und in Apia/Samoa (1400 sm). Auch diese F.T.-Stationen hatten zum Teil eine beträchtliche Reichweite, aber es gab Bereiche im südlichen Indischen Ozean sowie im Süd- und Ostpazifik, die zum Teil nur bei idealen atmosphärischen Bedingungen oder überhaupt nicht erreicht werden konnten.

Die Entfernung von Nauen zur nicht fertiggestellten F.T-Station Tabora betrug 5700 km, für eine F.T.-Übermittlung eine beträchtliche Meisterleistung, aber Yap lag von Tabora 11 250 km weit entfernt. Selbst ein zusätzlicher Zwischensender auf Sumatra hätte die zu überbrückende Entfernung nur auf 7200 km verringert. Tsingtau und Apia lagen von Yap aus wiederum in einer Entfernung von 3500 km bzw. 6000 km. Allerdings konnten F.T.-Sprüche aus Tsingtau – an der äußersten Reichweite von Nauen gelegen – über die Relaisstationen Yap, Herbertshöhe und Nauru erforderlichenfalls an Apia (3400 km von Yap) übermittelt werden.[36]

Als der Erste Weltkrieg begann, wurde eine große Anzahl von Kohledampfern sofort in vorher festgelegte Häfen oder zu Positionen in See entsandt, um zu bestimmten Kriegsschiffen zu stoßen. Die deutsche Seite setzte darauf, daß die meisten südamerikanischen Staaten eine wohlwollende Handhabung der Neutralitätsgesetze ausüben würden und daß daher keine Maßnahmen ergriffen werden würden, um das Laden der Kohlendampfer für ihre vorgesehene Aufgabe zu verhindern. Argentinien, Brasilien und – vor allem – Chile wiesen große deutsche Gemeinden auf und hatten beträchtlichen Nutzen aus deutschen Investitionen gezogen.

Das Etappen-System gliederte sich für die einzelnen ozeanischen Bereiche in folgende Etappen:

- für den Atlantischen Ozean in die Etappen Nordamerika (New York als Etappenstation), Westindien mit der Karibik, Brasilien (Rio de Janeiro), La Plata, Westafrika (Duala);
- für den Ostpazifik in die Etappen Nordwestamerika (San Francisco), Peru, Südwestamerika (Valparaiso);
- für den Westpazifik (Ostasien) in die Etappen Tsingtau,China, Japan, Manila, Batavia (Südetappe);
- Etappe Ostafrika (Dar-es-Salam) und die
- Etappe Mittelmeer.

Als Etappenschiffe wurden zahlreiche Handelsschiffe gechartert. Es ist an dieser Stelle nicht möglich, eine genaue Aufstellung dieser Schiffe wiederzugeben. Daher wird der interessierte Leser auf das Standardwerk von Gröner, Jung und Maass »Die deutschen Kriegsschiffe 1815–1945«, Band 4: »Hilfsschiffe I« (Bernard & Graefe Verlag, Koblenz 1986), S. 204 ff.: »Die Etappenschiffe 1914–1918«, verwiesen.

Als typisch für den Etappendienst sollen hier die neun Etappenschiffe 1914/15 der Etappe La Plata dargestellt werden:

1. SANTA ISABEL (5199 BRT) der Hamburg-Südamerikanischen Dampfschiffahrts-Gesellschaft, Hamburg, ausgerüstet im August 1914 in Buenos Aires, Einsatz für DRESDEN und EBER, erneute Ausrüstung im Oktober 1914 in Valparaiso, Einsatz für das Kreuzergeschwader, am 8. Dezember 1914 durch Artillerietreffer des britischen Kreuzers BRISTOL an den Falkland-Inseln versenkt.
2. PONTOS (5703 BRT) der Hamburg-Amerika-Linie, Hamburg, ausgerüstet im August 1914 in Montevideo, Einsatz für EBER und CAP TRAFALGAR, im Oktober 1914 aufgelegt und später interniert bzw. beschlagnahmt.
3. JOSEPHINA (1295 BRT) der Mij. ›Josephina‹, Rotterdam, ausgerüstet im Oktober 1914 in Hamburg, Einsatz für das Kreuzergeschwader, 6. Januar 1915 Prise des britischen Panzerkreuzers CARNARVON in der Magellan-Straße.
4. SIERRA CORDOBA (8226 BRT) des Norddeutschen Lloyd, Bremen, ausgerüstet im Oktober 1914 in Buenos Aires, Einsatz für KRONPRINZ WILHELM, erneute Ausrüstung im November 1914 in Montevideo bzw. im Februar 1915 in Valparaiso, Einsatz für DRESDEN, anschließend in Peru interniert und später beschlagnahmt.
5. ELEONORE WOERMANN (4624 BRT) der Woermann-Linie, Hamburg, ausgerüstet im August 1914 in Duala, Einsatz für DRESDEN und CAP TRAFALGAR, erneute Ausrüstung im November 1914 in Buenos Aires, Einsatz für das Kreuzergeschwader, am 6. Januar 1915 durch Artillerietreffer des britischen Kreuzers AUSTRALIA in der Magellan-Straße versenkt.
6. MERA (4798 BRT) der DDG ›Kosmos‹, Hamburg, ausgerüstet im November 1914 in Montevideo, Einsatz für das Kreuzergeschwader, anschließend in Uruguay interniert und später beschlagnahmt.
7. GOTHA (6653 BRT) des Norddeutschen Lloyd, Bremen, ausgerüstet im November 1914 in Buenos Aires und im Februar 1915 in Montevideo, Einsatz für DRESDEN, anschließend in Chile interniert und später beschlagnahmt.
8. SILVIA (6580 BRT) der Hamburg-Amerika-Linie, Hamburg, kein Einsatz, später beschlagnahmt in Uruguay.
9. MUANSA (5408 BRT) der Deutschen Ostafrika-Linie, Hamburg, ausgerüstet im Februar 1915 in Buenos Aires, kein Einsatz.

Die Vernichtung des Kreuzergeschwaders in der Seeschlacht an den Falkland-Inseln im Dezember 1914 veranlaßte die südamerikanischen Staaten, die Auslegung der Neutralitätsgesetze strikter zu handhaben.

Als die wichtigsten Staaten Südamerikas dem Deutschen Reich schließlich ebenfalls den Krieg erklärten, verschwanden die letzten Überreste des Etappen-Systems. Die Schwierigkeiten, 1914/15 die Handelsstörer – insbesondere die Kleinen Kreuzer – mit Kohlen zu versorgen, stellten ein gewichtiges Argument dar, um später wirtschaftlicher fahrende Schiffe wie MÖWE und WOLF einzusetzen.

Das Werden der deutschen Marine

Obwohl die Fertigstellung der DREADNOUGHT das Gleichgewicht der Seemacht veränderte, wurde der Einfluß nicht sofort, sondern erst im Jahre 1907 offensichtlich, als ein Leitartikel der Zeitschrift »Engineering« mit dem Titel »Battleship Strength and Relative Value« die allgemein herrschende Auffassung zusammenfaßte:

»Mit dem Oktober kommt die Zeit politischer Rhetorik zwischen den Parlamentssitzungen und für dieses Jahr wird uns eine – mehr als üblich – heftige Kampagne versprochen. Zwei Probleme, die uns alle interessieren, werden in Verbindung mit der Industrie in den Vordergrund gestellt, [darunter]... die Flottenstärke und die Administration der Admiralität.

Wie immer werden wir mit Listen konfrontiert werden, aus denen hervorgeht, daß Großbritannien so und so viele Schlachtschiffe besitzt und daß Frankreich, Deutschland, die Vereinigten Staaten von Amerika so und so viele besitzen; und, ausgehend von dieser Hypothese, werden Zeitungsartikel geschrieben werden, um zu beweisen, daß die erstgenannte Macht entweder bereits jetzt oder zu irgendeinem Zeitpunkt in näherer Zukunft eingeholt und überholt werden wird und daß die Vorherrschaft zur See, die ihr gegenwärtig niemand streitig macht, dann gefährlich aufs Spiel gesetzt sein wird. Doch die Schreiber und Redner, die lediglich Flotteneinheiten zählen – Flotteneinheiten, die als Schlachtschiffe beschrieben werden –, analysieren in der Regel nicht und legen der Öffentlichkeit, an die sie sich wenden, nur die technischen Angaben vor, welche die in diesen Listen erwähnten Schiffe betreffen.

Wenn ein Vergleich von einigem Wert sein soll, muß er nicht nur die Anzahl der Schiffe sondern auch ihren Kampfwert einbeziehen. Als Beispiel soll betrachtet werden, auf welche Weise in unmittelbarer Zukunft die Kanal-Flotte unter Lord Charles Beresford gebildet werden wird. Sie soll aus acht Schlachtschiffen der KING EDWARD VII-Klasse und aus sechs der FORMIDABLE-Klasse bestehen, insgesamt aus 14 Schlachtschiffen, die den stärksten und gleichzeitig auch homogensten Verband darstellen werden – eine überaus wichtige Angelegenheit der gesamten Welt. Von den Schiffen der zuerst erwähnten Klasse lief die älteste Einheit 1903 und jüngste – die HIBERNIA – 1905 vom Stapel. Diese acht Schiffe führen jedes an Bewaffnung: vier 30,5-cm-, vier 23,4-cm- und zehn 15,2-cm-Geschütze sowie kleinere Geschütze und fünf Unterwasser-Torpedorohre. Die Dicke ihrer Panzerung beträgt 229 mm Kruppstahl mittschiffs und verjüngt sich auf 152 mm und 51 mm. Ihre Antriebsleistung von 18 000 PSi erbringt eine Höchstgeschwindigkeit von nahezu 19 kn und ihre Wasserverdrängung beläuft sich auf 16 350 ts. Die Schiffe der FORMIDABLE-Klasse sind älter – ihre älteste Einheit lief 1898 vom Stapel – und mit 15 000 ts auch von der Wasserverdrängung her kleiner. An Bewaffnung führen sie vier 30,5-cm- und zwölf 15,2-cm-Geschütze sowie kleinere Geschütze und vier Unterwasser-Torpedorohre. Ihre Antriebsleistung liegt bei 15 000 PSi und erbringt eine Geschwindigkeit von 18 kn.

Diese Einzelheiten werden mitgeteilt, damit Vergleiche zwischen dieser, der britischen Hauptflotte, und den Schiffen ausländischer Mächte angestellt werden können....»

Dieser Zeitungsartikel fuhr dann scharf, aber in seinen Aussagen genau fort:

»Die Bedeutung der französischen Marine ist stets als einer der einflußreichsten Faktoren zur Erhaltung des Gleichgewichtes hinsichtlich der europäischen Waffenarsenale erkannt worden. Doch von den letzten Jahren kann nicht gesagt werden, daß die große Republik ihren guten Ruf in dieser Beziehung aufrechterhalten hat... [und] von seiten eines sozialistischen Marineministers ist gewaltiges Unheil [angerichtet worden]«.

Über die deutsche Marine sagte dieser Zeitungsartikel folgendes aus:

»Ihre Flotten, sowohl die Kriegs- wie auch die Handelsflotte, gehören zu den Dingen, auf die [sie] am meisten stolz sind – und das mit gutem Grund. Der deutsche Kaiser erklärte bei einer denkwürdigen Gelegenheit, daß 'die Zukunft des Deutschen Reiches auf dem Wasser liegt‹, und um ihm Gerechtigkeit widerfahren zu lassen, er hat niemals aufgehört, ob passend oder nicht, sein Bestes zu unternehmen, um sicherzustellen, daß diese Zukunft gedeihlich sein wird. Wie jede andere Nation häuft Deutschland Schiff auf Schiff und Geschütz auf Geschütz, die ganze Zeit über lautstark protestierend, daß es überhaupt nicht daran denke, Krieg zu führen. Dies ist natürlich alles Teil des Spiels und niemand hat etwas dagegen, weil wir alle dasselbe sagen und tun. Aber es mag erlaubt sein zu bezweifeln, ob Deutschland die Entwicklung von »Mammut»-Kriegsschiffen nicht mit größerer Bestürzung betrachtet als andere Nationen. Das Deutsche Reich kam auf der Ebene der Marine wirklich gut voran, bis das Erscheinen der DREADNOUGHT seine gesamten Pläne ad absurdum führte. Es gibt eine Sache, die

weder König, noch Kaiser, noch Präsident der Republik ändern können, und das ist die physikalische Struktur des Landes, in dem sie leben. Die Natur hat Deutschland hinter dem kompliziertesten und gewundensten Labyrinth von Sandbänken versteckt, das auf der Welt vorhanden ist. Gegen einen potentiellen Feind von See her sind derartige natürliche Verteidigungsmöglichkeiten sehr nützlich, aber wenn sich eine Nation zu einer großen Seemacht entwickeln will, behindert dies das eigene Bestreben genauso wie es einen Gegner behindern würde. Zum gegenwärtigen Zeitpunkt besitzt die deutsche Marine kein Schlachtschiff über 13200 t auf CWL und an Bord der Schiffe wird kein größeres Kaliber als 28 cm geführt. Mit dieser Wasserverdrängung gibt es fünf Einheiten der BRAUNSCHWEIG-Klasse, aus den Jahren 1904/05 stammend, sowie fünf Einheiten der DEUTSCHLAND-Klasse aus den Jahren 1906–1908. Letztere führen an Bewaffnung vier 28-cm- und vierzehn 17-cm-Geschütze. Ihre Antriebsleistung von 16000 PSi erbringt eine Geschwindigkeit von 18 kn. Außerdem gibt es noch fünf Einheiten der WITTELSBACH-Klasse (11774 t auf CWL) und fünf der ›Kaiser‹-Klasse (11150 t auf CWL), bewaffnet mit vier 24-cm- und achtzehn 15-cm-Geschützen, ausgestattet mit einer Antriebsleistung von 15000 PSi bzw. 14000 PSi für eine Geschwindigkeit von 18 kn. Die aus vier Schiffen bestehende BRANDENBURG-Klasse stammt aus dem Jahr 1891 (10060 t auf CWL).

Wenn wir diese Schiffe, aus denen die deutsche Hochseeflotte besteht, allein mit der Kanal-Flotte vergleichen, brauchen wir den Vergleich nicht zu fürchten. Doch Deutschland hat weitere Ambitionen und die »Mammut«-Kriegsschiffe, die es in der Planung hat, sind SACHSEN, BAYERN, BADEN und WÜRTTEMBERG. Sie sollen eine Wasserverdrängung, so wird gemeldet, von 17170 ts, möglicherweise sogar von 19000 ts haben – doch offensichtlich ist bisher nichts Definitives zu erfahren – und sechzehn 28-cm-Geschütze führen. ...»[37]

Der Zeitungsartikel schloß mit der Feststellung: *»England befindet sich derzeit in einer zufriedenstellenden Lage, sind aber gezwungen, in dieser Richtung weiter voranzuschreiten, und unsere Rivalen sind bestrebt, ... uns zu überholen. Wenn unsere Politiker dieser Tatsache eingedenk bleiben, brauchen wir um unsere Vorherrschaft nicht zu fürchten; denn wir können schneller als jede andere Nation bauen, und mit Sicherheit genauso gut. Die Gefahr besteht darin, daß wir unsere Fähigkeiten überschätzen könnten und unsere Vorbereitungen zu lange hinausziehen. Glücklicherweise stimmen alle Parteien darin überein, daß die britische Marine auf den Meeren stets vorherrschend bleiben muß.»*

Das Erscheinen der DREADNOUGHT wurde in Deutschland nicht als Katastrophe angesehen, wie dies die Briten vermutet hatten. Von Tirpitz, der Staatssekretär des Reichsmarineamtes (d. h. der Marineminister), und seine Berater waren sich der Tatsache bewußt, daß das durchweg mit Geschützen großen Kalibers bestückte Schlachtschiff mit Turbinenantrieb alle früher gebauten Schiffe veralten ließ, aber sie erkannten ebenso deutlich, daß sich dies viel mehr gegen die britische KING EDWARD VII-Klasse richtete als gegen die Kaiserlich Deutsche Marine. Wenn die deutschen Werften in ausreichender Schnelligkeit moderne Kriegsschiffe bauen könnten, würde Parität erreicht werden, falls es die britische Regierung versäumte, ausreichend Mittel in die jährlichen Marinehaushalte einzustellen, um Schiffe zu ersetzen, die erst wenige Jahre alt waren.

Unten: Das Linienschiff ELSASS (13208 t auf CWL, F. Schichau in Danzig, 1904, vier 28 cm, vierzehn 17 cm, achtzehn 8,8 cm S.K.) beim Einlaufen in den Hafen. (Sammlung des Verfassers.)
Oben rechts: Der Aviso WACHT (1499 t maximal), bei der A.G. ›Weser‹ in Bremen gebaut und am 9. August 1888 in Dienst gestellt. Das Schiff sank nach einer Kollision mit dem Panzerschiff SACHSEN am 4. September 1901 in der Ostsee. (IWM, Negativ-Nr. Q 22332.)
Rechts: Der Kleine Kreuzer BRESLAU (4564 t auf CWL, A.G. ›Vulcan‹ in Stettin, 1912) im Kieler Hafen. 1914 an die türkische Marine übergeben: MIDILLI, gesunken durch Minentreffer am 20. Januar 1918 in der Ägäis. Aus der Postkarten-Serie »Neptun« (Nr. 85), herausgegeben von Gebr. Lempe bzw. als Postkarte von NPG, Berlin.

Die deutsche Seite wußte, daß die britische Schiffbauindustrie die eigene Fertigungsrate leicht überflügeln konnte; sie wußte aber auch, daß dies nur geschehen könnte, wenn der richtige politische Wille vorhanden war.

Die ersten deutschen Kleinen Kreuzer

Die Ursprünge dieses Schiffstyps des Ersten Weltkrieges lagen in zweckgebauten Torpedokreuzern und Avisos.[38] Die Entwicklung führte vom Torpedokreuzer ZIETEN (1001 t auf CWL) aus dem Jahre 1876 über die Avisos BLITZ und PFEIL (1381 t auf CWL) aus den Jahren 1983/84 zur GREIF, dem ersten Kleinen Kreuzer, von 2050 t auf CWL aus dem Jahre 1887. Das noch als Aviso bezeichnete Drei-Schornstein-Schiff bot sich in erster Linie für Aufgaben im Patrouillendienst an, bei dem Fahrstrecke und Seeausdauer gewichtiger als Offensivkraft waren. Obwohl sich schließlich die GREIF den Bedingungen in der Nordsee nicht gewachsen zeigte, war das Vertrauen in die Zweifach-Expansionsmaschinen mit Zwei-Wellen-Anordnung – statt sich auf die weniger leistungsfähige Segel-Dampfantrieb-Kombination zu verlassen – der Schlüssel für zukünftige Entwicklungen.[39]

Die »Kreuzerkorvette« GEFION mit einer Wasserverdrängung von 3746 t auf CWL und einer Länge von 109,2 m war das erste deutsche Kriegsschiff, das die 10,5-cm-Schnellade-Kanone L/35 C/88 (S.K. C/88) führte, und zwar zehn Geschütze in der später klassischen Anordnung: je zwei Geschütze vorn und achtern sowie je drei Geschütze mittschiffs in der Breitseite. Auf der Werft F. Schichau in Danzig gebaut, wurde die GEFION am 27. Juni 1894 in Dienst gestellt. Zwei Dreifach-Expansionsmaschinen lieferten eine Antriebsleistung von 9000 PSi für eine Geschwindigkeit von nahezu 20 kn. Der Schiffskörper in Stahlbauweise hatte für den Dienst in den Tropen eine Korkdämmung. Nach einem vierjährigen Auslandsdienst beim Kreuzergeschwader wurde das Schiff 1901–1904 einem Umbau bei der Kaiserlichen Werft in Wilhelmshaven unterzogen. Im späteren Verlauf des Ersten Weltkrieges diente es als Wohnschiff in Danzig.

Mit Ausnahme der Bewaffnung war die GEFION jedoch in jeder

Beziehung eher ein Vorläufer der Panzerkreuzer (klassifiziert als »Große Kreuzer«) der VICTORIA LUISE-Klasse. Als nächste Einheit dieses Schiffstyps entstand auf der Werft A.G. ›Weser‹ in Bremen der am 3. Mai 1896 in Dienst gestellte Aviso HELA, der schon mehr einem echten Kleinen Kreuzer glich. Mit einem einzigen Schornstein, einem leicht gepanzerten Deck, einem Rammbug und einer aus vier 8,8-cm-Geschützen bestehenden kümmerlichen Bewaffnung versehen, wies die HELA eine Wasserverdrängung von 2027 t auf CWL mit einer Länge von 104,6 m auf. Obwohl zwei Dreifach-Expansionsmaschinen mit einer Antriebsleistung von 6000 PSi dem Schiff nur eine Geschwindigkeit von 20 kn verliehen, erwies sich die HELA im Auslandsdienst als gutes Seeschiff. 1903–1906 und noch einmal 1910 wurde sie auf der Kaiserlichen Werft in Danzig einer Modernisierung unterzogen und erhielt hierbei einen zweiten Schornstein sowie das allgemeine äußere Erscheinungsbild der späteren GAZELLE-Klasse.

Die Flottenbauprogramme der späten 1890er Jahre forderten den Bau Kleiner Kreuzer nach einem Entwurf, der später als die GAZELLE-Klasse bezeichnet wurde. Mit zehn Einheiten war dies die erste zahlenmäßig große Klasse Kleiner Kreuzer. Das Typschiff – die GAZELLE – wurde 1897 bei der Friedrich Krupp'schen Germaniawerft in Kiel auf Stapel gelegt, obwohl als erste Einheiten NIOBE (1898 auf der Werft A.G. ›Weser‹, Bremen auf Kiel gelegt) und NYMPHE (1898 ebenfalls auf der Germaniawerft auf Kiel gelegt) am 25. Juni und am 20. September 1900 in Dienst gestellt wurden.

Diese zehn Kleinen Kreuzer unterschieden sich in Einzelheiten, da vier Bauwerften beteiligt waren. Auf CWL verdrängten GAZELLE und NIOBE je 2643 t, NYMPHE, THETIS, ARIADNE, AMAZONE und MEDUSA je 2659 t sowie FRAUENLOB, ARCONA und UNDINE je 2706 t. In der Länge maßen sie zwischen 104,1 m und 104,4 m. Sie besaßen zwei Dreifach-Expansionsmaschinen mit einer nominellen Antriebsleistung von 8000 PSi für eine Geschwindigkeit von 21,5 kn, ausgenommen GAZELLE mit einer Antriebsleistung von 6000 PSi für 19,5 kn. Letztere besaß auch zwischen den beiden etwas weiter auseinanderstehenden Schornsteinen ein Kartenhaus, charakteristisch für dieses Schiff. Bei den Erprobungsfahrten erwies sich ARIADNE als die schnellste Einheit. Mit einer Antriebsleistung von 8827 PSi erreichte sie eine Geschwindigkeit von 22,23 kn. Ihre Bewaffnung bestand aus zehn 10,5-cm-Geschützen S.K. C/88 in der oben beschriebenen klassischen Anordnung, verstärkt durch sechs 3,7-cm-Revolverkanonen und zwei 45-cm-Torpedorohre. Ihre Besatzung bestand aus 14 Offizieren und 243 Mannschaften, bei FRAUENLOB, ARCONA und UNDINE aus weiteren 13 Mannschaften. Die Kleinen Kreuzer dieser Klasse erwiesen sich als sehr gelungen und von langer Lebensdauer. ARIADNE, FRAUENLOB und UNDINE gingen im Ersten Weltkrieg durch Feindeinwirkung verloren.[40]

Die Verantwortlichen in der Marine waren von der Leistungsfähigkeit des GAZELLE-Entwurfs ausreichend beeindruckt, um unter dem Bauprogramm von 1902 im wesentlichen ähnliche Kleine Kreuzer in Auftrag zu geben. Lediglich der Grundentwurf wurde etwas vergrößert. Bei einer Länge von nunmehr 110,6 m stieg die Wasserverdrängung auf 3278 t in der CWL. Diese Steigerung in der Größe gestattete einen besseren Panzerschutz, mehr Kessel sowie eine verbesserte Antriebsleistung auf entwurfsgeforderte 10 000 PSi, um 22 kn zu erreichen.

Der erste dieser neuen Drei-Schornstein-Kreuzer, der in Dienst kam, war die auf der Werft A.G. ›Vulcan‹ in Stettin-Bredow gebaute HAMBURG, die am 8. März 1904 in Dienst gestellt wurde. Ihr folgte die ebenfalls bei der Werft A.G. ›Vulcan‹ gebaute und am 19. Mai 1904 in Dienst gestellte BREMEN. Danach kamen als nächste Einheiten: MÜNCHEN, gebaut auf der Werft A.G. ›Weser‹ in Bremen und am 10. Januar 1905 in Dienst gestellt, BERLIN (Kaiserliche Werft in Danzig, Indienststellung 4. April 1905), LÜBECK (A.G. ›Vulcan‹ in Stettin, 26. April 1905), LEIPZIG (A.G. ›Weser‹ in Bremen, 20. April 1906) und schließlich die DANZIG (Kaiserliche Werft in Danzig, 1. Dezember 1907).

Das erste deutsche Kriegsschiff mit Turbinenantrieb, das in Dienst kam, war das »Große Torpedoboot« *S 125*, fertiggestellt 1904 auf der Werft Friedrich Schichau in Elbing. Seine Wasserverdrängung betrug 454 t maximal bei einer Länge über alles von 64,7 m. Kern der Antriebsanlage war ein System aus sieben Parsons-Turbinen mit Drei-Wellen-Anordnung. Die Erprobungsfahrten erbrachten bei einer Antriebsleistung von 6600 WPS eine Geschwindigkeit von 27,8 kn. Vergleiche mit den Schwesterbooten der Klasse *S 120*, die sämtlich mit Kolbenmaschinen ausgerüstet waren (ausgenommen die erst Mitte 1907 in Dienst gestellte *G 137* – siehe oben), enthüllten die übliche größere Wirtschaftlichkeit bei hohen Fahrtstufen und das Fehlen von Vibrationen.[41]

Im Reichsmarineamt beeindruckte die Leistungsfähigkeit von *S 125*, so daß es die Entscheidung traf, einen Kleinen Kreuzer der BREMEN-Klasse mit Turbinenantrieb auszurüsten: die LÜBECK. Dieses Schiff wurde 1903 auf der Werft A.G. ›Vulcan‹ in Stettin auf Kiel gelegt, lief am 26. März 1904 vom Stapel und wurde im April 1905 fertiggestellt – nur wenige Wochen nach dem Leichten Kreuzer HMS AMETHYST, dem ersten Kriegsschiff der Welt mit Turbinenantrieb von der Größe eines Kreuzers. Die LÜBECK verdrängte 3661 t maximal und wies eine Länge über alles von 111,1 m auf. Die beiden Parsons-Turbinen für die Antriebsanlage lieferte die in Schweitzer Besitz befindliche Tochtergesellschaft von Brown, Boveri & Cie. in Mannheim.[42]

Bei den Erprobungsfahrten ergab sich mit einer Antriebsleistung von 14 035 WPS eine Höchstgeschwindigkeit von 23,1 kn. Obwohl vier der mit Kolbenmaschinen ausgerüsteten Schwesterschiffe der LÜBECK bei den Erprobungsfahrten 23,3 kn mit einer Antriebsleistung erzielten, die von 11 582 PSi (HAMBURG) bis 12 205 PSi (MÜNCHEN) reichte, lief die Turbinenanlage bei hohen Fahrtstufen ruhiger. Ursprünglich war bei der LÜBECK jede der vier Wellen mit zwei Propellern ausgestattet; ihre Anzahl wurde jedoch in der Folge auf je einen pro Welle verringert.

Der Kleine Kreuzer KÖNIGSBERG wurde im Haushaltsjahr 1903/04 bei der Kaiserlichen Werft in Kiel als deren Bau-Nr. 31 in Auftrag gegeben. Das Schiff hatte eine Wasserverdrängung von 3390 t auf CWL, wies eine Länge von 114,8 m in der Wasserlinie auf und lief bei den Erprobungsfahrten mit einer Antriebsleistung von 13 918 PSi bei forcierter Fahrt 24,1 kn. An Bewaffnung führte der Kreuzer zehn 10,5-cm-Geschütze S.K. L/40 in der oben dargestellten klassischen Anordnung sowie zehn 3,7-cm-Maschinenkanonen sowie zwei 45-cm-Unterwasser-Torpedorohre. 1911–1913 wurde die KÖNIGSBERG bei der Kaiserlichen Werft in Kiel einer umfangreichen Modernisierung unterzogen, ehe sie kurz vor Ausbruch des Ersten Weltkrieges nach Dar-es-Salaam auf die Ostafrikanische Station entsandt wurde.

Die Kleinen Kreuzer der STUTTGART-Klasse – STUTTGART, STETTIN und NÜRNBERG – wurden 1904/05 bewilligt. Sie waren in der Wasserverdrängung mit 3469 t und 3480 t (STETTIN) auf CWL sowie mit 116,8 m in der Wasserlinie geringfügig größer als die ansonsten sehr ähnliche KÖNIGSBERG. Bemerkenswert war jedoch die charakteristische Lücke zwischen dem zweiten und dritten Schornstein, ein Merkmal, um diese drei Kreuzer leicht zu identifizieren. Die auf der Stettiner Werft A.G. ›Vulcan‹ gebaute STETTIN hatte als zweiter der Kleinen Kreuzer im Gegegensatz zu ihren Schwesterschiffen (zwei stehende Dreizylinder-Dreifach-Expansionensmaschinen mit Zwei-Wellen-Anordnung) Turbinenantrieb: zwei Systeme Parsons-Turbinen mit Vier-Wellenanordnung, pro Welle ein Propeller. Sie lief bei einer Antriebsleistung von 21 670 WPS über die gemessene Meile 25,2 kn. STUTTGART erbrachte bei den Erprobungsfahrten mit einer Antriebsleistung von 13 146 PSi eine Geschwindigkeit von 23,9 kn, wohingegen NÜRNBERG mit einer etwas höheren Antriebsleistung (13 154 PSi) nur 23,4 kn erreichte. Die Hauptbewaffnung der STUTTGART-Klasse glich jener der KÖNIGSBERG, während die Nebenbewaffnung auf acht 5,2-cm-Geschütze S.K. L/55 gesteigert worden war.[43]

Die beiden Kleinen Kreuzer der im Haushaltsjahr 1905/06 bewil-

Oben: Der Kleine Kreuzer S.M.S. HAMBURG (3278 t auf CWL, A. G. ›Vulcan‹, Stettin, 1904) bei Erprobungsfahrten. Aus einer Postkarten-Serie (1904, Nr. 374) von Hermann Ch. Büsing, Oldenburg. (Aus der Sammlung des Verfassers.)
Rechts: Die Kleinen Kreuzer der ›Städte‹-Klasse führten beiderseits des Buges das jeweilige Stadtwappen. Zeichnungen von John Walter.
Unten: S.M.S. LÜBECK, der erste Kreuzer mit Turbinenantrieb (3265 t auf CWL, A.G. ›Vulcan‹, Stettin, 1905). Aus einer Postkarten-Serie (Nr. 103 Rö.) der Gebr. Lempe, Kiel. (Sammlung des Verfassers.)

LEIPZIG

STRALSUND

ligten DRESDEN-Klasse verdrängten 3664 t auf CWL. Die am 14. November 1908 in Dienst gestellte DRESDEN hatte die Werft Blohm & Voss in Hamburg gebaut, während die zweite Einheit, die am 10. Juli 1909 in Dienst gestellte EMDEN, auf der Kaiserlichen Werft in Danzig gefertigt worden war. Die beiden Kreuzer glichen sich weitgehend; ihre Bewaffnung entsprach jener der STUTTGART-Klasse. Lediglich in der Antriebsanlage unterschieden sie sich: DRESDEN hatte zwei Systeme Parsons-Turbinen mit Vier-Wellen-Anordnung, während die EMDEN zwei herkömmliche Dreifach-Expansionsmaschinen mit Zwei-Wellen-Anordnung besaß. Die Erprobungsfahrten ergaben, daß die DRESDEN mit 25,2 kn bei 18 880 WPS etwas schneller war, verglichen mit den 24 kn der EMDEN bei 16 350 PSi.

Die ersten Kleinen Kreuzer mit Turbinenantrieb wiesen allesamt von der britischen Firma lizensierte Turbinen vom Parsonstyp auf. Doch auf deutscher Seite wußte man, daß man sich nicht auf lange Sicht auf einen potentiellen Gegner stützen durfte. Die offensichtliche Antwort für die führenden deutschen Firmen lautete, mit den hauptsächlichen nichtdeutschen Turbinenherstellern in Geschäftsbeziehungen zu treten, etwas, das die Briten – überaus überzeugt von ihrer Fähigkeit, alle anderen in der Herstellung zu übertreffen – kaum schreckte. Die ›Dreadnoughts‹ der NASSAU- und der HELGOLAND-Klasse ließen nachdrücklich das Fehlen einer einheimischen Kapazität erkennen; denn alle acht Schlachtschiffe[44] dieser beiden Klassen besaßen konventionelle Dreifach-Expansionsmaschinen.

Das erste mit Turbinen ausgerüstete deutsche Großkampfschiff war der Schlachtkreuzer VON DER TANN – amtlich als »Großer Kreuzer« bezeichnet – mit einer Wasserverdrängung von 19 370 t auf CWL, fertiggestellt im Februar 1911 auf der Hamburger Werft Blohm & Voss mit zwei Satz Parsons-Turbinen und Vier-Wellen-Anordnung. Die bei seinen Erprobungsfahrten im Herbst 1910 mit einer Antriebsleistung von 79 007 WPS erzielten 27,4 kn verursachten in britischen Marinekreisen Bestürzung. Selbst das Ausmaß des Überdrucks, mit dem die Kessel möglicherweise gefahren wurden, war nicht bekannt. Andererseits wußte die britische Admiralität sehr genau, daß die in die Öffentlichkeit »durchgesickerten« 29–30 kn, die den seetüchtigen, aber schwach gepanzerten Schlachtkreuzern der INDEFATIGABLE-Klasse zugeschrieben wurden, eine beträchtliche Übertreibung darstellten. VON DER TANN verkörperte daher eine wirkliche Bedrohung.[45]

Die vollkommenen deutschen Kleinen Kreuzer

Die vier Kleinen Kreuzer der KOLBERG-Klasse mit einer Wasserverdrängung von 4362 t auf CWL, bewilligt im Haushaltsjahr 1906/07, hatten allesamt Turbinenantrieb:

- KOLBERG, fertiggestellt 1910 auf der Werft F. Schichau in Danzig, hatte zwei Satz Melms & Pfenniger-Turbinen mit Vier-Wellen-Anordnung;
- MAINZ, fertiggestellt 1909 auf der Stettiner Werft A.G. ›Vulcan‹, hatte zwei Satz amerikanischer Curtis-Turbinen, von der AEG in Lizenz hergestellt, mit Zwei-Wellen-Anordnung;
- CÖLN, fertiggestellt 1911 auf der Germaniawerft in Kiel, hatte zwei Satz Germania-Turbinen, d. h. aus eigener Herstellung, mit Zwei-Wellen-Anordnung; und
- AUGSBURG, fertiggestellt 1910 auf der Kaiserlichen Werft in Kiel, hatte zwei Satz Parsons-Turbinen mit Vier-Wellen-Anordnung, offensichtlich aus Großbritannien geliefert.

Die bei den Erprobungsfahrten erreichten Geschwindigkeiten reichten von 26,3 kn bis 26,8 kn bei Antriebsleistungen von 22 040 WPS bis 31 033 WPS. Interessant ist die Tatsache, daß sich die erzielten Geschwindigkeiten überraschenderweise glichen, obwohl die erbrachten Antriebsleistungen der Turbinen sehr variierten. Als Hauptbewaffnung führten diese Kleinen Kreuzer zwölf 10,5-cm-Geschütze und zwei 45-cm-Unterwasser-Torpedorohre in Seitenanordnung.[46]

Die danach gebauten vier Kleinen Kreuzer der MAGDEBURG-Klasse aus dem Bauprogramm 1908/09 wurden sämtlich 1910 auf Kiel gelegt und 1912 fertiggestellt. Mit einer Wasserverdrängung

Unten: Der Kleine Kreuzer S.M.S. STETTIN (3480 t auf CWL, A.G. ›Vulcan‹, Stettin, 1907) mit der charakteristischen Lücke zwischen dem zweiten und dem dritten Schornstein (Marinejargon: der »detachierte« Schornstein). Aus einer PostkartenSerie (Nr. 99 Rö.) der Gebr. Lempe, Kiel. (Sammlung des Verfassers.)

Oben: Der Kleine Kreuzer S.M.S. STRALSUND (4570 t auf CWL, A.G. ›Weser‹, Bremen, 1912) auf einer anonymen Postkarte, im Januar 1915 abgeschickt. Zu beachten ist der Kreuzerbug, der den Rammbug abgelöst hatte. (Sammlung des Verfassers.)

von 4535 t bis 4570 t auf CWL und einer Länge von 136 m in der Wasserlinie waren dies die ersten Kleinen Kreuzer, die einen Kreuzerbug statt eines Rammbuges und einen in den Schiffskörper integrierten Gürtelpanzer besaßen. Obwohl dies ihren Bau verzögerte, war das Ergebnis eine Gruppe Kleiner Kreuzer mit vier Schornsteinen, die bessere See-Eigenschaften als alle vorhergehenden Kleinen Kreuzer aufwiesen. Die Antriebsanlage bestand bei

- MAGDEBURG (Bauwerft A.G.›Weser‹, Bremen) und STRALSUND (dieselbe Bauwerft) aus je drei Satz Bergmann-Turbinen mit Drei-Wellen-Anordnung,
- BRESLAU (Bauwerft A.G. ›Vulcan‹, Stettin) aus zwei Satz AEG-Vulcan-Turbinen mit Vier-Wellen-Anordnung und bei
- STRASSBURG (Kaiserliche Werft, Wilhelmshaven) aus zwei Satz Marine-Turbinen mit Zwei-Wellen-Anordnung, d. h. die Turbinen wurden von der Maschinenbau-Abteilung im Konstruktionsdepartemant des Reichsmarineamtes entworfen.

Die Geschwindigkeiten bei den Erprobungsfahrten reichten von 27,5 kn bei 33 482 WPS (BRESLAU) bis zu 28,2 kn (STRASSBURG und STRALSUND) bei 33 742 WPS bzw. 35 515 WPS. MAGDEBURG hatte die schwächste Antriebsleistung mit lediglich 29 904 WPS zu verzeichnen, war aber mit 27,6 kn einen zehntel Knoten schneller als die BRESLAU.

Als Ergebnis dieser Versuche mit verschiedenen Turbinenanlagen erhielten die 1910 bewilligten beiden Kleinen Kreuzer – KARLSRUHE (Krupp'sche Germaniawerft, Kiel) und ROSTOCK (Howaldtswerke, Kiel) – je zwei Satz Marine-Turbinen mit Zwei-Wellen-Anordnung. Die beiden im Januar bzw. im Februar 1914 in Dienst gestellten Schiffe erwiesen sich als genauso leistungsfähig wie die vor 1912 erprobten Kleinen Kreuzer und ihr Entwurf war auf die Erfordernisse der Kaiserlichen Marine zugeschnitten. Außerdem war es nicht mehr erforderlich, Lizenzgebühren zu entrichten. Daher erhielten alle nach 1912 gebauten Kreuzer Marine-Antriebsanlagen.

Die Kleinen Kreuzer der KARLSRUHE-Klasse hatten eine Wasserverdrängung von 4900 t auf CWL und bei einer Wasserverdrängung von 6191 t maximal eine Länge über alles von 142,2 m. Die Entwurfsleistung der Turbinenanlagen lag bei 26 000 WPS für 27,8 kn. Die Erprobungsfahrten erbrachten jedoch für die KARLSRUHE 28,5 kn bei 37 885 WPS und für die ROSTOCK sogar 29,3 kn bei 43 628 WPS.

Am 10. August 1914 bzw. am 3. Januar 1915 wurden die unter dem Bauprogramm von 1911 bewilligten Kleinen Kreuzer GRAUDENZ und REGENSBURG mit einer Wasserverdrängung von 4912 t auf CWL in Dienst gestellt. Diese letzten, vor dem Ausbruch des Ersten Weltkrieges fertiggestellten Kleinen Kreuzer mit Turbinenantrieb und drei Schornsteinen hatten eine Länge über alles von 142,7 m und erreichten bei den Abnahmefahrten auf flachem Wasser mehr als 29 kn. Sie waren zweifellos auch imstande, unter günstigen Bedingungen 30 kn zu überschreiten. Ihre ursprüngliche Bewaffnung bestand aus zwölf 10,5-cm- und zwei 5-cm-Geschützen sowie zwei 50-cm-Unterwasser-Torpedorohren in Seitenanordnung.

Das Kräfteverhältnis zur See 1914

Die Schnelligkeit, mit der auf deutscher Seite Kriegsschiffe gebaut wurden, führte die Kaiserliche Marine aus dem Status von Küstenverteidigungsstreitkräften im Jahre 1900 zum Status der zweitstärksten Flotte auf der Welt im Jahre 1914. Die zwischen 1900 und 1913 gebaute Gesamttonnage an Kriegsschiffen liefert dafür die Bestätigung. In diesem Zeitraum entstanden in Großbritannien an Kriegsschiffneubauten 1 781 420 ts, gefolgt von Deutschland mit 978 629 ts, den USA mit 734 697 ts, Frankreich mit 604 044 ts, Rußland mit 469 789 ts und Japan mit 373 636 ts. Allein auf die Tonnage als Grundlage bezogen, war es Großbritannien gelungen, den begehrten »Two Power Standard« aufrechtzuerhalten, da die Neubautonnage der USA und Deutschlands zusammengenommen die der Royal Navy nicht überflügelte. Doch es war strittig, ob die Führung auch qualitativ aufrechterhalten worden war.

Die Schiffe der Kaiserlichen Marine waren zumindest ihren Gegenstücken in der Royal Navy ebenbürtig, obwohl die deutsche Seite noch immer nicht schnell genug bauen konnte, um ihren größten Rivalen zahlenmäßig zu überholen. Nachdem jedoch der Kaiser dem »Daily Telegraph« 1909 ein fatales Interview gegeben hatte, verursachte die Besorgnis hinsichtlich der deutschen Absichten eine Beschleunigung des Flottenwettrüstens. In dieser Zeitspanne wurde die Wahrheit häufig durch politische Vorwände getrübt – besonders wenn in den Regierungsstatistiken die großen Flotten miteinander verglichen wurden.

Im Jahre 1909 zum Beispiel sagte die liberale Regierung Großbritanniens selbstsicher bei den Dreadnoughts ein Verhältnis von 20 : 17 zugunsten der Briten bis 1912 unter der Annahme voraus, die 1908 bewilligten vier »eventuellen Schiffe« würden nicht begonnen, während die konservative Opposition behauptete, die deutsche Seite würde im Verhältnis 20 : 21 führen.

Anfang 1914 veröffentlichte die britische Regierung ein Papier, daß die Flottenstärken der hauptsächlichsten Marinen der Welt mit Stand vom 1. Januar 1914 einschätzte. Hierbei wurden jene Schiffe außer acht gelassen, die mehr als 20 Jahre alt waren, eine realistische Voraussetzung, da diese Schiffe keinen Kampfwert mehr besaßen. Die Bestandsaufnahme gelangte bei den Schlachtschiffen aller Typen zu folgendem Ergebnis: Großbritannien 58 mit weiteren 14 im Bau, Deutschland 35 plus sechs, Frankreich 21 plus zehn und die USA 30 plus sechs. Außerdem besaß Großbritannien zehn Schlachtkreuzer (einer davon noch nicht fertiggestellt) und Deutschland hatte sieben (vier von ihnen noch im Bau). Bei den Panzerkreuzern und Geschützten Kreuzern sah das Ergebnis folgendermaßen aus: Großbritannien 47, davon acht, die mehr als 20 Jahre alt waren, aber für Aufgaben des Kolonialdienstes noch als geeignet angesehen wurden, Deutschland neun, Frankreich 24 und die USA 17, drei von ihnen älter als 20 Jahre.

Bei den Leichten Kreuzern ergab sich folgendes Bild: Großbritannien 65 mit weiteren 20 in verschiedenen Stadien der Fertigstellung, Deutschland 49, sechs von ihnen noch im Bau, Frankreich nur acht und die USA 18. Bei den Zerstörern ergab die Bestandsaufnahme: Großbritannien 201 plus 36 im Bau, Deutschland 132 plus zwölf, Frankreich 80 plus sieben und die USA 52 plus 14. Die schwächere Kategorie der Torpedoboote begünstigte mit 153 Deutschland vor Großbritannien mit 106, Frankreich mit 80 und die USA mit 21.

Bei den Unterseebooten besaß Großbritannien mit 69 plus weiteren 29 Booten im Bau die größte Anzahl. Angesichts der herausragenden Bedeutung, die die deutschen U-Boote binnen weniger Jahre erlangen sollten, wies die Kaiserliche Marine seltsamerweise insgesamt nur 38 Boote (14 von ihnen im Bau) auf. Damit lag Deutschland sogar hinter Frankreich mit 76 und den USA mit 50 Booten zurück.

Allerdings ließen diese Zahlen im Detail nicht erkennen, daß die Royal Navy infolge ihrer weltweiten Verpflichtungen über den gesamten Globus zersplittert war, während die Kaiserliche Marine – das Kreuzergeschwader und wenige Schiffe auf den Auslandsstationen ausgenommen – ihre Flotteneinheiten ausschließlich in Nord- und Ostsee konzentriert hatte.

Zusammenfassend ergab sich bis Ende 1914, daß das Kräfteverhältnis, infolge von Beschlagnahmen und Verlusten entsprechend angepaßt, bei so ziemlich jeder Schiffskategorie auf Kosten der Kaiserlichen Marine immer noch zugunsten der Royal Navy sprach. Hierbei war bei den Schlachtschiffen aller Typen ein Verhältnis von 73 : 42 eingeschlossen; obwohl auf britischer Seite nahezu 40 veraltete Vordreadnoughts mitgezählt wurden, während die Zahlen auf deutscher Seite nur 16 Schiffe dieses Typs sowie acht veraltete Küstenpanzerschiffe ohne jeden Kampfwert einbezogen. Bei den Kreuzern ergab die Bestandsaufnahme ein Verhältnis von 114 : 47, bei den Zerstörern und Torpedobooten ein solches von 372 : 190 und bei den Unterseebooten 72 : 34.[47]

Doch dieses beeindruckende Kräfteverhältnis zugunsten der Royal Navy konnte die Kreuzerkriegsführung auf den Handelsrouten nicht verhindern.

Die Überwasser-Handelsstörer

Als im Sommer 1914 die »Rangliste der Kaiserlichen Marine« erschien, war der Großteil der deutschen Kleinen Kreuzer in heimischen Gewässern stationiert. Ihre Verteilung stellte sich wie folgt dar:

- Im Verband der Aufklärungsschiffe unterstanden dem Befehlshaber der Aufklärungsschiffe (B.d.A.), KAdm. Franz Hipper, neben den Schlachtkreuzern die Kleinen Kreuzer CÖLN (FKpt. Meidinger), MAINZ (KptzS. Wilhelm Paschen), STRALSUND (KptzS. Karl Harder), KOLBERG (FKpt./KptzS. Widenmann), ROSTOCK (FKpt. Thilo v. Trotha), DRESDEN (FKpt. Erich Köhler), BRESLAU (FKpt. Kettner) und STRASSBURG (FKpt./KptzS. Retzmann). Die veraltete HELA (FKpt. Paul Wolfram) diente als Tender.

BRESLAU gehörte zu diesem Zeitpunkt bereits zur Mittelmeer-Division[48], während die STRASSBURG der »Detachierten Division« zugeteilt war.[49]

- Die HAMBURG (KKpt./FKpt. v. Gaudecker) unterstand – bis Kriegsende – zusammen mit STETTIN (vertretungsweise Kptlt. von dem Hagen) der Inspektion des Unterseebootswesens. Am 1. Juli 1914 wurde der vorübergehende Komandant der STETTIN von KKpt. Karl August Nerger abgelöst. Nerger erhielt anschließend das Kommando über den Hilfskreuzer WOLF, durch dessen erfolgreiche Kaperfahrt er berühmt wurde (siehe unten).
- Die Kleinen Kreuzer AUGSBURG (KptzS. Andreas Fischer), STUTTGART (FKpt./KptzS. Friedrich Richter) und DANZIG (FKpt. Reiß) unterstanden zeitweise der Inspektion der Schiffsartillerie.
- Der Kleine Kreuzer ARCONA (KKpt. Wilhelm v. Hippel) gehörte zusammen mit den Minenkreuzern ALBATROSS (FKpt. West) und NAUTILUS (FKpt. Wilhelm Schulz) zur Inspektion der Küstenartillerie und des Minenwesens.
- Die Kleinen Kreuzer MAGDEBURG (KKpt. Habenicht) und MÜNCHEN (KptzS. Oswald v. Studnitz) waren dem Torpedoversuchskommando unterstellt.
- Die restlichen Kleinen Kreuzer – zumeist veraltet – standen in Reserve.

Sobald der Erste Weltkrieg begonnen hatte, schwand der Bestand an Kleinen Kreuzern rasch dahin. CÖLN, MAINZ und ARIADNE sanken im Gefecht mit britischen Seestreitkräften, darunter Schlachtkreuzer, am 28. August 1914 in der Deutschen Bucht; ihre schwache Panzerung und schwache Bewaffnung bot ihnen keinen Schutz. MAGDEBURG lief bei der Insel Odensholm in der Ostsee am 26. August 1914 auf Grund und wurde vernichtet,[50] und am 13. September 1914 torpedierte und versenkte das britische Unterseeboot *E 9* die HELA in der Nordsee.

Wie in den entsprechenden Kapiteln weiter unten im Detail beschrieben, sank die KARLSRUHE am 4. November 1914 infolge einer inneren Explosion, wenige Tage später, am 9. November, vernichtete HMAS SYDNEY im überlegen geführten Artilleriegefecht die EMDEN und am 8. Dezember gingen LEIPZIG und NÜRNBERG in der Seeschlacht bei den Falkland-Inseln verloren. DRESDEN wurde schließlich in neutralen chilenischen Gewässern vor Más a Tierra in den Juan-Fernández-Inseln blockiert und versenkte sich am 14. März 1915 selbst. Auch die KÖNIGSBERG blockierten britische Seestreitkräfte im Rufidji-Delta und zerstörten den Kreuzer am 11. Juli 1915.

1915 war es offenkundig geworden, daß sich die Kleinen Kreuzer zur Handelskriegsführung nicht eigneten. Obwohl sie die erforderliche Geschwindigkeit und eine ausreichende Offensivkraft besaßen, fehlte es ihnen an der notwendigen Seeausdauer, um Tausende von Seemeilen auf der Suche nach Opfern zurückzulegen. Außerdem mußten sie sich weitgehend auf die sie begleitenden Kohlendampfer und die Leistungsfähigkeit des Etappen-Systems verlassen, um überall die erforderliche Brennstoffversorgung zu sichern. Als alliierte Streitkräfte die deutschen Kolonien besetzten und die nicht in den Konflikt verwickelten Staaten ihre Neutralität mit zunehmender Strenge ausübten, wurde die Versorgung der deutschen Kriegsschiffe mit Kohle von guter Qualität immer problematischer. Steinkohle war von wesentlicher Bedeutung; denn ansonsten stießen die Schornsteine verräterischen Rauch aus, verklumpten die Feuerroste, nahm die Leistungsfähigkeit der Kessel ab – und die Geschwindigkeit des Schiffes verringerte sich spürbar.

Wie die Royal Navy, so war auch die Kaiserliche Marine versessen darauf, mit großen Handelsschiffen als Hilfskreuzer Eindruck zu machen. Bereits 1895 waren im Verlaufe der groß angelegten Flottenmanöver vielversprechende Versuche mit dem Passagierschiff NORMANNIA der Hamburg-Amerika-Linie unternommen worden. Doch erst in den Anfangsjahren des 20. Jahrhunderts erhielten die ausgewählten Schiffe verstärkte Decks und an ihre Kapitäne wurden geheime Unterlagen ausgegeben, um sie für den Ernstfall zu instruieren.

In Großbritannien hatte eine Vereinbarung zwischen der Cunard-Linie und der britischen Admiralität im Jahre 1903 eine ähnliche

Auswirkung. Auf den Oberdecks der Cunard-Schiffe waren Bettungen eingebaut worden, um sie erforderlichenfalls mit Schiffsgeschützen ausrüsten zu können. In Marine- und allgemeinen technischen Zeitschriften 1914 veröffentlichte Pläne der AQUITANIA ließen klar erkennen, daß auf dem Schutzdeck acht Geschütze eingebaut werden konnten – vier auf dem Vorschiff und die übrigen achtern. Außerdem waren auf dem Brückendeck vier weitere Geschütze vorgesehen.

Aus Handelsschiffen umgebaute Hilfskreuzer konnten große Mengen an Brennstoff mitführen, die ihre Seeausdauer weit über diejenige regulärer Kriegsschiffe hinaus steigerten, und sie wurden für Aufgaben des Handelsschutzes im Südatlantik zunehmend bevorzugt. In Gefechten von Schiff zu Schiff konnten sie nicht mit Kreuzern konkurrieren, aber die Chancen für eine derartige Auseinandersetzung waren nicht naheliegend. In Großbritannien war bekannt, daß die deutsche Seite so viele umgewandelte Passagierschiffe wie möglich in Dienst stellen würde, um den dürftigen Einsatz Kleiner Kreuzer zu ergänzen, aber es herrschte auch die Überzeugung vor, daß sich die britischen Schiffe – die häufig die Bewaffnung eines kleinen Geschützten Kreuzers führten – als überlegen erweisen würden, wenn es je zu einem Gefecht käme.

Die Kriegserfahrung ließ jedoch bald erkennen, daß die größten Passagierschiffe zu unbeholfen waren, um als leistungsfähige Hilfskreuzer zu wirken, daß aber schnelle Schiffe mittlerer Größe gute Dienste leisten könnten. In der Nordsee erwiesen sich die britischen Hilfskreuzer gegenüber den Geschützten Kreuzern der Royal Navy als erfolgreicher, die aus dem Patrouillendienst zurückgezogen wurden, nachdem schwere Stürme ihre Grenzen offenbart hatten. Unter widrigen Bedingungen zeigten sich die Passagierschiffe stets als seetüchtiger.[51]

Bedauerlicherweise konnte die deutsche Handelsmarine für die Kaiserliche Marine weit weniger große Passagierschiffe aufbieten als Großbritannien, ein Ungleichgewicht, das auch die Knappheit an deutschen Kleinen Kreuzern widerspiegelte. Viele der großen Passagierschiffe – wie zum Beispiel die VATERLAND – befanden sich bei Kriegsausbruch im Ausland. Einige hatten das Pech, in Häfen von nicht freundlich gesonnenen Ländern zu liegen; sie wurden sofort interniert. Andere waren zu weit von Deutschland entfernt, um ohne weiteres ausgerüstet und bewaffnet zu werden.

Wenn auch einige dieser Schiffe sehr schnell waren – KAISER WILHELM DER GROSSE und KRONPRINZ WILHELM hatten beide schon das Blaue Band errungen –, so verbrauchten sie jedoch Kohle in verschwenderischen Mengen, stellten riesige Ziele dar und bedurften großer Besatzungen. Infolge des Fehlens geeigneter schneller Passagierschiffe in der Größenordnung von 10 000–15 000 BRT entschloß sich daher die deutsche Marine, ausgewählte Frachtschiffe für die Kreuzerkriegsführung umzubauen. Bei der Auswahl moderner Schiffe aus der vergleichsweise reichlich vorhandenen Anzahl von Schiffen dieses Typs legte die Marine folgende Maßstäbe zugrunde: Standfestigkeit, geringe Größe, außerordentlich wirtschaftlich arbeitende Dampfmaschinen und ein überaus anonymes äußeres Erscheinungsbild. Diese Schiffe sollten schnell genug sein, um viele britische Handelsschiffe einzuholen, und eine ausreichend starke Bewaffnung führen, um gegen kleinere, nichtgepanzerte Kriegsschiffe eine Erfolgschance zu haben. Daher hatten die Taten der MÖWE und der WOLF unter Führung von Nikolaus Burg-

Unten: Das an der North-Keeling-Insel auf Grund liegende Wrack der EMDEN nach dem denkwürdigen Gefecht mit HMAS SYDNEY am 9. November 1914. (Australian War Memorial, Canberra, Negativ-Nr. EN 401.)

graf und Graf zu Dohna-Schlodien bzw. Karl August Nerger vieles von der »EMDEN-Tradition« an sich.

Die ersten Kaperfahrten im Jahre 1914 – besonders die der EMDEN und der KARLSRUHE – lähmten erfolgreich den britischen Seehandel. Sobald jedoch die erste Welle der Handelsstörer zur Strecke gebracht worden war, hatte man die Auswirkungen bald vergessen.

Dennoch fanden die Taten der EMDEN ein derartiges Interesse, daß Karl v. Müller und seine Besatzung innerhalb des gesamten britischen Empire bald genauso bekannt waren wie in Deutschland. Viele Briten waren von aufrichtiger Trauer erfüllt, als das letzte Gefecht mit der SYDNEY vielen Besatzungsangehörigen der EMDEN das Leben kostete. In »The Times« stand damals zu lesen:

«... daß die EMDEN schließlich ihr unvermeidliches Ende fand, wurde in diesem Land mit großer Erleichterung empfunden.... Seit den ersten Septembertagen, als die EMDEN im Golf von Bengalen auftauchte, haben ihre tapferen und wagemutigen Taten aufgezeigt, daß ihre Besatzung Eigenschaften besitzt, die das englische Volk mit seiner Marinetradition bewundern muß. Von jeder logistischen Unterstützung abgeschnitten und mit nur dürftigen Aussichten auf Brennstoffversorgung streifte die EMDEN allein über die Meere dieser Welt. Ihr Schicksal war ein ehrenhafter Kampf ums Überleben. Sie führte ihn mit einer Tapferkeit, die Freund und Feind gleichermaßen anerkennen muß. Wenn dem Kreuzer die Kohle ausging, kaperte er ein Kohlenschiff; wenn er Proviant brauchte, holte er ihn sich von Handelsschiffen auf hoher See. Trotzdem kann gegen die EMDEN kein Vorwurf des Unrechtes erhoben werden. Fregattenkapitän v. Müller behandelte die Besatzungen der von seinem Kreuzer gekaperten Schiffe vortrefflich und unparteiisch. Zu keinem Zeitpunkt vernichtete er unnötigerweise menschliches Leben. Soweit bekannt ist, befolgte und beachtete er strikt die Regeln des Völkerrechtes. In Madras ließ er seine Besatzung nur die Öltanks und das Fort unter Feuer nehmen.... Wir freuen uns darüber, daß der Kreuzer EMDEN endlich vernichtet wurde, aber wir anerkennen Fregattenkapitän v. Müller als einen tapferen und ritterlichen Gegner. Wir hoffen, daß sein Leben geschont wurde; denn sollte er nach London kommen, werden wir ihm einen stürmischen Empfang bereiten. Unsere seefahrende Nation weiß, wie ein wagemutiger und einfallsreicher Seemann zu bewundern ist. In der neueren Seekriegsgeschichte gibt es nur wenige Ereignisse, die bemerkenswerter sind als das leuchtende Schicksal der kleinen EMDEN.»

Ende 1915 sandte die deutsche Marine erneut Handelsstörer hinaus. Der berühmteste unter ihnen war die MÖWE, aber die faire Haltung, mit der die Kaperfahrten der EMDEN aufgenommen wurden, war einer erbarmungsloseren Auffassung gewichen. Obwohl Korvettenkapitän Nikolaus Burggraf und Graf zu Dohna-Schlodien zwei erfolgreiche Feindfahrten mit der MÖWE unternahm und an versenkten Schiffstonnage – auf Kosten von verhältnismäßig wenig Menschenleben – unübertroffen blieb, zogen seine Taten nur die Verachtung eines Teils der britischen Presse nach sich, abgebrüht durch das rituelle Abschlachten an der Westfront. Eine Zeitschrift lenkte im Mai 1916 die Aufmerksamkeit der Öffentlichkeit auf die Verleihung von Auszeichnungen an die Besatzung der MÖWE unter der Schlagzeile: »Piraten einer wie der andere! Offiziere und Mannschaften des berüchtigten deutschen Handelsstörers MÖWE mit dem Eisernen Kreuz ausgezeichnet.« Der Artikel führte unter anderem aus:

»Es ist paradox, daß Eiserne Kreuze für Heldenmut noch immer mehr oder weniger auf ganze Bataillone von Heeres- und Marinesoldaten herabregnen, während die militärische Führung Deutschlands Kirchenglocken, Türklinken, Kochkessel und sogar Kupfermünzen beitreibt..., um sie in unvermeidliche Geschosse zu verwandeln. Die Offiziere und Mannschaften des berüchtigten deutschen Handelsstörers MÖWE müssen anscheinend alle für Piraterie auf hoher See mit dem Wahrzeichen der Christenheit ausgezeichnet werden. Es muß daran erinnert werden, daß die Deutschen der MÖWE die Versenkung von nicht weniger als fünfzehn

alliierten Dampfern zugeschrieben haben, ehe sie in heimische Gewässer zurückkehrte.»

Die sich lange hinziehende Feindfahrt der WOLF unter Führung von Fregattenkapitän Karl August Nerger, die durch den einfallsreichen Einsatz eines Seeflugzeuges zur Aufklärung besonders interessant verlief, wurde durch die schillernden Taten des Kapitänleutnants Felix Graf v. Luckner mit dem Segelschiff SEEADLER überschattet, der eine weit weniger erfolgreiche Feindfahrt hinter sich hatte, ehe das Schiff auf einem Riff im Pazifischen Ozean scheiterte. Im Jahre 1917 strangulierte die Vernichtung von Handelsschiffsraum durch Unterseeboote den britischen Seehandel jedoch weit wirksamer, als dies durch den Einsatz einsamer Handelsstörer möglich war.

Alles in allem genommen, kann gesagt werden, daß die Leistungen der Überwasser-Handelsstörer die in sie investierten Anstrengungen und Erfindungsgaben kaum rechtfertigten. Die meisten Kommandanten der Handelsstörer befolgten jedoch den Geist der Handelskriegsführung nach völkerrechtlichen Grundsätzen (wenn auch nicht immer in den Einzelheiten),[52] und sie waren ritterlich handelnde Männer. Und wenn auch die Versenkung von mehr als einhundert Schiffen einen ernsten Schlag für den britischen Stolz bedeutete, besonders in den Jahren 1914/15, sprachen die Opfer an Menschenleben jedoch schließlich weitgehend zugunsten der Alliierten.

Es kann nicht gesagt werden, daß es der Geschichte der Überwasser-Handelsstörer an Dramatik mangelt.[53]

* * *

Links: Karl-August Nerger (x), der Kommandant der WOLF, nach der Verleihung des »Pour le mérite«. (Bayerisches Hauptstaatsarchiv, Staudinger-Sammlung.)
Unten: Karl v. Müller, Kommandant der EMDEN. (Sammlung des Verfassers.)

Der folgende, in Abschnitte eingeteilte zweite Teil dieses Werkes befaßt sich im einzelnen mit jedem der wichtigsten Handelsstörer. Die Kriterien ihrer Auswahl sind jedoch häufig etwas subjektiv. Der grundsätzliche Maßstab besteht einfach darin, daß im Verlaufe einer längeren Feindfahrt zumindest ein Handelsschiff gekapert wurde. Daher konnten größere Kriegsschiffe – wie die SCHARNHORST und die GNEISENAU – weggelassen werden, wohingegen der Kleine Kreuzer NÜRNBERG, der vor allem zur Zerstörung der Funk- und Kabelstation auf der Fanning-Insel entsandt wurde, einbezogen worden ist. Detaillierte Angaben zu weniger wichtigen Handelsstörern sind im Anhang 1 zu finden.

Oben: Sommer 1914. Der nagelneue Kleine Kreuzer S.M.S. KARLSRUHE läuft am 14. Juni aus Kiel nach Port-au-Prince/Haiti aus. Neben der EMDEN war dieses Schiff der erfolgreichste Kleine Kreuzer in der Handelskriegführung. Die KARLSRUHE sank am 4. November 1914 nach einer inneren Explosion. (Bundesarchiv Koblenz, Negativ-Nr. 134 – B 307.)

Unten: Typisch für die großen britischen Panzerkreuzer, die sich an der Suche nach den Handelsstörern beteiligten, waren die Einheiten der DEVONSHIRE-Klasse. Im Bild die HMS HAMPSHIRE, beteiligt an der Jagd auf die EMDEN. (Sammlung des Verfassers.)

CAP TRAFALGAR

31. August – 14. September 1914; keine Erfolge. Dieser umgewandelte Passagierdampfer wurde in einem klassischen Gefecht Schiff gegen Schiff vernichtet, ehe er als Handelsstörer wirken konnte.

Bau und Indienststellung
Typ:Hilfskreuzer. Bezeichnung »Hilfskreuzer B«.
Bauwerft:A.G. ›Vulcan‹, Hamburg (Bau-Nr. 334). Im August 1914 in See durch das Kanonenboot EBER ausgerüstet.
Reederei: Hamburg-Südamerikanische Dampfschiffahrts-Gesellschaft A.G., Hamburg.
Stapellauf: 31. Juli 1913.
Jungfernreise: März 1914.
Indienststellung: 31. August 1914.
Besatzungsstärke: Ca. 20 Offiziere und 310 Mannschaften, darunter der Kommandant, KKpt. Wirth, und der Großteil der Besatzung der EBER.

Abmessungen
Registrierte Tonnage: 18805 BRT.
Konstruktionswasserverdrängung: 23640 t.
Einsatzverdrängung: Ca. 25700 t.
Länge über alles: 186,0 m.
Länge in der CWL: 179,8 m.
Breite: 21,9 m.
Tiefgang bei Einsatzverdrängung: Ca. 8,5 m.

Bewaffnung
Artillerie: Zwei 10,5 cm S.K. C/88 L/40, je eines vorn an Backbord und achtern an Steuerbord.
Sechs 3,7-cm-Maschinenkanonen sowie Handfeuerwaffen.
Maximale Reichweite der Hauptbewaffnung: 12200 m.
Munitionsdotierung: 300 Schuß 10,5 cm, 900 Schuß 3,7 cm.
Panzerschutz: Nur die Geschützschilde.

Leistung
Antriebsanlage: Zwei stehende Vierzylinder-Dreifach-Expansionsmaschinen mit einer Niederdruck-Abdampfturbine, 14 Wasserrohrkessel, drei Propellerwellen.
Kesseldruck: 15 atü.
Bunkerraum für Kohle: 5100 t.
Höchstgeschwindigkeit bei Meilenfahrt: 17,8 kn bei einer Antriebsleistung von 15900 PSi.
Konstruktionsgeschwindigkeit: 17 kn bei einer Antriebsleistung von 15000 PSi.
Fahrstrecke: 7100 sm bei 15 kn.

Die CAP TRAFALGAR der Hamburg-Südamerikanischen Dampfschifffahrts-Gesellschaft A.G., Hamburg, ein neues Schiff, war typisch für die vielen großen deutschen Passagierschiffe, die bis zum Ausbruch des Ersten Weltkrieges in der Linienfahrt eingesetzt waren. Das bei der A.G. ›Vulcan‹ in Hamburg gebaute Schiff hatte nach seiner Jungfernreise im März 1914 knappe fünf Monate ziviler Passagierschiffahrt hinter sich, ehe die Feindseligkeiten begannen.

Unmittelbar nach Kriegsbeginn wurde die CAP TRAFALGAR in Buenos Aires interniert. Die argentinischen Hafenbehörden erhoben Einwände gegen ein Auslaufen des Schiffes, das der dortige Marine-Attaché am 15. August 1914 für den Reichsdienst angefordert hatte, da sie die gebunkerte Kohlenmenge für zu groß hielten. In der Hafenstadt schwirrten Gerüchte, daß sie große Mengen an zusätzlicher Kohle sowie an Holzbalken zur Verstärkung der Geschützpositionen an Bord genommen hätte. Nach dem Löschen eines Teils der Kohlenmenge lief die CAP TRAFALGAR am 17. August um 17.00 Uhr nach Montevideo in Uruguay aus, da Fragen der Versorgung mit Kohle und Proviant dort etwas milder betrachtet wurden. Eine sorgfältige Untersuchung erbrachte nichts Verdächtiges und so konnte das Schiff weitere 1600 t Kohle an Bord nehmen. Am 23. August 1914 ging der Passagierdampfer mit »Heimatkurs« in See.

Die gegenüber den Hafenbehörden abgegebene Erklärung, über Las Palmas nach Deutschland zurückzukehren, war natürlich eine freie Erfindung. Nach den Mobilmachungsbestimmungen des Admiralstabes hatte die CAP TRAFALGAR Anweisung, sich in der Nähe der kleinen brasilianischen Insel Trinidad – der Ilha da Trindade, etwa 900 sm nordostwärts von Rio de Janeiro – mit dem Kanonenboot EBER und dem 4570 BRT großen Dampfer STEIERMARK (1911 bei der A.G. ›Vulcan‹ in Stettin gebaut) der Hamburg-Amerika-Linie zu treffen. Die beiden Schiffe hatten Lüderitzbucht in Deutsch-Südwestafrika unmittelbar nach Empfang des Mobilmachungsbefehls auf EBER – die, aus Kapstadt kommend, am 2. August 1914 dort eingetroffen war – mit westlichen Kursen verlassen. Das veraltete und langsame Kanonenboot besaß keinerlei Kampfwert. Daher gab es seine beiden 10,5-cm-Geschütze und die sechs 3,7-cm-Maschinenkanonen an die am 23. August eingetroffene CAP TRAFALGAR ab. Bis zum 31. August war der Einbau der Bewaffnung abgeschlossen und befehlsgemäß stieg KKpt. Wirth, der bisherige Kommandant der EBER, mit einem Großteil seiner Besatzung auf das von Kapitän Langerhannsz geführte Passagierschiff über, um die militärische Führung zu übernehmen, und stellte die CAP TRAFALGAR am selben Tag ordnungsgemäß unter Kriegsflagge als Hilfskreuzer in Dienst.[54] Um eine Täuschung des Gegners zu unterstützen, wurde der verräterische dritte Schornstein entfernt ; denn die Briten besaßen sehr viele große Passagierschiffe mit zwei Schornsteinen, aber nur wenige mit drei.[55]

Zehn Tage kreuzte der neu in Dienst gestellte Hilfskreuzer erfolglos vor der Ostküste Südamerikas und nahm dann wieder Kurs auf

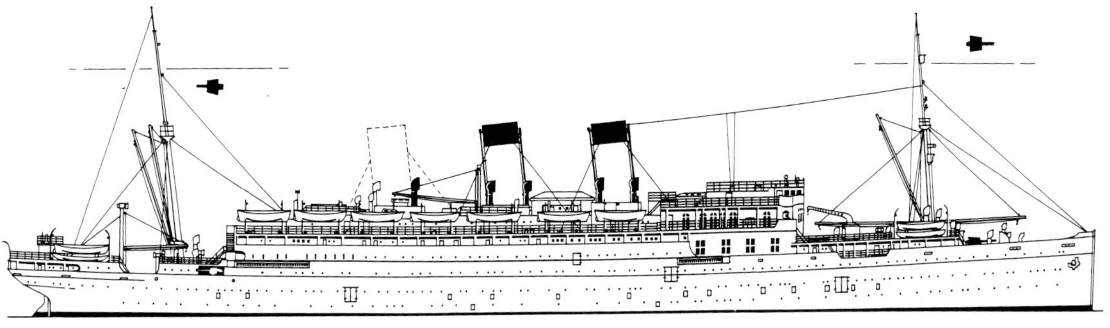

Oben: Die CAP TRAFALGAR mit der Verteilung der beiden 8,8-cm-Geschütze. Zeichnung von John Walter.

Oben: Der Schnelldampfer CAP POLONIO – später gebaut und etwas größer, aber ansonsten mit der CAP TRAFALGAR vergleichbar. Die schwarzen Schornsteine deuten an, daß dieses Foto vor 1920 aufgenommen worden ist. (Sammlung des Verfassers.)

die Ilha da Trindade. Dort traf die CAP TRAFALGAR am Abend des 13. September 1914 ein, um aus seinen beiden Kohlendampfern Brennstoff zu erganzen. Bei diesen beiden Begleitschiffen handelte es sich um

- den Dampfer ELEONORE WOERMANN von der Woermann-Linie in Hamburg und der Etappe La Plata zugewiesen. Das 4624 BRT große Schiff war 1902 auf der Werft Blohm & Voss in Hamburg gebaut worden.
- die 2589 BRT große und bereits 1893 auf der Werft J. Blumer & Co. in Sunderland gebaute BERWIND von der New York & Porto Rico Steamship Company in New York, zugeteilt der Etappe Nordamerika (New York).[56]

Hinzu kam noch die ebenfalls der Etappe La Plata zugewiesene, 5703 BRT große PONTOS der Hamburg-Amerika-Linie, 1900 auf der Werft J. Priestman & Co. in Sunderland gebaut.

Am 14. September 1914 gegen 10.55 Uhr sichteten die Ausgucks an Bord der CAP TRAFALGAR die Rauchfahne eines sich nähernden Schiffes. Da eine Begegnung großer Schiffe in der Nähe der Ilha da Trindade eher eine Seltenheit war, nahm KKpt. Wirth an, daß es sich bei dem Neuankömmling sehr wahrscheinlich um ein britisches Schiff und höchstwahrscheinlich um ein Kriegsschiff handelte. Er gab seinen Kohlendampfern sofort den Befehl zum Ablaufen und wies den Maschinenraum an, so schnell wie möglich voll Dampf aufzumachen. BERWIND dampfte auf einem nordwestlichen Kurs davon, während die ELEONORE WOERMANN mit Südostkurs ablief.

Das herannahende Schiff war die CARMANIA, ein Passagierdampfer der Cunard-Linie, der in Eile zu einem Hilfskreuzer umgebaut worden war. Die CARMANIA war am 7. August 1914 in Liverpool eingelaufen, drei Tage nach der Kriegserklärung Großbritanniens an Deutschland. Die Passagiere konnten erst von Bord gehen, nachdem das Schiff eingedockt hatte. Anschließend wurde die Fracht gelöscht, Kohle übernommen und auf dem Schutzdeck wurden acht ältere 12-cm-Geschütze in die vorhandenen Befestigungsplatten eingebaut. Danach mußten lediglich noch Teile des Schanzkleides abgeschnitten werden, um den Geschützen den größtmöglichen Bestreichungswinkel zu verschaffen. Außerdem erhielt die Brücke einen optischen Barr-&-Stroud-Entfernungsmesser sowie Scheinwerfer. In den Ladeluken wurden provisorische Munitionskammern eingerichtet. Dünne Panzerplatten und aus Tauen geflochtene Matten schützten wichtige Bereiche des Schiffes oberhalb des Oberdecks. Ein großer Teil der leicht entzündlichen Verkleidung in den Kabinen, in den Gesellschaftsräumen und in den Zwischendecks wurde entfernt. Zur Verbesserung der Verständigung von der Brücke zu den Geschützen, zum Maschinenraum und zum achtern gelegenen Hilfssteuerstand wurde ein Sprachrohrsystem eingebaut. Die ursprünglich weißen Aufbauten erhielten in aller Eile einen grauen Anstrich und die rote Schornsteinummantelung bekam einen schwarzen Überzug. Am 14. August 1914 stand der neue Hilfskreuzer einsatzbereit zur Verfügung.

In Friedenzeiten war die CARMANIA von Kapitän John Barr von der Cunard-Linie geführt worden, der nunmehr den Dienstrang eines Commanders der Royal Naval Reserve erhalten hatte. Als Hilfskreuzer stand die CARMANIA jetzt unter dem Befehl ihres neuen Kommandanten, Captain Noel Grant von der Royal Navy, unterstützt von Lieutenant Edmund Lockyer, RN. Grant behielt vom Maschinenpersonal des Passagierdampfers soviel Besatzungsangehörige wie möglich an Bord – sie waren schließlich mit der Antriebsanlage am besten vertraut –, während Angehörige der Royal Naval Reserve und der Royal Fleet Reserve zur Bedienung der Geschütze an Bord kamen. Eine Einheit der Royal Marines bildete ein Enterkommando.

In den frühen Morgenstunden des 16. August 1914 verließ der Hilfskreuzer den Mersey, bunkerte am 22. August auf den Bermudas Kohlen und trat unter den Befehl von Rear-Admiral Sir Christopher Cradock.

Am 11. September 1914 erhielten die CARMANIA und der Kreuzer HMS CORNWALL Befehl, den deutschen Kohlendampfer PATAGONIA abzufangen, von dem bekannt war, daß er mit der KARLSRUHE in Verbindung stand, und den Berichten zufolge im Begriff war, aus Pernambuco (heute Recife) oder Bahia Blanca (heute Salvador) auszulaufen. Die ersten Suchkurse erbrachten nichts Verdächtiges, so daß Grant mit der CARMANIA entsandt wurde, um die Ilha da Trindade in Augenschein zu nehmen.

Am Morgen des 14. September kurz nach 05.30 Uhr sichteten die Ausgucks an Bord der CARMANIA die Umrisse der Insel und um 11.03 Uhr meldeten sie, daß vor der Insel ein großes Handelsschiff offensichtlich vor Anker lag. Es war die CAP TRAFALGAR. Als das britische Schiff rasch auf die Insel zuhielt, liefen eiligst zwei Kohlendampfer in entgegengesetzte Richtungen ab. Grant entschloß sich, vorsichtig zu sein; er hatte keine Ahnung, ob nicht auf der anderen Seite der Insel die KARLSRUHE oder ein anderes Kriegsschiff, die CAP TRAFALGAR erwartend, herumschlich, um ihn in eine Falle zu locken. Die CARMANIA steuerte direkt auf die Mitte der Insel zu. Dann entschied sich Grant, seinen Gegner an Steuerbord zu lassen, und wendete, um die Ilha da Trindade auf ihrer Südwestseite zu passieren.

Inzwischen hatte sich die CAP TRAFALGAR vom Land abgesetzt, kam herum und steuerte einen Kurs in Richtung BERWIND, die bereits hinter dem Horizont verschwunden war. Damit war die Bühne für ein historisches Gefecht vorbereitet. Einer der Teilnehmer schrieb später darüber: Das Duell

»war einzigartig; denn die beiden Kontrahenten waren keine Kriegsschiffe im eigentlichen Sinne des Wortes und dieses Zusammentreffen war das erste seiner Art, das offiziell verbürgt ist. Niemals zuvor [war] bekannt geworden, daß ein schwimmendes Hotel mit einer artilleristischen Miniaturbewaffnung auf hoher See auf einen ähnlichen und gleichermaßen bewaffneten Gegner stoßen und ihn angreifen sollte.»

Das britische Schiff nahm die Verfolgung auf. Die CAP TRAFALGAR war mit Dreifach-Expansionsmaschinen ausgerüstet, die drei Propellerwellen antrieben, und wies eine Geschwindigkeit von etwa siebzehn Knoten auf, während das britische Schiff, nur unwesentlich größer, den ersten Satz Parsons-Turbinen besaß, mit dem ein Schiff seiner Größe ausgestattet wurde. Seine Reisegeschwindigkeit stand bis 1914 im allgemeinen mit etwa sechzehn Knoten zu Buche, obwohl Grant hoffte, sie – falls erforderlich – auf achtzehn Knoten zu steigern. 1905 bei den Erprobungsfahrten über die gemessene Meile auf dem Clyde waren zwanzig Knoten erreicht worden.

In Friedenzeiten hatte das deutsche Schiff einen schwarz angestrichenen Rumpf, weiße Aufbauten und weiße Schornsteine mit einem breiten roten Rand als Abschluß. Nunmehr wies der Passagierdampfer einen durchgehend grauen Anstrich und schwarze Schornsteine mit dem noch vorhandenen breiten roten Band als Abschluß auf. Dies verlieh ihm das allgemeine Aussehen eines Passagierschiffes der britischen Schiffahrtslinie Union Castle. Die Tarnung war jedoch nicht gut genug, um die erfahrenen Offiziere an Bord der CARMANIA zu täuschen; denn die CAP TRAFALGAR besaß immer noch die charakteristische Linienführung eines Schiffes, das auf einer deutschen Werft gebaut worden war. Die Entfernung des dritten Schornsteins brachte nach einigem Hin und Her Grant und Barr dazu, die CAP TRAFALGAR vorläufig als den Passagierdampfer BERLIN des Nordeutschen Lloyd zu identifizieren. Übereinstimmend waren sie der Auffassung, das es sich bei dem mysteriösen Schiff um ein feindliches handelte.

Plötzlich drehte die CAP TRAFALGAR nach Steuerbord ab und setzte einen Kurs ab, um die CARMANIA vor dem Bug zu passieren. Um 12.00 Uhr schickte Grant seine Besatzung auf Gefechtsstation und heißte gleichzeitig das White Ensign, die britische Kriegsflagge, an beiden Masttoppen sowie auch am Flaggenstock am Heck. Anschließend steuerte die CARMANIA einen Südwestsüd-Kurs, wäh-

Unten: Der Schnelldampfer CARMANIA der Cunard-Linie auf einer Postkarte vor 1914, gemalt von Charles Turner. (Sammlung des Verfassers.)

rend die CAP TRAFALGAR einen groben Westsüdwest-Kurs einschlug. Um 12.03 Uhr schoß die CARMANIA mit ihrem vorderen Backbordgeschütz dem deutschen Schiff einen einzelnen Schuß vor den Bug, um es zu stoppen. Daraufhin setzte die CAP TRAFALGAR die deutsche Kriegsflagge und eröffnete das Gefecht. Die ersten Granaten ihres Steuerbordgeschützes lagen zu kurz, prallten auf der Wasseroberfläche ab und jaulten über die CARMANIA. Der nächste Schuß lag zu weit, aber nur um fünfzig Meter. Zu diesem Zeitpunkt betrug die Gefechtsentfernung 85 hm.

Die Schiffe steuerten nunmehr konvergierende Kurse und die Gefechtsentfernung hatte bis 12.10 Uhr auf etwa 4 500 m abgenommen. Die 12-cm-Backbordgeschütze der CARMANIA erzielten Treffer auf Treffer, aber dies galt auch für die 10,5-cm-Geschütze des deutschen Schiffes. Ein britischer Offizier berichtete:

»Von den ersten Granaten, die auf der Backbordseite der CARMANIA einschlugen, rissen drei große und kleine Löcher in die Bordwand oberhalb und in der Wasserlinie. Eine durchschlug eine Kajüte der Stewards und grub sich in den Schutzwall aus Sandsäcken an der Außenseite des Maschinenraums. Eine weitere Granate richtete schwere Zerstörungen in der Kombüse auf dem Unterdeck an und zerriß die zum vorderen Teil des Schiffes und zur Brücke führende Feuerlöschleitung mit fast verhängnisvollen Folgen....»

Ein anderer Bericht fing das Gefechtsgeschehen als eine Art Momentaufnahme ein:

«...wir gerieten in die Hölle, in ein Szenarium, das sich zum Teuflischen wandelte. Kreischende Schrapnells, erwidert durch gewöhnliche Granatsalven, überall Splitter, Eisenstücke, Fetzen von abgeblätterter Farbe, ein Wirbelsturm von Dingen, die durch die Luft flogen, heiseres Schreien und unverständliche Laute aus trockenen Kehlen. Männer rissen sich die Kleider herunter und lachten wie im Delirium – über allem eine weiße [Rauch]wolke, das gräßliche Geschehen verbergend. Was machte es schon, wenn ein Schuß den Hintermann wegriß und drei Männer in der Munitionsmannerkette zu Boden streckte. Freiwillige sprangen in die Bresche, um einen raschen Munitionsnachschub für die hungrigen Geschütze aufrechtzuerhalten. Oder ob eine Granate über den Schild des Geschützes 1 zischte, dicht an dem Offizier vorbei, der hier den Befehl führte, und im Genick eines Korporals der Marineinfanterie detonierte, die Splitter über das Deck verstreuend... ?»

Zu diesem Zeitpunkt lief das deutsche Schiff achtzehn Knoten, wohingegen die CARMANIA infolge von Kondensatorproblemen nur etwa sechzehn erreichen konnte. Als die CAP TRAFALGAR auf eine Entfernung von weniger als 4 000 m heranschloß, setzte sie ihre Maschinenkanonen leichteren Kalibers ein und bestrich mit voller Absicht die Brücke der CARMANIA. Dann zerstörte eine 10,5-cm-Granate den Feuerleitstand und zwang die Geschützbedienungen, ihre Geschütze einzeln und von Hand zu richten. Der genau liegende Beschuß fegte die Lüfter, die Takelage und die Boote weg.

Als Captain Grant erkannte, daß die CAP TRAFALGAR eine leichte Schlagseite nach Steuerbord zeigte, befahl er allen Geschützen, die zum Tragen gebracht werden konnten, ihr Feuer auf die Wasserlinie des gegnerischen Schiffes zu konzentrieren, um dort die Bordwand aufzureißen. Korvettenkapitän Wirth nahm weiterhin die Brücke der CARMANIA unter schweren Beschuß, um zu versuchen, die Befehlskette zu unterbrechen. Bald stand das britische Schiff unterhalb der Brücke in Flammen. Diese mußte geräumt werden und die Schiffsführung zog sich nach achtern in den Notsteuerstand zurück, während die Leckwehrtrupps verzweifelt arbeiteten, um die Brände zu löschen.

Angesichts der Beschädigungen, die seinem Schiff durch einen Gegner zugefügt wurden, der direkt an Backbord querab stand, drehte Grant scharf nach Steuerbord ab. Als die CARMANIA in einem Bogen abschwenkte, um dem wirksamen Beschuß der 3,7-cm-Maschinenkanonen zu entgehen, gelang es ihm vorübergehend, alle vier Steuerbordgeschütze und das achterste Backbordgeschütz gegen die CAP TRAFALGAR zum Einsatz zu bringen. Nachdem die CARMANIA den Kreis zu Ende gefahren hatte, um vor dem Wind zu laufen und auf diese Weise zu verhindern, daß sich die großen Brände im Brückenbereich nach achtern ausbreiteten, ehe sie unter Kontrolle gebracht werden konnten, steuerte die CARMANIA um 12.28 Uhr durch das Kielwasser der CAP TRAFALGAR. Das deutsche Schiff stand jetzt an Steuerbord voraus des Cunard-Liners, hatte aber in den vorausgegangenen zehn Minuten schwere Beschädigungen davongetragen. Vorn war ein Brand ausgebrochen, Dampf strömte aus mehreren Leitungen himmelwärts und die Schlagseite nach Steuerbord hatte zugenommen und war jetzt deutlich zu erkennen.

Die CAP TRAFALGAR drehte dann leicht nach Backbord ab, um einen Parallelkurs zur CARMANIA zu steuern, der es ihr erlaubte, das 10,5-cm-Geschütz an Backbord zum Tragen zu bringen. Die Entfernung hatte sich um 12.30 Uhr auf etwa 5 300 m und um 13.00 Uhr auf etwa 6 300 m vergrößert. Um 13.30 Uhr befand sich die CAP TRAFALGAR außerhalb der maximalen Reichweite der britischen Geschütze von 8 500 m. Es hatte den Anschein, als ob sie ablief. Nur noch sporadisch fiel aus ihren Geschützen ein Schuß.

Dann stellte das deutsche Schiff das Feuer gänzlich ein, drehte ab und lief auf die Ilha da Trindade zu. Seine Schlagseite hatte merklich zugenommen und plötzlich fiel seine Geschwindigkeit ab. Bald darauf kamen die Maschinen des Schiffes gänzlich zum Stillstand und Boote wurden ausgesetzt. Auch die CARMANIA hatte das Feuer eingestellt, um alle Männer, die entbehrt werden konnten, zur Bekämpfung der Brände einzusetzen, die noch immer unterhalb der Brücke wüteten.

Von dem deutschen Dampfer ausgesetzte Boote begannen, auf die BERWIND zuzupullen, die zurückgekehrt war, um Beistand zu leisten. 18 Offiziere und 292 Mannschaften, von denen einige schwer verwundet waren, wurden in der Folge auf die ELEONORE WOERMANN gebracht. Dieses Schiff lief nach einer zehntägigen Reise mit den Geretteten an Bord in Buenos Aires ein. Nachdem die CAP TRAFALGAR von der eigenen Besatzung gesprengt wurde, kenterte sie um 13.50 Uhr nach Steuerbord und sank auf der Position 20° 10′ südl. Breite und 29° 51′ westl. Länge. Ein Augenzeuge – vermutlich Lieutenant M.F. Murray, RNR – beschrieb, wie das *»weidwunde Schiff in etwa fünf Seemeilen Entfernung von uns plötzlich über die Steuerbordseite taumelte. Für uns alle sah es danach aus, als ob es im Begriff stand zu kentern. Das Schiff neigte sich immer tiefer, bis seine riesigen Schornsteine auf gleicher Höhe wie die Wasseroberfläche waren,... und dichte Rauch- und Dampfwolken quollen überall heraus wie aus einem Vulkan, der ausgebrochen war. Plötzlich richtete sich der Riese auf, den Bug geneigt und das Heck angehoben, bis so ziemlich ein Drittel des Schiffskörpers aufrecht in den Himmel ragte, und glitt dann mit einem majestätischen Neigen unter die Wellen. Das Spiel war zu Ende und als letztes verschwand die deutsche Kriegsflagge.»*

Sechzehn Besatzungsangehörige, darunter auch Korvettenkapitän Wirth, gingen mit dem Schiff unter.*

Nach dem Ausbringen von drei Hurras für ihre eigene Erlösung und auf die Tapferkeit ihres Gegners nahmen Captain Grant und seine Besatzung eine Bestandsaufnahme hinsichtlich ihrer eigenen Lage vor. Die CARMANIA hatte fast achtzig Treffer erhalten und überall befanden sich Löcher. Fünf Angehörige der Besatzung waren im Gefecht gefallen, vier weitere starben an ihren schweren Verwundungen und 27 Besatzungsangehörige erlitten Verletzungen unterschiedlichster Schwere und Art. Die Brücke bot ein Bild totaler Verwüstung. So ziemlich die gesamte Navigationsausrüstung war zerstört und die Verständigung an Bord hing von Megaphonen, Pfeifen, Zurufen und Meldern ab.

Mit Hilfe der wenigen Navigationsinstrumente, die aus dem Feuer gerettet werden konnten, wurde ein Kurs auf den Arquipélago

* Anmerkung des Verfassers: So die Angaben in deutschen Quellen. Die Grausamkeit des Gefechtes und das Ausmaß der an Bord der CARMANIA eingetretenen Verluste lassen darauf schließen, daß die deutschen Angaben zu niedrig sind.

dos Abrolhos – auch als Abrolhos Rocks bekannt – abgesetzt. Über eine Behelfsfunkanlage wurden alle in der Nähe stehenden Schiffe der Royal Navy um Unterstützung ersucht. Im Geleit der britischen Kreuzer BRISTOL und CORNWALL traf der arg mitgenommene Hilfskreuzer schließlich am 15. September 1914 gegen 08.00 Uhr auf dem Ankerplatz im Arquipélagos dos Abrolhos ein.

Dem technischen Personal der CORNWALL gelang es, die schlimmsten Schäden zu reparieren, Navigationsinstrumente wurden an Bord gegeben und am 17. September lief die CARMANIA im Geleit des Hilfskreuzers MACEDONIA in Richtung Gibraltar aus. Nach dem Eintreffen dort wurden Grant und seine Besatzung als Helden gefeiert und das Gefecht wurde schon bald mit den berühmtesten Gefechten der Seekriegsgeschichte zwischen zwei Schiffen verglichen. Noel Grant selbst stellte später fest, daß dieses Duell *»das einzige im Verlaufe des Krieges war, wobei ein ebenbürtiges oder – den Tatsachen nach – geringfügig unterlegenes Schiff seine überlegene Stärke nicht einsetzte.... Die CAP TRAFALGAR war das schnellere Schiff und [ihre Geschütze] hatten eine um etwa 1800 m größere Reichweite als die unseren.*

Ich bin deshalb sehr dankbar, daß der deutsche Kommandant auf mich zuhielt und einen vollkommen fairen Kampf lieferte, anstatt den Vorteil dieser beiden großen Aktivposten wahrzunehmen....»

Eines der wichtigsten Ergebnisse dieses Gefechtes bestand darin, daß die Ilha da Trindade von den deutschen Handelsstörern später als Kohlenstation gemieden wurde. Eine von der Großfunkstation Nauen bald darauf verbreitete Nachricht warnte die vor Südamerika tätigen deutschen Handelsstörer, daß alle existierenden Kohlenstationen bloßgestellt worden waren, wodurch sich die Schwierigkeiten, denen sich insbesondere die KARLSRUHE und die DRESDEN gegenübersahen, auf spürbare Weise vergrößerten.

Die CARMANIA und die CAP TRAFALGAR standen sich nicht so ebenbürtig gegenüber, wie die damaligen britischen Behauptungen nahelegten. Daher ist es von Wert, darüber nachzudenken, warum KKpt. Wirth überhaupt auf ein Gefecht drängte, wenn ihm bekannt war, daß die CARMANIA das langsamere Schiff war. Er mußte auch gewußt haben – obwohl Grant hinsichtlich des deutschen Schiffes eine derartige Kenntnis nicht besaß –, daß das britische Schiff eine stärkere Bewaffnung führte. Seine acht 12-cm-Geschütze, je vier an Backbord und Steuerbord, waren den beiden 10,5-cm-Geschützen der CAP TRAFALGAR weit überlegen, zumal das eine auf der Backbordseite der Back vor dem Fockmast und das andere in einer ausgeschnittenen Schießscharte auf der Steuerbordseite des Hauptdecks achteraus des Großmastes aufgestellt war.

KKpt. Wirth verfügte noch über sechs 3,7-cm-Maschinenkanonen, aber diese konnten nur auf Entfernungen von weniger als 4000 m wirkungsvoll eingesetzt werden.

Der deutsche Kommandant hatte zwei Alternativen gehabt:

- abzulaufen, falls sein Schiff über die erforderliche Geschwindigkeit dazu verfügte, oder
- den Kampf auf eine extreme Entfernung in der Erkenntnis aufzunehmen, daß seine beiden 10,5-cm-Geschütze an Reichweite den britischen 12-cm-Geschützen um nahezu 3 000 m überlegen waren.

Im Falle er einen konvergierenden Kurs verfolgte, wurde er auf eine Entfernung ins Gefecht verwickelt, die in der anfänglichen Phase für die CARMANIA von Vorteil sein mußte. Zu dem Zeitpunkt, als die CAP TRAFALGAR die Entfernung soweit verringert hatte, um die 3,7-cm-Maschinenkanonen wirksam einsetzen zu können, hatte das deutsche Schiff offensichtlich in der Wasserlinie bereits so schwere Beschädigungen erlitten, um seinen späteren Verlust zu verursachen.

Eine später vorgebrachte Theorie, wonach das Versäumnis, die Kohlenübernahmepforten auf der Steuerbordseite zu sichern, den plötzlichen Untergang der CAP TRAFALGAR beschleunigt hätte, weil infolge der kritisch gewordenen Steuerbordschlagseite unkontrolliert Wasser eingedrungen wäre, bleibt jedoch unbewiesen.[57]

Unten: Das denkwürdige Gefecht zwischen dem deutschen Hilfskreuzer S.M.S. CAP TRAFALGAR (im Hintergrund) und HMS CARMANIA. Gemälde von Charles Turner. (Trafalgar House.)

DRESDEN

1. August 1914–14. März 1915: vier Schiffe (12 960 BRT)
Ein konventioneller Kleiner Kreuzer, der mehr daran erinnert, wie lange er der Royal Navy entkommen war, und dessen Kreuzerkriegsführung weniger im Gedächtnis blieb.

Bau und Indienststellung
Typ: Kleiner Kreuzer.
Bewilligung: 1906 als »Ersatz COMET«.
Bauwerft: Blohm & Voss, Hamburg (Bau-Nr. 195).
Kiellegung: 1906.
Stapellauf: 5. Oktober 1907.
Indienststellung: 14. November 1908.
Besatzungsstärke: 18 Offiziere und 343 Mannschaften.
Abmessungen
Konstruktionsverdrängung: 3664 t.
Einsatzverdrängung: 4268 t.
Länge über alles: 118,3 m.
Länge in der CWL: 117,9 m.
Breite: 13,5 m.
Tiefgang bei Einsatzverdrängung: 5,54 m.
Bewaffnung
Artillerie: Zehn 10,5 cm S.K. C/88 L/40 als Hauptbewaffnung, acht 5,2 cm S.K. L/55 (siehe im Text unten).
Maximale Reichweite der Hauptbewaffnung: 12 200 m.
Torpedorohre: Je ein seitliches Unterwasser-Torpedorohr an Backbord und an Steuerbord (Kaliber 45 cm).
Munitionsdotierung: 1470 Schuß 10,5-cm-Sprenggranaten, 30 Schuß 10,5-cm-Schrapnellgranaten, 4000 Schuß 5,2-cmGranaten, fünf 45-cm-Torpedos C/03.
Panzerschutz: Deck 20–30 mm, in der Böschung 50–80 mm; Kommandoturm 20 mm, in der Böschung 100 mm; Geschützschilde 50 mm.
Leistung
Antriebsanlage: Zwei Satz Parsons-Turbinen mit Direktantrieb, 12 Marine-Kessel, vier Propellerwellen.
Kesseldruck: 16 atü.
Bunkerraum für Kohle: 400 t Konstruktionsvorrat, 860 t maximaler Vorrat.
Höchstgeschwindigkeit bei Meilenfahrt:: 25,2 kn bei einer Antriebsleistung von 18 880 WPS.
Konstruktionsgeschwindigkeit: 24 kn bei einer Antriebsleistung von 15 000 WPS.
Fahrstrecke: 3600 sm bei 14 kn.

DRESDEN, erst der dritte Kleine Kreuzer mit Turbinenantrieb, den die Kaiserliche Marine bauen ließ, war das Schwesterschiff der berühmteren EMDEN. Blohm & Voss baute die Turbinen in Unterlizenz von der Deutschen Parsons Marine A.G. ›Turbinia‹ in Mannheim, ein Tochterunternehmen der Schweizer Firma Brown, Boveri & Co. Die Entscheidung, auf Turbinen vom Parsons-Typ zu setzen, statt sich auf die von AEG und der A.G. ›Vulcan‹ hergestellten Curtis-Variante zu verlassen, erwies sich letztlich als richtig; denn die Turbinen von Blohm & Voss waren leistungsfähiger als die meisten von der deutschen Konkurrenz hergestellten.

Die hauptsächlichste Schwäche der Dampfturbinen war ihr komplizierter Aufbau – allein die Turbinen der DRESDEN besaßen nicht weniger als 605 000 Schaufeln, die in der Länge von 14 mm bis 220 mm variierten. Insofern erforderte der Turbinenbau großes fachliches Können. DRESDEN war mit zwei Turbinensätzen ausgerüstet, die vier Propellerwellen antrieben, wobei die Hochdruckturbinen an die Außenwellen gekuppelt waren. Die Niederdruck- und Umsteuerungsstufen waren mit den Innenwellen verbunden. Dieser Kreuzer war auch das erste große Schiff, bei dem der Turbinenantrieb mit dem Einsatz von Heißdampf verbunden war.

Die Erprobungsfahrten wurden im Herst 1908 vor der Eckernförder Bucht durchgeführt. Bei einer Fahrt über die gemessene Meile geriet bedauerlicherweise ein mit Ziegelsteinen beladener Frachtsegler vor den Bug der DRESDEN, als der Kreuzer seine Höchstgeschwindigkeit entwickelt hatte. Der Rammbug des Kreuzers schnitt in die Backbordseite des Segelschiffes, das sofort sank und Mast, Segel und Takelage über den Bug des Kriegsschiffes hängend zurückließ. Ehe die Maschinen durch Gegendruck gebremst werden konnten, verhedderten sich die Propeller im Treibgut des sinkenden Frachtseglers und der Wellenbock der Steuerbord-Außenwelle wurde zurückgebogen. DRESDEN mußte zur Ausbesserung der Schäden an Propeller, Welle und Heck zu Blohm & Voss in die Werft zurückkehren.[58]

Obwohl die Besatzung des Frachtseglers gerettet worden war, hatte DRESDEN eine Zeitlang den Ruf eines Unglücksschiffes. Die Turbinen waren jedoch überraschend schnell leer gelaufen und ungünstige Erfahrungen hatten sich nicht ergeben – abgesehen von den Schwierigkeiten des Umsteuerns, das im wesentlichen ein Handhabungsproblem war. Der Kreuzer zeigte sich bald als wendig und manövrierfähig.

Das Oberteil des Wellenbrechers auf der Back der DRESDEN ließ sich herunterklappen, während es auf der ansonsten ähnlich aussehenden EMDEN fest angebracht war. Dem letzteren Schiff fehlte am mittleren Schornstein ein außen angebrachtes Dampfrohr und das Dampfrohr an der Seite des vorderen Schornsteins war anders gebogen.

Die Scheinwerferplattform am Großmast der DRESDEN war im Gegensatz zur EMDEN zwei Meter höher angebracht und zumindest bis zum Beginn des Jahres 1910 führte die DRESDEN auf den Podesten an Groß- und Fockmast statt zwei jeweils nur einen einzigen Scheinwerfer.

Ende des Jahres 1913 wurde DRESDEN auf die Ostamerikanische Station entsandt, wo sie unter Führung von FKpt. Erich Köhler bis zum Sommer 1914 Stationsdienst versah. Im Juli traf dann der nagelneue Kleine Kreuzer KARLSRUHE (siehe unten) unter Fregattenkapitän Lüdecke ein, um die DRESDEN auf dieser Station abzulösen.

Fritz Lüdecke, am 5. Februar 1873 in Dirschau/Westpreußen (heute das polnische Tczew) geboren, trat im April 1890 in die Marine ein. Nach einer Dienstzeit bei der III. Matrosen-Abteilung in der Festung Helgoland (1896–1903) wurde er zum Kapitänleutnant befördert und als Artillerieoffizier auf das Linienschiff WETTIN versetzt. 1908 folgte die Beförderung zum Korvettenkapitän unter gleichzeitiger Versetzung zum Stab des I. Geschwaders. Am 25. April 1912 wurde er zum Fregattenkapitän befördert und erhielt im September 1912 das Kommando über den Kleinen Kreuzer S.M.S. DRESDEN.

Im Dezember 1913 löste Fregattenkapitän Erich Köhler – der seit Juni die Erprobungsfahrten des neuen Kreuzers KARLSRUHE überwacht hatte – Lüdecke als Kommandant der DRESDEN ab. Lüdecke erhielt mit der Indienststellung der KARLSRUHE am 14. Januar 1914 das Kommando über diesen Kreuzer. Er sollte das neue Schiff mit seiner Besatzung einfahren und es anschließend auf der Ausreise zur Ostamerikanischen Station führen. Dort sollte er sein altes Schiff, die DRESDEN, wieder übernehmen und zur Absolvierung der Großen Werftliegezeit in die Heimat bringen.

Am 25. Juli 1914 trafen die beiden Kleinen Kreuzer in Port-au-Prince zusammen, der Hauptstadt und dem wichtigsten Seehafen Haitis. Nach der Durchführung des Kommandantenwechsels[59] übernahm die KARLSRUHE unter FKpt. Erich Köhler die Ostamerikanische Station als Stationskreuzer und am 28. Juli lief die DRESDEN unter FKpt. Lüdecke aus Port-au-Prince zur Kohlenübernahme in Charlotte Amalie auf der dänischen Insel St. Thomas aus. In einem der besten natürlichen Häfen der Karibik fand dort FKpt. Lü-

Oben: Die Steuerbordseite mittschiffs der DRESDEN. Beachte das in einer Kasematte stehende Geschütz achteraus der Brücke sowie die verwirrende Vielfalt der Takelage. (Bundesarchiv Koblenz, Negativ-Nr. 134 – C 132.)

decke nicht nur eine Agentur der Hamburg-Amerika-Linie vor, sondern gleichzeitig auch eine für Kriegszeiten eingerichtete Nachrichtenzentrale des Etappen-Systems. Insofern war Charlotte Amalie weit mehr als ein routinemäßiger Zwischenhafen. FKpt. Lüdecke erhielt dort eine Nachricht des Admiralstabes hinsichtlich der verschärften politischen Lage und den Befehl zur sofortigen Heimreise.

Nach der vollständigen Ergänzung der Kohlen-, Proviant- und Materialvorräte und der Anbordnahme einer aus 30 t bestehenden Deckslast an Kohlen ging die DRESDEN am 31. Juli mit Ostkurs in See, um über die Azoren – Ilhas dos Açôres – und den Englischen Kanal nach Deutschland zurückzukehren. Nur kurze Zeit nach dem Auslaufen erhielt die DRESDEN über Puerto Rico die Nachricht von der drohenden Kriegsgefahr in Europa. Der deutsche Kommandant wurde angewiesen, die Heimreise abzubrechen und weitere Befehle abzuwarten. In der klaren Erkenntnis, daß dies bedeutete, die britische Handelsschiffahrt anzugreifen, änderte FKpt. Lüdecke den Kurs und steuerte die Schiffahrtswege vor der Ostküste Südamerikas an.[60]

Hier hielt er auf der Höhe des brasilianischen Hafens Pará (heute Belém) am 6. August 1914 den 4072 BRT großen Dampfer DRUMCLIFFE an, gebaut 1905 am Wear und im Auftrag der in Liverpool registrierten Steam Ship ›Drummond‹ Co. Ltd. von Joseph Chadwick & Sons bereedert. Das Schiff war von Buenos Aires nach Trinidad in Ballast unterwegs. Obwohl es weit aus dem Wasser ragte und daher nicht schwer beladen sein konnte, ließ FKpt. Lüdecke ein Prisenkommando übersetzen.

Angesichts der Tatsache, daß Kapitän Evans von seiner Frau und seinem kleinen Kind begleitet wurde und das Schiff keine Ladung an Bord hatte, entschloß sich FKpt. Lüdecke, dem britischen Schiff nach der Zerstörung seiner Funkstation die Weiterfahrt zu gestatten. Er führte kein Begleitschiff zur Unterbringung von Gefangenen mit sich und die Anwesenheit britischer Gefangener – insbesondere eine Frau und ein Kind – an Bord eines Kriegsschiffes hätten eine zu große Unbequemlichkeit bedeutet.

Achtzig Minuten nach der Entlassung der DRUMCLIFFE lief dem deutschen Kreuzer der 4252 BRT große britische Dampfer LYNTON GRANGE über den Weg: 1912 auf der Werft Northumberland Shipbuilding Co. Ltd. in Newcastle-upon-Tyne fertiggestellt, von der Houlder Line bereedert und in West Hartlepool registriert. Vom La Plata nach Newport News in Ballast unterwegs, hatte dieses Schiff der DRESDEN wenig zu bieten und wurde genauso entlassen wie der vom La Plata nach Cienfuegos/Kuba bestimmte, 3325 BRT große britische Dampfer HOSTILIUS der British & South American Steam Navigation Co. Ltd., der gerade nach dem Entlassen der LYNTON GRANGE in Sicht kam.

Kapitän Jones und seine Besatzung weigerten sich standfest, als Bedingung für ihre Freilassung eine Erklärung zu unterschreiben, sie würden am Kriege nicht weiterhin teilnehmen. Andere deutsche Handelsstörer-Kommandanten hätten dies als eine persönliche Beleidigung gewertet und das betreffende Schiff auf der Stelle versenkt – aber nicht so der phlegmatische FKpt . Lüdecke.[61]

Die HOSTILIUS wurde am Abend des 6. August gegen 19.30 Uhr entlassen und die DRESDEN setzte ihre Fahrt mit Südostkurs in Richtung der kleinen brasilianischen Insel Atol dos Rocas – Rocas-Riff – fort. Inzwischen war der deutsche Kreuzer verzweifelt knapp an Kohle. Das Etappen-System hielt in den nordbrasilianischen Häfen mehrere deutsche Dampfer für die Versorgung mit Kohle zur Verfügung. Daher forderte die DRESDEN den geeignesten an: die CORRIENTES von der Hamburg-Südamerikanischen Dampfschifffahrts-Gesellschaft. Mit dem 3776 BRT großen Dampfer, 1894 bei

Blohm & Voss gebaut, der im Hafen von San Luiz de Maranhão (heute São Luís) lag , wurde ein Treffpunkt verabredet. Am Nachmittag des 8. August traf die DRESDEN mit dem deutschen Dampfer zusammen und übernahm an den folgenden beiden Tagen in einer Bucht an der brasilianischen Küste nahe Jericoacoara 570 t Kohle sowie Proviant und anderes Material. Danach steuerte die DRESDEN nördlich des Atol dos Rocas in Richtung der winzigen Insel Fernando Noronha. Auf der Höhe der letzteren, wohlbekannt für seine Strafkolonie und seine Funkstation, rief FKpt. Lüdecke den Dampfer BADEN der Hamburg-Amerika-Linie herbei, 1913 beim Bremer Vulkan in Vegesack gebaut, der in Pernambuco (heute Recife) geduldig mit einer Ladung von 12 000 t Kohle guter Qualität auf seinen Einsatz gewartet hatte.

In der Nacht vom 12./13. August 1914 traf die DRESDEN vor dem Atol dos Rocas ein, wo die BADEN bereits vor Anker lag, und legte bei ihr an, um sofort mit der Kohlenübernahme zu beginnen. Nachdem ein paar hundert Tonnen gebunkert worden waren, erkundigte sich der Wärter des Rocas-Leuchtturms nach der Identität des Kriegsschiffes. Das Atol dos Rocas war neutrales Territorium und die Pflichten des Leuchtturmwärters waren klar; falls die DRESDEN ein kriegführendes Schiff sein sollte, war sie berechtigt, nur soviel Kohle zu übernehmen, um den nächstgelegenen Hafen eines befreundeten Landes zu erreichen. FKpt. Lüdecke bluffte den Wärter, indem er ihm mitteilen ließ, daß es sich um den schwedischen Kreuzer FYLGIA handelte – dem die DRESDEN oberflächlich ähnlich sah –, der eine Maschinenhavarie hätte. Dieser Trick funktionierte ausgezeichnet; von einem einfachen Leuchtturmwärter war es eine zu große Erwartung, imstande zu sein, die beiden Kriegsschiffe voneinander zu unterscheiden. Die CORRIENTES war wieder nach Pernambuco zurückgekehrt, aber inzwischen waren die beiden Dampfer PRUSSIA (3557 BRT) und PERSIA (3554 BRT) der Hamburg-Amerika-Linie mit Proviant und einer weiteren Kohlenladung eingetroffen. Die beiden Schwesterschiffe waren 1912 bzw. 1914 auf der Werft der Flensburger Schiffbau-Gesellschaft gebaut worden.

Am 14. August 1914 verließ die DRESDEN das Atol dos Rocas und steuerte nach Süden, begleitet von der BADEN und der PRUSSIA. Da er nunmehr geeignete Begleitschiffe bei sich hatte, konnte FKpt. Lüdecke jedes britische Schiff versenken, das er antraf. Das erste Opfer war am 15. August die 3352 BRT große HYADES, die etwa 180 sm nordostwärts von Pernambuco unter Kapitän James Morrison mit einer Ladung Mais nach Las Palmas unterwegs war. Dieser Dampfer – eine Halbschwester der HOSTILIUS – gehörte der British & South American Steam Navigation Co. Ltd. und war 1900 auf der Werft Blumer & Co. in Sunderland gebaut worden. Die PRUSSIA übernahm die Besatzung des britischen Schiffes und anschließend wurde die HYADES versenkt.

Gegen Mittag des nächsten Tages, des 16. August 1914, lief der DRESDEN die 4847 BRT große SIAMESE PRINCE der Prince Line Ltd. (1911 bei der Sunderland Shipbuilding Co. Ltd. gebaut) über den Weg. Doch überraschenderweise – aus Gründen, die nicht ganz klar sind – wurde Kapitän Anderson nach Prüfung der Schiffspapiere gestattet, die Reise fortzusetzen.[62] Um den entlassenen Dampfer zu täuschen, steuerte FKpt. Lüdecke einen irreführenden Kurs in Richtung Rio de Janeiro bis zum Einbruch der Dunkelheit und entließ anschließlich den Dampfer PRUSSIA, der in Rio de Janeiro die Besatzung der HYADES an Land setzte.

Die DRESDEN selbst lief mit der BADEN ihren nächsten Bestimmungsort an, die Ilha da Trindade, die sie am 19. August erreichte. Dort traf sich die DRESDEN mit dem alten Kanonenboot EBER (das in kluger Voraussicht am 30. Juli 1914 Kapstadt verlassen hatte, um den Patrouillenschiffen der Royal Navy zu entgehen – siehe oben unter »CAP TRAFALGAR«) und dem Dampfer STEIERMARK, der mit der EBER von Lüderitzbucht in Deutsch-Südwestafrika den Atlantik überquert hatte.[63] Am selben Tag traf von der Etappe La Plata die 5199 BRT große SANTA ISABEL der Hamburg-Südamerikanischen Dampfschiffahrts-Gesellschaft (1914 beim Bremer Vulkan in Vegesack gebaut) mit einer Ladung aus 3100 t Kohle, 1800 t Trinkwasser, lebenden Ochsen und sonstiger Ausrüstung wie Öl, Schaufeln und Säcke ein. Der Dampfer hatte am 7. August unter dem Vorwand, nach Togo zu gehen, Buenos Aires verlassen.

Diese Ansammlung von Kohlen- und Versorgungsdampfern gestattete es der DRESDEN, ohne Hast Kohlen, Proviant und andere

Unten: Der 4252 BRT große Trampdampfer LYNTON GRANGE der Houlder Line. (Laurence Dunn.)

Oben: Die KATHARINE PARK mit dem achtern liegenden Maschinenraum als ein sehr fortschrittliches Schiff seiner Zeit angesehen. (Laurence Dunn.)

Vorräte zu ergänzen. Am 22. August 1914 lief der Kreuzer mit BADEN und SANTA ISABEL als Begleitschiffen nach Süden aus, um die Schiffahrt vor dem Rio de la Plata anzugreifen, während EBER zur Ausrüstung der erwarteten CAP TRAFALGAR (siehe oben) zurückblieb. Am Morgen des 26. August ging der 4223 BRT große britische Dampfer HOLMWOOD (Baujahr 1912) der Reederei F. S. Holland in London munter in die Falle und wurde 160 sm südsüdwestlich von Kap Santa Maria Grande aufgebracht. Die HOLMWOOD hatte 6000 t Kohle geladen und war von Newport nach Bahia Blanca unterwegs. DRESDEN war jedoch im Augenblick mit ausreichend Kohle versorgt, so daß der Kohlendampfer nach der Übernahme der Besatzung auf die BADEN mit Sprengpatronen versenkt wurde.

Inzwischen hatte der Kleine Kreuzer das Seegebiet auf der Höhe von Südbrasilien erreicht und bekam noch am selben Tag – 26. August 1914 – den britischen Dampfer KATHARINE PARK in Sicht, 1903 auf der Werft Napier & Miller in Glasgow gebaut und 1914 von der Park Steam Ship Co. Ltd. bereedert. Kapitän William Paterson war mit seinem Schiff, das auf amerikanische Rechnung eine Ladung Quebracho-Holz an Bord hatte, auf dem Wege nach New York. Da die Ladung keine Bannware darstellte, neutrales Eigentum war und in einen neutralen Hafen ging, konnte FKpt. Lüdecke das Schiff nicht versenken, ohne Schadenersatzansprüche an Berlin hinsichtlich der Ladung zu verursachen. Infolgedessen wurde die KATHARINE PARK nach Übernahme der HOLMWOOD-Besatzung von der BADEN mit der Anweisung entlassen, die Briten im ersten anzulaufenden Hafen an Land zu setzen. Dies geschah am 30. August unmittelbar nach dem Einlaufen des Dampfers in Rio de Janeiro.

Inzwischen steuerte die DRESDEN weiter nach Süden. Durch das schlechte Wetter bedingt, lief der Kreuzer mit BADEN und der mittlerweile herangeschlossenen SANTA ISABEL am 31. August in die Cayetano-Bucht nahe der Gill-Bai an der patagonischen Küste zur Kohlenübernahme und zur Wartung der Turbinen ein. Diese Arbeiten waren am 2. September 1914 beendet und die DRESDEN setzte ihre Fahrt nach Süden in Begleitung der BADEN fort. Die SANTA ISABEL wurde am selben Tag nach Punta Arenas entsandt, um weitere Vorräte zu holen und über die Funkstation des dortigen Hafens Meldungen der DRESDEN an den Admiralstab in Berlin sowie an die Etappendienste in Buenos Aires und Valparaiso zu übermitteln. Am 9. September ging bei der Funkstation Punta Arenas ein chiffrierter Funkspruch aus Berlin ein, der FKpt. Lüdecke anwies, Kap Hoorn zu runden, um den britischen Handel entlang der süd- und mittelamerikanischen Küste zusammen mit dem Kleinen Kreuzer LEIPZIG zu stören. Letzterer sollte vom mexikanischen Hafen Guaymas aus am Golf von Kalifornien nach Süden marschieren (siehe unten). Unmittelbar nach dem Eingang dieser Nachrichten verließ die SANTA ISABEL Punta Arenas, um sie an FKpt. Lüdecke weiterzugehen.

DRESDEN kämpfte sich mutig um Kap Hoorn, als sich das Wetter verschlechterte und die trostlose Landschaft ihr abweisendstes Äußeres annahm. Am Nachmittag des 5. September ließ FKpt. Lüdecke in der Orange-Bai (Bahia de Nassau) vor der Insel Hoste Anker werfen. Der Besatzung wurde erlaubt, in Gruppen an Land zu gehen, obwohl es wenig Möglichkeiten gab, etwas zu unternehmen, ausgenommen, sich die Beine zu vertreten und die üblichen Visitenkarten zu hinterlassen. Als ein Brett entdeckt wurde, das stolz eine Liste von Schiffsnamen aufwies, konnten die Männer der DRESDEN der Verlockung nicht widerstehen, dieser Liste ihr eigenes Schiff hinzuzufügen. Diese natürliche Reaktion stellte einen ernsten Fehler dar. Wenn auch die die Mannschaften begleitenden Offiziere das Handeln ihrer Männer erkannten und den Beweis ihrer Anwesenheit zu tilgen versuchten, so gut sie es vermochten, so blieben dennoch Spuren zurück.[64]

Am 16. September 1914 verließ die DRESDEN in Begleitung der BADEN und der SANTA ISABEL den Ankerplatz in der Orange-Bai, um nunmehr an der Westküste Südamerikas Kreuzerkrieg zu führen. Am 18. September bekam die DRESDEN den 8075 BRT großen Postdampfer ORTEGA der Pacific Steam Navigation Company in Sicht, der unter der Führung von Kapitän Douglas Kinneir auf dem Wege von Valparaiso um Kap Hoorn nach Großbritannien war. FKpt. Lüdecke nahm sofort die Verfolgung auf, aber der britische Dampfer – 1906 auf der Werft Harland & Wolff in Belfast gebaut – lief mit Höchstfahrt in den nicht vermessenen Nelson-Kanal ein und gelangte damit in die chilenischen Hoheitsgewässer. Obwohl die nominelle Höchstgeschwindigkeit der ORTEGA nur 14 kn betrug, war es durch die übermenschlichen Anstrengungen der Heizer und unterstützt durch die vorherrschenden Strömungen möglich, aus den

schied sich daraufhin, die Suche nach den deutschen Schiffen zu beginnen. Die GLASGOW erhielt den Befehl, vor der Hafeneinfahrt von Coronel zu kreuzen, während sie auf Antwort aus London wartete, und die OTRANTO wurde in den Hafen Puerto Montt entsandt, dem südlichen Endpunkt der chilenischen Eisenbahn an der Küste. Dort erfuhr sie von der Anwesenheit der LEIPZIG in der Nähe von Coronel.

Die Würfel waren gefallen. Obwohl noch ein Funkspruch aus London unterwegs war, der Cradock anwies, Verstärkungen abzuwarten – die DEFENCE hatte schließlich doch noch den Befehl erhalten, unverzüglich zu ihm zu stoßen –, befand sich der britische Verband bereits in See. Infolge der begrenzten Reichweite selbst der besten und stärksten Funkstationen im Jahre 1914 mußte der Funkspruch durch Relaisstationen übermittelt werden. Es gibt keinen Beweis dafür, daß Cradock diesen letzten Funkspruch aus London noch erhalten hätte.

Rear-Admiral Cradock wies die GLASGOW an, am 1. November 1914 etwa 50 sm westlich von Coronel wieder zur GOOD HOPE und zu den anderen britischen Kriegsschiffen zu stoßen. Um 12.00 hatte sich das britische Geschwader wieder vereinigt und um 14.05 Uhr befahl Rear-Admiral Cradock seinen Schiffen, mit leicht divergierenden nördlichen Kursen einen Aufklärungsstreifen mit zehn Knoten Fahrt zu bilden, und zwar mit GLASGOW, der chilenischen Küste am nächsten stehend, auf Kurs Nordost zu Ost sowie angeschlossen mit 15 sm Schiffsabstand OTRANTO, MONMOUTH und – am weitesten westlich – GOOD HOPE auf Kurs Nordwest zu Nord. Inwzischen näherte sich von Norden her das deutsche Kreuzergeschwader unter VAdm. Maximilian Reichsgraf von Spee.

Letzteres marschierte in Kiellinie mit SCHARNHORST als Spitzenschiff, gefolgt von GNEISENAU und LEIPZIG. DRESDEN hing einige Seemeilen zurück, um die Verbindung zur noch weiter entfernten NÜRNBERG zu halten, die sich abmühte, an das Geschwader heranzuschließen. Um 16.17 Uhr sichtete der Ausguck im Vortopp der SCHARNHORST in westlicher Richtung zwei Schiffe und kurz darauf noch ein drittes Schiff. GLASGOW hatte die deutschen Schiffe bereits um 16.10 Uhr gesichtet. In der Erkenntnis seiner zahlenmäßigen Unterlegenheit befahl Captain Luce den drei ihm unterstehenden Schiffen, auf einen westsüdwestlichen Kurs zu gehen, um mit hoher Fahrt zum Flaggschiff aufzuschließen. Gleichzeitig wurde die unter dem Westhorizont stehende GOOD HOPE über Funk unterrichtet: »Feindliche Geschützte Kreuzer in Sicht, steuern Südost bis Süd.« VAdm. von Spee verfolgte zu Captain Luce einen Parallelkurs nach Süden, um den Gegner an Steuerbord zu halten. Um 17.17 Uhr begannen die britischen Kreuzer hinter ihrem Flaggschiff zur Linie einzuscheren. Von 17.50 Uhr an steuerte der britische Verband einen südöstlichen Kurs, etwas nördlicher als das deutsche Kreuzergeschwader stehend, das einen südwestlichen Kurs einhielt.

Die Kurse der beiden Geschwader führten zu einer allmählichen Annäherung, da jeder der beiden Admirale versuchte, einen taktischen Vorteil zu gewinnen. Rear-Admiral Cradock wollte offensichtlich noch vor Sonnenuntergang ein laufendes Gefecht erzwingen, damit die deutschen Geschützführer in die Sonne blicken mußten. VAdm. von Spee hingegen versuchte, das Gefecht solange hinauszuzögern, bis die Sonne vollständig untergegangen war. Rear-Admiral Cradocks Schiffe stünden dann als klare Silhouetten vor dem hellen Westhorizont, wohingegen die deutschen Schiffe vor dem dunklen Hintergrund der chilenischen Küste kaum auszumachen wären. Als Cradock die Geschwindigkeit seines Verbandes herabsetzen mußte, da die OTRANTO gegen die schwere See kaum mehr als siebzehn Knoten laufen konnte, behielt VAdm. von Spee die Oberhand. Um 19.04 Uhr – zu diesem Zeitpunkt hatte DRESDEN seine Station hinter LEIPZIG eingenommen – ließ VAdm. von Spee das Feuer mit Feuerverteilung von links auf eine Gefechtsentfernung von 104 hm eröffnen. Die britische Seite antwortete mit der Feuereröffnung erst etwa zehn Minuten später.[68]

Die Artillerie der SCHARNHORST schoß sich auf GOOD HOPE ein, während die GNEISENAU ein Artillerieduell mit der MONMOUTH führte und die Kleinen Kreuzer sich mit der GLASGOW auseinandersetzten. Rear-Admiral Cradock hatte bereits zu einem früheren Zeitpunkt Captain Edwards von der OTRANTO angewiesen, ein Entkommen zu versuchen, da die Offensivkraft seines Hilfskreuzers begrenzt war.

Die Seeschlacht verlief einseitig zugunsten der deutschen Seite. Die deutschen Schiffe waren dem Gegner nicht nur zahlenmäßig überlegen – das britische Schlachtschiff CANOPUS befand sich zu diesem Zeitpunkt noch in ca. 300 sm Entfernung –, sondern ihre Besatzungen hatten auch zwei Jahre Borddienstzeit hinter sich und auf ihrem Weg quer durch den Pazifik ein konzentriertes Artillerie-Ausbildungsprogramm absolviert. Im Gegensatz hierzu war von den Schiffen Rear-Admiral Cradocks nur die GLASGOW mit Berufsseeleuten der Royal Navy bemannt. Good HOPE und MONMOUTH waren erst zu Beginn des Ersten Weltkrieges in Dienst gestellt worden und ihre Besatzungen bestanden neben einem Stamm aus regulären Marineangehörigen weitgehend aus Reservisten und Freiwilligen, die aus der schottischen Fichereiflotte stammten.

Die knauserige Haltung der britischen Admiralität hatte dafür gesorgt, daß fast keine Artillerieschießübungen durchgeführt worden waren. Jetzt mußten die aus Anfängern bestehenden Geschützbedienungen ihr Handwerk unter Lebensgefahr erlernen. Der auffrischende Wind aus südlicher Richtung verursachte eine steile Kopfsee, die so schwer war, daß sie die Gefechtsfähigkeit der Kasemattgeschütze auf dem Hauptdeck der GOOD HOPE und der MONMOUTH beeinträchtigte, obwohl beide in anderer Hinsicht seetüchtige Schiffe waren.

Bedauerlicherweise setzte eine 21-cm-Granate aus der dritten Salve der SCHARNHORST den vorderen Turm der GOOD HOPE außer Gefecht. Für VAdm. von Spee bedeuteten die beiden 23,4-cm-Geschütze des Flaggschiffes sowie die beiden der MONMOUTH die Hauptbedrohung. Nachdem auch noch ein 21-cm-Treffer der GNEISENAU den vorderen Turm der MONMOUTH vernichtet hatte, war die Hälfte dieser Geschütze außer Gefecht gesetzt worden, noch ehe Cradock das Feuer eröffnen konnte. Die 15,2-cm-Geschütze der britischen Schiffe – GOOD HOPE führte sechzehn, MONMOUTH vierzehn und GLASGOW zwei dieser Geschütze – hatten nicht die Stärke und Durchschlagskraft, um die Panzerung der deutschen Großen Kreuzer zu beschädigen. Hingegen führten die beiden Panzerkreuzers v. Spees je acht 21-cm-Geschütze. Infolgedessen sprach die Offensivfähigkeit bei beiden Gegnern weitgehend zugunsten der deutschen Seite.

SCHARNHORST und GNEISENAU fügten ihren Gegnern systematisch schwere Schäden zu. GLASGOW war es inzwischen gelungen, die LEIPZIG und die DRESDEN abzuschütteln, die sich beide vor den zwei 15,2-cm-Geschützen des britischen Schiffes hüteten. Im Bestreben, die stark angeschlagene MONMOUTH zu schützen, versuchte die GLASGOW, die deutschen Großen Kreuzer zu bekämpfen.

Gegen 19.50 Uhr ereignete sich auf dem britischen Flaggschiff GOOD HOPE eine starke Explosion und als sich der Rauch verzogen hatte, war weder von dem Schiff noch von seiner Besatzung etwas übriggeblieben. Auch die MONMOUTH, die inzwischen zurückgeblieben und auf einen anderen Kurs gegangen war, hatte schwerste Beschädigungen erlitten, die meisten ihrer Geschütze schwiegen und im Inneren wüteten Brände. Dennoch ließ der zerschlagene Kreuzer noch Kampfeswillen erkennen. Als die SCHARNHORST und die GNEISENAU sich näherten, um der MONMOUTH den Rest zu geben, verbarg eine plötzliche Bö das Schiff. Nachdem sich das Wetter wieder aufgeklärt hatte, war von dem Kreuzer nichts mehr zu sehen.

Als Captain John Luce gegen 20.00 Uhr erkannte, daß die Seeschlacht endgültig verloren war, ließ er die GLASGOW mit Nordwestkurs abdrehen. Sein Schiff hatte nur ein halbes Dutzend Treffer erhalten – von denen keiner besonders schwerwiegend war –, und so entschloß er sich, seine überlegene Geschwindigkeit zum Entkommen zu nutzen, um sein Schiff für ein späteres Gefecht zu erhal-

Oben: Der glücklose britische Panzerkreuzer GOOD HOPE, der in der Seeschlacht von Coronel mit seiner gesamten Besatzung unterging. (Ray Burt.)

DAS KREUZERGESCHWADER

Vizeadmiral Maximilian Reichsgraf von Spee

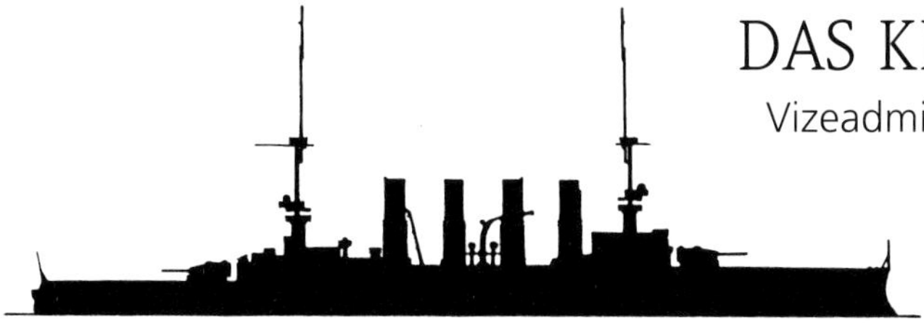

SCHARNHORST (Flaggschiff): Großer Kreuzer, 11 616 t auf CWL, 1907.

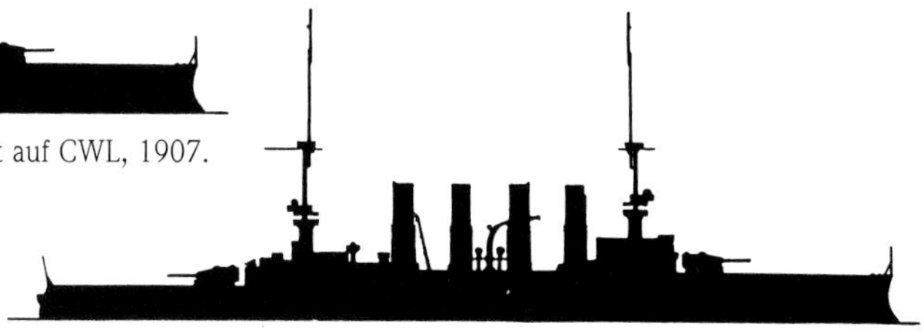

GNEISENAU: Großer Kreuzer, 11 616 t auf CWL, 1908.

DRESDEN: Kleiner Kreuzer, 3664 t auf CWL, 1908.

NÜRNBERG: Kleiner Kreuzer, 3469 t auf CWL, 1908.

LEIPZIG: Kleiner Kreuzer, 3278 t auf CWL, 1906.

Annähernd im Maßstab der Zeichnungen auf Seite 62

ten. Hierbei stieß Captain Luce zufällig auf die zerschlagene MONMOUTH. Der Panzerkreuzer lag vorn tief im Wasser, hatte Schlagseite und Brände wüteten, aber er befand sich noch in Fahrt. Er befahl Captain Brandt, nach Norden zu entkommen. Danach ging die GLASGOW wieder auf Nordwestkurs, um später auf einen westnordwestlichen Kurs zu drehen, ehe sie mit Höchstgeschwindigkeit in die Weite des Pazifik ablief. Um 20.30 Uhr setzte die GLASGOW noch einen letzten Funkspruch an die MONMOUTH ab, erhielt aber keine Antwort.

DRESDEN hatte an der Seeschlacht wenig Anteil gehabt. Weder FKpt. Lüdecke noch FKpt. Haun, der Kommandant der LEIPZIG, meldeten Gefechtsschäden. Die deutschen Kreuzer suchten noch eine Zeitlang nach der GLASGOW und der OTRANTO, aber die beiden Schiffe waren entkommen.

Von der GOOD HOPE wurden keine Überlebenden gefunden. Das Wasser war bitterkalt und die von den deutschen Kleinen Kreuzern durchgeführte Suche galt weniger der Rettung Überlebender, sondern diente in erster Linie der Feststellung des Verbleibs der GLASGOW oder der MONMOUTH.

Im unsteten Mondlicht fand die während des Gefechtes hinter dem Kreuzergeschwader zurückgebliebene NÜRNBERG schließlich die MONMOUTH. Der britische Panzerkreuzer lief mit langsamer Fahrt einen nordöstlichen Kurs und hatte so starke Schlagseite, daß die Geschütze auf der Backbordseite nicht zum Tragen gebracht werden konnten. Mit langsamer Salvenfolge nahm die NÜRNBERG unter Führung von KptzS. v. Schönberg die MONMOUTH mit ihrer Artillerie immer wieder unter Beschuß, bis der Panzerkreuzer um 21.18 Uhr langsam nach Backbord kenterte und mit wehender Kriegsflagge unterging.

Obwohl Besatzungsangehörige beobachtet werden konnten, wie sie an dem sich überlegenden Schiffskörper herunter ins Wasser glitten, wurde an Bord der NÜRNBERG nichts zu ihrer Rettung unternommen. Teilweise war dies der Tatsache zuzuschreiben, daß die Boote an Bord des deutschen Kreuzers als Vorsichtsmaßnahme gegen Brände mit Wasser gefüllt waren und nicht so rasch zu Wasser gebracht werden konnten. Andererseits erteilte KptzS. v. Schönberg keinen Befehl zum Stoppen. VAdm. v. Spees Gefechtsbericht nach der Seeschlacht von Coronel legte dar, daß die Ausgucks der NÜRNBERG Rauchwolken gesichtet hatten, die ein Auftauchen der GLASGOW oder eines anderen gegnerischen Kriegsschiffes vermuten ließen. Wie das britische Flaggschiff GOOD HOPE, so ging auch die MONMOUTH mit der gesamten Besatzung verloren.[69]

Nach einem kurzen Aufenthalt der Panzerkreuzer und der NÜRNBERG vereinigte sich das gesamte Kreuzergeschwader mit seinen Begleitschiffen vor Más a Fuera, um aus zwei gekaperten Segelschiffen – der französischen VALENTINE mit 3500 t Cardiff-Kohle und der norwegischen HELICON mit 2600 t Cardiff-Kohle an Bord – Kohle zu übernehmen. Der Dampfer SACRAMENTO (5692 BRT) der Hamburg-Amerika-Linie von der Etappe Nordwestamerika brachte aus San Francisco zusätzliche Vorräte und Ausrüstung. DRESDEN und LEIPZIG wurden am 11. November 1914 nach Valparaiso entsandt, um weitere Vorräte zu ergänzen, Depeschen aufzugeben und ihren Besatzungen einen kurzen Landurlaub zu gewähren. Am Sonntag, dem 15. November 1914, lief das Kreuzergeschwader nach einem Gottesdienst an Bord der Schiffe aus und nahm Kurs auf die St.-Quentin-Bucht (Bahia San Quentin) im Peñas-Golf an der chilenischen Küste.

Am 16. November brachte die DRESDEN den Kohlendampfer NORTH WALES (3691 BRT) der North Wales Shipping Co. Ltd. in Newcastle-upon-Tyne auf, 1905 auf der Readhead-Werft in South Shields gebaut – ein Begleitschiff für das Geschwader von Rear-Admiral Cradock unter Führung von Kapitän George Owens. Nachdem seine Besatzung von dem 6982 BRT großen Dampfer RHAKOTIS der DDG ›Kosmos‹, ein in Valparaiso ausgerüstetes Hilfsschiff der Etappe Südwestamerika, übernommen worden war, wurde die NORTH WALES versenkt. Einen Monat später ging die britische Besatzung in Callao an Land.

Am 21. November 1914 hatte VAdm. v. Spee sein Kreuzergeschwader in der St.-Quentin-Bucht vereinigt: die fünf Großen und Kleinen Kreuzer sowie sechs Begleitschiffe (BADEN, SANTA ISABEL, SEYDLITZ, MEMPHIS, LUXOR, RHAKOTIS und AMASIS). Nach entsprechender Versorgung ging das Kreuzergeschwader schließlich am 26. November in See, um durch die Drake-Straße um Kap Hoorn in den Südatlantik zu gelangen, statt den Marsch durch die einfacher zu passierende Magellan-Straße zu wählen. Letzteres hätte zu einem frühzeitigeren Entdecktwerden geführt. Mit den Begleitschiffen BADEN, SANTA ISABEL und SEYDLITZ mit insgesamt 17 000 t Kohle an Bord trat das Kreuzergeschwader den Marsch in den Südatlantik – und zum Angriff auf die Falkland-Inseln – an.[70] Nach dem Passieren von Kap Hoorn brachte die LEIPZIG (siehe unten) das 1844 BRT große kanadische Vollschiff DRUMMUIR auf und das Kreuzergeschwader drehte vor der Picton-Insel bei, um die Kohlenladung der DRUMMUIR auf die Begleitschiffe umzuladen. Schließlich wurde das Segelschiff am 6. Dezember versenkt, nachdem das Kreuzergeschwader seinen Heimmarsch wieder angetreten hatte. Diese unvorhergesehene Verzögerung sollte sich letztlich noch als verhängnisvoll erweisen.

Gegen 02.00 Uhr am Morgen des 8. Dezember 1914 sichteten die Ausgucks der SCHARNHORST die Falkland-Inseln voraus und um 05.00 Uhr entsandte der Geschwaderchef die GNEISENAU und die NÜRNBERG zur Aufklärung nach Norden. VAdm. von Spee war sich durchaus der Tatsache bewußt, daß die Panzerkreuzer Rear-Admiral Stoddarts im Hafen von Port Stanley liegen könnten, und wollte nicht überrascht werden.

Der Morgen dämmerte mit klarem und sichtigem Wetter herauf, ein ausnehmend schöner Tag in einem Monat, in dem im Südatlantik eher Regenböen und Nebel an der Tagesordnung sind. Da von den deutschen Schiffen aus die Falkland-Inseln zu sehen waren, konnten die deutschen Schiffe auch von den Inselbewohnern ausgemacht werden. Die in Port Pleasant – etwa 32 km von Port Stanley entfernt – wohnende Frau eines Schafzüchters bemerkte als erste das Herankommen der GNEISENAU und der NÜRNBERG. Die Tatsache erkennend, daß diese Schiffe einen Schimmer hellgrauer als die Kriegsschiffe der Royal Navy waren, schickte sie die Magd und den Knecht auf einen naheliegenden Hügel, um einen besseren Überblick zu bekommen. Als der Knecht zurückkam und berichtete, daß es sich um fünf Schiffe handelte, telefonierte Mrs. Felton kurz nach 07.45 Uhr mit dem Regierungssitz des Gouverneurs.

Als sich die beiden deutschen Schiffe Port Stanley näherten, machten die Ausgucks der GNEISENAU Rauchfetzen aus. Auf den ersten Blick schien es, als ob die Bewohner angesichts einer bevorstehenden deutschen Invasion Vorräte verbrannten, aber in Wirklichkeit handelte es sich um die Warnsignale des Freiwilligenkorps der Falkland-Inseln. KptzS. Julius Maerker, der Kommandant der GNEISENAU, betrachtete das Sichten von Mastspitzen im Hafen als Beweis dafür, daß die OTRANTO und die GLASGOW gefunden waren.

Die Geschwindigkeit erhöhend, um britische Kriegsschiffe am Entkommen zu hindern, hielt KptzS. Maerker auf die Hafeneinfahrt zu. Als sich die deutschen Schiffe ihr näherten, wurden zu seiner Überraschung weitere Masten gemeldet. Dann waren überraschend viele Rauchwolken zu erkennen, obwohl sich nur zwei zusammengehörige Masten zu bewegen schienen.

Um 09.15 Uhr feuerte der vordere Turm des Schlachtschiffes CANOPUS, das auf einer Schlammbank auf Grund saß und sehr sorgfältig als Batterie getarnt war, die ersten beiden Schüsse der Seeschlacht an den Falkland-Inseln. In der Nacht zuvor geladene Übungsgranaten schlugen 800 m vor der GNEISENAU ein und hüpften über das Wasser auf den deutschen Panzerkreuzer zu. Fast unmittelbar darauf gingen nur wenige hundert Meter entfernt die ersten zwei scharfen Granaten nieder. Die riesigen Wassersäulen rüttelten die deutschen Seeleute auf. Danach erkannte KptzS. Maerker etwas, das ihn frösteln ließ: die turmhohen Dreibeinmasten zweier sehr großer Kriegsschiffe.

GNEISENAU signalisierte diese Erkenntnis sofort an die SCHARNHORST und KptzS. Maerker erhielt von VAdm. von Spee den Befehl, zusammen mit NÜRNBERG abzulaufen und mit hoher Fahrt auf das Geschwader zu sammeln. Wäre dem mutigen deutschen Admiral bekannt gewesen, welche Verwirrung in dem Hafen herrschte, hätte er vielleicht den Entschluß gefaßt, daß es am besten sein würde, sofort anzugreifen. Die meisten britischen Schiffe waren erst zwei Tage vorher eingetroffen und nur der Panzerkreuzer HMS KENT, der als Wachschiff fungierte, hatte Dampf auf und lief langsam aus. Die Trägheit auf den britischen Schiffen war so groß, daß Captain Luce, von CANOPUS alarmiert, ein Geschütz abfeuern lassen mußte, um die Aufmerksamkeit der INVINCIBLE, des Flaggschiffes, auf die Signalflaggen zu lenken, die von der Rah der GLASGOW auswehten.

Die vor Anker liegenden britischen Kriegsschiffe anzugreifen, wäre VAdm. von Spees einzige Chance gewesen, ihnen derart große Schäden zuzufügen, damit das deutsche Kreuzergeschwader in der allgemeinen Verwirrung hätte entkommen können. Statt dessen drehte das deutsche Geschwader ab, um in Unkenntnis dessen, was zu seiner Verfolgung aufgeboten werden würde, mit hoher Fahrt abzulaufen. Als die britischen Kriegsschiffe der Reihe nach aus dem Hafen ausliefen, wurden die schlimmsten Befürchtungen auch des pessimistischsten der deutschen Seeleute wahr.

Gedemütigt durch den Verlust Cradocks und seiner Männer und durch die Auswirkungen, die dieses Ereignis auf die öffentliche Meinung Großbritanniens gehabt hatte, entsandte die britische Admiralität die beiden Schlachtkreuzer INVINCIBLE und INFLEXIBLE unter dem Kommando von Vice-Admiral Sir Frederick Doveton Sturdee in den Südatlantik. Sie waren gerade erst in Port Stanley eingetroffen. Neben den Kreuzern GLASGOW und KENT waren noch der Leichte Kreuzer BRISTOL, Schwesterschiff der GLASGOW, der Panzerkreuzer CUMBERLAND, Schwesterschiff der KENT, sowie der große Panzerkreuzer CARNARVON vorhanden. Um 10.30 Uhr hatten alle britischen Schiffe mit Ausnahme der BRISTOL den Hafen verlassen und formierten sich außerhalb der Hafeneinfahrt in Gefechtslinie. Die Jagd hatte begonnen.

Hinsichtlich seiner mißlichen Lage gab sich VAdm. von Spee keinen großen Illusionen hin. Genauso wie er Rear-Admiral Cradock bei Coronel ausmanövriert hatte und ihm in der Reichweite und in der Anzahl der schweren Geschütze überlegen gewesen war, so war er jetzt Vice-Admiral Sturdee und dessen Schiffen unterlegen. Obwohl SCHARNHORST und GNEISENAU standfest gebaute Schiffe darstellten, die – gemessen am Standard von Panzerkreuzern – auch eine gute Bewaffnung führten, so konnten es doch ihre 21-cm-Geschütze mit den zweimal acht 30,5-cm-Geschützen Mark X der britischen Schlachtkreuzer nicht aufnehmen. Diese verschossen eine 386 kg schwere Granate auf eine Entfernung von 19 000 m. Dem deutschen Geschwaderchef war auch bekannt, daß die britischen Schlachtkreuzer entworfen worden waren, um Kreuzer zur Strecke zu bringen und zu vernichten. Daher waren sie mit 25 kn nicht nur schnell, sondern auch sehr seetüchtig. Angesichts des schönen Wetters hatte er auch jede Hoffnung aufgegeben, daß die Geschwindigkeit seiner Gegner durch einen hohen Seegang herabgesetzt werden würde .[71]

Schon bald nach dem Verlassen der Hafeneinfahrt stürmten INVINCIBLE und INFLEXIBLE mit 25 kn auf das deutsche Kreuzergeschwader zu. Um 11.15 Uhr verringerte Vice-Admiral Sturdee die Geschwindigkeit, damit die CARNARVON mithalten konnte. Dies verschaffte den deutschen Kreuzern noch eine Frist. Bald darauf erkannte der britische Admiral, daß sich VAdm. von Spee auf den Kampf vorbereitete, und befahl daher seinen großen Schiffen, die Entfernung zum Gegner mit voller Fahrt zu verringern. In Anbetracht kaum vorhandener Alternativen hatte sich der deutsche Admiral entschlossen, den Kampf in der schwachen Hoffnung aufzunehmen, zumindest einen seiner Gegner kampfunfähig zu machen. Um 12.55 Uhr ließ Captain Phillimore, Kommandant der INFLEXIBLE, auf seinem Schiff das Feuer auf 16 000 m eröffnen. Die erste Salve schlug nur etwa 100 m hinter der LEIPZIG ein, dem deutschen Schlußschiff. VAdm. von Spee erkannte, daß seine Kleinen Kreuzer zu verwundbar waren, um auch nur einen einzigen Treffer durch dieses schwere Kaliber hinnehmen zu können, und befahl zuerst der LEIPZIG und kurze Zeit später auch der NÜRNBERG und

Unten: Der britische Schlachtkreuzer INVINCIBLE, Flaggschiff von Vice-Admiral Sturdee in der Seeschlacht bei den Falkland-Inseln. Aus einer farbigen Postkarten-Serie (Nr. 1523), herausgegeben von Gale & Polden Ltd, ca. 1914. (Sammlung des Verfassers.)

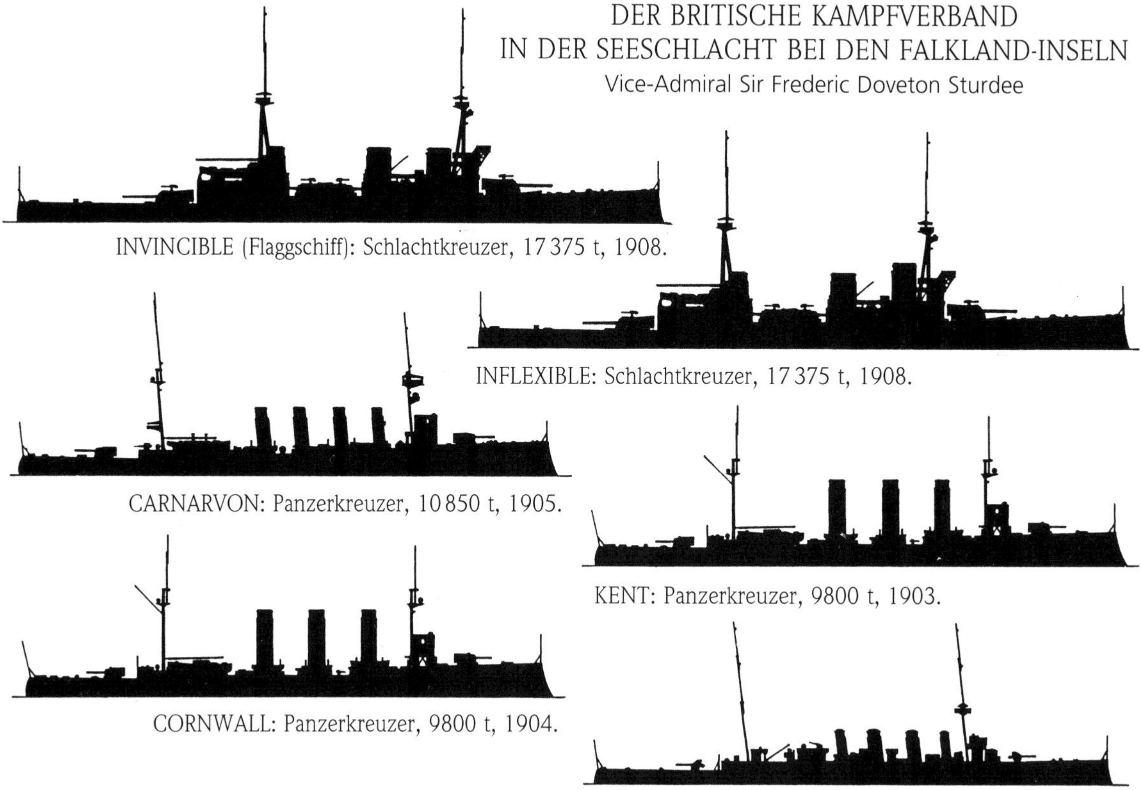

DER BRITISCHE KAMPFVERBAND IN DER SEESCHLACHT BEI DEN FALKLAND-INSELN
Vice-Admiral Sir Frederic Doveton Sturdee

Annähernd im Maßstab der Zeichnungen auf Seite 59.

der DRESDEN durch Flaggensignal: *»Entlassen! Versuchen zu entkommen.»*

Die Eröffnungsphasen der Seeschlacht waren vom Kampf der beiden deutschen Panzerkreuzer gegen die zwei britischen Schlachtkreuzer gekennzeichnet. VAdm. von Spee ließ das Feuer um 13.30 Uhr auf 150 hm eröffnen, aber der Ausgang des Kampfes war vorhersehbar. Obwohl die deutschen Artilleristen mit großer Genauigkeit schossen und mit lobenswertem Mut kämpften, so war doch das Kaliber ihrer Geschütze zu gering, um den britischen Schlachtkreuzern nennenswerte Schäden zuzufügen. Inzwischen richteten die britischen 30,5-cm-Granaten auf den deutschen Schiffen schwere Verheerungen an. Gegen 16.00 Uhr war das deutsche Flaggschiff ein brennendes Wrack, schoß aber immer noch sporadisch, obwohl es vorn zunehmend tiefer lag und auch bereits Schlagseite nach Backbord hatte. Um 16.10 Uhr rollte das Schiff auf die Seite und sank um 16.17 Uhr auf 52°'40'S 55°51'W mit wehender Flagge. Von der 764 Mann starken Besatzung überlebte niemand.

Die britischen Schlachtkreuzer, nunmehr auch von der inzwischen herangekommenen CARNARVON unterstützt, wendeten jetzt ihre volle Aufmerksamkeit der GNEISENAU zu. Nach schwerem Beschuß – Vice-Admiral Sturdee legte später dar, daß das deutsche Schiff zumindest fünfzig 30,5-cm-Treffer allein erhalten hätte – feuerte GNEISENAU gegen 17.15 Uhr ihren letzten Schuß ab. Danach bekam das Schiff zunehmend Schlagseite nach Steuerbord, legte sich über und sank um 18.02 Uhr auf 42°40'S 56°20'W mit wehender Flagge. Von der 764 Mann starken Besatzung wurden 187 Überlebende aus dem 3–4° C kalten Wasser gerettet; etwa 200 Überlebende des Gefechtes, darunter KptzS. Maerker, ertranken oder starben an Unterkühlung.

Nachdem sie der Geschwaderchef entlassen hatte, liefen die Kleinen Kreuzer mit mehr als zwanzig Knoten ab: DRESDEN als führendes Schiff in der Mitte mit LEIPZIG an Steuerbord und NÜRNBERG an Backbord. Ihre Verfolgung hatten GLASGOW, KENT und CORNWALL aufgenommen. Mit 27 kn hohe Fahrt laufend, begann GLASGOW, die deutschen Kreuzer rasch einzuholen, und eröffnete schließlich auf eine Entfernung von 11 000 m mit ihrem vorderen 15,2-cm-Geschütz das Feuer, um den Versuch zu unternehmen, die deutschen Schiffe zur Kursänderung zu zwingen. Dies gelang anfänglich nicht, bis sich die Gefechtsentfernung auf etwa 9 000 m verringert hatte, so daß die GLASGOW auch ihre vorderen 10,2-cm-Geschütze einsetzen konnte.

Danach drehten die Kommandanten der LEIPZIG und der NÜRNBERG mit ihren Schiffen etwas ab, um ihre fünf 10,5-cm-Geschütze in den Breitseiten zum Tragen zu bringen und den Versuch zu unternehmen, die GLASGOW zu beschädigen und durch Trefferwirkung ihre Fahrt herabzusetzen. Durch dieses Manöver verringerte sich jedoch gleichzeitig die Entfernung zu den übrigen britischen Schiffen.

Mit hart bis an die äußerste Grenze belasteten Kesseln und Maschinenanlagen verringerten die beiden langsameren britischen Panzerkreuzer allmählich die Entfernung. Als LEIPZIG und NÜRNBERG schließlich wieder auf ihren alten Kurs zurückgingen, war die DRESDEN inzwischen davongezogen. Hierdurch ergab sich für Captain Luce, den dienstältesten der drei britischen Kommandanten, ein ernstes Problem. Nur die GLASGOW besaß die Geschwindigkeit, um die DRESDEN zu verfolgen und vielleicht sogar einzuholen. Außerdem setzte bereits eine Verschlechterung des Wetters ein. Für Captain Luce bedeutete dies: Wenn er die Verfolgung aufnähme, gäbe es keine Garantie dafür, daß KENT und CORN-

WALL imstande sein würden, die LEIPZIG und die NÜRNBERG zu stellen. Widerstrebend entschloß er sich, den beiden langsameren deutschen Kreuzern zu folgen, um ihr Entkommen solange zu verzögern, bis die stärkeren Panzerkreuzer eingreifen konnten.

Auf die Vernichtung der LEIPZIG und der NÜRNBERG wird im Detail weiter unten in den entsprechenden Kapiteln eingegangen.

Die in gutem Zustand befindliche DRESDEN lief einfach mit Höchstgeschwindigkeit ab; sie erwies sich imstande, eine Geschwindigkeit von 25–26 kn zu halten. Sogar die GLASGOW hätte ihre Antriebsanlage bis an die Grenze belasten müssen, um sie zu stellen. Insofern war die Entscheidung von Captain Luce, die DRESDEN ziehen zu lassen, zweifellos richtig – doch damit blieb eine Rechnung offen, die Zeit brauchen würde, um sie zu begleichen.

HMS BRISTOL und der Hilfskreuzer MACEDONIA nahmen die Verfolgung der Troßschiffe auf und versenkten die BADEN und die SANTA ISABEL, aber die SEYDLITZ entkam mit der Besatzung des Segelschiffes DRUMMUIR an Bord. Als der knapp an Brennstoff gewordene Dampfer am 18. Dezember 1914 in den argentinischen Hafen San Antonio einlief, wurden die Briten freigelassen. Am 24. Januar 1915 erschien ein Regierungsdampfer und internierte die SEYDLITZ in Puerto Militar.

Die Vernichtung des deutschen Kreuzergeschwaders zusammen mit dem gleichzeitig eingetretenen Verlust der EMDEN und der KARLSRUHE brachte eine merkliche Veränderung im Kräfteverhältnis mit sich. Überall in Südamerika begann der deutsche Einfluß im allgemeinen und in Chile im besonderen abzunehmen. Eine umfassende Internierung der deutschen Handelsschiffe setzte ein und eine strengere Auslegung der Neutralitätsgesetze wurde gehandhabt. Hierdurch konnte auch das Etappensystem nicht mehr richtig funktionieren. An Weihnachten 1914 befand sich jedenfalls nur noch die zur Wirkungslosigkeit verurteilte DRESDEN vor der südamerikanischen Küste, um Kreuzerkrieg zu führen. Die einzigen Plätze, an denen Kohle und Unterstützung reichlich zur Verfügung standen, waren Las Palmas und Santa Cruz de Tenerife auf den Kanarischen Inseln (Islas Canarias). In diesen Tagen, ehe die deutschen Unterseeboote ihr verheerendes Wirken begannen, hatte die Royal Navy durch das Wiederherstellen des Vertrauens in den Seehandel ihren Wert bewiesen.

Das mit hoher Fahrt erfolgte Entkommen aus der Seeschlacht bei den Falkland-Inseln hatte den Kohlenvorrat der DRESDEN so zusammenschrumpfen lassen, daß sich KptzS. Lüdecke ernstlich Sorgen machte. Er zog in Erwägung, die Picton-Insel anzulaufen, die als Treffpunkt des Kreuzergeschwaders bestimmt worden war, sollten die Schiffe getrennt werden. Doch es war offensichtlich, daß VAdm. von Spee nicht vom Glück begünstigt sein würde, die Schlacht zu überstehen, und besorgte Funksprüche, um einen Kohlendampfer herbeizurufen, blieben ohne Antwort. Die nächstgelegene Kohlenstation war der chilenische Hafen Punta Arenas, aber dort wurden britische Kriegsschiffe vermutet, die den Westeingang der Magellan-Straße bewachten.

Daher entschloß sich KptzS. Lüdecke, Kap Hoorn zu runden und mit langsamer Fahrt in die gefährlichen Gewässer des Cockburn-Kanals südlich von Punta Arenas einzulaufen. Dort warf die DRESDEN am 10. Dezember 1914 in der Sholl-Bai Anker. Trupps wurden an Land geschickt, um frisches Wasser zu holen und soviel Holz wie möglich zu schlagen, damit der aus nur noch 160 t bestehende Kohlenvorrat des Schiffes gestreckt werden konnte.

Am Abend des 11. Dezember lief ein großes Kriegsschiff in die benachbarte Bucht ein. Die ursprüngliche Vermutung, bei diesem Schiff mit seinen vier Schornsteinen könnte es sich um einen britischen Kreuzer handeln, erwies sich als falsch. Es war der chilenische Torpedobootszerstörer ALMIRANTE CONDELL, dessen Kommandant KptzS. Lüdecke durch einen Offizier warnen ließ, eine Neutralitätsverletzung durch einen Aufenthalt über die erlaubten 24 Stunden hinaus würde nicht hingenommen werden. Der deutsche Kommandant hatte nicht die Absicht, das neutrale Land gegen sich aufzubringen. Außerdem nahm er die Bedrohung, die das chilenische Schiff darstellte, nicht auf die leichte Schulter. Erst vor wenigen Monaten in Dienst gestellt, war der in Großbritannien gebaute Zerstörer nicht wesentlich kleiner als der deutsche Kreuzer. Mit einer Länge über alles von 97,5 m und imstande, mehr als 30 kn zu laufen, führte der Zerstörer auch eine starke, aus sechs modernen 10,2-cm-Geschützen bestehende Bewaffnung. Daher machte die DRESDEN am nächsten Tag, dem 12. Dezember, Dampf auf und verließ um 10.00 Uhr die Sholl-Bai, um Punta Arenas anzulaufen.

Zum Glück für KptzS. Lüdecke hatte die Nachricht vom Ultimatum, das der Kommandant der ALMIRANTE CONDELL gestellt hatte, die Behörden in Punta Arenas noch nicht erreicht. Der von der Etappe Nordamerika gecharterte, 6656 BRT große Kohlendampfer MINNESOTAN der American-Hawaiian Steamship Company in New York lag in Punta Arenas, aber sein Kapitän weigerte sich, Kohlen an ein Kriegsschiff eines kriegführenden Landes abzugeben. Glücklicherweise konnte der 5152 BRT große Dampfer TURPIN der Roland-Linie, 1899 auf der Werft Furness, Withy & Co. in West Hartlepool gebaut, über 750 t Briketts abgeben, deren Übernahme von den Besatzungen der im Hafen liegenden deutschen Dampfer unterstützt wurde. Am Abend des 13. Dezember um 22.00 Uhr lief die DRESDEN wieder aus Punta Arenas nach einem Aufenthalt von 32 Stunden aus, ohne die gewährten 51 Stunden – aus Besorgnis, britische Kreuzer könnten bald eintreffen – auszunutzen. Tatsächlich traf in den frühen Morgenstunden des 14. Dezember um 03.00 Uhr der britische Leichte Kreuzer BRISTOL ein. KptzS. Lüdeckes Glück hielt noch immer an.

Obwohl der deutsche Kreuzer erneut der Royal Navy entkommen war – mehr dem Glück als dem Verstand zuzuschreiben –, verursachte die Kohlenknappheit ernste Besorgnis. Die Vernichtung bzw. Beschlagnahme vieler deutscher Handelsschiffe und das Bestehen der einst freundlich gesonnenen Behörden auf eine zunehmend striktere Durchführung der Neutralitätsvorschriften führte zu einem raschen Zusammenbrechen des Etappensystems. Neben dem Verlust der BADEN und der SANTA ISABEL in der Seeschlacht bei den Falkland-Inseln waren auch die Internierungen der MEMPHIS in Coronel, der LUXOR in Callao und der MERA in Montevideo zu verzeichnen.

Die PATAGONIA wurde von einem argentinischen Kriegsschiff wegen Bruchs der Neutralität aufgebracht, während der britische Panzerkreuzer CARNARVON die JOSEPHINA am 6. Januar 1915 vor dem Osteingang der Magellan-Straße als Prise wegnahm. Rear-Admiral Stoddart sandte das Schiff anschließend mit einem Prisenkommando an Bord nach Port Stanley.

Der Dampfer ELEONORE WOERMANN, der die Überlebenden des Hilfskreuzers CAP TRAFALGAR nach Buenos Aires gebracht hatte (siehe oben), wurde am 6. Januar 1915 um 14.30 Uhr in der Magellan-Straße vom britischen Schlachtkreuzer AUSTRALIA gesichtet. Durch einen beschädigten Propeller behindert, war das britische Schiff nicht in der Lage, den fliehenden Frachter so zu verfolgen, wie dies unter günstigeren Umständen möglich gewesen wäre. Als die Sonne unterzugehen begann und sich die AUSTRALIA immer noch zehn Seemeilen von ihrer Beute entfernt sah, feuerte der Schlachtkreuzer eine einzelne 30,5-cm-Granate. Ihr Einschlag in der Nähe der ELEONORE WOERMANN und die fast 50 m hoch aufsteigende Wassersäule veranlaßten den Kapitän, sofort beizudrehen. Sein Schiff war von Buenos Aires aus nach Süden entsandt worden, um in der Nähe von Puerto Santa Elena auf Instruktionen vom Kreuzergeschwader zu warten. Als diese ausblieben, hatte sich der Kapitän auf die Suche nach der DRESDEN begeben. Rear-Admiral Patey gab den Befehl, den deutschen Dampfer nach der Übernahme der Besatzung mit samt seiner Kohlenladung zu versenken.

Doch die deutsche Seite war noch nicht ohne Hilfsquellen. VAdm. von Spee hatte vor der Seeschlacht das Begleitschiff AMASIS entsandt, um in der Fox-Bai südostwärts von Punta Arenas auf weitere Instruktionen zu warten. Der Versuch, die Kohlenladung der MINNESOTAN von der AMASIS übernehmen zu lassen, scheiterte am Widerstand der chilenischen Behörden. Zudem war das Etappenschiff SIERRA CORDOBA von Montevideo aus nach Süden unterwegs, um die DRESDEN zu unterstützen.

An der Spitze Südamerikas war Punta Arenas der Haupthafen und das Handelszentrum dieser Region. Ein großer Teil der dortigen Bevölkerung bezog seinen Lebensunterhalt aus dem Seehandel – oft auch nur indirekt durch die Produktion von Wolle, Fleisch oder Häuten –, so daß es neben den ansässigen Deutschen auch viele Sympathisanten gab. Die Unterstützung umfaßte neben dem Beschaffen von Vorräten auch das Beschaffen und Melden der Bewegungen britischer Kriegsschiffe, woraus die DRESDEN ihren Nutzen zog.

Die Royal Navy suchte peinlich genau die vielen Buchten, Kanäle und Inseln in dem vergeblichen Versuch ab, den entkommenen deutschen Kreuzer zu finden. Doch die DRESDEN schien sich in Luft aufgelöst zu haben. Erst nach dem Kriege wurde deutlich, warum dies so war. Viele der britischen Admiralitätskarten beruhten auf den von Charles Darwin und der Besatzung der BEAGLE im 19. Jahrhundert durchgeführten Vermessungen. Sie lieferten eine solide Grundlage, aber sie entbehrten der Einzelheiten. Noch nie war der Barbara-Kanal, der zwischen den beiden größten Inseln Feuerlands (des Tierra del Fuego) und dem Inselarchipel lag, der sich von Kap Hoorn bis zum Westausgang der Magellan-Straße erstreckte, vermessen worden.

Mit einem völlig unüblichen Bravour war KptzS. Lüdecke mit seinem Kreuzer einfach nach Süden durch den Magdalena-Sund (Estrecho Magdalena) und den Cockburn-Kanal am 14. Dezember in die Hewett-Bucht am Ende der Adelaide-Passage bzw. am Südwestende des Barbara-Kanals gelaufen. Hier traf der deutsche Kreuzer schließlich mit dem von der Etappe Peru in Marsch gesetzten Kohlendampfer AMASIS der DDG ›Kosmos‹ zusammen. Der 1914 bei der Flensburger Schiffbau-Gesellschaft gebaute, 7224 BRT große Dampfer hatte eine Ladung Kohle von ausgezeichneter Qualität an Bord.

Am 19. Dezember 1914 erfuhr KptzS. Lüdecke, daß die Etappe La Plata die 8226 BRT große SIERRA CORDOBA des Norddeutschen Lloyd (1912 bei der A.G. ›Vulcan‹ in Stettin gebaut) mit weiteren 1600 t Kohle in Marsch gesetzt hatte. Nunmehr konnte er es riskieren, zur Übernahme der Kohlen von der MINNESOTAN die AMASIS am 20. Dezember nach Punta Arenas zu entsenden. Bedauerlicherweise hielt nicht nur der Kapitän der MINNESOTAN seine neutrale Haltung aufrecht, sondern auch die chilenischen Behörden bestanden auf der Einhaltung der Neutralitätsbestimmungen und internierten am 21. Dezember die AMASIS als Hilfskriegsschiff. Die Anwesenheit britischer Kreuzer zwang außerdem die SIERRA CORDOBA, sich im Magdalena-Sund zu verstecken. Dort war der Dampfer am 26. Dezember eingetroffen. Um den Kohleverbrauch herabzusetzen und den vorhandenen Vorrat zu strecken, ließ KptzS. Lüdecke täglich Holz fällen und verfeuern.

Dann ereignete sich ein unglücklicher Zufall. Am 26. Dezember 1914 erschien in der Hewett-Bucht das Motorsegelboot GALLILEO mit einem Franzosen und einem Russen an Bord, die beide den Verdacht erweckten, für die britische Spionage zu arbeiten. Da aufgrund dieses Ereignisses der Aufenthalt des Kreuzers nicht mehr als sicher gelten konnte, entschloß sich KptzS. Lüdecke, am 27. Dezember ein anderes Versteck zu suchen. Unter Voranfahrt der Dampfpinnaß wurden die Adelaide-Passage, der Barbara-Kanal und später der Gonzales-Kanal passiert. Dort gelangte die DRESDEN in ein Wasserbecken von etwa 5 sm Breite und 7–10 sm Länge. Auf den britischen Karten sollte hier die Insel Santa Ines liegen. In der Nähe dieses Beckens wurde eine völlig abgeschlossene kleine Bucht mit ca. 30 m Wassertiefe vorgefunden: die Weihnachts-Bucht (Christmas Bay oder Seno Navidad); hier warf die DRESDEN Anker.

Durch den Einsatz von Booten und schließlich durch das Chartern des kleinen chilenischen Dampfers ESPLORADOR verstand es KptzS. Lüdecke, das Geheimnis des Aufenthaltsortes der DRESDEN zu wahren. Der französische Jäger von der GALLILEO hatte den Aufenthalt des deutschen Kreuzers in der Hewett-Bucht dem britischen Konsul in Punta Arenas gemeldet, der wiederum sowohl Rear-Admiral Stoddart als auch die britische Admiralität in Kenntnis gesetzt hatte. Allgemein übereinstimmende Meinung war jedoch, daß eine solche Örtlichkeit nicht existieren konnte. Die Lotsen von Punta Arenas bestritten dies, obwohl einige der ansässigen Briten sie verdächtigten, prodeutsche Sympathien zu hegen, und die britische Admiralität verwies auf die irreführenden Karten als Beweis dafür, daß es in diesem Gebiet keine geeigneten Ankerplätze geben könnte. Wenn auch Rear-Admiral Stoddart mit den Kreuzern CARNARVON und BRISTOL den Cockburn-Kanal absuchte, so unterließ er es aber, das Gebiet weiter im Westen in Augenschein zu nehmen. Diese mangelnde Wachsamkeit ermöglichte es der SIERRA CORDOBA, am 19. Januar 1915 zur DRESDEN zu stoßen.

Unten: Der britische Panzerkreuzer HMS KENT, ein Veteran der langwierigen Suche nach der DRESDEN. (Ray Burt.)

KptzS. Lüdecke befand sich nunmehr in einer etwas gesicherteren Lage, aber er war sich durchaus im klaren, daß es nur eine Frage der Zeit sein konnte, bis der Aufenthaltsort der DRESDEN erkannt wurde. Über Zwischenstationen nach Berlin übermittelte Ersuchen um Unterstützung erbrachten nur die Empfehlung des Admiralstabes, ostwärts in den Atlantik zu marschieren, vor dem Lavendeira-Riff Kohlen zu übernehmen und dann die Heimreise nach Deutschland anzutreten. Diese Anregung übersah die Tatsache, daß die DRESDEN das Lavendeira-Riff nicht ohne Brennstoffergänzung erreichen konnte und daß die Royal Navy jetzt auch den Osteingang in die Magellan-Straße eng überwachte.[72]

Unter sorgfältigster Abwägung der Chancen entschloß sich KptzS. Lüdecke, die Südspitze Südamerikas zu verlassen und den Marsch nach Westen durch den Pazifik anzutreten. Dieser Plan erschien sinnvoll. Seit der Vernichtung der EMDEN (siehe unten) war der pazifische Raum weitgehend von britischen Kriegsschiffen entblößt. Handelsschiffe würden reichlich vorhanden sein und unter ihnen würde es auch Kohlendampfer geben. Außerdem könnte dieser Marsch die Moral der deutschen Kreuzerbesatzung wiederherstellen, die im Gefolge der Katastrophe vor den Falkland-Inseln und des sich anschließenden selbstauferlegten Exils gesunken war.

Ermutigt ließ KptzS. Lüdecke am 3. Februar 1915 eine längere Nachricht nach Berlin übermitteln, worin er ersuchte, einen Kohlendampfer zur Peleng-Insel in Niederländisch-Ostindien zu senden. Erst am 10. Februar traf die Antwort des Admiralstabes ein. Sie stellte lakonisch fest, daß eine Kohlenzufuhr nach dem Pazifischen und Indischen Ozean infolge des Verlustes der deutschen Kolonien sowie der Aktivitäten britischer, japanischer und verbündeter Kriegsschiffe unmöglich wäre. KptzS. Lüdecke erhielt die Empfehlung: »Heimreise durch Atlantischen Ozean. Kohlenschiff wartet auf 5° Süd und 36° West.«

Am 28. Januar 1915 war in der nahen Stokes-Bai ein Motorsegelboot erschienen, das zwar ein deutscher Otternjäger führte, aber einen Chilenen und drei Eingeborene an Bord hatte. Das Boot wurde daher einige Tage bei der DRESDEN zurückgehalten, damit ihr Ankerplatz nicht bekannt wurde. Anfang Februar 1915 traf der kleine chilenische Dampfer ESPLORADOR unter Führung eines Deutschen mit Proviant aus Puntas Arenas ein. Nach der Proviantübernahme wurde der Dampfer vorübergehend mit Personal der DRESDEN besetzt und zur Erkundung eines neuen Ankerplatzes für die DRESDEN und die SIERRA CORDOBA eingesetzt. Er wurde zwischen der Isla Santa Inés und der Williams-Insel gefunden und am 4. Februar gingen die beiden deutschen Schiffe dort vor Anker.

Das Telegramm aus Berlin war eine Enttäuschung, aber KptzS. Lüdecke war entschlossen, an seiner Absicht festzuhalten, und ließ sich nicht abschrecken. Nach dem Ersuchen an den Etappendienst, einen Kohlendampfer zu einem Warteplatz auf 37°S 80°W zu entsenden, liefen die beiden deutschen Schiffe am 14. Februar 1915 in einem heftigen Schneesturm aus. Durch ein Labyrinth von Inseln und Felsenklippen gelang der Durchbruch unerkannt bei stürmischem und umsichtigem Wetter in den freien Seeraum des Pazifik, obwohl ohne Kartenhilfe nicht vermessene und von unterseeischen Felsen wimmelnde Gewässer bei Dämmerlicht zu passieren waren.

Danach ging die DRESDEN auf einen westlichen Kurs, um auf den vor der südchilenischen Küste verlaufenden Segelschiffsrouten zu kreuzen. Die unverdächtig aussehende SIERRA CORDOBA lief hierbei der DRESDEN um etwa 100 sm voraus, um nach gegnerischen Handelsschiffen Ausschau zu halten. Aber die Seewege schienen wie leergefegt.

Erst am 27. Februar 1915 kam ein Handelsschiff in Sicht: das stählerne, 1694 BRT große Vollschiff CONWAY CASTLE – 1893 auf der Werft W. Pickersgill & Company in Sunderland gebaut – der britischen Reederei mit dem kuriosen Namen »The Ship CONWAY CASTLE Co. Ltd«. Es hatte 2400 t Gerste geladen und befand sich auf der Fahrt von Valparaiso nach Queenstown in Australien. Die DRESDEN kaperte das Schiff 560 sm südwestlich von Valparaiso und versenkte es nach der Übernahme seiner Besatzung auf der Höhe der Insel Mocha auf 37°21'S 81°58'W. Eine Woche später sandte der Kreuzer die Besatzung an Bord der peruanischen Bark LORTON nach Talcahuano.

Da der Kohlenvorrat knapp wurde, mußte KptzS. Lüdecke, nachdem er ein letztes Mal mit den Booten Kohlen von der SIERRA CORDOBA übernommen hatte, das Schiff nach Valparaiso entsenden. Im dortigen Hafen am 3. März 1915 eingetroffen, ließ das Begleitschiff folgendes Telegramm der DRESDEN an den Admiralstab übermitteln: »Durchbruch ist geglückt, Heimreise unmöglich wegen Zustandes Maschinenanlage. Erwarte Kohlenschiff von Buenos Aires nach Südamerika Westküste.« Trotz des flagranten Bruches der Neutralität gestatteten die chilenischen Hafenbehörden der SIERRA CORDOBA, 1200 t zu übernehmen und wieder auszulaufen. Immer noch schmiedete das nur noch bruchstückhaft vorhandene Etappensystem erfindungsreich Pläne, die DRESDEN mit Kohlen zu versorgen, aber letzten Endes mußte sich KptzS. Lüdecke auf sich selbst verlassen.

Aufgefangene und entzifferte Funksprüche setzten die Royal Navy in Kenntnis, daß die Etappe La Plata den Dampfer GOTHA, 1907 beim Bremer Vulkan in Vegesack für den Norddeutschen Lloyd gebaut, entsandt hatte. Die GOTHA war am 20. Februar 1915 aus Montevideo ausgelaufen, um zwischen dem 5. und dem 30. März einen vereinbarten Treffpunkt – auf 37°S 80°W – anzusteuern. Da alle anderen deutschen Kreuzer auf der Südhalbkugel vernichtet worden waren, schloß Rear-Admiral Stoddart richtigerweise daraus, daß die DRESDEN der Empfänger der Kohlenladung sein sollte. Dennoch verliefen die Operationen zum Aufspüren des deutschen Kreuzers immer noch träge.

Die Suche nach dem immer wieder ausweichenden deutschen Kreuzer zog sich schon wochenlang hin. Von seiner zuletzt gemeldeten Position auf 54°'S 72°40'W in einer Ecke der Stokes-Bai ausgehend, hatten die britischen Kreuzer KENT, GLASGOW und BRISTOL sowie der Hilfskreuzer ORAMA die letzten Tage des Jahres 1914 und die ersten Wochen des neuen Jahres damit zugebracht, jede Bucht und jeden Sund entlang der Magellan-Straße abzusuchen. Am 4. Februar 1915 waren deutsche Schiffe in der Magellan-Straße gemeldet worden – und noch einmal Mitte des Monats in der Nähe von Punta Arenas und am 22. Februar im Last-Hope-Sund (Seno Ultima Esperanza). Immer wieder war jeder Meldung nachgegangen worden, auch wenn die meisten von ihnen irreführend falsch oder frei erfunden waren. Am 25. Februar 1915 hatte Millward, der britische Konsul in Punta Arenas, der immer noch unter der Abfuhr litt, die ihm die britische Admiralität hinsichtlich seiner Informationen über den Verbleib der DRESDEN erteilt hatte, sogar die Yacht GALILEO gechartert und sich unter Führung eines englandfreundlichen chilenischen Lotsen nach Süden gewagt.

Captain Luce, der Kommandant der GLASGOW und zugleich der dienstälteste Kommandant der nach der DRESDEN suchenden britischen Kriegsschiffe war in einer Kommandantensitzung zum Schluß gekommen, daß die DRESDEN immer noch südlich der Magellan-Straße verborgen vor Anker lag. In die zahlreichen Kanäle und Sunde einzudringen, war größeren Schiffen nicht möglich. Daher wurde beschlossen, die Dampfpinnaß der KENT zu diesem Zweck mit zwei Torpedos, einem Maxim-Maschinengewehr, Handfeuerwaffen und ausreichend Munition sowie mit einer Kurzwellen-Funkanlage auszurüsten. Die Pinnaß erhielt die Bezeichnung »HMS GILLINGHAM« und wurde von Lieutenant-Commander Eric Wharton geführt.

Captain Luce entschied, mit der GLASGOW, der KENT und der GILLINGHAM den Barbara-Kanal in der Hoffnung abzusuchen, die aufgescheuchte DRESDEN nach Norden vor die Mündungen der Kanonen der BRISTOL und der ORAMA zu treiben, die am Nordausgang des in die Magellan-Straße fahrenden Kanals warteten. Um 04.30 Uhr am Morgen des 3. März begann die Suche nach der DRESDEN. Die britischen Kriegsschiffe liefen der Reihe nach vorsichtig durch den Madgalena-Sund, den Cockburn-Kanal und durch die Adelaide-Passage in den Südausgang des Barbara-Kanals ein, wobei die GILLINGHAM die Gewässer dicht unter Land absuchte; aber nichts wurde gefunden. Schließlich erhielt die GLASGOW einen Funkspruch mit der Nachricht, daß der Kohlendampfer zu einem Treffpunkt im Pazifik befohlen worden war, 200 sm westlich von Más a Fuera. Luce entschied sich, auch die KENT dorthin zu entsenden.

Captain John Allen, der Kommandant der KENT, stand vor dem heiklen Problem, so schnell wie möglich, aus dem Barbara-Kanal herauszukommen. Er entschloß sich, die Durchfahrt durch die Engstellen am Nordeingang zu versuchen, die zwei Seemeilen lang, aber nicht mehr als hundert Meter breit waren, und in der Mitte eine scharfe Drehung erforderlich machten. Sobald die Morgendämmerung ausreichend Licht bot, wurde die GILLINGHAM vorausgeschickt,um das ins Auge gefaßte Fahrwasser zu untersuchen. Wharton meldete eine gerade noch schiffbare Wassertiefe, aber auch, daß der Versuch einer Durchfahrt das Risiko wert schien.

Ironischerweise fand Konsul Millward unmittelbar darauf, nachdem die Royal Navy das Absuchen der Magellan-Straße abgebrochen hatte, den Ankerplatz der DRESDEN vor der Isla Santa Inés an Bord der GALILEO. Gefällte Bäume und Wasserrutschen gaben ihm schließlich die Befriedigung, nicht nur recht gehabt zu haben – dies hatte er stets gewußt –, sondern auch imstande zu sein, dies der britischen Admiralität zu beweisen.

Der Gewinn eines Tages durch das Risiko, den Barbara-Kanal durch das Passieren der Engstellen zu verlassen, erwies sich für die KENT von wesentlicher Bedeutung, da der Panzerkreuzer mehr als tausend Seemeilen zurückzulegen hatte, ehe er die Position erreichte, auf der sich der deutsche Kohlendampfer mit der DRESDEN treffen sollte. In den Morgenstunden des 7. März 1915 näherte sich der britische Kreuzer, mit der Fahrt auf 12 kn heruntergehend, um den Rauchausstoß aus den Schornsteinen so gering wie möglich zu halten, dem bezeichneten Treffpunkt. Zu Captain Allens Enttäuschung kamen keine gegnerischen Schiffe in Sicht. Ihm war bekannt, daß die KENT der DRESDEN artilleristisch überlegen war, und er wußte auch, daß sein Maschinenpersonal bei der Verfolgung der NÜRNBERG während der Seeschlacht an den Falkland-Inseln 25 kn aus der Antriebsanlage herausgeholt hatte. Ein nochmaliges Herausholen dieser Geschwindigkeit – zwei Knoten mehr als die KENT bei den Erprobungsfahrten Anfang der 1900er Jahre erzielt hatte – würde den Geschwindigkeitsvorteil der DRESDEN verringern, von dem Allen ausging. Auf der KENT wurde ein Prisenkommando gemustert und Übungen wurden durchgeführt. Doch von den deutschen Schiffen war weit und breit nichts auszumachen.

Der Morgen des 8. März verlief ruhig und gestattete den britischen Seeleuten, den Schiffsboden des Kreuzers soweit wie möglich abzukratzen, um durch das Verringern des Widerstandes die Geschwindigkeit zu verbessern. Um 15.30 Uhr sichtete Leading Signalman Hill, als Ausguck auf dem Peildeck postiert, in etwa 14000 m Entfernung ein Schiff mit drei Schornsteinen, das auf Nordkurs vor dem Bug der KENT vorbeilief. Captain Allen forderte im Maschinenraum sofort volle Fahrt voraus an und die KENT erwachte zum Leben.

Ehe jedoch der britische Kreuzer herumkam, um dem fremden Schiff den Weg abzuschneiden, hatte dieses abgedreht und begann, seine Geschwindigkeit zu erhöhen. Das britische Schiff schloß bis auf 12000 m heran, konnte aber keine weiteren Fortschritte erzielen. Da die Reichweite der alten 15,2-cm-Geschütze nur ca. 10000 m betrug, konnte Captain Allen nichts anderes unternehmen, als aus seinem alten Kreuzer soviel an Geschwindigkeit herauszuholen, wie es eben möglich war. Holzwerk wurde abgebrochen, um die Feuerungsschlünde der Kessel zu füttern; die Segeltuchverkleidung um die Brücke wurde entfernt, da sie als Widerstand wirkte, und alle dienstfreien Seeleute wurden nach achtern geschickt, um das Heck ein paar Zoll tiefer zu trimmen. Die Antriebsleistung der Maschinenanlage erreichte 26000 PSi – 4700 PSi mehr, als die KENT bei den Erprobungsfahrten erzielt hatte –, aber infolge des Bewuchses am Schiffsboden blieb die Geschwindigkeit auf 21,5 kn beschränkt. Die Schornsteine glühten rot und aus ihren Abzugsöffnungen sprühten Funkenregen. Doch noch immer zog die DRESDEN davon und Captain Allen mußte widerstrebend seine mutige Verfolgung abbrechen.

Das Entziffern der verschlüsselten Funksprüche ergab später, daß die DRESDEN mit 14 kn gekreuzt war, um auf die SIERRA CORDOBA und die GOTHA zu warten. Diese Verfolgung hatte die KENT jedoch in eine unangenehme Lage gebracht. Der britische Kreuzer befand sich mehr als 300 sm von Coronel entfernt und hatte in seinen Bunkern nur noch 260 ts Kohle. Die einzige realistische Alternative, die ihm noch blieb, bestand darin, mit wirtschaftlichster Fahrt einen Hafen anzulaufen. Mit nur noch etwa 40 ts Kohle in ihren Bunkern gelang dies der KENT gerade noch rechtzeitig.

Captain Jahn Allen war nicht bekannt, daß seine Verfolgung der DRESDEN zu ermutigenden Folgen für die britische Seite geführt hatte. KptzS. Lüdecke war mit 23 kn Höchstfahrt abgelaufen, lange noch, nachdem die KENT die Verfolgung abgebrochen hatte; aber diese Leistung hatte zu einer Überbeanspruchung der Maschinen und Kessel geführt, die schon seit langem einer gründlichen Überholung bedurften und sich daher bereits in einem schlechten Zustand befanden. Kesselrohre begannen zu platzen und Turbinenschaufeln waren beschädigt worden. Trotz aller Bemühungen des Maschinenpersonals, Reparaturen durchzuführen, war die DRESDEN nicht mehr imstande, mehr als zwanzig Knoten zu laufen, ehe sie nicht in einer Werft einer Grundüberholung unterzogen werden konnte. Auf einen Schlag hatte sich der ehrgeizige Plan zerschlagen, den Pazifischen Ozean zu überqueren. Mit nur noch 80 t Kohle in den Bunkern und ohne Aussicht, von Kohlendampfern unterstützt zu werden, hatte das Schicksal das Schiff, das einst ein so erfolgreiches Versteckspiel zuwege gebracht hatte, in die Falle geführt, gerade in dem Augenblick, da ihm die Freiheit des Handelns winkte.

Damit stand KptzS. Lüdecke nur noch die Alterantive offen, die DRESDEN im nächstgelegenen neutralen Hafen internieren zu lassen. Hierfür bot sich die chilenische Marinestation Talcahuano an. Aufgefangene Funksprüche britischer Kriegsschiffe veranlaßten jedoch den Kommandanten der DRESDEN, die einsamen Juan-Fernández-Inseln anzusteuern. Kurz nach 08.30 Uhr am 9. März 1915 warf die DRESDEN in der Cumberland-Bucht an der Nordseite der Insel Más a Tierra Anker. Unter der Verwaltung Chiles stehend, hatte die kleine Insel nur ein paar hundert robuste Einwohner.

In der Cumberland-Bucht erhielt die DRESDEN in der Nacht vom 9./10. März durch Funkspruch die Mitteilung: »Seine Majestät der Kaiser stellt Ihnen frei aufzulegen.« In seiner Aufgabe als Gouverneur der Insel setzte der Leuchtturmwärter über und bestand darauf, die DRESDEN müsse die chilenische Neutralität beachten und binnen 24 Stunden wieder auslaufen. Der deutsche Kreuzerkommandant berief sich prompt auf die Klausel, die es ihm gestattete, die Seetüchtigkeit seines Schiffes herzustellen. Maschinen und Kessel bedurften tatsächlich dringend der Reparatur, aber was noch wichtiger war, KptzS. Lüdecke mußte Zeit gewinnen, bis ein Kohlendampfer eintreffen konnte. Nachdem er am 12. März einigen seiner Offiziere die Erlaubnis erteilt hatte, mit einem Handelsschoner nach Valparaiso zu fahren, um von dort aus die Heimreise anzutreten, konnte er – außer nervös abzuwarten – kaum noch etwas unternehmen. Er war sich durchaus bewußt, daß es nicht mehr lange dauern würde, bis die Briten wieder erschienen, und ihm war auch klar, wenn nicht ein Wunder geschähe, würde er nicht imstande sein zu kämpfen.[73]

Wie KptzS. Lüdecke vermutete, hatte Assistant Paymaster Lloyd Hirst von der GLASGOW, der es liebte, herausgefordert zu werden, schließlich einen von der DRESDEN abgegebenen Funkspruch entziffert, den die KENT am 9. März während der später abgebrochenen Verfolgung aufgefangen hatte. Der Funkspruch verriet, daß der Treffpunkt die Juan-Fernández-Inseln sein sollten.

Im ersten Morgenlicht des 14. März 1915 erschienen zunächst der Leichte Kreuzer GLASGOW und der Hilfskreuzer ORAMA und später auch der Panzerkreuzer KENT vor den Juan-Fernández-Inseln. Die erstgenannten Schiffe näherten sich von Westen her, wäh-

Ganz oben: Die DRESDEN in der Cumberland-Bucht der Insel Más a Tierra. Der mittschiffs und achtern aufsteigende Rauch zeigt Brände an. Oben im Fockmast ist deutlich die noch wehende Kriegsflagge und auf Höhe der Scheinwerfer die gesetzte weiße Fahne zu erkennen. Das Foto zeigt die Backbordseite von achtern. (Sammlung des Verfassers.)
Oben: Einschußlöcher in der Backbordseite der DRESDEN. Deutlich ist die zerstörte Kasematte mit dem 10,5-cm-Geschütz zu erkennen. Dies beweist die Wirksamkeit des britischen Artilleriebeschusses. Das Foto wurde von einem Boot der HMS GLASGOW aus aufgenommen. (Sammlung des Verfassers.)

rend die KENT aus östlicher Richtung kam, im Falle die DRESDEN versuchen sollte auszubrechen. KptzS. Lüdecke beschloß, sich zu wehren, soweit dies möglich war, obwohl er mit weniger als 80 t Kohle in den Bunkern kaum genug Dampf aufmachen konnte, um die Hilfsmaschinen in Gang zu setzen.

Aus den Schornsteinen der DRESDEN begann, Rauch zu strömen. Dieses Anzeichen wurde an Bord der britischen Schiffe als Auftakt gewertet, den Versuch eines Ausbruchs zu unternehmen. Captain Luce entschloß sich daher, dem Ganzen so schnell wie möglich ein Ende zu machen. Nachdem er eine Stunde lang mit der Suche nach Positionen verbracht hatte, von wo aus seine Schiffe feuern konnten, ohne die kleinen Häuser zu gefährden, die an der Küste der Cumberland-Bucht vertreut lagen, befahl Captain Luce seinem Verband die Feuereröffnung. Surgeon-Commander Thomas Dixon an Bord der KENT hielt das kurze Gefecht fest:

»Der Kreuzer hatte auf dem Fockmast die deutsche Kriegsflagge gesetzt und machte Dampf auf. Ich verschwand wieder nach unten und hörte kurz darauf den Befehl durchkommen: »Feuer eröffnen!« Die erste Salve brachte den aus der Seeschlacht vor den Falkland-Inseln vertrauten Gestank zurück, sogar unten bei uns, und die Durchgänge füllten sich mit Rauch. Salve auf Salve röhrte über uns hinaus, nach vier Minuten war alles vorüber. Die DRESDEN hatte eine weiße Flagge gesetzt und die Besatzung verließ mit Booten das Schiff und ging an Land.... An Bord des Kreuzers wüteten achtern und mittschiffs Brände. Seine achteren Geschütze waren außer Gefecht gesetzt. Auf der Steuerbordseite klaffte achtern in Höhe der Wasserlinie ein riesiges Loch in der Bordwand und seine Kasematten waren an zwei Stellen in Stücke geschossen worden.»

Unmittelbar darauf setzte die GLASGOW einen Kutter mit Lieutenant-Commander Wilfred Thompson und dem Schiffsarzt Alexander Wysard an Bord aus. Als die Bootsbesatzung auf die DRESDEN zupullte, passierten sie die deutsche Dampfpinnaß, die unter einer riesigen Parlamentärflagge auf die GLASGOW zuhielt. An Bord des britischen Kreuzers eingetroffen, legte ObltzS. Wilhelm Canaris, der

Oben: Die letzten Augenblicke der DRESDEN: Der Kreuzer sinkt über den Bug. (Sammlung des Verfassers.)

Unten: ObltzS. Wilhem Canaris, der spätere Admiral und Chef des Amtes »Ausland/Abwehr« im OKW, und Besatzungsangehöriger der DRESDEN gedenken in Valparaiso zusammen mit Mitgliedern der deutschen Gemeinde den sieben an Bord des Kreuzers getöteten Seeleuten bei einem Trauergottesdienst. (Bundesarchiv Koblenz, Negativ-Nr. 134 – B 2928.)

Adjudant des Kommandanten, dar, daß die DRESDEN interniert worden wäre und daß daher die Briten nicht das Recht hätten, das Feuer zu eröffnen. Captain Luce wollte von diesen Protesten nichts wissen und forderte dessen ungeachtet die bedingungslose Kapitulation. Ansonsten würden die britischen Schiffe das Gefecht wieder aufnehmen. Ernüchtert eilten ObltzS. Canaris und seine Bootsbesatzung auf ihr Schiff zurück. Die kaiserliche Kriegsflagge wurde vom Masttopp eingeholt. Schließlich, so berichtete Surgeon-Commander Dixon weiter,

»gab es auf der DRESDEN eine große Explosion und an der Backbordseite vorn quoll Rauch heraus. Kurz zuvor war ein Seemann zu sehen gewesen, der von unten an Deck stürzte und, mit der Hand ein für ihn längseits gekommenes Boot wegwinkend, über Bord sprang und auf das Boot zuschwamm. Offensichtlich hatte man die Munitionskammer in die Luft gesprengt.»

Unmittelbar danach begann das Vorschiff der DRESDEN, tiefer zu sacken. Gegen 12.15 Uhr zeigte sich langsam eine Schlagseite nach Backbord und die DRESDEN sank mit dem Bug voran auf 33°37'S 78°49'W[74]. Die britischen Schiffe schickten sofort ihre Ärzte an Land, um die in dem kurzen Gefecht verwundeten deutschen Seeleute zu versorgen. Die DRESDEN-Besatzung hatte an Verlusten zu beklagen: sieben Gefallene, fünfzehn Schwer- und vierzehn Leichtverwundete. Die Schwerverwundeten nahm die ORAMA an Bord, die sie sofort in das deutsche Hospital nach Valparaiso brachte. Auch die übrigen Überlebenden wurden später nach Valparaiso in die Internierung gebracht.[75] Der Inselgouverneur begab sich an Bord der GLASGOW, um gegen die Verletzung der chilenischen Neutralität zu protestieren; aber Captain Luce machte geltend, daß die DRESDEN Gefechtsflaggen gesetzt und ihre Geschütze auf die britischen Schiffe gerichtet hätte. Die Angelegenheit wurde gütlich beigelegt, als Captain Luce die durch Granatsplitter verursachten Schäden an einem Handelsschoner und die getöteten tausend Hummer bezahlte. Letztere wurden unter den britischen Kriegsschiffen aufgeteilt.

Über den Untergang eines höchst unwillkommenen Besuchers erleichtert, protestierte die chilenische Regierung später gegen die Verletzung der Neutralität Chiles und akzeptierte die von britischer Seite angebotene volle Entschuldigung. Es war kein Geheimnis, daß deutsche Kriegsschiffe und ihre Begleitschiffe viele Monate lang das Vertrauen mißbraucht hatten.

Die SIERRA CORDOBA wurde am 17. März 1915 in Callao interniert und die GOTHA erlitt drei Tage später dasselbe Schicksal nach ihrem Einlaufen in Valparaiso. Der Kohlendampfer ALDA von der Etappe Südwestamerika (Valparaiso) wurde am Erreichen der DRESDEN durch einen chilenischen Beamten gehindert, der an Bord mitreiste, und HMS BRISTOL brachte die BANGOR von der Etappe Nordamerika (New York) am 14. März 1915 als Prise in der Magellan-Straße auf. Damit waren die südlichen Meere von handelskriegführenden Kreuzern und ihren Begleitschiffen frei.

EMDEN

1. August 1914–9. November 1914: sechzehn Handelsschiffe (70 825 BRT) und zwei Kriegsschiffe (3491 ts)
Der berühmteste aller kreuzerkriegführenden Kleinen Kreuzer, der am 9. November 1914 in einem heroischen Gefecht Schiff gegen Schiff von HMAS SYDNEY vor den Cocos-Inseln vernichtet wurde.[76]

Bau und Indienststellung
Typ: Kleiner Kreuzer.
Bewilligung: 23. Dezember 1905 als »Ersatz Pfeil«.
Bauwerft: Kaiserliche Werft, Danzig.
Kiellegung: 1. November 1906.
Stapellauf: 26. Mai 1908.
Indienststellung: 10. Juli 1909.
Besatzungsstärke: 18 Offiziere und 343 Mannschaften.
Abmessungen
Konstruktionsverdrängung: 3664 t.
Einsatzverdrängung: 4268 t.
Länge über alles: 118,3 m.
Länge in der CWL: 117,9 m.
Breite: 13,5 m.
Tiefgang bei Einsatzverdrängung: 5,54 m.
Bewaffnung
Artillerie: Zehn 10,5 cm S.K. C/88 L/40 als Hauptbewaffnung, acht 5,2 cm S.K. L/55 (siehe im Text unten).
Maximale Reichweite der Hauptbewaffnung: 12 200 m.
Torpedorohre: Je ein seitliches Unterwasser-Torpedorohr an Backbord und an Steuerbord (Kaliber 45 cm).
Infanteriewaffen: Ein 6-cm-Landungsgeschütz mit kurzem Rohr S.K. L/21, vier 8-mm-Maxim-Maschinengewehre, Handfeuerwaffen.
Munitionsdotierung: 1470 Schuß 10,5-cm-Sprenggranaten, 30 Schuß 10,5-cm-Schrapnellgranaten, 4000 Schuß 5,2-cmGranaten, fünf 45-cm-Torpedos C/03.
Panzerschutz: Deck: 20–30 mm,-in der Böschung 50–80 mm; Kommandoturm: 20 mm, in der Böschung 100 mm; Geschützschilde: 50 mm.
Leistung
Antriebsanlage: Zwei stehende Dreizylinder-Dreifach-Expansionsmaschinen, 12 Marine-Kessel, zwei Propellerwellen.
Kesseldruck: 16 atü.
Bunkerraum für Kohle: 400 t Konstruktionsvorrat, 790 t maximaler Vorrat.
Höchstgeschwindigkeit bei Meilenfahrt: 24 kn bei einer Antriebsleistung von 16 350 PSi.
Konstruktionsgeschwindigkeit: 23,5 kn bei einer Antriebsleistung von 13 500 PSi.
Fahrstrecke: 3760 sm bei 12 kn.

Als »Kreuzer IV. Klasse ›Ersatz Pfeil‹« bewilligt, erforderte der Kleine Kreuzer EMDEN eine lange Bauzeit. Das Schwesterschiff, die DRESDEN, gebaut auf der privateigenen Werft Blohm & Voss in Hamburg, lief nach einer um acht Monate kürzeren Bauzeit vor der EMDEN vom Stapel und wurde auch vor ihr in Dienst gestellt. Nach anderthalbjähriger Bauzeit lief die EMDEN schließlich vom Stapel und der Oberbürgermeister von Emden, Geheimrat Dr. Fürbringer, konnte die Taufe des neuen Kriegsschiffes in den Mittagsstunden des 26. Mai 1908 vollziehen.

Vom Entwurf her folgte der Kreuzer den von den vorausgegangenen Schiffen, die sämtlich Städtenamen trugen, gesetzten Maßstäben, besonders denen der aus drei Einheiten bestehenden STUTTGART-Klasse. EMDEN besaß drei hohe Schornsteine mit kreisrunden Öffnungen und führte zehn 10,5-cm-Geschütze. Nur die vorn, achtern und mittschiffs aufgestellten Geschütze hatten Schilde; die übrigen auf dem Hauptdeck untergebrachten Geschütze befanden sich in Ausbauten unter der Back bzw. der Hütte an Backbord und Steuerbord.

EMDEN führte ursprünglich auch acht 5,2-cm-Geschütze, paarweise an Deck über den Ausbauten jeweils an Steuerbord und Backbord aufgestellt bzw. als »Jagdgeschütze«[77] ebenfalls paarweise im Bug und im Heck untergebracht. In den Kriegsberichten über die EMDEN werden diese Geschütze jedoch nicht erwähnt, obwohl sie Fotos des Schiffes, aufgenommen bei den Erprobungsfahrten und beim Auslaufen in den Fernen Osten, deutlich zeigen. Auf Bildern des Wracks sind keine 5,2-cm-Geschütze zu erkennen. Dies deutet

Unten: Der Kleine Kreuzer S.M.S. EMDEN in Fahrt. (Sammlung des Verfassers.)

darauf hin, daß sie höchstwahrscheinlich in Tsingtau zurückgelassen worden sind. Bei schwerer See waren die 5,2-cm-Bug- und -Heckgeschütze ohnehin nutzlos und die Wirksamkeit der direkt über den Ausbauten aufgestellten verringerte sich im Gefecht durch den Luftdruck und Rauch der 10,5-cm-Geschütze. Es gibt auch keinen Beweis dafür, daß sich das 6-cm-Landungsgeschütz an Bord befand, als die EMDEN vernichtet wurde.

Der größte Unterschied zwischen der EMDEN und ihrem Schwesterschiff DRESDEN bestand in der Antriebsanlage. Erstere hatte zwei Dreifach-Expansionskolbenmaschinen, die zwei Wellen antrieben, während die letztere zwei Sätze Parsons-Turbinen mit Vier-Wellen-Anordnung besaß. Hinsichtlich der Unterschiede im äußeren Erscheinungsbild wird auf den Abschnitt über die DRESDEN (siehe oben) verwiesen. Das auffälligste Merkmal war die Position der Bugwappen.

Bei einer sechsstündigen forcierten Fahrt am 10. August 1909 erzielte die EMDEN 23 kn mit einer Antriebsleistung von 15 683 PSi. Bei der mit Höchstleistung am 20. August 1909 durchgeführten Meilenfahrt bei Neukrug wurde eine Höchstgeschwindigkeit von 24,014 kn erreicht. Die wirtschaftlichste Geschwindigkeit lag bei acht Knoten, obwohl für die optimale Marschgeschwindigkeit zwölf Knoten errechnet wurden. Zwanzig Knoten konnten über lange Zeiträume durchgehalten werden, wenn auch Geschwindigkeiten um die 23,85 kn und höher nur für kurze Spurts durch Forcieren der Kessel erzielt werden konnten.

Die Erprobungsfahrten wurden ab dem 11. August 1909 unterbrochen, da das neue Kriegsschiff an den Manövern der Hochseeflotte teilzunehmen hatte und die Kaiserliche Jacht HOHENZOLLERN nach Swinemünde begleiten mußte. Nach der Beendigung des »Kaisermanövers« wurde die Ausrüstung des Schiffes fortgesetzt und bis Jahresende abgeschlossen. Infolge dieser verzögerten Fertigstellung wurde dem Kreuzergeschwader die NÜRNBERG zugewiesen, um den Kleinen Kreuzer NIOBE abzulösen.

EMDEN sollte im Frühjahr 1910 in das Chinesische Meer gehen, und zwar über Buenos Aires, um an der Hundertjahrfeier zur Gründung der Republik Argentinien teilzunehmen. Am 1. April 1910 wurde die EMDEN mit der Besatzung des Kleinen Kreuzers ARCONA – aus Ostasien zur Durchführung der Großen Werftliegezeit zurückgerufen – unter dem Kommando von FKpt. Waldemar Vollerthun wieder in Dienst gestellt und bereitete sich auf die Ausreise in den Fernen Osten vor. Am Morgen des 12. April 1910 lief die EMDEN mit einem frischen Anstrich in tropischem Weiß und lederfarbenen Aufbauten in die Kiel-Holtenauer Schleuse des damaligen Kaiser-Wilhelm-Kanals ein. Eine heroische Reise um Kap Hoorn hatte begonnen und der Kleine Kreuzer sollte nie mehr nach Deutschland zurückkehren.

Am 22. April ankerte die EMDEN im Hafen von Porto Grande und am 12. Mai 1910 traf sie auf der Reede von Montevideo mit dem Kleinen Kreuzer S.M.S. BREMEN von der Ostamerikanischen Station zur gemeinsamen Weiterreise – am 18. Mai – nach Buenos Aires zusammen. Am 31. Mai verließ die EMDEN die argentinische Hauptstadt, umrundete Kap Hoorn, erreichte am 3. Juni Punta Arenas am Westausgang der Magellan-Straße und lief am 14. Juni in Valparaiso ein. Am 23. Juni nahm der Kreuzer im Kriegshafen Talcahuano 1080 t Kohle über und trat am nächsten Tag die Weiterreise durch den Pazifik an. Nach dem Passieren der Oster-Insel und der Insel Pitcairn warf die EMDEN am 12. Juli 1910 vor Papeete/Tahiti mit nur noch 190 t Kohlen in den Bunkern Anker.

Von Tahiti aus marschierte der Kleine Kreuzer zum samoanischen Apia. Dort traf er am 22. Juli 1910 mit dem Großen Kreuzer S.M.S. SCHARNHORST zusammen, Flaggschiff von Konteradmiral Gühler, dem damaligen Chef des Kreuzergeschwaders. Am 17. September 1910 lief die EMDEN endlich in ihren neuen Heimathafen ein, den Marinestützpunkt Tsingtau. Dort verschafften ihr das unverfälschte Äußere und die elegante Linienführung schon bald den Spitznamen »Schwan des Ostens«.

Am 23. November 1911 löste FKpt. von Restorff den bisherigen Kommandanten ab, der seinerseits wieder im Mai 1913 von KKpt. Karl von Müller abgelöst wurde.

Karl Friedrich Max v. Müller, Sohn eines Heeresoffiziers, wurde am 16. Juli 1873 in Hannover geboren. 1891 trat er, vom Kadettenkorps des Heeres kommend, als Kadett in die Kaiserliche Marine ein und wurde 1894 zum Leutnant zur See und 1897 zum Oberleutnant zur See befördert. 1898 kam er auf den Kleinen Kreuzer SCHWALBE, der damals die Ostafrikanische Station als Stationär übernahm. 1900 aus ostafrikanischen Gewässern malariakrank zurückgekehrt, wurde v. Müller Adjudant der I. Matrosendivision in Kiel und erhielt im Herbst 1902 das Kommando als II. Artillerieoffizier auf dem Linienschiff KAISER WILHELM II.

Im März 1903 zum Kapitänleutnant befördert, diente v. Müller als II. Navigationsoffizier auf dem Linienschiff KAISER FRIEDRICH III. und als I. Artillerieoffizier auf dem Linienschiff KAISER WILHELM DER GROSSE. Ab 1. Oktober 1907 war er Admiralstabsoffizier beim Flottenkommando unter dem Flottenchef Admiral Prinz Heinrich v. Preußen. Im Dezember 1908 wurde er zum Korvettenkapitän befördert und 1909 zum Reichsmarineamt in Berlin versetzt. Dort erregte er die Aufmerksamkeit des Staatssekretärs (damalige Bezeichnung für Marineminister), Admiral v. Tirpitz. Im Dezember 1912 wurde sein Streben nach einem selbständigen Kommando befriedigt; er wurde designierter Kommandant der EMDEN, deren Kommando er schließlich am 29. Mai 1913 übernahm. Am 22. März 1914 erfolgte seine Beförderung zum Fregattenkapitän.

Am 20. Juni 1914 hatte VAdm. Graf v. Spee, der am 4. Dezember 1912 VAdm. v. Krosigk als Geschwaderchef abgelöst hatte, mit den beiden Panzerkreuzern eine Reise in die Südsee angetreten. Die veralteten Kanonenboote und die EMDEN – nach der Abkommandierung von NÜRNBERG und LEIPZIG der einzige verfügbare Kleine Kreuzer – blieben in Tsingtau zurück. Da die EMDEN die Aufgabe als Stationskreuzer wahrnahm, war FKpt. v. Müller »Ältester Offi-

Unten: Der Kleine Kreuzer EMDEN. Zeichnung von John Walter.

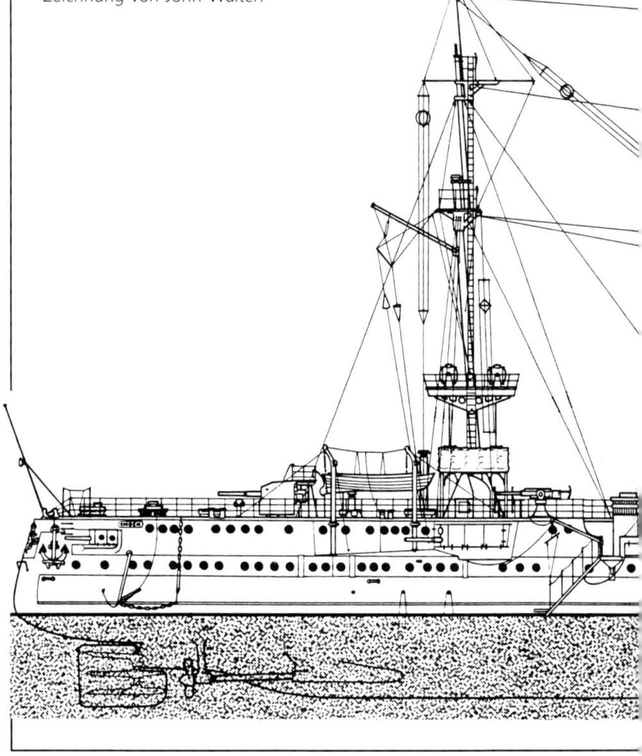

zier« der Ostasiatischen Station. In dieser Stellung war der Kommandant der EMDEN nicht nur für den Schutz des Hafens verantwortlich, sondern auch für die Durchführung der Mobilmachungspläne, sollte es zum Kriegsausbruch kommen. In Abwesenheit der Schiffe des Kreuzergeschwaders standen FKpt. v. Müller Mitte Juli 1914 nur der veraltete Kleine Kreuzer CORMORAN, der sich zur Grundreparatur im Dock befand, sowie die zwei großen Kanonenboote TIGER und ILTIS ebenfalls zu längerer Reparatur in der Werft – in Tsingtau selbst zur Verfügung. Zwei weitere große Kanonenboote – LUCHS und JAGUAR – erhielten zusammen mit dem veralteten Torpedoboot *S 90* den Befehl zur Rückkehr aus chinesischen Häfen nach Tsingtau. Die drei Flußkanonenboote hatten sich in die vorgesehenen Häfen zum Auflegen zu begeben und die Besatzungen wurden angewiesen, nach Tsingtau zurückzukehren. Am 22. Juli war auch noch der veraltete österreichisch-ungarische Kreuzer KAISERIN ELISABETH auf der Reede von Tsingtau eingetroffen, der allerdings kaum etwas an zusätzlicher Kampfkraft beisteuern konnte.

Am 31. Juli 1914 wies FKpt. v. Müller die Kanonenboote TIGER und LUCHS – JAGUAR traf erst am 4. August ein – sowie *S 90* an, zur Verfügung des Gouverneurs, KptzS. Meyer-Waldeck, in Tsingtau zurückzubleiben, während die EMDEN selbst um 19.00 Uhr die Leinen loswarf und mit südöstlichen Kursen auslief, um vorsichtig die Korea-Straße und die Schiffahrtswege Wladiwostok–Nagasaki anzusteuern.

Am 4. August 1914 um 04.15 Uhr, der Tag, an dem Großbritannien dem Deutschen Reich den Krieg erklärte, sichteten die Ausgucks der EMDEN die Umrisse eines größeren Schiffes, das sie zunächst für den in diesen Gewässern vermuteten russischen Kreuzer ASKOLD hielten. Die Wetterbedingungen waren zu schlecht, um eine genaue Identifizierung zu ermöglichen. FKpt. v. Müller befahl dem Rudergänger, das Schiff zu verfolgen. Um 06.00 Uhr hatten sich die Sichtverhältnisse gebessert und ein schwarzer Dampfer mit einem ausgeprägten Glattdeck und zwei gelben Schornsteinen tauchte auf. ObltzS.d.R. Julius Lauterbach, der früher den Dampfer STAATSSEKRETÄR KRAETKE der Hamburg-Amerika-Linie auf der Route Tsingtau – Schanghai – Port Arthur geführt hatte, erkannte die Silhouette als einen in Wladiwostok beheimateten russischen Postdampfer.

Die EMDEN feuerte zwei blinde Schüsse, aber die den Schornsteinen des russischen Schiffes entströmenden Rauchwolken zeigten an, daß es zu entkommen versuchte. FKpt. v. Müller erhöhte die Geschwindigkeit auf siebzehn Knoten, aber sehr bald wurde deutlich, daß der Postdampfer schneller als angenommen war und über Funk verzweifelte Hilferufe aussandte.

Sofort befahl FKpt. v. Müller seinen Funkern, die russischen Funksignale zu stören, während die EMDEN ihre Geschwindigkeit gleichzeitig auf 19 Knoten steigerte. Als der deutsche Kreuzer allmählich seinen Gegner einzuholen begann, beschoß der Artillerieoffizier, Kapitänleutnant Ernst Gaede, das fliehende Schiff mit scharfen Granaten. Die zehnte Granate schlug nur wenige Meter vom Heck des russischen Schiffes entfernt ein und durchnäßte die an Deck Stehenden. Nach dem zwölften Schuß stoppte der Gegner, drehte auf Position 35°1'N 119°39'O nach Backbord bei und zeigte dem Kreuzer die Breitseite. ObltzS.d.R. Lauterbach und ein aus 20 bewaffneten Seeleuten bestehendes Prisenkommando gingen zur Untersuchung des Dampfers an Bord.

EMDEN hatte das erste Schiff gekapert, das der Kaiserlichen Marine im Ersten Weltkrieg als Prise in die Hände fiel.

Das Opfer erwies sich als die 3522 BRT große RJÄSAN, das letzte von fünf Schwesterschiffen – die übrigen waren OREL, POLTAWA, SIMBIRSK und PENSA –, im Oktober 1908 von der Vereinigung der Russischen Freiwilligenflotte ironischerweise bei der Friedrich Schichau A.G. in Elbing in Auftrag gegeben und im November 1909 von der deutschen Werft abgeliefert.

RJÄSAN war mit etwa 80 Passagieren an Bord, darunter Frauen und Kinder, unterwegs von Nagasaki nach Wladiwostok. Das russische Schiff führte ein in Großbritannien geborener Kapitän namens Austin, der noch wenige Tage zuvor mit dem hochgewachsenen Lauterbach zusammen ein Glas getrunken hatte.

Die sich in die Länge gezogene Verfolgung hatte gezeigt, daß die RJÄSAN trotz ihres einzelnen Propellers ein überraschend schnelles Schiff war. Ihr Schwesterschiff OREL hatte im August 1909 über die gemessene Meile 16,42 kn erreicht, war aber nur imstande gewesen, in der 24stündigen Dauererprobung 14,54 kn durchzuhalten. FKpt. v. Müller schätzte, daß es der RJÄSAN während der verzweifelten Flucht gelungen war, eine Geschwindigkeit von 16,5–17 kn zu erreichen. Daher könnte sie zu einem brauchbaren Hilfskreuzer ausgerüstet werden. Die Vereinigung der Russischen Freiwilligenflotte, wenn auch im wesentlichen ein kommerzielles Unternehmen, versorgte die russische Marine in Kriegszeiten mit Transportschiffen – und daher waren an den vorgesehenen Geschützpositionen in die Decks bereits entsprechende Verstärkungen eingebaut worden.

Das deutsche Kriegsschiff geleitete seine Prise zurück nach Tsingtau und entging nur knapp einer Begegnung mit den großen französischen Panzerkreuzern MONTCALM und DUPLEIX. Glücklicherweise hatten die Franzosen EMDEN und RJÄSAN für die deutschen Panzerkreuzer SCHARNHORST und GNEISENAU gehalten und hatten daraufhin bestürzt abgedreht.

Nach dem Einlaufen in den Hafen von Tsingtau am 6. August 1914 wurde die RJÄSAN mit den acht 10,5-cm-Geschützen und den beiden Scheinwerfern des veralteten, ungeschützten Auslandskreuzers CORMORAN ausgerüstet; seine abgerüstete Hulk wurde später selbstversenkt. Den neuen Hilfskreuzer stellte sein nunmehriger Kommandant, KKpt. Adalbert Zuckschwert, bereits am 7. August als CORMORAN II für das Kreuzergeschwader in Dienst. Sein kurzes und erfolgloses Schicksal wird im Anhang 1 näher beschrieben.

In den frühen Abendstunden des Dienstag, 6. August 1914, lief die EMDEN zum letztenmal aus Tsingtau aus und nahm Kurs auf Pagan in den Marianen. Während sich der Kreuzer auf die Kohlenübernahme vorbereitete, begab sich Fkpt. v. Müller zur Kommandantensitzung beim Geschwaderchef an Bord der SCHARNHORST. Vom Chef des Stabes, KptzS. Fielitz, und den anderen Kommandanten unterstützt, drängte FKpt. v. Müller den Geschwaderchef, VAdm. Graf v. Spee, wenigstens einen der Kleinen Kreuzer zur selbständigen Kreuzerkriegsführung in den Indischen Ozean zu entsenden, während sich das Kreuzergeschwader quer durch den Pazifik und rund um Kap Hoorn auf dem Heimmarsch befände. Ansonsten, so argumentierte FKpt. v. Müller, würde das Abziehen des gesamten Kreuzergeschwaders auf der China-Station alliierte Kriegsschiffe für offensive Operationen an anderer Stelle freisetzen.[78]

Am 14. August 1914, als das Geschwader Pagan verlassen hatte und Ostkurs steuerte, stieg auf der SCHARNHORST das Signal »Detachiert!« empor und EMDEN schor in Kenntnis dieser Ehre aus der Linie. Als Begleitschiff hatte FKpt. v. Müller die 4505 BRT große MARKOMANNIA der Hamburg-Amerika-Linie, zugehörig zur Etappe Tsingtau, zugewiesen bekommen. 1911 bei Irvine's Shipbuilding & Drydock Company in West Hartlepool als NIGARSTAN für die britische Reederei F.C. Strick fertiggestellt, war der Kohlendampfer 1912 verkauft worden und führte seit dem 22. März 1913 die deutsche Flagge. Das Schiff war noch ziemlich neu und konnte selbst in voll beladenem Zustand zwölf Knoten durchhalten. Die EMDEN ging sofort auf Südwestkurs und steuerte in Richtung Molukken-Straße und Indischem Ozean.

Inzwischen hatte die EMDEN den südlichen Golf von Bengalen erreicht, als in den späten Abendstunden des 9. September 1914 nach einer kurzen Verfolgungsjagd ein Handelsschiff aufgebracht wurde. Der Dampfer hatte einen schwarzen Anstrich, aber sein Schornstein war farbiger: gelb mit einem schwarzen Rand über einem blauen Band, das ein E in einem weißen Kreis aufwies und ein weißes Schrägkreuz überlagerte. Unter Führung von ObltzS.d.R. Julius Lauterbach setzte ein Prisenkommando über. Schon bald blinkte der Signalgast eine schlechte Nachricht herüber: ein neutrales Schiff. Der griechische Dampfer PONTOPOROS war 1913 auf der Werft William Doxford & Sons Ltd. in Sunderland für die Nationale Dampfschiffahrts-Gesellschaft Griechenland fertiggestellt worden, war etwa 7480 BRT groß und konnte eine Geschwindigkeit von neun Knoten laufen.

Unten: »EMDEN und RJÄSAN – die erste Prise.« Gemälde von Laurence Dunn (1989).

Obwohl theoretisch neutral, hatte die PONTOPOROS eine aus 6500 ts indischer Kohle bestehende Ladung an Bord, die der britischen Regierung gehörte. Da es den griechischen Kapitän Polemis wenig kümmerte, ob er gegen Entgelt in britischer oder deutscher Charter fuhr, fand die PONTOPOROS als Hilfsschiff der EMDEN Verwendung, sobald ObltzS.d.R. Lauterbach mit einem bewaffneten Prisenkommando für den Wach- und Maschinendienst an Bord gegangen war, um die Disziplin aufrechtzuerhalten.

Am 10. September 1914 erschien gegen 09.00 Uhr ein Dampfer mit schwarzem Schiffsrumpf und einem gelben Schornstein mit schwarzem Rand. Den Ausgucks an Bord der EMDEN war der Dampfer ein Rätsel; er führte Funkantennen an den Masten und hatte merkwürdige weiße Aufbauten von kastenförmigem Aussehen an Deck. Außerdem wehte auf diesem Schiff eine seltsame blaue Flagge. Als sich die Entfernung zwischen den Schiffen verringerte, entpuppte sich die Flagge als *Blue Ensign*, die blaue Regierungsflagge Großbritanniens. Diese konnte von britischen Handelsschiffen geführt werden, deren Besatzungen aus einer ausreichenden Anzahl Marinereservisten bestanden. War das fremde Schiff ein Hilfskreuzer? Sobald sich die Entfernung noch weiter verringert hatte, bemerkten die Beobachter, daß die Flagge ein kreisförmiges Emblem zierte. An Bord der EMDEN zogen sich die Augenbrauen zusammen. Das Schiff schien nicht bewaffnet zu sein; aber was bedeutete diese Flagge?

An der Gaffel der EMDEN stieg die deutsche Kriegsflagge hoch und gleichzeitig feuerte der Kreuzer einen blinden Schuß ab. An seiner Focksignalrah wehte das internationale Signal: »Stopp, nicht funken!« Außerdem wurde der Befehl »Do not use wireless!« in Englisch mit dem Sprachrohr hinüber gerufen. Der Dampfer stoppte auf 10°48'N 84°2'O, um das von ObltzS. v. Levetzow und Vizesteuermann d.R. Meyer geführte Prisenkommando zu erwarten. Die INDUS, in Ballast von Bombay nach Kalkutta unter Führung von Kapitän Henry Swaridge unterwegs, war 3413 BRT groß und gehörte der Reederei James Nourse Ltd. in London. Gleich zu Beginn des Ersten Weltkrieges war das 1904 auf der Werft von Charles Connell & Co. Ltd. in Glasgow gebaute Schiff von der indischen Regierung gechartert worden (daher die blaue Flagge mit dem Emblem der indischen Regierung), um als Truppentransportschiff zu dienen. Die weißen, kastenförmigen Aufbauten waren simple Ställe, um Kavalleriepferde unterzubringen. Jetzt war die INDUS dem deutschen Kreuzer direkt in den Weg gelaufen.

Bis zum späten Nachmittag war von der EMDEN-Besatzung alles Brauchbare auf ihren Kreuzer hinübergeschafft worden, denn die INDUS stellte das reinste Warenlager dar. Schließlich wurden die Vorbereitungen zur Versenkung des Schiffes getroffen. Die Seeventile wurden vom Versenkungskommando geöffnet und die EMDEN feuerte sechs 10,5-cm-Granaten auf nächste Entfernung in die Wasserlinie. Doch Schiffe sterben nicht so leicht. R.K. Lochner schrieb in »Die Kaperfahrten des Kleinen Kreuzers EMDEN»:

»Lange Zeit sah man dem Schiff überhaupt kaum an, daß es sinken sollte. Dann sackte es ganz langsam tiefer, schließlich schneller; dann torkelte es schwerfällig in der Dünung und nahm über Reling und durch Seitenfenster Wasser. Nun ging es schnell. Wasser strömte von oben in die vorher geöffneten Ladeluken. Der Dampfer legte sich der ganzen Länge nach auf die Seite, riesige Fontänen entströmten sämtlichen Löchern in der Bordwand, da fauchend entweichende Luft das im Inneren befindliche Wasser wieder mit herausriß. Dann verschwand das Schiff mit dem Bug zuerst...»

Die Vernichtung des Schiffes wirkte auf die Beobachter an Bord der EMDEN und der MARKOMANNIA fast genauso wie auf Kapitän Swaridge. Viele der Seeleute hatten Tränen in den Augen. Sie starrten schweigend in die See, wohl wissend, daß die EMDEN genauso leicht ein Opfer statt ein Sieger werden könnte.

Der folgende Tag brachte der EMDEN ein Schiff mit weißen Aufbauten, schwarzem Schiffsrumpf und schwarzem Schornstein, den ein einzelnes weißes Band zierte. Am Göschstock wehte das *Blue Ensign*. Kurz nach 14.00 Uhr stoppte ein Schuß vor den Bug auf der Position 16°25'N 86°32'O die 6012 BRT große LOVAT der britischen Reederei J. Warrack & Co. in Leith. Den Einschraubendampfer hatte im April 1911 die Werft Russell & Co. in Port Glasgow abgeliefert. Auch die LOVAT fuhr in Charter der indischen Regierung als Truppentransportschiff, unterwegs von Kalkutta nach Bombay unter dem Kommando von Kapitän Richard Glegg, als sie von der EMDEN aufgebracht wurde. Obwohl die LOVAT den Kreuzer überragte, war sie nicht bewaffnet. Daher gab es auch keinen Widerstand und mit dem Einbruch der Nacht ging auch dieses Schiff den Weg der INDUS.

Fkpt. V. Müller zog auch die Vernichtung des mit Funk ausgerüsteten Kalkutta-Feuerschiffs und des Lotsendampfers in Erwägung, um die Schiffahrt auf dem Hugli-Fluß von und nach Kalkutta und in seinem Mündungsgebiet lahmzulegen, bis alternative Maßnahmen ergriffen werden konnten. Er beschäftigte sich noch mit dieser Frage, als in der Ferne Lichter auftauchten. Kurz nach 22.00 Uhr am 12. September 1914 wurde der 4657 BRT große Dampfer KABINGA der britischen Reederei Ellerman & Bucknall aufgebracht, indem das Schiff lediglich durch die Sirene des Kreuzers und mit der Morselampe den Befehl zum Beidrehen erhielt. 1907 auf der Werft von Armstrong, Whitworth & Co. Ltd. in Newcastle-upon-Tyne gebaut, gehörte die KABINGA zu vier ähnlichen, von der Bucknall Steamship Line in Auftrag gegebenen Schiffen. Am 1. Januar 1914 war dann der Einschraubenfrachter an die Reederei Ellerman & Bucknall überschrieben worden. Ein ungewöhnlicher Ring aus sechs weißen Diamanten auf dem schwarzen Schornstein erinnerte an die Entdekkung von Edelsteinen in Südafrika.

Die KABINGA war unter Führung von Kapitän Thomas Robinson auf dem Wege von Kalkutta über den Suez-Kanal nach New York. Kapitän Robinson hatte nicht nur seine Frau und sein Kind mit an Bord, sondern auf ObltzS.d.R. Julius Lauterbach, LtzS. Eugen Gyssling und das Prisenkommando, die von der EMDEN hinübergesandt wurden, wartete noch ein weitere unangenehme Überraschung: Die wertvolle Stückgutladung gehörte weitgehend amerikanischen Eigentümern. Obwohl FKpt. v. Müller das Schiff durchaus hätte versenken können, so wäre die deutsche Regierung jedoch für die neutrale Ladung haftbar gewesen. Außerdem widerstrebte es ihm, das Leben einer Frau und eines Kindes während der riskanten Überführung auf ein anderes Schiff aufs Spiel zu setzen. So erhielt die KABINGA die Anweisung, dem Kreuzer in dem nunmehr aus drei Handelsschiffen bestehenden Geleitzug zu folgen, um als »Lumpensammler« zu dienen, bis sie am Abend des 14. September mit den Gefangenen an Bord entlassen werden sollte.

Kaum hatte sich der kleine Geleitzug formiert und die Schiffe hatten ihre Positionen eingenommen, als ein weiterer Dampfer in Sicht kam, auf den die EMDEN mit hoher Fahrt zuhielt: ein Dampfer mit schwarzem Schiffsrumpf und einem einzelnen rot angestrichenen Schornstein mit schwarzem Rand. Der britische Kohlendampfer KILLIN, 1908 auf der Werft Charles Connell & Co. Ltd. in Glasgow für die Reederei Connell Bros. Ltd. in Glasgow gebaut, wurde auf 17°55'N 86°24'O angehalten. Ein von ObltzS. Ernst v. Levetzow und LtzS. Fritz Karl Zimmermann geführtes Prisenkommando setzte über und stellte fest, daß der von Kapitän J.K. Wilson geführte, 3544 BRT große Einschraubendampfer mit einer aus 6000 ts indischer Kohle bestehenden Ladung von Kalkutta nach Colombo unterwegs war. Durch das Aufbringen der PONTEPOROS stand FKpt. v. Müller mehr Kohle von guter Qualität zur Verfügung, als er brauchte, und da die KILLIN als Hilfsschiff zudem zu langsam war, wurde sie am nächsten Tag, dem 13. September 1914, durch eine Kombination aus Öffnen der Seeventile und ein paar 10,5-cm-Granaten in die Wasserlinie versenkt, nachdem die Besatzung auf die KABINGA gebracht worden war. Das schwer beladene Schiff ging mit einer unziemlichen Hast unter.

Die Offiziere der EMDEN hatten gerade in der Offiziersmesse ihr Mittagessen beendet, als eine weitere Rauchwolke in Sicht kam, und der Kreuzer die Verfolgung aufnahm. Dieser neue Gegner war sehr groß und besaß vier weit auseinanderstehende Masten. Als die EMDEN näherkam, waren an dem hochragenden, schwarzen

Schornstein weiße und rote Bänder zu erkennen, und der Dampfer heißte das *Red Ensign,* die britische Handelsflagge. Es handelte sich um die 7615 BRT große DIPLOMAT, im Oktober 1912 auf der Werft von Charles Connell & Co. Ltd. in Glasgow für die Reederei Charente Steam Ship Co. Ltd. in London (in Charter für T. & J. Harrison) fertiggestellt – eines von fünf ähnlichen zwischen 1904 und 1912 in Glasgow gebauten Schiffen. Der mit einem Doppeldeck versehene Einschraubendampfer, angetrieben durch eine Vierfach-Expansionsmaschine, konnte immerhin eine Geschwindigkeit von etwa zwölf Knoten erreichen .

Die DIPLOMAT war das größte der von der EMDEN gekaperten Schiffe. Unter Führung von Kapitän Robert Thompson war sie gerade aus Kalkutta ausgelaufen und mit einer Ladung von 10 000 ts Tee für Themse und Mersey bestimmt. Infolge der Größe des aufgebrachten Dampfers war FKpt. v. Müller hinsichtlich der Wirksamkeit des bei den bisherigen Schiffen angewendeten Versenkungsverfahrens im Zweifel. Daher befahl er dem Torpedooffizier, ObltzS. Robert Witthoeft, zusätzlich zum Öffnen der Seeventile Sprengpatronen anzuschlagen und zu zünden, um den Versenkungsvorgang wirksam zu beschleunigen. Die Ladung war jedoch so dicht verstaut, daß ObltzS. Witthoeft die Sprengpatronen nicht unter der Wasserlinie anschlagen konnte. Sie mußten daher weiter oben angebracht werden und rissen auf der Backbordseite ein großes Loch achteraus des Bugs in die Bordwand. Doch dies reichte aus, um die DIPLOMAT mit dem Bug voran zum Sinken zu bringen. Inmitten eines Malstroms von Teekisten ging das Schiff auf 18°1'N 86°24'O unter.

Noch während die DIPLOMAT im Sinken begriffen war, tauchten erneut Rauchwolken auf. Diesmal handelte es sich nacheinander um die Dampfer LOREDANO und DANDOLO, zufälligerweise von den Brüdern Giacopello als Kapitäne geführt, von der italienischen Reederei Societá Veneziana di Navigatori a Vapori. Theoretisch war zu diesem Zeitpunkt Italien dem Deutschen Reich noch freundlich gesinnt, aber es gab schon damals guten Grund zu der Annahme, daß die Meinungsverschiedenheiten zum benachbarten Österreich-Ungarn so gravierend waren, um die Italiener auf der Seite der Alliierten in den Krieg zu bringen. Der Führer des Untersuchungskommandos, LtzS. Franz Joseph Prinz von Hohenzollern-Sigmaringen, meldete FKpt. v. Müller, daß er den Kapitän der LOREDANO nicht für vertrauenswürdig erachte, auch wenn dieser feierlich sein Ehrenwort gegeben hätte, daß er den Verbleib des deutschen Kriegsschiffes nicht verraten würde. Der deutsche Seeoffizier hatte scharfsinnig geurteilt. Schon bald nach ihrer Entlassung durch die EMDEN begegnete die LOREDANO dem 6603 BRT großen Dampfer CITY OF RANGOON der Hall Line und warnte ihn vor der Anwesenheit der EMDEN. Der Kapitän der CITY OF RANGOON ließ sein Schiff umkehren, um die britischen Behörden zu unterrichten. Dies rettete die ITONUS (5340 BRT) der British India Steam Navigation Co. Ltd., den »Turmdampfer« LOTUSMERE (3911 BRT) der Irismere Steam Shipping Co. Ltd. sowie die RAJPUT (5628 BRT) der Asiatic Steam Navigation Company vor dem Zugriff des deutschen Kleinen Kreuzers. Alle drei Schiffe sollten in die Richtung des Handelsstörers laufen.

Die Erfolge der EMDEN überzeugten FKpt. v. Müller, daß es an der Zeit war, nachdem innerhalb weniger Tage so viele Schiffe angehalten worden waren, die Schiffahrtsroute Kalkutta – Colombo zu verlassen und statt dessen den Schiffahrtsweg Madras – Kalkutta aufzusuchen. Kaum hatte der deutsche Kreuzer den Ort seines Wirkens gewechselt, als auch schon in den frühen Abendstunden des 14. Dezember 1914 wieder ein Dampfer in Sicht kam. Diesmal handelte es sich um den Kohlendampfer TRABBOCH der Reederei Kyle Transport Co. Ltd., der auf 19'55'N 87°10'O aufgebracht wurde. Der in Liverpool registrierte und 4028 BRT große Dampfer mit einem schwarzen Schornstein war im März 1910 auf der Werft von A. McMillan & Sons Ltd. in Dumbarton fertiggestellt worden.

Das von ObltzS.d.R. Julius Lauterbach, ObltzS. v. Levetzow und LtzS. Fikentscher geführte Prisenkommando stellte fest, daß der in Ballast fahrende Kohlendampfer unter dem Kommando von Kapitän William Ross vom indischen Hafen Negabatam nach Kalkutta unterwegs war. Nachdem eine oberflächliche Untersuchung nichts von Interesse an den Tag gebracht hatte, entschloß sich FKpt. v. Müller, das Schiff sofort zu versenken. Die Seeventile wurden geöffnet und Sprengpatronen angeschlagen und gezündet, um das weithin sichtbare Mündungsfeuer der Geschütze zu vermeiden. Das Sprengkommando zog sich in sichere Entfernung zurück, um das langsame Hinabgleiten des Schiffes in die Tiefe zu beobachten. Doch die TRABBOCH ging statt mit einem leisen Wimmern mit einem lauten Knall unter. Die detonierenden Sprengpatronen hatten in den Laderäumen eine Kohlenstaubexplosion verursacht und eine riesige Stichflamme erzeugt, die in der Nacht meilenweit sichtbar war.

Anschließend wurde die KABINGA mit den Besatzungen aller versenkten Schiffe an Bord entlassen und drei Hurras auf die EMDEN und auf FKpt. v. Müller hallten zum deutschen Kreuzer herüber. Kaum war dieses Schiff außer Sicht, als in der zunehmenden Dunkelheit ein weiteres Dampferlicht ausgemacht wurde, und der Kleine Kreuzer nahm die Verfolgung auf. Durch die geräuschvolle und weithin sichtbare Vernichtung der TRABBOCH rechtzeitig gewarnt, erhöhte der Dampfer in dem Versuch zu entkommen seine Geschwindigkeit und ignorierte alle Signale der Schiffssirene und die blind gefeuerten Schüsse des verfolgenden Kreuzers. Erst ein scharfer Schuß vor den Bug veranlaßte den Kapitän auf 19°55'N 87°11'O zum Beidrehen. *»What ship?»* frug von der dicht herange-

Drei der vielen durch die EMDEN aufgebrachten Schiffe:
Oben: Die KABINGA (4657 BRT) der Ellerman & Bucknall Line 1907 bei Erprobungsfahrten vor Tynemouth. Der Dampfer hatte das Glück, als Gefangenenschiff entlassen zu werden, (National Maritime Museum, Greenwich.)

Links: Der Trampdampfer KILLIN (3544 BRT) der Reederei Connell Bros. in Glasgow 1908 bei Erprobungsfahrten in der Clyde-Mündung. Das Schiff wurde am 13. September 1914 im Indischen Ozean versenkt. (EMDEN-Archiv Günter Huff.)

Unten: Die TRABBOCH (4028 BRT) der Kyle Transport Company 1910 bei Erprobungsfahrten in der Clyde-Mündung. Das Schiff wurde am 14. September 1914 versenkt. (Mitchell Library, Glasgow.)

kommenen EMDEN eine laute Megaphon-Stimme. *»CLAN METHESON!»* kam die Antwort vom Dampfer. Erneut von der EMDEN eine Frage: *»English?»* Ein schottischer Kapitän mit einer schottischen Besatzung erwiderte gekränkt: *»No. BRITISH!*

Auf der Werft von Furness, Withy & Co. Ltd. in West Hartlepool im März 1906 für die Clan Steamship Line in London fertiggestellt, befand sich die von Kapitän William Harris geführte und 4775 BRT große CLAN MATHESON, ein Trampdampfer mit einer Schraube und in Fahrt für die Reederei Cayzer, Irvine & Co. Ltd., auf dem Wege von Liverpool nach Kalkutta.

Das von ObltzS.d.R. Julius Lauterbach und LtzS. Robin Schall geführte Prisenkommando stellte fest, daß der Frachter eine wertvolle Stückgutladung an Bord hatte, zu der Eisenbahnlokomotiven, Fahrräder, mehrere ›Rolls Royce‹-Kraftfahrzeuge, Schreibmaschinen und ein rassiges Rennpferd gehörten. Da die EMDEN jedoch sehr wenig hiervon gebrauchen konnte, wurde die CLAN MATHESON sofort

Oben: Der Dampfer CLAN MACINTOSH, identisches Schwesterschiff der CLAN MACTAVISH, aufgenommen auf dem Mersey. (Sammlung des Verfassers.)
Rechts: Die Beschießung von Madras. Ein zeitgenössisches Gemälde des deutschen Marinemalers Willy Stöwer.
Unten rechts: Die nach der Beschießung brennenden Öltanks der Anglo-Persian Oil Company. (Sammlung des Verfassers.)

versenkt, nachdem das Pferd vorher erschossen und die Besatzung auf die MARKOMANNIA gebracht worden war.

Nach Kohlenübernahme und Kesselreinigen in der Inselgruppe der Andamanen[79] stieß der deutsche Kreuzer am 18. September 1914 auf einen schmucken Dampfer mit schwarzem Schiffsrumpf, weißen Aufbauten und einem schmucklosen gelben Schornstein. Es war der neutrale norwegische Dampfer DOVRE, der sich als ideale Möglichkeit erwies, das Begleitschiff MARKOMANNIA von der Besatzung der CLAN MATHESON zu befreien. Später setzte der norwegische Kapitän die Briten in Rangun an Land, wo sie auf das deutsche Kaperschiff Loblieder sangen und gleichzeitig so viele Informationen wie möglich weitergaben, um die Jagd auf die EMDEN zu einem raschen und erfolgreichen Ende zu bringen.

In der Nacht vom 18./19. September 1914 fingen die Funker der EMDEN starken Funkverkehr eines britischen Kriegsschiffes mit dem Rufzeichen »QMD« auf. Dieses spezielle Schiff bedeutete eine ständige Belästigung, denn sein Kommandant hatte eine fast telepathische Fähigkeit bewiesen, FKpt. v. Müllers nächste Bewegung zu erahnen. Schließlich identifizierte eine sorglose Küstenfunkstation dieses geheimnisvolle Schiff für die EMDEN als den starken britischen Panzerkreuzer HAMPSHIRE, befehligt von Captain Grant. Zum Glück für den deutschen Kreuzer war die Hartnäckigkeit der britischen Verfolgung nicht in gleichem Maße vom Glück begünstigt.

Mit dem Fortschreiten des September 1914 hatte die deutsche Kreuzerbesatzung in den vergangenen Wochen eine gewisse Meisterschaft im Aufbringen, Untersuchen, Auspacken und Versenken von Handelsschiffen entwickelt. Das Vertrauen in sich selbst war gestiegen, so daß sich FKpt. v. Müller nach einer Kohlenübernahme in der Inselgruppe der Andamanen am 19. September entschloß, ein Landziel anzugreifen. Am Dienstag, dem 22. September 1914, wurde deshalb der als Attrappe vorbereitete »vierte« Schornstein aufgerichtet, um die EMDEN als britischen Kreuzer zu tarnen. In den Abendstunden lief der deutsche Kreuzer direkt auf den Hafen von Madras zu, dessen Ansteuerungsfeuer wie im Frieden brannten; auch die Stadt selbst war ein Lichtermeer. Um 20.55 Uhr ließ FKpt. v. Müller Klarschiff anschlagen und die Besatzung bezog Gefechtsstationen. Kptlt. Ernst Gaede, der Artillerieoffizier, war um 21.45 Uhr bereit, das Feuer zu eröffnen. Dann stoppten die Maschinen der EMDEN, das Schiff drehte von den Molenfeuern nach Süden und um 21.48 Uhr leuchteten die Scheinwerfer auf, um das Ziel zu erfassen. Auf eine Entfernung von 30 hm verließen die ersten Granaten aus den fünf Steuerbordgeschützen krachend die Rohrmündungen. Das Ziel waren die Hafenanlagen, die Öltanks und die 15-cm-Küstenbatterie.

Die erste Salve lag hundert Meter zu weit, obwohl eine detonierende Granate ein Geschütz der Batterie des Forts St. George hinter den Tanks des Öllagers der Burmah Oil Company zerstörte. Die zweite Salve schlug um hundert Meter zu kurz ein. Die dritte Salve landete auf der Ufereinfassung, nur noch um wenige Meter zu kurz; aber die vierte erzielte Treffer im größten der Öltanks und entzündete das Öl. Der zweite Tank erwies sich als leer, aber dann geriet nach Treffern der dritte mit einer riesigen Stichflamme in Brand. Eine der Granaten traf den britischen Dampfer CHUPRA der British India Steam Navigation Company an seiner Boje in der Nähe der Mole – wobei der 17 Jahre alte Schiffsjunge Joseph Fletcher tödlich verwundet wurde – und ein paar verirrte Granaten schlugen am Stadtrand ein. Sie töteten sieben Einwohner und verletzten zwölf weitere, ehe die hell erleuchtete EMDEN mit Nordkurs ablief, um die Aufmerksamkeit auf sich zu ziehen. Danach löschte das deutsche Kriegsschiff die Lichter, machte kehrt und passierte abgeblendet den Hafen auf Gegenkurs – unsichtbar sogar im Licht der Flammen, die in den nächtlichen Himmel züngelten.

Die Küstenbatterie hatte nur wenige Schüsse abgegeben. Ein Einschlag lag vor der EMDEN hundert Meter zu kurz, zwei weitere Granaten gingen über den Kreuzer hinweg und die Aufschläge der restlichen Granaten konnten nicht beobachtet werden.

Die Beschießung von Madras stellte eine Sensation dar. Obwohl die etwa 130 von der EMDEN abgefeuerten Granaten kaum einen ernsthaften Schaden anrichteten – die Vernichtung der 5000 ts Öl ausgenommen –, war der erzielte moralische Erfolg ungeheuer, der den Seehandel genau in der Art und Weise erschütterte, wie dies FKpt. v. Müller erhofft hatte. Erneut war die EMDEN vom Glück begünstigt worden. Captain Grant, der Kommandant der HAMP-

SHIRE, hatte diesen Angriff genau vorhergesagt und sich entschlossen, kurz nach dem 20. September Madras einen Besuch abzustatten, um diesen offenen Hafen zu schützen. In der Nacht vom 18./19. September jedoch, als die Funker der EMDEN starken Funkverkehr in einem nicht zu entziffernden Kode auffingen – damit wußte man an Bord der EMDEN, daß die HAMPSHIRE in unmittelbarer Nähe stand –, wurde Captain Grant von den Aktivitäten der EMDEN auf der Höhe des burmesischen Seehafens Akyab (heute Sittwe in Myanmar, dem früheren Burma) unterrichtet. Er erhielt den Befehl, dort nachzuforschen, obwohl er den Funkspruch der Landstation über vernommenen »Kanonendonner« für eine Falschmeldung hielt. Infolgedessen hatte der japanische Panzerkreuzer CHIKUMA von Captain Grant den Befehl erhalten, die EMDEN auf dem Wege nach Madras abzufangen. Doch der japanische Kreuzer hatte gerade seine in aller Ruhe durchgeführte Kohlenübernahme beendet, als die EMDEN ungestört Madras beschoß und nach Süden verschwand. Damit war die EMDEN der von Captain Grant gestellten Falle entgangen.[80]

Die Suche nach weiteren Opfern unter den Handelsschiffen führte die EMDEN in Richtung Ceylon. Freitag, der 25. September 1914, erwies sich als ein sehr geschäftiger Tag. Unerwartet näherte sich plötzlich in den frühen Nachmittagsstunden mit langsamer Fahrt ein Dampfer auf dem Wege von Alexandria in Ägypten nach Kalkutta. Zu diesem Zeitpunkt befand sich die EMDEN bereits in der Nähe von Colombo. Als der deutsche Kreuzer herankam, verriet er seine Nationalität, indem er das *Red Ensign,* die britische Handelsflagge, heißte. Es handelte sich bei diesem Schiff um die KING LUD, im November 1906 von der Werft J.L. Thompson & Sons in Sunderland an die Reederei King Line Ltd. abgeliefert. Das 3650 BRT große Schiff mit schwarzem Rumpf hatte einen gelben Schornstein mit schwarzem Rand und gelbe Masten.

Die in Ballast fahrende Prise hatte ausreichend Proviant an Bord, um die Vorräte der EMDEN aufzufüllen. Gegen 16.15 Uhr wurde die KING LUD auf der Position 55'7'N 79'46'O durch Öffnen der Seeventile und mit Sprengpatronen versenkt, die das nach dem Untersuchungskommando an Bord gekommene Sprengkommando angeschlagen hatte.

Oben: Die EMDEN versenkt den Dampfer RIBERA der Bolton Steam Shipping Co. Ltd – ein Bild, das die Stimmung wiedergibt, dem es aber an Genauigkeit fehlt. (Bundesarchiv Koblenz, NegativNr. 134 – C 2331.)

Unten rechts: Das Baggerschiff PONRABBEL im Sommer 1914 bei Erprobungsfahrten in der Clyde-Mündung. (EMDEN-Archiv Günter Huff.)

Um 20.00 Uhr wurde ein norwegischer Tanker angerufen. Doch die EMDEN ließ ihn als Neutralen passieren, um keine Aufmerksamkeit in der Nähe von Colombo zu erregen. Schließlich kam gegen 23.00 Uhr der mit 4000 ts Zucker beladene Trampdampfer TYMERIC – mit schwarzem Schiffskörper und oben schwarz umrandeten gelbem Schornstein – in Sicht und wurde auf 7°10'N 79°21'O angehalten. Er war unter Führung von Kapitän John Tulloch von Samarang nach Falmouth unterwegs. Die Werft Russell & Co. in Port Glasgow hatte den 3314 BRT großen Einschraubendampfer im Januar 1901 an die Reederei Steamship ›Tymeric‹ Co. Ltd. abgeliefert. ObltzS.d.R. Julius Lauterbach und LtzS. Franz Joseph Prinz v. Hohenzollern-Sigmaringen nahmen eine oberflächliche Untersuchung vor, denn FKpt. v. Müller hatte entschieden, den Dampfer vorläufig mitzunehmen und am folgenden Morgen gründlich zu untersuchen. Die aufsässige Haltung des Kapitäns und seines Ersten Maschinisten zwang dann FKpt. v. Müller jedoch dazu, seine Meinung zu ändern. Sobald die Besatzung der TYMERIC in aller Eile hinüber zur MARKOMANNIA gerudert worden war, wurde das aufgebrachte Schiff auf der Stelle versenkt. Der Kapitän und sein meuternder Erster Maschinist wurden auf der EMDEN als Gefangene eingesperrt.

Im Laufe des 26. September 1914 wurde als nächstes Schiff der 4437 BRT große britische Trampdampfer GRYFEVALE angehalten. Die Werft Grangemouth & Greenock Dockyard Company hatte den in Glasgow registrierten Einschraubendampfer im April 1906 an die Reederei Gryfevale Steamship Co. Ltd. abgeliefert. Das Schiff war unter Führung von Kapitän J.W. Steel in Ballast von Aden nach Colombo unterwegs, wie ObltzS.d.R. Lauterbach und LtzS. Zimmermann bei der Untersuchung feststellten. Daher wurde es als »Lumpensammler« zurückgehalten.

In den späten Abendstunden des 26. September tauchten dann noch die Lichter eines großen Dampfers auf, der so hell beleuchtet war, daß sich in der Dunkelheit eine Identifizierung schwierig gestaltete. Das Vorhandensein von vier Masten überzeugten FKpt. v. Müller und die Ausgucks auf der EMDEN, daß es sich bei diesem Schiff um das 5300 BRT große Motorschiff FIONIA der neutralen Danish Ostasiatiske Kompagni A/S handelte. Doch ObltzS.d.R. Lauterbach und der Kapitän der GRYFEVALE waren aufgrund des hohen, dünnen Schornsteins anderer Ansicht. Der Signalgast des Prisenkommandos signalisierte zur EMDEN, daß der Fremde ein britischer Postdampfer wäre: »Dieses Schiff ist ein Bibby-Liner.« Der Kommandant der EMDEN entschied sich, den Postdampfer passieren zu lassen; denn eine Verfolgung hätte den deutschen Kreuzer zu dicht an Colombo herangebracht und außerdem hätte ein Aufbringen mit den zahlreichen Passagieren so dicht unter Land zu Schwierigkeiten führen können.

Gegen 02.30 Uhr am 27. September 1914 brachte die EMDEN auf 7°24'N 76°41'O den in London registrierten Kohlendampfer BURESK auf, unterwegs von Barry in England nach Hongkong unter dem Kommando von Kapitän Frederick Tayler. Seine Ladung bestand aus 6600 ts erstklassiger Cardiff-Kohle. Damit hatte FKpt. v. Müller genau die Prise gekapert, die er dringend brauchte. Auf der Werft von Richardson, Duck & Co. in Stockton-on-Tees für die Reederei Buresk Steamship Co. Ltd. in London im Mai 1914 fertiggestellt, konnte dieser 4337 BRT große Einschraubendampfer mit Höchstgeschwindigkeit allerdings nur zehn Knoten erreichen.

Sonntag, der 28. September 1914, hätte ein Ruhetag werden sollen. Die BURESK hatte ein deutsches Prisenkommando erhalten, um den Dampfer als ständiges Hilfsschiff mitzuführen. Kurze Zeit später, nachdem an Bord der EMDEN der Gottesdienst beendet war, meldete ObltzS.d.R. Lauterbach Raufereien infolge Trunkenheit an Bord der ihm anvertrauten GRYFEVALE. Die am schlimmsten betrunkenen Engländer wurden eingesperrt und schließlich kehrte wieder Ruhe ein. An Bord des deutschen Kreuzers war gerade das Mittagsmahl – für die Offiziere gab es Suppe, gepökeltes Rindfleisch und Reis sowie anschließend geschmorte Früchte – vorüber, als am Horizont eine Rauchfahne gesichtet wurde.

Es war der britische Trampdampfer RIBERA der Bolton Steam Shipping Co. Ltd., gebaut 1904 auf der Werft von J.L. Thompson & Sons Ltd. in Sunderland. Der Einschraubendampfer mit einer registrierten Tonnage von 3500 BRT war unter dem Kommando von Kapitän James Isdale auf dem Weg von Alexandria nach Batavia (heute Jakarta). Bolton-Schiffe hatten schwarze Rümpfe und schmucklose schwarze Schornsteine. Obwohl die RIBERA in Ballast fuhr, hatte sie eine große Menge Proviant an Bord, der die Seeleute der EMDEN in Entzücken versetzte und übernommen wurde, ehe der Dampfer durch Öffnen der Seeventile und durch Sprengpatronen, unterstützt durch ein paar Granaten in die Wasserlinie, versenkt wurde. Die RIBERA sank auf der Position 7°30'N 75°26'O.

In den Abendstunden gegen 21.10 Uhr brachte die EMDEN den britischen Dampfer FOYLE auf 7°56'N 74°5'O auf, fertiggestellt im April 1902 auf der Werft von J.L. Thompson & Sons Ltd. in Sunderland für die Reederei Mercantile Steamship Co. Ltd. in London. Kapitän William Gibson war mit seinem 4147 BRT großen Einschraubendampfer, der in Ballast fuhr, von Port Said über Aden und Colombo unterwegs nach Rangun. Die Versenkung des Schiffes verzögerte sich, da die EMDEN die Verfolgung eines hell erleuchteten Schiffes, das inzwischen aufgetaucht war, in der Hoffnung aufnahm, einen wertvollen Postdampfer zu kapern. Tatsächlich war die DJOCJA ein Postdampfer – aber leider ein niederländischer und daher unantastbar neutral.

In den späten Abendstunden des 28. Spetember gegen 23.30 Uhr wurde auch der Dampfer GRYFEVALE mit allen Gefangenen an Bord, darunter auch der aufsässige Kapitän der TYMERIC und sein Erster Maschinist, entlassen. Die bisherigen britischen Gefangenen brachten drei Hurras nacheinander auf FKpt. v. Müller, seine Offiziere und die EMDEN aus, genau wie dies auch einige Tage früher bei der KABINGA der Fall gewesen war. Nach einer letzten Kohlenübernahme in den Malediven wurde auch das seitherige Begleitschiff MARKOMANNIA entlassen. Die EMDEN steuerte weiterhin einen südlichen Kurs. Mehrere mit Instandsetzungsarbeiten und Ausbildungsdienst ausgefüllte Tage gingen ereignislos vorüber.

Am 9. Oktober 1914 warfen EMDEN und BURESK um 06.30 Uhr Anker vor Diego Garcia, dem Hafen des Tschagos-Archipels. Endlich konnten der Schiffskörper des deutschen Kreuzers abgekratzt, die Aufbauten neu gestrichen und die Kessel gereinigt werden. Diego Garcia lag so weit von der Zivilisation entfernt, daß dort noch niemand etwas vom Kriegsausbruch gehört hatte. Daher erklärte FKpt. v. Müller den Zustand seines Schiffes als Folge einer längeren Weltreise und schwerer Stürme. Am 10. Oktober gegen Mittag verließen die beiden Schiffe wieder den Hafen – und zwei Tage später trafen dort der Panzerkreuzer HAMPSHIRE und der Hilfskreuzer EMPRESS OF RUSSIA ein. Wieder einmal hatte die EMDEN Glück gehabt.

Draußen im Indischen Ozean sichteten die wachsamen Ausgucks auf der EMDEN am 15. Oktober 1914 gegen 23.00 Uhr auf der Höhe des Miladu-Madu-Atolls, eine der nördlichsten Inseln der Malediven, die Lichter eines Dampfers. Kurz nach Mitternacht wurde das Schiff auf der Position 8°10'N 73°11'O aufgebracht – Cayzer, Irvine & Company war die einzige Reederei, die durch den deutschen Kreuzer zwei Schiffe verlor. 1902 auf der Werft von William Doxford & Sons Ltd. in Sunderland für die Clan Steamship Line in London gebaut, war die 3948 BRT große CLAN GRANT, ein Einschraubendampfer – ein sog. »Turmschiff« – entworfen worden, um die nach der Decksbreite bemessenen Kanalgebühren für die Passage des Suez-Kanals durch Verkleinern der Decksbreite zu verringern. Der Trampdampfer war unter dem Kommando von Kapitän Norman Leslie auf dem Wege von Liverpool über Colombo nach Kalkutta. Er hatte eine wertvolle Stückgutladung an Bord, darunter Porzellan, Schreibmaschinen und Nahrungsmittel sowie Vieh. Dies bewog FKpt. v. Müller, die CLAN GRANT bis zum nächsten Tag mitzunehmen.

Am nächsten Morgen um 07.00 Uhr begann das Übernehmen des für die EMDEN brauchbaren Teils der Ladung. Diese Arbeit mußte unterbrochen werden, als gegen 10.00 Uhr eine Rauchwolke über dem Horizont auftauchte. Der Kreuzer nahm sofort Fahrt auf. Als sich die Entfernung verringerte, meldete der Ausguck im Krähennest, daß er einen einzelnen Mast erkennen könnte, der sehr seltsam hin- und herschwankte. Besorgt darüber, daß es sich um einen Zerstörer handeln könnte, ließ FKpt. v. Müller »Klarschiff zum Gefecht!« anschlagen.

Wie betrunken in der ozeanischen Dünung rollend, wälzte sich das sonderbarste aller Opfer der EMDEN auf 8°21'N 72°24'O in Sichtweite. Vom Schiffahrtsamt des Hafens Launceston auf Tasmanien von Ferguson Brothers in Port Glasgow gekauft, torkelte der

473 BRT große Zweischrauben-Bagger PONRABBEL mit vier Knoten durch die See, die bereits einen Vorgänger verschlungen hatte.

Von dem unermüdlichen ObltzS.d.R. Lauterbach angeführt, ging ein Prisenkommando an Bord der PONRABBEL, nur um festzustellen, daß Kapitän Edwin Gore und seine Männer ihre Sachen schon gepackt hatten und bereit waren, von Bord zu gehen. Kapitän Gore erklärte, daß infolge des Untergangs des Vorgängers alle im voraus bezahlt worden wären und sich freuten, von Bord zu kommen. PONRABBEL erhielt ein paar wohlgezielte Granaten und nach einem kurzen Verharren kippte der Bagger um und ging nach einer Weile unter. Kurz darauf fand auch die CLAN GRANT ihr nasses Grab.

Um 23.15 Uhr – immer noch der 16. Oktober 1914 – kamen weitere Lichter in Sicht und mit der Morselampe wurde kurz nach Mitternacht auf 8°16'N 72°55'O etwa 60 Seemeilen nordnordwestlich der Insel Minikoi ein großer Frachter angehalten. Der in Leith registrierte, 4806 BRT große Einschrauben-Trampdampfer BENMOHR der Reederei William Thomson & Co. Ltd. (»The Ben Line«) war im September 1912 bei der Scott's Shipbuilding & Engineering Company in Greenock fertiggestellt worden. Als eines der letzten Schiffe einer aussterbenden Art stellte der Klipperbug ein elegantes Vermächtnis der Segelschiffsära dar. Die BENMOHR mit ihrem schwarz angestrichenen Schiffsrumpf beförderte 5000 ts Ladung – darunter Kraftfahrzeuge, Fahrräder, ein Motorboot und Maschinenteile – unter Führung von Kapitän James Larchet von London nach Penang (heute Pinang) und Yokohama. Sehr bald folgte das Schiff den vorausgegangenen zwölf Opfern der EMDEN auf den Meeresgrund.

Nach dem Anhalten des neutralen spanischen Postdampfers FERNANDO PO am 17. Oktober 1914 hoffte die EMDEN-Besatzung für den nächsten Tag, den 18. Oktober, auf einen ruhigen Sonntag. Die Offiziere hatten sich nach dem Gottesdienst zu einem Frühschoppen in der Offiziersmesse versammelt. Doch es dauerte nicht lange, da wurde FKpt. v. Müller gegen 11.30 Uhr das Insichtkommen einer Rauchwolke an Steuerbord voraus gemeldet. Als die EMDEN zur Verfolgung ansetzte, war vom Schiff selbst noch nichts zu erkennen. Dann erschien ein gewaltiger Schornstein über dem Horizont, dessen Blau ein Schiff von Alfred Holt verriet: einen »Blue Funnel Liner«. Auf der EMDEN war man im Bewußtsein, daß Holt nur eindrucksvolle Schiffe gehörten, außer sich vor Freude.

Der Neuankömmling war die TROILUS, nur wenige Wochen vor dem Ausbruch des Krieges von der Werft Hawthorne, Leslie & Co. Ltd. in Newcastle-upon-Tyne an die Reederei Ocean Steamship Co. Ltd. (Alfred Holt & Co. Ltd.) in Liverpool abgeliefert. ObltzS.d.R. Lauterbach ging mit dem Prisenkommando hinüber und meldete anschließend, daß der 7562 BRT große Einschraubendampfer unter dem Kommando von Kapitän George W. Long mit Passagieren und einer wertvollen Ladung aus Kupfer, Zink und Gummi auf dem Wege von Yokohama nach London war – noch dazu auf der Rückreise seiner Jungfernfahrt. Die TROILUS war eines von zehn Schwesterschiffen, allesamt zwischen 1913 und 1917 für Holt gebaut (einschließlich eines Ersatzbaus unter demselben Namen); sie fuhren unter den Flaggen der Blue Funnel Line, der Ocean Steamship Company oder der China Mutual Steam Navigation Company.

Als ObltzS.d.R. Lauterbach an Bord der TROILUS stieg und das Deck betrat, wurde er warmherzig von einem einzelnen weiblichen Passagier begrüßt: *»Hallo, Mr. Lauterbach, how are you?«* Zum erstenmal, so erinnerten sich die Offiziere der EMDEN mit Vergnügen, war der schlagfertige Seebär sprachlos gewesen. Kurz vor Ausbruch des Krieges war die Dame auf der STAATSSEKRETÄR KRAETKE unter Lauterbachs Kommando Passagier gewesen und hatte sogar an der Kapitänstafel gesessen. Oben auf der Brücke kochte Kapitän Long inzwischen vor ohnmächtiger Wut. Sein brandneues Schiff hatte eine 30 sm nördlicher verlaufende Route genommen, die von den Verantwortlichen der Royal Navy in Colombo als sicher empfohlen worden war.

Mit der TROILUS im Gefolge nahm die EMDEN einen östlichen Kurs. Noch am selben Tag – dem 18. Oktober 1914 – sichtete der deutsche Kreuzer gegen 21.00 Uhr ein Schiff, das ungewöhnlicherweise ohne Richtlicht fuhr. Vorsichtshalber ließ FKpt. v. Müller »Klarschiff zum Gefecht« anschlagen. Mit der Morselampe angerufen, stellte sich dann jedoch heraus, daß es sich um die in Liverpool registrierte SAINT EGBERT handelte. Auf der Werft von Russell & Co. in Port Glasgow für die British & Foreign Steamship Co. Ltd. gebaut, fuhr der Frachter für die Reederei Rankin, Gilmour & Company. Der unter der Führung von Kapitän William Barr stehende, 5596 BRT große und 128,90 m lange Einschraubendampfer wurde auf der Position 81°16'N 75°7'O angehalten. Für den deutschen Kreuzer bedauerlich war das Schiff von Colombo nach New York bestimmt und führte eine aus Zucker und Stückgut bestehende Ladung, die amerikanisches Eigentum war.

FKpt. v. Müller entschloß sich, den Neuankömmling als »Lumpensammler« zu verwenden, um die Einquartierung an Bord der BURESK zu verringern, und befahl der SAINT EGBERT zu folgen. Noch in derselben Nacht – gegen 00.30 Uhr am 19. Oktober 1914 – kamen weitere Lichter in Sicht. Mit der Schiffssirene und der Morselampe wurde der Kohlendampfer EXFORD der Reederei Tatem Steam Navigation Company mit einer Ladung aus 5500 ts bester Cardiff-Kohle, unterwegs von Großbritannien nach Indien in Charter der britischen Admiralität, auf 8°39'N 75°7'O angehalten und angewiesen, ebenfalls zu folgen. Dieser 4542 BRT große Einschraubendampfer konnte eine Höchstgeschwindigkeit von 12 kn erreichen und war 1911 auf der Werft von Craig, Tylor & Company in Stockton-on-Tees fertiggestellt worden.

Sobald die Morgendämmerung heraufzog, begann die Proviantübernahme aus der TROILUS. Die am Tag vorher in schweren Regenböen außer Sicht gekommene SAINT EGBERT tauchte um 07.00 Uhr ebenfalls wieder auf und hatte die Besatzung und die Passagiere der TROILUS zu übernehmen. Auch die bisher auf der BURESK untergebrachten Besatzungen der CLAN GRANT, PONRABBEL und BENMOHR wurden zu ihr hinübergeschafft. Inzwischen war gegen 08.00 Uhr eine weitere Rauchfahne in Sicht gekommen und der deutsche Kreuzer, nur noch spärlich mit Seeoffizieren besetzt und eines Teiles seiner Mannschaften beraubt, nahm die Verfolgung auf.

Als die EMDEN gegen 10.00 Uhr zurückkehrte, hatte sie die CHILKANA der British India Steam Navigation Company bei sich, aufgebracht auf 9°22'N 75°4'O und mit einer gemischten Ladung von der Tees-Mündung und von London nach Kalkutta unterwegs. Kapitän James Archdeacon hatte Grund, wütend zu sein; auch sein Schiff – sogar noch neuer als die TROILUS – befand sich ebenfalls auf der Jungfernreise.

Möglicherweise war die CHILKANA das unglücklichste Opfer der EMDEN, denn das 5146 BRT große Einschraubenschiff war erst ein paar Tage alt, als es gekapert worden war und im Nine Degree Channel im Arabischen Meer versenkt wurde. Auf der Werft von William Gray & Co. Ltd. in West Hartlepool als eines von vier ähnlichen Schiffen, gebaut zwischen 1912 und 1914, in den ersten Septembertagen des Jahres 1914 abgeliefert, hatte seine Reisegeschwindigkeit elf Knoten betragen. Die Erprobungsfahrten hatten 12,75 kn erbracht.

Da die CHILKANA über wesentlich mehr Proviant als die TROILUS verfügte, wurde die Übernahme aus dem Neuankömmling fortgesetzt, wobei auch die BURESK und das neue Hilfsschiff EXFORD, nunmehr unter dem Befehl von Kptlt. Gropius, sowie die SAINT EGBERT ihren Anteil erhielten. Letztere übernahm auch noch die Besatzung der CHILKANA und wurde am Spätnachmittag – immer noch der 19. Oktober 1914 – zum Anlaufen eines indischen Hafens entlassen. Inzwischen hatte das Versenkungskommando seine Arbeit an Bord des Holt-Dampfers verrichtet und die Sprengpatronen gezündet. Im Gegensatz zu vielen der vorher versenkten Schiffe wies die TROILUS eine wirksame Unterteilung auf und weigerte sich, rasch zu sinken. Zweimal mußte die EMDEN ihre Artillerie einsetzen. Doch auch dann schwamm das Holt-Schiff noch eine Zeitlang, ehe es schließlich unterging, während die CHILKANA sehr schnell sank.

Oben: Der Dampfer DEMODOCUS, ein »Blue Funnell Liner«, der Holt-Linie – eine Halbschwester der TROILUS. (National Maritime Museum, Greenwich.)

Am 21. Oktober 1914 schrieb Laurence Prosser, der Vierte Offizier der CHILKANA, an seinen Vater Thomas:
»Du wirst zweifellos inzwischen von der Versenkung der CHILKANA gehört haben und ich hoffe, dies hat Dir keinen Schrecken eingejagt. Ich schreibe diese Zeilen im Bungalow eines Herrensitzes in einem kleinen Ort namens Cochin an der indischen Westküste. Wir sind hier in der vergangenen Nacht an Bord des Dampfers ST. EGBERT angekommen, den die EMDEN gnädig verschont hat.... Nachdem wir Aden verlassen hatten, nahmen wir Kurs auf Colombo und in den ersten paar Tagen ging alles gut. Wir wußten, daß sich die EMDEN irgendwo zwischen uns und Colombo befand, und fuhren nachts abgeblendet, so daß wir in der Dunkelheit an ihr vorbeilaufen konnten. Doch wir hatten kein Glück; denn am Montag morgen gegen halb sieben – der Chief und ich waren auf der Brücke – sahen wir in der Ferne eine Rauchfahne, die sich nach etwa einer Viertelstunde als eine Anzahl Dampfer herausstellte. Der »Alte« kam herauf und meinte, es müsse ein Geleitzug sein, aber plötzlich sahen wir aus der Ansammlung von Schiffen heraus einen Drei-Schornstein-Kreuzer mit hoher Fahrt auf uns zudampfen. Der Skipper glaubte noch, es wäre eines von unseren Kriegsschiffen, und ich bemerkte salopp zu ihm: 'Die EMDEN hat drei Schornsteine oder etwa nicht, Sir?‹ Daraufhin lachte er. Jedenfalls war er nach ein paar Minuten ganz nah an uns herangekommen und dann sahen wir zu unserem Ärger, daß er die deutsche Kriegsflagge heißte. Zum Ablaufen war es zu spät, denn wir standen mindestens 200 Meilen von Land ab und die EMDEN hatte uns bereits einen Schuß vor den Bug gefeuert und das Signal gesetzt, wenn wir funken sollten, würde sie uns versenken. Daher war der »Alte« der Meinung, Klugheit wäre der bessere Teil der Tapferkeit, und stoppte die Maschinen. Inzwischen hatte die EMDEN eines ihrer Boote ausgesetzt und die Bootsbesatzung kam ziemlich schnell an Bord. Der junge Leutnant, der die Führung hatte, marschierte respektvoll auf die Brücke, salutierte vor unserem »Alten« und hatte die Frechheit, ihm 'Guten Morgen, Sir!‹ zu wünschen.

Natürlich wußte der Kapitän ganz genau, daß es keinen Zweck hatte, Wirbel zu machen, und so gingen er und der Leutnant hinunter in den Salon. Dort rauchten sie, tranken einen Schluck Whiskey und besprachen die Angelegenheit.

Mittlerweile hatten die Deutschen das Schiff übernommen und wir folgten der EMDEN im Kielwasser zu ihrer Schlachtbank. Uns wurde gesagt, wir sollten unsere persönlichen Habseligkeiten zusammenpacken, so geschickt wir das könnten, und in den Rettungsbooten verstauen, alles bereit zum Verlassen des Schiffes. Unsere gesamten Kulis [der chinesische Teil der Besatzung] wurden auf eines der anderen Schiffe gebracht, das in der Nähe lag – zusammen mit den meisten Weißen, die zweifellos der Meinung waren, sie [die Deutschen] wollten uns dort versenken, bestärkt durch die Eile bei ihnen. Zusammen mit dem Ersten Offizier und dem Skipper blieb ich zurück und der deutsche Offizier bedachte uns mit einem gutmütigen Lächeln. Es besteht kein Zweifel darüber, die Deutschen benahmen sich wie Gentlemen. Sie scherzten mit uns, boten uns Zigarren u. a. an und sprachen nie über den Krieg oder machten eine unangenehme Bemerkung. Einer unserer Passagiere zum Beispiel hatte ein Motorrad an Bord und glaubte, es zurücklassen zu müssen, als einer der deutschen Offiziere seinen Männern befahl, es an Bord eines Spezialbootes zu hieven, damit es nicht beschädigt wurde. Wir wurden dann auf eines der gekaperten fünf Schiffe gebracht und von dort hatte ich eine Aussicht, an die ich mich erinnern werde, so lange ich lebe.

Als erstes näherte sich die EMDEN einem großen »Blue Funnel Liner« bis auf zwanzig Meter [sic] und feuerte vier Schuß in ihn hinein. Es war ein gräßlicher Anblick, wie er allmählich immer tiefer ins Wasser sackte.

Das Schiff sackte tiefer und schien dann innezuhalten, so daß die EMDEN zwei weitere Schüsse abgab. Danach sackte der Dampfer erneut allmählich tiefer, bis er schließlich überrollte, über die Seite kenterte und mit dem Bug voran in die Tiefe ging. Sein Heck beschrieb in der Luft noch einen Halbkreis und verschwand. Seine Ladung hatte einen Wert von einer Million Pfund Sterling, ein neues Schiff und wie die CHILKANA auf ihrer Jungfernreise.

Dann kam die CHILKANA an die Reihe, nachdem unsere gesamten Vorräte von Bord gebracht worden waren. Der gesamte Vorgang wiederholte sich, aber unser Schiff ging nach 20 Minuten unter, wohingegen der »Blue Funnel Liner« geschlagene fünf Stunden gebraucht hatte. Wir hatten einen großartigen Überblick, da wir uns nur 30 Meter [sic] entfernt befanden. Jetzt waren nur noch drei

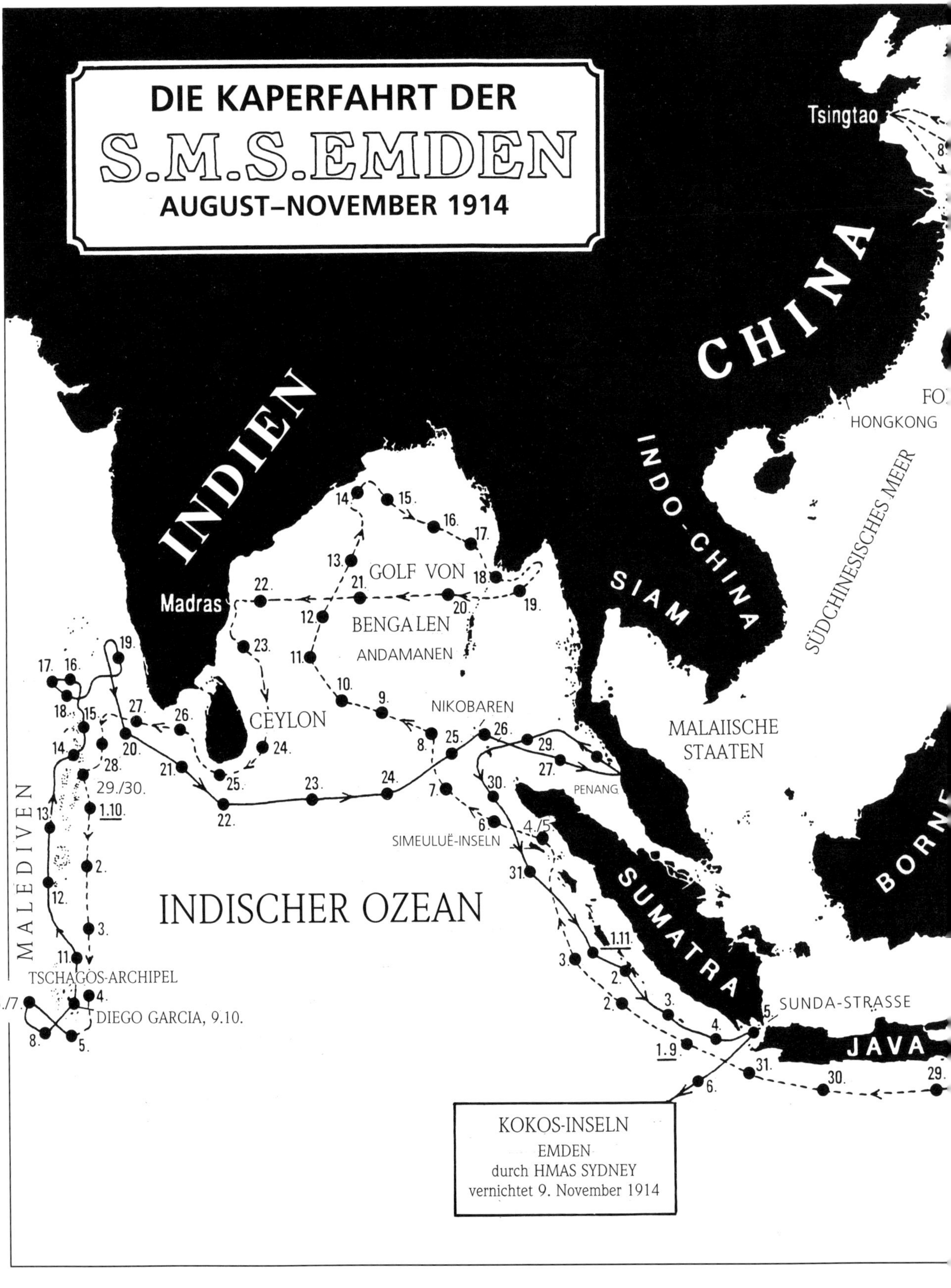
DIE KAPERFAHRT DER
S.M.S. EMDEN
AUGUST–NOVEMBER 1914
CHINA
INDIEN
Tsingtao
HONGKONG
SÜDCHINESISCHES MEER
INDO-CHINA
SIAM
GOLF VON BENGALEN
ANDAMANEN
Madras
CEYLON
NIKOBAREN
MALAIISCHE STAATEN
PENANG
SIMEULUË-INSELN
SUMATRA
BORNEO
JAVA
SUNDA-STRASSE
MALEDIVEN
TSCHAGOS-ARCHIPEL
DIEGO GARCIA, 9.10.
INDISCHER OZEAN
KOKOS-INSELN
EMDEN
durch HMAS SYDNEY
vernichtet 9. November 1914

Golf von Aden verlegen wollte. Die beiden Begleitschiffe wurden deshalb kurz vorher zu verabredeten Treffpunkten entlassen.

Am 9. November 1914 um 06.00 Uhr erschien der deutsche Kreuzer vor der nördlichsten der Cocos-Inseln (North Keeling) und warf um 06.30 Uhr in Port Refuge Anker, dem Ankerplatz vor Direction Island im Bereich der South-Keeling-Inseln. Den Befehl über das Landungskommando erhielt der Erste Offizier der EMDEN, Kptlt. Hellmuth v. Mücke, der als Belohnung für den Erfolg von Penang die besten Leute auswählte, insbesondere längerdienende Mannschaften. Der Rollenoffizier, LtzS. Fikentscher, erhob gegen die Abwesenheit der erfahrensten Richtkanoniere (Aufsatzeinsteller) Einwände, wurde aber von Fkpt. v. Müller mit der Begründung beruhigt, daß die Männer bald zurückkehren würden. Um 06.33 Uhr legte die Dampfpinnaß mit den beiden Kuttern im Schlepp ab und fuhr mit Höchstgeschwindigkeit auf Direction Island zu. Das Landungskommando bestand neben Kptlt. v. Mücke aus den Leutnants z.S. Eugen Gyssling und Roderich Schmidt sowie aus 32 Mann des seemännischen und 15 Mann des technischen Personals. Um gegen einen möglichen Widerstand gewappnet zu sein, führte der Landungszug des Kreuzers vier 8-mm-Maxim-Maschinengewehre und eine Anzahl Handfeuerwaffen mit.

Die von der EMDEN gesendeten Funksprüche an den Kohlendampfer BURESK waren von der Funkstation auf Direction Island bereits registriert worden. Als die Funker der EMDEN deren Aufforderung zur Identifizierung nicht beantworteten, hatte offensichtlich ein Blick in See genügt, um zu erkennen, daß irgend etwas nicht stimmte; denn plötzlich begann die Funkstation zu senden: »SOS! Fremdes Schiff in der Einfahrt.» Diesen Hilferufen folgten bald weitere: »SOS! EMDEN hier.« Die Funker der EMDEN versuchten, das Senden der britischen Funkstation nach besten Kräften zu stören.

Noch ehe der Landungszug des deutschen Kreuzers die Funkstation erreichte – der Funkmast stürzte erst kurz nach 07.00 Uhr zusammen –, wurden die Funksprüche an Bord des Kreuzers HMAS MELBOURNE und des Bucknall-Dampfers KAROO empfangen, die zu einem Truppentransport-Geleitzug auf dem Wege von Australien nach Großbritannien gehörten, der weniger als 60 sm von Direction Island entfernt stand.

Captain Silver, der Kommandant der MELBOURNE und gleichzeitig Führer der Geleitsicherung, entsandte sofort den Leichten Kreuzer SYDNEY, um aufzuklären. Der australische Kreuzer versuchte, mit Direction Island Funkverbindung aufzunehmen; dieser Funkverkehr wurde von den Funkern der EMDEN aufgenommen. Die schwachen Funksignale deuteten darauf hin, daß sich der Sender in mindestens 200 sm Entfernung befand. Daher machte sich FKpt. v. Müller keine weiteren Sorgen und unternahm den Versuch, die BURESK zur Kohlenübernahme herbeizurufen.

Die Stage, die die hohen Schornsteine der EMDEN stützten, waren bereits entfernt worden, da sie die Kohlenübernahme behindern würden. Kurz nach 09.00 Uhr meldete der Ausguck im Krähennest des Fockmastes eine Rauchfahne. Allmählich wurde aus der Rauchfahne ein Schiff mit einem einzelnen Schornstein und zwei hohen Masten, eine Beschreibung, die auf den erwarteten Kohlendampfer paßte. Der Kommandant der BURESK, Kptlt.d.R. Klöpper, hatte den Befehl erhalten, so rauchlos wie möglich zu fahren, und so wurde an Bord der EMDEN angenommen, daß der ein paar Tage zuvor aufgetretene schwelende Kohlenbrand im Laderaum, der durch Selbstentzündung entstanden war, noch nicht gelöscht werden konnte.

Der Adjudant des Kommandanten, LtzS. Albert v. Guérard, stieg ins Krähennest des Fockmastes, um das gesichtete Schiff in Augenschein zu nehmen. Niemand machte sich Sorgen. Um 09.12 Uhr stellte LtzS. v. Guérard fest, daß das vorher nur schwer auszumachende Schiff nicht nur zwei nach achtern geneigte Masten sondern auch vier Schornsteine hatte und überdies sehr rasch näherkam. Um 09.13 Uhr ertönte die Schiffssirene, unterstützt durch ein an der Signalrah des deutschen Kreuzers vorgeheißtes Flaggensignal um 09.15 Uhr, um das Landungskommando zurückzurufen. Zwei Minuten später, um 09.17 Uhr, schrie LtzS. v. Guérard zur Brücke herunter, daß das Kriegsschiff – inzwischen klar als Kreuzer erkannt – in den Toppen Gefechtsflaggen gesetzt hätte; es führe drei »White Ensigns« und eine »große blaue Flagge«, in der Folge als die australische Flagge identifiziert. HMAS SYDNEY hatte die Funkstation auf Direction Island über Funk nur mit halber Leistung angerufen und auf diese Weise den deutschen Kreuzer in Sicherheit gewiegt.

Den Landungszug zurücklassend – und mit ihm die Geschützspezialisten und die besten Leute des seemännischen und technischen Personals –, da dem Rückrufsignal nicht so schnell Folge geleistet werden konnte, ließ FKpt. v. Müller den Anker lichten und verließ um 09.30 Uhr mit seinem Kreuzer den Ankerplatz. Der Ablauf des letzten Gefechtes der EMDEN ist in der Vergangenheit sehr häufig aus deutscher Sicht dargestellt worden. Hier eine Schilderung der Vorgänge durch Bennet Copplestone, einem australischen Journalisten:

»Der Leichte Kreuzer SYDNEY, 1913 als australische Einheit fertiggestellt, ist sehr schnell und weist eine hohe Kampfkraft auf. Er verdrängt 5600 ts, besitzt einen Klipperbug und die Linien einer Jacht. Wenn Öl über seine Kohlenfeuerungen gesprüht wird, erreicht der Kreuzer eine Geschwindigkeit von mehr als 25 kn. An Bewaffnung führt er an Deck acht 15,2-cm-Geschütze des jüngsten Modells: eines auf der Back, eines achtern und je drei in der Seite, so daß die SYDNEY gleichzeitig mit fünf Geschützen nach jeder Seite querab feuern kann. Jede der mit Lyddit gefüllten Granaten wiegt 45,36 kg.... Geschwindigkeit und Feuerkraft – in Verbindung mit der Vereinfachung der Feuerleitung, die Geschütze eines einheitlichen Kalibers erbringen – sind die Grundsätze, nach denen die Schiffe der 'Neuen Marine‹ gebaut worden sind und kraft deren sie die Meere beherrscht. Die SYDNEY war der EMDEN an Kampfkraft überlegen; letztere führte zehn 10,5-cm-Geschütze, die 17,24 kg schwere Granaten verschossen. Der deutsche Handelsstörer war in tropischen Gewässern vor dreieinhalb Monaten zum letztenmal im Dock gewesen und der Schiffsboden wies einen starken Bewuchs auf; dies verringerte die Geschwindigkeit des deutschen Kreuzers im Gefecht.... Er erreichte nie mehr als 16 Knoten. Daher war ihm die SYDNEY an Geschwindigkeit und Feuerkraft weit überlegen.

Vor dem Fockmast [der HMAS SYDNEY] befindet sich der gepanzerte Kommandostand,... für die Schiffsführung durch den Kommandanten im Gefecht entworfen. Vor dem Kommandostand erhebt sich zwei Decks hoch der Brückenaufbau; der obere Teil ist die Gefechtsstation des Artillerieoffiziers. In etwa 15 Metern Höhe ist der Fockmast mit einem weiteren Leitstand ausgestattet; dort befindet sich zur Artilleriebeobachtung die Gefechtsstation des Fleckeroffiziers. Diese Verteilung von Schiffsführung und Artillerieleitung mag sehr hübsch und wissenschaftlich aussehen, aber Captain Glossop [der Kommandant der SYDNEY], der dieses System erprobt hatte, zog es vor, ein Gefecht nach seinem eigenen System zu führen.... Glossop stellte sich auf dem oberen Teil der Brücke neben seinen Artillerieoffizier, Lieutenant Rahilly, und zwischen ihnen und den feindlichen Granaten befand sich nur ein schwacher Schutzschirm aus Segeltuch. Neben diesen beiden Offizieren stand noch ein Lieutenant, der für bestimmte Instrumente verantwortlich war. Im hinteren Teil der oberen Brücke, die eine Abmessung von etwa 3 x 2,5 m hatte, befand sich auf einem Podest das Haupt-E-Meßgerät mit einem Sitz an seiner Rückseite für die Bedienung. Diese Konzentration von Schiffsführung und Artillerieleitung auf der exportierten oberen Brücke hatte ihre Risiken, wie in der Folge zu sehen sein wird, aber sie vereinfachte und beschleunigte die Führung des Schiffes in Verbindung mit der Leitung der Artillerie. Ein zweiter Artillerieoffizier, Lieutenant Geoffrey Hampden, war für den achteren Artillerieleitstand verantwortlich, wo sich noch ein zweites E-Meßgerät befand.... Der unglücklichste Offizier an Bord eines Schiffes im Gefecht ist der Vertreter des Kommandanten, der Erste Offizier – im diesem Fall Lieutenant-Commander John F. Finlayson –, der nach den Prinzipien der Marine dazu verdammt ist, sich sicher und unrühmlich im unteren Kommandostand aufzuhalten, obwohl er dort wichtige Aufgaben erfüllen mußte.

Um 09.15 Uhr kam Land in etwa zehn Seemeilen Entfernung in Sicht und fünf Minuten später war ein Kreuzer mit drei Schornsteinen zu sehen, der seinen Ankerplatz verließ und sofort als die EMDEN erkannt wurde. Auf der SYDNEY ertönt das Hornsignal »Klarschiff zum Gefecht!« und in den nächsten zwanzig Minuten vollzieht sich ruhig und planmäßig die Tätigkeit aller auf den Gefechtsstationen. Für die EMDEN bedeutet das plötzliche Erscheinen der SYDNEY eine vollkommene Überraschung. Ihr aus drei Offizieren und 40 Mannschaften [sic] bestehendes Landungskommando befindet sich noch an Land und muß zurückgelassen werden, wenn ihr Schiff eine – wenn auch nur dürftige – Chance erhalten soll zu entkommen. Fregattenkapitän von Müller erkennt sofort klar, daß die SYDNEY weit schneller und stärker bewaffnet ist als sein eigenes Schiff. Seine einzige Chance besteht darin, rasch gegen seinen unerwarteten Gegner vorzugehen und bis zum äußersten die Geschicklichkeit seiner gut ausgebildeten Geschützbedienungen und ihre Schnelligkeit im Bedienen der Schnellfeuerkanonen einzusetzen. Wenn er die SYDNEY mit einem Hagel von Granaten überschütten kann, ehe sie ernsthaft zurückschlägt, könnte er sie so schwer beschädigen, daß ein Entkommen möglich wird. Auf seine Torpedowaffe kann er nicht zählen, denn – obwohl noch drei Torpedos vorhanden sind – sein Torpedoraum ist außer Gefecht gesetzt. Im schnellen und gutliegenden Artilleriefeuer sowie in einer kühnen und rasch vorgetragenen Offensive kann die Sicherheit liegen; es gibt keine andere Möglichkeit. Daher läuft er mit der EMDEN aus und hält mit hoher Fahrt, so gut er kann, direkt auf die SYDNEY zu. 15 Minuten lang decken die Geschütze der EMDEN den gegnerischen Kreuzer mit gutliegenden Salven ein.»

Die Geschützbedienungen der EMDEN waren gut eingeübt und zwangen den australischen Kreuzer bald, sich aus der Reichweite der deutschen Geschütze zurückzuziehen; aber die erfahrensten Richtkanoniere befanden sich mit dem Landungszug an Land. Außerdem lag einer der Hauptgründe dafür, daß FKpt. v. Müller zum Angriff überging – obwohl er kaum eine andere Möglichkeit hatte – in der Tatsache, daß an Bord der EMDEN der australische Kreuzer zögernd als HMS NEWCASTLE identifiziert worden war. Diese Annahme wurde durch die Beobachtung gestützt, daß der Gegner anfangs nur mit dem Bug- und dem Heckgeschütz schoß. Die NEWCASTLE war älter als die SYDNEY und schwächer bewaffnet; ihre beiden 15,2-cm-Geschütze (eines vorn und eines achtern) waren den deutschen 10,5-cm-Geschützen an Reichweite überlegen und verschossen eine sehr viel schwerere Granate. Doch die deutschen Geschütze waren den 10,2-cm-Geschützen überlegen, aus denen die restliche Bewaffnung der NEWCASTLE bestand.

FKpt. v. Müller war der Auffassung, daß der deutsche Kreuzer gegen die NEWCASTLE eine gute Chance hätte. Doch als die Wassersäulen der ersten Vollsalven, die die SYDNEY feuerte, bei der EMDEN in die Höhe stiegen, offenbarten sie eine ganze Batterie großkalibriger Geschütze und der deutsche Kommandant erkannte klar die Stärke seines Gegners.

Die Aussagen einiger deutscher Überlebender – so zum Beispiel die des Leutnants zur See Franz Joseph Prinz v. Hohenzollern-Sigmaringen oder die des Torpedomaschinistenmaates Ernst Püschel – ergaben, daß nicht nur der Torpedoraum voll gefechtsbereit von Anfang an war, sondern daß auch das Torpedopersonal bis in eine verhältnismäßig späte Phase des Gefechtes hinein darauf wartete, die Torpedos loszumachen[83]. Bennet Copplestone fährt fort:

»Als sich die beiden Kreuzer zum erstenmal zu Gesicht bekommen, beträgt die Entfernung 18 000 m. Doch da sich beide einander schnell nähern, sinkt sie rasch auf 9600 m.... Zum Erstaunen sowohl des Kommandanten wie auch des Artillerieoffiziers der SYDNEY, die zusammen von der oberen Brücke aus das Geschehen beobachten, eröffnet FKpt. v. Müller das Feuer... und seine erste Salve schlägt nur etwa hundert Meter entfernt ein. Der deutsche Kreuzer schießt wunderbar. Seine nächste Salve liegt etwas zu weit und mit der dritten beginnt er, Treffer zu erzielen. Aufgrund der großen Entfernung fallen die Granaten der EMDEN steil ein – in ei-

nem Winkel von dreißig Grad –, detonieren selten und prallen von der Wasseroberfläche nicht ab. Wie ein Hagel jaulen sie über die Köpfe hinweg, plumpsen auf allen Seiten in die See und schlagen von Zeit zu Zeit schmetternd an Bord ein. Eine der Granaten erreicht die obere Brücke, fliegt in nur dreißig Zentimeter Entfernung an Lieutenants Rahillys Kopf vorbei, trifft das Podest des großen E-Meßgerätes, prallt ab, ohne zu detonieren, reißt dem E-Meßgasten ein Bein ab und verschwindet über Bord in der See. Wenn diese Granate detoniert wäre, hätte sie Captain Glossop und seinen Artillerieoffizier sowie auch den anderen Lieutenant auf der Brücke entweder getötet oder schwer verwundet.... Keiner von ihnen war mehr als zwei Meter von der Stelle entfernt, wo die Granate in ihrer Mitte einschlug. Das Haupt-E-Meßgerät wurde zerstört und seine Bedienung getötet, aber die übrigen blieben unverletzt. Wenige Minuten später treffen zwei, möglicherweise drei Granaten den achteren Artillerieleitstand. In seinem Inneren werden alle verwundet und der Feuerleitstand ist [augenblicklich] außer Gefecht.»

Die SYDNEY zog einen sehr glücklichen Nutzen aus der etwas ungenauen Zündereinstellung bei den Granaten der EMDEN. Kurze Zeit nach dem deutschen Kreuzer eröffnete auch der australische das Feuer. Die erste Salve lag erheblich zu weit, die zweite gabelte die EMDEN ein und die dritte lag deckend. Die inzwischen erfolgte Zerstörung des Haupt-E-Meßgerätes auf dem Signaldeck sowie das Außer-Gefecht-Setzen des achteren Artillerieleitstandes der SYDNEY verringerte zeitweilig die Wirksamkeit ihres Artilleriefeuers. Obwohl es Lieutenant Rahilly gelang, eine sorgfältige Artilleriebeobachtung sicherzustellen, wurde es schwierig, Treffer zu erzielen. Durch das genau liegende deutsche Artilleriefeuer zeitweilig verwirrt – das australische Schiff wurde in den ersten fünfzehn Minuten des Gefechtes mindestens zehnmal getroffen – und hinsichtlich des Einsatzes von Torpedos besorgt, ließ Captain Glossop die Gefechtsentfernung nie unter 7000 m fallen. Dies ermöglichte es ihm, seine 15,2-cm-Geschütze von der Reichweite her in Verbindung mit der Durchschlagskraft der 45,36 kg schweren Granaten optimal einzusetzen. Bennet Copplestone berichtet, daß

»die EMDEN im Verlaufe der sich lange hinziehenden zwei Stunden ihres hoffnungslosen Kampfes immer wieder getroffen wurde. Nach zwanzig Minuten war... der vordere Schornstein zusammengestürzt und im Achterschiff brachen Brände aus. Die Rudermaschine fiel aus und der Kreuzer konnte nur noch mit den Propellern gesteuert werden. Unvermeidlich fiel gleichzeitig die Geschwindigkeit auf etwa dreizehn Knoten ab. In den ersten kritischen Minuten des Gefechtes hatte die SYDNEY die EMDEN an Backbord querab. Doch die gesamten Verluste an Bord des australischen Schiffes traten auf der Steuerbordseite bzw. in Feuerlee infolge des steilen Winkels ein, mit dem die deutschen Granaten einfielen.

Nach dreiviertelstündigem Gefecht hatte die EMDEN zwei ihrer Schornsteine und den Fockmast verloren. Achtern und mittschiffs waren heftige Brände ausgebrochen, so daß zeitweise inmitten von Dampf- und Rauchwolken nur noch die Spitze des Großmastes ausgemacht werden konnte. Die jetzt nur noch gelegentlich feuernden Geschütze der EMDEN waren an den gelben Mündungsblitzen zu erkennen, durch die sie von den langen dunkelroten Flammen der detonierenden Lyddit-Granaten der SYDNEY unterschieden werden konnten. Einmal verschwand der deutsche Kreuzer so vollständig, daß auf der SYDNEY der Aufschrei erfolgte, er wäre gesunken. Doch die EMDEN tauchte wieder auf, in Flammen stehend und beinahe hilflos. Captain Glossop, der mit seinem Kreuzer einen Halbkreis nach Backbord geschlagen hatte, verringerte die Entfernung auf 5000 m .. und entschloß sich, einen Torpedoschuß zu versuchen. Es war ein schwieriger Schuß, da der Torpedoschütze gezwungen war, den Gradlaufapparat auf einen bestimmten Winkel einzustellen und dann abzuwarten, bis die rasch drehende EMDEN in seine Peilung einlief. Doch trotz dieser Schwierigkeiten war es ein sehr guter Schuß. Der Torpedo lief direkt auf sein Ziel zu und kam dann nach einer Laufstrecke von 4500 m – der eingestellten Entfernung – plötzlich zum Stillstand. Unmittelbar nachdem er [der Torpedo] losgemacht worden war, drehte er [Glossop] mit der SYDNEY nach Steuerbord ab, vergrößerte den Abstand und nahm den verheerenden Artilleriebeschuß wieder auf. Auch die EMDEN drehte nach etwa vier Seemeilen nach Steuerbord ab. In der Erkenntnis, daß auf seinem Schiff Brände wüteten und Treffer unter der Wasserlinie Lecks gerissen hatten, wendete FKpt. v. Müller erneut, nahm Kurs auf die Insel North Keeling und setzte sein Schiff dort auf Strand.

Nachdem Captain Glossop den Kohlendampfer BURESK gejagt hatte, der sich schließlich selbst versenkte, und dessen Besatzung

Unten: Der australische Leichte Kreuzer HMAS SYDNEY (IWM, Negativ-Nr. Q 21817.)

Unten: Das vor der North-Keeling-Insel aufgesetzte Wrack der EMDEN. Der Blick geht vom achteren Peildeck über das Trümmerfeld mittschiffs zum Bug. (Australian War Museum, Canberra, Negativ-Nr. EN 399.)

Unten rechts: Der neben den Überresten der Funkanlage stehende Funker steht in Positur für die Kamera. Er hatte die Notrufe von der Direction-Insel gesendet. (Sammlung des Verfassers.)

an Bord genommen hatte, kehrte er zum Wrack der EMDEN zurück, das hilflos auf der Insel North Keeling festsaß. Der Fockmast und die Schornsteine waren umgestürzt, das tapfere Schiff war von vorn bis achtern ein Gewirr von zerbrochenem Stahl, aber der Großmast stand noch und an ihm wehte noch immer die deutsche Kriegsflagge. Solange die Flagge nicht gestrichen worden war, konnte die SYDNEY weder ein Boot senden noch sich mit der Besatzung als Kriegsgefangene befassen, die sich ergeben hatten. Eine Viertelstunde lang sendete [Captain Glossop] entsprechende Funksprüche im Internationalen Code und hißte ein Flaggensignal, aber die deutsche Kriegsflagge wehte weiterhin am Mast. Da sich FKpt. v. Müller nicht ergeben wollte, mußte er [zur erneuten Feuereröffnung] gezwungen werden, um ihn schnell und gründlich zu bezwingen. Um letzteres sicher zu erreichen, näherte sich die SYDNEY bis auf 3600 m, richtete vier ihrer Geschütze auf die EMDEN und beschoß sie, als das Ziel aufgefaßt war, von einem Ende zum anderen. Das Vernichtungswerk war entsetzlich und vermutlich fügte FKpt. v. Müllers Halsstarrigkeit seiner Besatzung größere Verluste zu als sie während des gesamten vorausgegangenen Gefechtes erlitten hatte. Diese letzten vier Schüsse verrichteten ganze Arbeit. Die Kriegsflagge wurde eingeholt und zum Zeichen der Kapitulation eine weiße Flagge gesetzt. Inzwischen war es später Nachmittag geworden.»

Als Captain Glossop über Funk und durch Flaggensignal die formelle Übergabe forderte, hatte dies FKpt. v. Müller durchaus erkannt, aber um dem nachzukommen, fehlten ihm die geeigten Möglichkeiten, und so ließ er zum britischen Kreuzer winken: *»No Signalbook!»* An Bord der SYDNEY wurde jedoch dieser Winkspruch nicht gesehen und so wurde der Beschuß wieder aufgenommen. Über die genaue Anzahl der in dieser Zeitspanne abgegebenen Schüsse bestehen Zweifel, aber vermutlich waren es zwei Salven; insgesamt acht Granaten. Im Gegensatz zu Bennet Copplestones Darstellung hatte das deutsche Schiff die schwersten Beschädigungen bereits vorher erlitten. Nach deutscher Einschätzung betrugen die zusätzlichen Verluste etwa 25 Mann an Toten und Verwundeten. Infolge der achtern wütenden Brände war der Fuß des Großmastes rotglühend und die Zerstörung der Flaggleinen verhinderte das Einholen der Kriegsflagge.

Schließlich erklomm der Matrose Arthur Werner den Großmast und ersetzte die Kriegsflagge durch eine weiße Flagge. Captain Glossop sandte LtzS. Fikentscher in einem der Boote der BURESK hinüber und ließ FKpt. v. Müller mitteilen, daß die SYDNEY zurückkehren würde, um die Überlebenden aufzunehmen, nachdem sie auf Direction Island nach dem Rechten gesehen hätte. Die meisten der deutschen Überlebenden hofften, daß Kptlt. Hellmuth v. Mücke und sein Landungszug energischen Widerstand leisten würden.

Am 10. November 1914 um 11.00 Uhr erschien die SYDNEY wieder und hatte von Direction Island einen Arzt und seine beiden Assistenten mitgebracht. Der den Kutter des australischen Kreuzers befehligende Lieutenant R.C. Garsia überreichte FKpt. v. Müller, der das Gemetzel unverletzt überstanden hatte, ein Schreiben Captain Glossops. Dieser Brief war außergewöhnlich. Er lautete wie folgt:

»Königlich-Australische Marine
H.M.A.S. SYDNEY
Auf See
9. November 1914

Bezug: -
Mein Herr!
Ich gebe mir die Ehre, Sie im Namen der Menschlichkeit aufzufordern, mir Ihr Schiff zu übergeben. Als Beweis meiner Hochschätzung Ihrer Tapferkeit darf ich die Lage wie folgt zusammenfassen:
1. Ihr Schiff ist aufgelaufen. 3 Schornsteine und 1 Mast sind umgestürzt, die meisten Geschütze unbrauchbar.
2. Sie können diese Insel nicht mehr verlassen. Mein Schiff dagegen ist intakt.
Wenn Sie sich ergeben, was für Sie – wie ich mir erlauben darf, Ihnen vor Augen zu führen – keine Schande, sondern lediglich ein Unglück darstellt, werde ich versuchen, alles für Ihre Kranken und Verwundeten zu tun und diese in ein Krankenhaus überführen.
Ich gebe mir die Ehre, mein Herr,

als Ihr ergebener Diener
JOHN A. GLOSSOP
Kapitän zur See

Dem Kommandanten
Seiner Kaiserlich
Deutschen Majestät
Schiff EMDEN»

Oben: Das Landungskommando der EMDEN bereitet sich vor, die Direction-Insel auf der 97 BRT großen Barkentine AYESHA (im Hintergrund) zu verlassen. (IWM, Negativ-Nr. Q 22706.)

Das deutsche Schiff war weitgehend zum Wrack geschossen, geschwärzt durch die achtern wütenden Brände. Die zerstörten Schornsteine lagen zusammengestürzt mittschiffs an Deck, während der Fockmast wie betrunken über die Backbordseite hing, wobei die Maststenge und die Reste der Takelage im Wasser nachschleppten. Die Liste der Gefallenen umfaßte schließlich 134 Mann: sieben Offiziere, ein Marineoberzahlmeister, vier Deckoffiziere, 25 Unteroffiziere, 92 Mannschaften, ein Zivilkoch, ein Barbier und drei chinesische Wachmänner.

Nach einem Tag entkräftender Arbeit in sengender Sonne waren alle Überlebenden bis gegen 17.00 Uhr vom deutschen Kreuzer abgeborgen. Dabei wurde festgestellt, daß es einigen der deutschen Seeleute, darunter auch Verwundeten, gelungen war, den etwa hundert Meter entfernten Strand der Insel zu erreichen. Lieutenant Garcia glückte es, in der Dunkelheit mit dem Kutter durch die Brandung zu kommen, aber es war unmöglich, die Überlebenden aufzufinden. Am Morgen des 11. November ging unter der Führung von Lieutenant Garsia und LtzS. Schall ein aus Seeleuten der SYDNEY und aus unverletzten Besatzungsangehörigen der EMDEN bestehendes Rettungskommando an Land. Sie fanden einige der Seeleute – mehrere von ihnen waren schwer verwundet. Die Toten wurden rasch im Sand bestattet und die Lebenden kehrten zur SYDNEY zurück. Captain Glossop steuerte mit seinem Schiff Colombo an, um dem Geleitzug nachzueilen, den er am Morgen des 9. November verlassen hatte.

Die Bestattung der deutschen Toten, die sich noch im Wrack der EMDEN befanden, wurde der Besatzung des alten Kanonenbootes HMS CADMUS überlassen. Im Januar 1915 erteilte die britische Admiralität der CADMUS den Befehl, die Insel North Keeling anzulaufen, um die beiden Safes und zumindest ein Geschütz zu bergen. Am 9. Februar 1915 berichtete Admiral Jerram nach London, daß mexikanische Dollar im Werte von $ 500, zwei Geschütze samt ihren Lafetten, ein Scheinwerfer und ein Torpedo aus dem Wrack geborgen werden konnten. Zumindest eines der 10,5-cm-Geschütze wurde im Londoner Hyde Park zur Schau gestellt, später aber nach Australien zurückgebracht. Das eine gehört jetzt dem Australian War Memorial in Canberra, während das andere in Sydney in einem Park steht, um nicht nur der deutschen Toten sondern auch der fünf Seeleute zu gedenken, die an Bord des australischen Kreuzers fielen.

Der deutsche Landungszug, der auf Direction Island zurückgeblieben war, hatte das beste Los gezogen. Als die Seeleute der SYDNEY auf Direction Island eintrafen, stellten sie fest, daß Kptlt. v. Mücke und seine Männer mit der 97 BRT großen Barkentine AYESHA, einem Handelsschiff, in der Weite des Indischen Ozeans verschwunden waren. Mitte Dezember 1914 traf die AYESHA vor Sumatra den NDL-Dampfer CHOISING, der die EMDEN-Seeleute im Roten Meer an der türkischen Hedschas-Küste am 8. und 9. Januar 1915 an Land setzte. Während ihre Bordkameraden auf Malta in britischer Kriegsgefangenschaft saßen, kehrte der Landungszug unter Kptlt. v. Mücke über Damaskus und Konstantinopel nach Deutschland zurück.

GREIF

23. Januar 1916–29. Februar 1916: 1 Hilfskreuzer (15 831 BRT)
Ein umgebautes Handelsschiff in einem klassischen Gefecht Schiff gegen Schiff von der Royal Navy vernichtet, ehe seine Feindfahrt richtig beginnen konnte.

Bau und Indienststellung
Typ: Hilfskreuzer.
Bauwerft: A.G. ›Neptun‹, Rostock (Bau-Nr. 340). 1915 durch die Kaiserliche Werft in Kiel als Hilfskreuzer ausgerüstet.
Reederei: EX-GUBEN der Deutsch-Australischen Dampfschiff-Gesellschaft, Hamburg.
Stapellauf: 29. Juli 1914.
Indienststellung: 23. Januar 1916.
Besatzungsstärke: 10 Offiziere und 297 Mannschaften.
Abmessungen
Registrierte Tonnage: 4962 BRT.
Einsatzverdrängung: 9900 t.
Länge über alles: 131,7 m.
Länge in der CWL: 127,4 m.
Breite: 16,46 m.
Tiefgang bei Einsatzverdrängung: 7,5 m
Bewaffnung
Artillerie: Vier 15 cm S.K. L/40 und ein 10,5 cm S.K. C/88 L/40.
Maximale Reichweite der Hauptbewaffnung: 13 700 m (15-cm-Geschütze), 12 200 m (10,5-cm-Geschütz).
Torpedorohre: Zwei 50-cm-Decksrohre an Steuerbord und Backbord vorn.
Infanteriewaffen: Maschinengewehre und Handfeuerwaffen.
Munitionsdotierung: 600 Schuß 15-cm-Granaten, 200 Schuß 10,5-cm-Granaten und zwölf 50-cm-Torpedos C/08.
Panzerschutz: Keiner.
Leistung
Antriebsanlage: Eine stehende Dreizylinder-Dreifach-Expansionsmaschine, zwei Zylinderkessel, eine Propellerwelle.
Kesseldruck: 13 atü.
Bunkerraum für Kohle: Ca. 6000 t.
Konstruktionsgeschwindigkeit: 13 kn bei einer Antriebsleistung von 3000 PSi.
Fahrstrecke: 35 000 sm bei 10 kn.

GREIF war ein interessantes und sehr charakteristisches Schiff, gebaut mit zwei Schornsteinen – sehr ungewöhnlich für einen Trampdampfer – und dem bezeichnenden deutschen Absatz zwischen den Brückenaufbauten und dem Bootsdeck mit den Schornsteinen. Nur wenige Tage vor dem Ausbruch des Ersten Weltkrieges vom Stapel gelaufen, wurde die damalige GUBEN Ende 1915 für die Kaiserliche Marine beschlagnahmt und auf der Kaiserlichen Werft in Kiel einem Umbau unterzogen. Um ihr charakteristisches Aussehen zu verändern, war es keineswegs überraschend, daß der zweite – achtere – Schornstein entfernt wurde. Zwei der 15-cm-Geschütze fanden auf dem Oberdeck zwischen dem Fockmast und dem Brückenaufbau jeweils an Steuerbord und Backbord Aufstellung. Zwei weitere 15-cm-Geschütze wurden vor dem Großmast und achteraus des Bootsdecks ebenfalls auf dem Oberdeck an Steuerbord und Backbord untergebracht, während das einzelne 10,5-cm-Geschütz mit einer Deckshausattrappe auf dem Achterdeck getarnt wurde. Die beiden 50-cm-Deckstorpedorohre befanden sich an Steuerbord und Backbord vor dem Fockmast.

Mitte Februar 1916, kurz vor dem Auslaufen zur ersten Feindfahrt, wurde GREIF in Kiel von Großadmiral Prinz Heinrich v. Preußen, Oberbefehlshaber der Ostseestreitkräfte, Admiral Bachmann, Chef der Marinestation der Ostsee, und weiterem Gefolge besichtigt. In einer unvorsichtigen Ansprache wurde über den Plan gesprochen, GREIF sollte in den Südatlantik gehen, das Kap der Guten Hoffnung runden und in den Indischen Ozean vorstoßen, um die deutsche Schutztruppe unter General v. Lettow-Vorbeck zu unterstützen, die mit großer Tapferkeit in Deutsch-Ostafrika kämpfte. Bedauerlicherweise für die GREIF lenkte dies nur die Aufmerksamkeit der Spionageringe auf ihre unmittelbar bevorstehende Ausreise.

Unter dem Kommando von Fkpt. Tietze ging der Hilfskreuzer am 25. Februar 1916 von Kiel nach Hamburg und lief von dort am 27. Februar endgültig zur Feindfahrt in Richtung Nordsee aus, getarnt als norwegischer Dampfer KENA – zum selben Zeitpunkt befand sich der Hilfskreuzer MÖWE (siehe unten) in der Gegenrichtung auf Heimreise. Es herrschte das erwünschte schlechte Wetter: mit Schneeschauern durchsetzter grauer Nebel. Doch das schlechte Wetter führte auch dazu, daß das voraus aufklärende *U 70* die Fühlung mit dem Hilfskreuzer verlor. In der Folge meldete das deutsche U-Boot die Sichtung eines britischen Unterseebootes; dieses könnte das Auftauchen der GREIF an die britische Admiralität gemeldet ha-

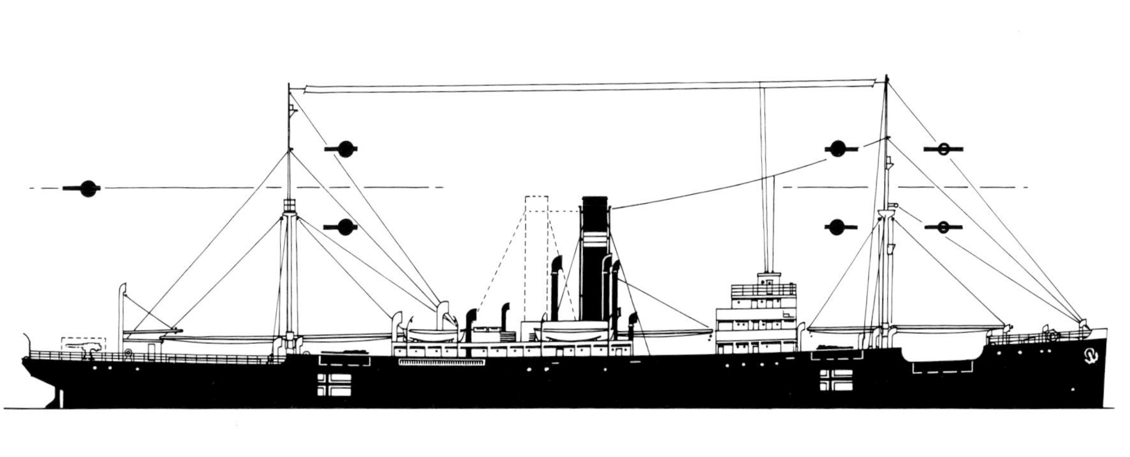

Oben: Der Hilfskreuzer GREIF mit der Verteilung der Geschütze. Zeichnung von John Walter.

ben. Mit Sicherheit erreichte London die Meldung, daß am 28. Februar 1916 um 20.20 Uhr auf der Höhe von Egersund an der Südwestküste Norwegens ein Dampfer auf nördlichem Kurs mit etwa zehn Knoten Fahrt gesichtet wurde.

Diese Meldung ging um 23.38 Uhr Admiral Jellicoe, dem Chef der Grand Fleet, zu, woraufhin die Leichten Kreuzer INCONSTANT und CORDELIA, gesichert durch vier Zerstörer, den Befehl erhielten, aus Rosyth auszulaufen. Außerdem verließen auch die Leichten Kreuzer CALLIOPE, COMUS und BLANCHE sowie drei Zerstörer den britischen Flottenstützpunkt Scapa Flow, um die aus Passagierschiffen zu Hilfskreuzern umgebauten Einheiten des 10. Kreuzergeschwaders zu verstärken.[84]

Die Hilfskreuzer ALCANTARA (15831 BRT) und ANDES (15620 BRT), geführt von Captain Thomas Wardle bzw. Captain George Young, beide Royal Navy, befanden sich gemeinsam auf Patrouillenfahrt. 1913 und 1914 auf der Werft von Harland & Wolff in Govan bei Glasgow gebaut, fuhren die beiden Schwesterschiffe in Friedenszeiten für die Royal Mail Steam Packet Company. Im April 1915 waren sie für die Royal Navy zu Patrouillenaufgaben beschlagnahmt worden und hatten eine jeweils aus acht 15,2-cm- und zwei 6-Pfünder-(5,7-cm-)-Geschützen bestehende Bewaffnung erhalten. Ihre Antriebsanlage – zwei Dreifach-Expansionsmaschinen mit einer auf die Mittelwelle wirkenden Niederdruck-Abdampfturbine – lieferte eine Höchstgeschwindigkeit von etwa 17 kn, die mehr als ausreichend war, um die meisten Trampdampfer einzuholen.

ALCANTARA sollte den Patrouillenstreifen verlassen, um zum Bunkern nach Süden zu gehen, als am 29. Februar 1916 um 08.05 Uhr dieser Befehl widerrufen wurde. Um 08.45 Uhr meldeten ihre Ausgucks auf der Position 61°45'N 0°58'O eine Rauchfahne an Backbord querab.[85]ANDES signalisierte um 08.55 Uhr, daß das gesichtete verdächtige Schiff einen nordöstlichen Kurs steuerte. Seine Fahrt wurde optimistisch auf 15 Knoten geschätzt. Um 09.10 Uhr ergänzte ANDES, daß das Schiff auf Nordkurs gegangen war und einen schwarzen Anstrich, zwei Masten sowie einen schlichten schwarzen Schornstein hatte.

Dichter heranstehend, erhöhte Capatin Wardle die Geschwindigkeit, um die ALCANTARA zwischen die ANDES und das verdächtige Schiff zu bringen. Als sich der britische Hilfskreuzer der GREIF näherte, konnten auf der Bordwand zwei große norwegische Flaggen sowie der Schiffsname KENA und der Heimathafen »Tønsberg« ausgemacht werden. »Dies ist das verdächtige Schiff«, signalisierte die ANDES, während sie mit Nordostkurs abdrehte. Sich dem Handelsstörer von achtern her nähernd, hißte die ALCANTARA das Flaggensignal »MN« – »Stoppen Sie sofort!« und feuerte zwei blinde Schüsse als Warnung.

Zuvorkommend drehte der Dampfer auf Höhe des Steuerbordbugs des britischen Hilfskreuzers bei und machte geltend, von Trondheim unterwegs nach Rio de Janeiro und dem La Plata zu sein. Um 09.40 Uhr, gerade als auf der ALCANTARA die Vorbereitungen getroffen wurden, ein Untersuchungskommando überzusetzen, ließ GREIF ihre Tarnung fallen, setzte die deutsche Kriegsflagge und eröffnete mit dem Geschütz auf dem Achterdeck das Feuer. Die allererste Granate, abgefeuert auf eine Entfernung von etwa 730 m, schmetterte direkt in die Brücke der ALCANTARA und zerstörte die Funkeinrichtung sowie den Maschinentelegraphen. Treffer aus den deutschen Geschützen – alle waren inzwischen enttarnt worden – zertrümmerten die Boote und zerstörten die Ruderanlage. Fast zehn Minuten lang wälzte sich der britische Hilfskreuzer steuerlos in der See, während die GREIF die Brücke mit Maschinengewehrfeuer bestrich.

Sobald die ALCANTARA wieder unter Kontrolle war, erhöhte Captain Wardle die Geschwindigkeit, um vor das langsamere deutsche Schiff zu gelangen und ihm den Weg zur norwegischen Küste abzuschneiden. Die erste Granate, abgefeuert vom backbord achteren 15,2-cm-Geschütz der ALCANTARA, vernichtete das 10,5-cm-Geschütz auf dem Achterdeck des Handelsstörers, tötete den Großteil der Geschützbedienung und setzte die Bereitschaftsmunition in Brand. Der Geschützdonner wurde auch auf der ANDES gehört, die zu diesem Zeitpunkt in etwa fünf Seemeilen Entfernung stand, woraufhin Captain Young sofort zur Unterstützung kehrtmachte.

Eine der ersten Granaten der ANDES, abgefeuert auf eine Entfernung von etwa 6000 m, richtete auf der Brücke des Handelsstörers schwere Schäden an, zerstörte die Ruderanlage und verwundete den Kommandanten. ALCANTARA und GREIF bekämpften sich auf nahe Entfernung und erzielten wiederholt gegenseitig Treffer in der Wasserlinie; ihre Schäden nahmen zu. Eine britische Granate vernichtete das vordere 15-cm-Geschütz auf der Backbordseite des deutschen Hilfskreuzers, eine weitere durchschlug die Bordwand und detonierte im Maschinenraum und eine dritte setzte die Heizölbunker zwischen der Brücke und dem Maschinenraum in Brand. Anscheinend hat in diesem Zeitraum ein Torpedo der GREIF das britische Schiff mittschiffs getroffen, aber die Kesselraumbunker verhinderten einen großen Schaden. Um 10.02 Uhr schoß GREIF einen zweiten Torpedo, der unter dem Heck der ALCANTARA vorbeiging, als diese abdrehte.

Unter dem Beschuß aus den 15,2-cm-Geschützen der ANDES wie auch der ALCANTARA geriet das deutsche Schiff um 10.15 Uhr mittschiffs in Brand und stellte um 10.18 Uhr das Feuer ein. Um 10.22 Uhr konnten Boote beobachtet werden, die von der Bordwand wegpullten. Splitter von Granaten der ALCANTARA rissen dem deutschen Kommandanten den Kopf ab, als er über die Backbordseite seines Schiffes an einem Tau herabglitt.

Inzwischen hatte die ALCANTARA starke Schlagseite nach Backbord bekommen. In der klaren Erkenntnis, daß sein Schiff dem Untergang geweiht war, gab Captain Wardle um 10.45 Uhr den Befehl zum Verlassen des Schiffes.[86] Um 11.00 Uhr kenterte der Royal-Mail-Liner und sank um 11.02 Uhr unter dem Verlust von 72 Mann.

Oben rechts: Die als Hilfskreuzer in Dienst gestellte HMS ALCANTARA, früher Royal Mail Packet Company, trug im Gefecht mit dem deutschen Hilfskreuzer GREIF verhängnisvolle Schäden davon. (Laurence Dunn.)

Rechts: Das Gefecht zwischen ALCANTARA und GREIF. Eine künstlerische Darstellung.

Auch auf der GREIF war mittlerweile der Befehl zum Verlassen des Schiffes gegeben worden, aber der deutsche Hilfskreuzer schwamm noch. Gegen 11.15 Uhr trafen der Leichte Kreuzer COMUS vom 4. Leichten Kreuzergeschwader und der Zerstörer MUNSTER auf dem Gefechtsfeld ein. Captain Alan Hotham von der COMUS befahl dem Zerstörer, die Suche nach Überlebenden aufzunehmen, während er mit den beiden 15,2-cm-Geschützen des Kreuzers dem Handelsstörer den Rest gab. Mit immer stärkerer Schlagseite nach Backbord sank die GREIF um 13.01 Uhr über das Heck auf Position 61°45'N 1°10'O mit immer noch wehender Kriegsflagge.

Außer Captain Wardle und die Überlebenden der ALCANTARA retteten ANDES und MUNSTER von der deutschen Besatzung fünf Offiziere und 115 Mannschaften.

Gröner, Jung und Maass geben (in Band 3 ihres Werkes »Die deutschen Kriegsschiffe 1815–1945«, S. 152) die Verluste an Bord des deutschen Hilfskreuzers mit nur 97 Toten an. Zieht man jedoch die 120 Geretteten von der angegebenen theoretischen Besatzungsstärke – 307 Offiziere und Mannschaften – ab, ergibt sich ein Verlust von tatsächlich 187 Mann. Dieses Problem muß noch zufriedenstellend gelöst werden.

NORGE

BRT große KAIPARA der Reederei New Zealand Shipping Co. Ltd., gebaut 1903 auf der Werft von John Brown & Co. in Clydebank, auf dem Wege nach Großbritannien mit einer Ladung Fleisch aus Neuseeland und Montevideo. Kapitän Henry Makepeace befand sich unterwegs zu einem Zwischenaufenthalt zur Kohlenübernahme in Las Palmas, als sein Schiff 170 sm südwestlich von Teneriffa aufgebracht wurde. Der Frachter wurde nach Übernahme seiner Besatzung sofort durch Öffnen der Seeventile und mit Unterstützung von – augenscheinlich – 53 kostbaren 10,5-cm-Granaten versenkt.

Mit diesem Erfolg zufrieden, verließ FKpt. Reymann diesen Schauplatz mit Südwestkurs. Am späten Nachmittag sichteten die Ausgucks an Bord des deutschen Hilfskreuzers erneut eine Rauchfahne. Ein sehr großer Dampfer mit schwarzem Schiffskörper, weißen Aufbauten und einem einfachen gelben Schornstein schob sich über die Kimm, Richtung Nordost auf einem konvergierenden Kurs steuernd. Den Neuankömmling als einen britischen Dampfer identifizierend, waren die deutschen Seeleute außer sich vor Freude und erwarteten begierig das Aufbringen. Auf einen entsprechenden Befehl hin stoppte der Dampfer zuvorkommend. Ein Prisenkommando ging hinüber, aber für die erwartungsvollen Männer an Bord von KAISER WILHELM DER GROSSE gab es eine große Enttäuschung. Der 15 044 BRT große Postdampfer ARLANZA der Reederei Royal Mail Steam Packet Company, gebaut 1911 auf der Werft von Harland & Wolff in Belfast, hatte 335 Frauen und fast 100 Kinder an Bord. Auch dieses Schiff mußte der deutsche Hilfskreuzer seines Weges ziehen lassen.

In den frühen Abendstunden des 16. August 1914 näherte sich der 3066 BRT große Frachter NYANGA der Reederei Elder Line Ltd., gebaut 1900 am Tyne, mit einer gemischten Ladung auf der Heimreise nach Südafrika. Nach Erledigung der notwendigen Dinge ließ FKpt. Reymann den Trampdampfer mit der üblichen Methode versenken: Öffnen der Seeventile sowie Anschlagen und Zünden von Sprengpatronen.

Der deutsche Hilfskreuzer war jetzt gefährlich knapp an Kohlen und bedurfte dringend der UnterstÜtzung des Etappen-Systems. Daher steuerte KAISER WILHELM DER GROSSE unmittelbar danach die spanische Kolonie Rio de Oro an der westafrikanischen Küste an, wo ohne Rücksicht auf die Neutralität für den 21. August 1914 ein Treffpunkt mit den Kohledampfern ARUCAS und DUALA – ersterer aus Santa Cruz de Tenerife und letzterer aus Las Palmas kommend – vereinbart worden war.

Beide Schiffe waren der Etappe Westafrika zugewiesen. 1914 auf der Werft H. Nüske & Co. A.G. in Stettin gebaut, gehörte die 2056 BRT große ARUCAS der Oldenburg-Portugiesischen Dampfschiff-Reederei in Oldenburg, während die 3511 BRT große DUALA der Hamburg-Amerika-Linie 1911 auf der Werft von William Gray & Co. Ltd. in West Hartlepool vom Stapel gelaufen war.

Zu dem deutschen Hilfskreuzer, der am 17. August vor Anker gegangen war, und seinen beiden Kohledampfern gesellten sich kurz darauf auch noch die Dampfer MAGDEBURG (4497 BRT) – 1900 bei der Flensburger Schiffbau-Gesellschaft in Flensburg gebaut – der Deutsch-Australischen Dampfschiff-Gesellschaft in Hamburg sowie BETHANIA (7548 BRT) der Hamburg-Amerika-Linie, 1899 auf der Werft von Alex. Stephen & Sons in Linthouse/Glasgow vom Stapel gelaufen. Auch diese beiden Dampfer gehörten zur Etappe Westafrika. Schon bald nach dem Eintreffen begann die Übernahme großer Mengen an Kohle, Frischwasser und Proviant.

Die örtliche spanische Behörde – der Kommandant eines kleinen Forts – hatte nur ein geringes Interesse an dem Vorgang. FKpt. Reymann bot eine gut einstudierte Geschichte an: Sein Schiff befände sich in Seenot, da es eine Maschinenhavarie erlitten hätte. Dies erfordere eine längere Liegezeit als die völkerrechtlich vorgesehene 24-Stunden-Frist. Überdies wären die Dampfer zur Hilfeleistung erschienen. Obwohl KAISER WILHELM DER GROSSE einen schmutzgrauen Anstrich trug, war der Großteil der Besatzung noch immer mit Unifor-

Unten: KAISER WILHELM DER GROSSE war ein besonders schnittiger Schnelldampfer.

Oben rechts: Der britische Leichte Kreuzer HIGHFLYER, aufgenommen vor 1914 durch E. Hopkins, »Photographic Publisher« in Southsea. (Sammlung des Verfassers.)

men des Norddeutschen Lloyd bekleidet. Auch dies mag zum Desinteresse des spanischen Kommandanten beigetragen haben.

Die gemächliche Kohlenübernahme war noch im Gange, als in den Morgenstunden des 26. August 1914 der Ausguck im Masttopp des deutschen Hilfskreuzers ein näherkommendes Kriegsschiff ausmachte. Als Einzelheiten unterscheidbar wurden, kamen drei Schornsteine und das *White Ensign*, die britische Kriegsflagge, zum Vorschein. Auf den deutschen Schiffen entfaltete sich eine hektische Betriebsamkeit. FKpt. Reymann ließ seine Geschütze besetzen, die Kohlendampfer legten hastig ab und auf dem Hilfskreuzer wurde Dampf aufgemacht, um den Versuch zu unternehmen, in Fahrt zu kommen. Doch dies alles war zu spät.

Der veraltete britische Kreuzer HIGHFLYER (5560 ts) war im Dezember 1899 auf der Werft Fairfield Engineering & Shipbuilding Company in Glasgow fertiggestellt worden. Bis 1914 hatte er nur noch als Schulschiff gedient, hatte aber nach Kriegsausbruch zum Schutze des Handels Patrouillenaufgaben übernehmen müssen. Die elf 15,2-cm-Geschütze der HIGHFLYER hatten eine ähnliche Reichweite wie die 10,5 cm des deutschen Hilfskreuzers, verschossen jedoch Granaten mit größerer Zerstörungskraft.

Hätte der deutsche Hilfskreuzer voll Dampf aufgehabt und sich in Fahrt befunden, wäre es FKpt. Reymann möglich gewesen, seinem Gegner zu entrinnen; denn die HIGHFLYER konnte die Geschwindigkeit des deutschen Schiffes nicht erreichen. Auf seinen Erprobungsfahrten hatte der britische Kreuzer bei voller Antriebsleistung lediglich 20,1 kn erzielt. Die HIGHFLYER hatte jedoch den Schnelldampfer ziemlich bewegungslos angetroffen. Der britische Kreuzerkommandant forderte FKpt. Reymann zur Übergabe auf, wurde aber erwartungsgemäß abgewiesen. Daraufhin eröffnete die HIGHFLYER auf etwa 9000 m das Feuer, das der deutsche Hilfskreuzer erwiderte. Das Gefecht verlief sehr einseitig. Obwohl die deutschen Geschützbedienungen den britischen Kreuzer mehrmals trafen, erhielt auch KAISER WILHELM DER GROSSE eine Reihe von 15,2-cm-Treffern, vor allem, nachdem die Gefechtsentfernung auf 7500 m gesunken war. Nach einem heftigen, aber nur kurzem Gefecht kenterte der deutsche Hilfskreuzer um 16.20 Uhr und sank auf flachem Wasser vor Durnford Point (23°34'N 16°02'W). Die britische Seite war der Auffassung, das deutsche Schiff versenkt zu haben, während auf deutscher Seite eine Selbstversenkung geltend gemacht wurde.[89] Wie dem auch sei, für die britische Seite war das wichtigste Ergebnis, daß dieser Handelsstörer ausgeschaltet worden war.

FKpt. Reymann, neun seiner Offiziere und 71 Mann erreichten in Booten des Schiffes die Küste der spanischen Kolonie Rio de Oro (heute das marokkanisch besetzte Sahara). Dort fanden sie in dem spanischen Fort vorläufig Aufnahme. Schließlich brachten sie die Spanier nach Las Palmas und internierten sie an Bord der im dortigen Hafen liegenden deutschen Handelsschiffe. Den größeren Teil der Besatzung hatte vor Beginn des Gefechtes der Kohlendampfer BETHANIA übernommen, der anschließend den Versuch unternahm, in die USA zu entkommen. Er wurde jedoch durch den britischen Kreuzer HMS ESSEX auf der Position 30°0'N 75°50'W am 7. September 1914 aufgebracht. Hierbei gerieten 503 Mann in britische Kriegsgefangenschaft und wurden später nach Kingston auf Jamaica gebracht. Die MAGDEBURG sowie die Etappendampfer ARUCAS und DUALA – letztere mit den Besatzungen der KAIPARA und der NYANGA an Bord – liefen mit hoher Fahrt ab, als das Gefecht begann.[90]

Die Verluste auf beiden Seiten waren anscheinend gering. Auf der HIGHFLYER gab es einen Gefallenen und sechs Verwundete; von dem Handelsstörer sind keine Verluste bekannt geworden. Jüngere deutsche Quellen legen dar, daß es an Bord von KAISER WILHELM DER GROSSE überhaupt keine Verluste gab. Angesichts des schweren Beschusses durch die HIGHFLYER in der letzten Phase des Gefechtes erscheint dies unwahrscheinlich. [Britische] Behauptungen, wonach die Verluste mehr als 100 Mann betragen haben sollen – beruhend auf der theoretischen Besatzungsstärke von 584 Mann und der etwa 480 Überlebenden [sic] –, wurden nie zufriedenstellend aufgeklärt.

KARLSRUHE

1. August 1914–4. November 1914; 16 Handelsschiffe (72 225 BRT)
Ein konventioneller Kleiner Kreuzer, nach seiner sehr erfolgreichen, aber weitgehend unbekannt gebliebenen Feindfahrt durch eine innere Explosion am 4. November 1914 gesunken.

Bau und Indienststellung
Typ: Kleiner Kreuzer.
Bewilligung: 1910 als »Ersatz Seeadler«.
Bauwerft: Krupp'sche Germaniawerft, Kiel.
Kiellegung: 21. September 1911.
Stapellauf: 11. November 1912.
Indienststellung: 15. Januar 1914.
Besatzungsstärke: 18 Offiziere und 355 Mannschaften.
Abmessungen
Konstruktionsverdrängung: 4900 t.
Einsatzverdrängung: 6191 t.
Länge über alles: 142,2 m.
Länge in der CWL: 139,0 m.
Breite: 13,7 m.
Tiefgang bei Einsatzverdrängung: 6,2 m.
Bewaffnung
Artillerie: Zwölf 10,5 cm S.K. C/97 L/45; keine kleineren Kaliber.
Maximale Reichweite der Hauptbewaffnung: 12 200 m.
Torpedorohre: Je ein seitliches Unterwasser-Torpedorohr an Backbord und an Steuerbord (Kaliber 50 cm).
Infanteriewaffen: Maschinengewehre und Handfeuerwaffen.
Munitionsdotierung: 1750 Schuß 10,5-cm-Sprenggranaten, 50 Schuß 10,5-cm-Schrapnellgranaten, fünf 50-cm-Torpedos C/08.
Panzerschutz: Deck: 20–40 mm, in der Böschung 40–60 mm; Gürtel: 18 mm (achtern) – 60 mm (mittschiffs); Kollisionsschott: 40 mm; Kommandoturm: 20 mm, in der Böschung 100 mm; Geschützschilde: 50 mm.
Leistung
Antriebsanlage: Zwei Sätze Marine-Turbinen, 12 Kohle-Marine-Kessel und zwei Öl-Doppelender-Marine-Kessel, zwei Propellerwellen.
Kesseldruck: 16 atü.
Bunkerraum für Kohle: 400 t Konstruktionsvorrat, 1300 t maximaler Vorrat.
Bunkerraum für Öl: 70 t Konstruktionsvorrat, 200 t maximaler Vorrat.
Höchstgeschwindigkeit bei Meilenfahrt: 28,5 kn bei einer Antriebsleistung von 37 885 WPS.
Konstruktionsgeschwindigkeit: 27,5 kn bei einer Antriebsleistung von 25 000 WPS.
Fahrstrecke: 5000 sm bei 12 kn, 900 sm bei 25 kn.

Als erster Auslandskreuzer mit Turbinenantrieb lief die nagelneue KARLSRUHE unter dem Kommando von FKpt. Lüdecke am 14. Juni 1914 aus Kiel aus, um als Stationskreuzer die Ostamerikanische Station zu besetzen und den Kleinen Kreuzer DRESDEN (siehe oben) abzulösen, der durch die verspätete Fertigstellung der KARLSRUHE einstweilen deren Aufgabe übernommen hatte. Am 25. Juli 1914 trafen die beiden Kleinen Kreuzer in Port-au-Prince auf Haiti zusammen. Wie vorgesehen, tauschten hier die beiden Kommandanten am 27. Juli ihre Kommandos. Die KARLSRUHE stand nunmehr unter Führung von FKpt. Erich Köhler, während die DRESDEN unter FKpt. Lüdecke planmäßig die Heimreise antreten sollte. FKpt. Köhler blieb damit der verantwortliche Dienstälteste Offizier auf der Ostamerikanischen Station, dem auch die Kanonenboote EBER und PANTHER – letzteres befand sich bei Kriegsausbruch in Deutschland und wurde zurückgehalten – auf der Westafrikanischen Station unterstanden und der ferner für die Indienststellung von Hilfskreuzern zuständig war, die im Falle eines Krieges im Südatlantik operieren sollten.

Erich Köhler wurde am 6. September 1873 in Westfalen geboren und trat im April 1891 in die Kaiserliche Marine ein. Im April 1896 zum Leutnant zur See befördert, diente er auf dem Schlachtkreuzer S.M.S. MOLTKE. Ein Jahr später wurde er zum Oberleutnant zur See befördert und gleichzeitig auf die Panzerkorvette S.M.S. SACHSEN versetzt. Im März 1903 erfolgte seine Versetzung in den Admiralstab mit gleichzeitiger Beförderung zum Kapitänleutnant, dem 1907/08 ein Bordkommando auf dem Kleinen Kreuzer HAMBURG folgte. Im Oktober 1908 wurde er zum Korvettenkapitän befördert und als Navigationsoffizier auf das Linienschiff DEUTSCHLAND versetzt. Im Anschluß an dieses Bordkommando kehrte er in den Admiralstab – Referat Marine-Inspektionswesen – zurück. Im Juni 1913 wurde er mit dem Rang eines Fregattenkapitäns zum designierten Kommandanten der noch nicht fertiggestellten KARLSRUHE ernannt, um im Dezember 1913 interimsweise das Kommando über den Kleinen Kreuzer DRESDEN (siehe oben) zu übernehmen.

Am 28. Juli 1914 verließ die DRESDEN Port-au-Prince, um in Charlotte Amalie auf der dänischen Insel St. Thomas zu bunkern. Dieser Hafen diente auch der Hamburg-Amerika-Linie als Kohlenstation. Über das dortige Kontor der Hapag erhielt die DRESDEN ein Telegramm des Admiralstabes in Berlin, das FKpt. Lüdecke über die Verschärfung der politischen Lage unterrichtete und ihn anwies, unverzüglich über Horta auf den Ilhas dos Açóres (Azoren) die Heimreise anzutreten. Am 12. August 1914 wurde der Kleine Kreuzer DRESDEN in Wilhelmshaven zurückerwartet. Hinsichtlich der weiteren Ereignisse nach dem Gegenbefehl vom 31. Juli siehe das Kapitel »DRESDEN«. Wenige Tage vorher – am 20. Juli 1914 – hatte auch der Kleine Kreuzer STRASSBURG, der sich zu einem Höflichkeitsbesuch in Mittelamerika aufgehalten hatte, von St. Thomas aus über Horta auf den Azoren die Heimreise nach Deutschland angetreten, wo er am 1. August eintraf.

Am Nachmittag des 27. Juli 1914 verließ die KARLSRUHE Port-au-Prince, passierte die Windward-Passage und lief den kubanischen Hafen Habana an. Dort traf der deutsche Kreuzer am 28. Juli kurz vor Mittag ein. Eigentlich hätte FKpt. Köhler mit seinem Schiff nach Veracruz an die Ostküste Mexikos auslaufen sollen, um dort Flagge zu zeigen und um im Anschluß daran zur Teilnahme an den Feierlichkeiten zur Eröffnung des Panama-Kanals südwärts zu gehen. Von da aus hätte er ferner die Westküste der USA anlaufen müssen, um anläßlich der Weltausstellung in San Francisco im Herbst die deutschen Farben zu repräsentieren. Statt dessen erreichten FKpt. Köhler in Habana beunruhigende Nachrichten über die Verschärfung der politischen Lage in Europa. Ein verschlüsseltes Telegramm aus Berlin, weitergegeben über die Funkstation Key West, brachte die Mitteilung vom Abbruch der diplomatischen Beziehungen zwischen Österreich-Ungarn und Serbien und warnte vor einer weiteren Verschlechterung der politischen Lage. Die Etappe Westindien und die Konsulate in New Orleans, Tampico, St. Thomas, Veracruz und Puerto Mexico waren in Alarmzustand versetzt.

FKpt. Köhler lief mit seinem Kreuzer am 30. Juli 1914 um 10.00 Uhr aus Habana – angeblich an die mexikanische Ostküste – aus, blieb zunächst noch in Hafennähe und setzte sich in der folgenden Nacht zur abgelegenen Cay-Sal-Bank südlich der Florida-Straße ab, um eine Klärung der politischen Lage abzuwarten und seinen Standort zu verschleiern. Am Morgen des 31. Juli erreichte den deutschen Kreuzer vor der Cay-Sal-Bank ein Funkspruch, der die drohende Kriegsgefahr mit Rußland, Frankreich und Großbritannien mitteilte, und am 1. August traf ein Funkspruch des deutschen Marine-Attachés in Washington, Fregattenkapitän Boy-Ed, ein, der FKpt. Köhler in Kenntnis setzte, daß der Schnelldampfer KRONPRINZ WILHELM des Norddeutschen Lloyd in Kürze aus New York auslaufen würde und in See als Hilfskreuzer ausgerüstet werden müßte. FKpt. Köhler nutzte diese Zeitspanne der Ungewißheit, um die Geschütze einzuschießen, führte Schießübungen durch und brachte seine unerfahrene Besatzung auf volle Leistungsfähigkeit.

Wie bereits an anderer Stelle erwähnt, wurde der Befehl zur Heimreise der DRESDEN widerrufen. Der Kreuzer erhielt Anweisung, sich nach Süden in die »Kreuzerkriegszone III« vor der brasilianischen Ostküste zu begeben. in der Nacht vom 3./4. August 1914 traf die Nachricht vom Kriegsausbruch auch mit Frankreich und Großbritannien ein. Die Vertragsbedingungen der »Entente cordiale« banden Großbritannien, an der Seite Frankreichs in den Krieg einzutreten. Daher war klar, daß das vor der Ostküste Nord- und Mittelamerikas stehende britische 4. Kreuzergeschwader unter Führung von Rear-Admiral Sir Christopher Cradock schon bald mit dem Panzerkreuzer CONDÉ und dem Geschützten Kreuzer DÉSCARTES der französischen Marine gemeinsam operieren würde. So entschloß sich FKpt. Köhler sofort, eine Position vor den Bahamas anzusteuern, wo er sich mit dem aus New York kommenden deutschen Passagierdampfer treffen sollte. Mit der Nachricht von der Kriegserklärung Großbritanniens hatte FKpt. Köhler auch freie Hand zur Kreuzerkriegsführung im Mittelatlantik – in der »Kreuzerkriegszone II« erhalten.

Eine der ersten Maßnahmen FKpt. Köhlers war die Sicherstellung der Kohleversorgung. Am 4. August 1914 informierte der deutsche Konsul auf St. Thomas die Etappe Westindien in Habana:

»Der deutsche Dampfer SPREEWALD läuft am 6. August mit 4000 t Kohle an Bord aus. Zweiter deutscher Dampfer PATAGONIA wird am 10. August mit 4000 t Kohle folgen. Entsendung weiterer Schiffe hängt von Erhalt frischer Kohlelieferungen aus den Vereinigten Staaten von Amerika ab. Deutscher Dampfer PRÄSIDENT lief am 3. August aus San Juan de Puerto Rico nach Habana aus.«[93]

Die Räder des Krieges hatten sich in Bewegung gesetzt.

Zu Beginn des Ersten Weltkrieges waren die Einheiten der Royal Navy weit auseinandergezogen. Rear-Admiral Cradocks 4. Kreuzergeschwader umfaßte neben dem Leichten Kreuzer BRISTOL vier Panzerkreuzer der ›County‹-Klasse: SUFFOLK (Flaggschiff), BERWICK, ESSEX und LANCASTER. Zum Zeitpunkt der Kriegserklärung lag die SUFFOLK im Hafen von Kingston auf Jamaica, lief aber am 4. August um 18.00 Uhr aus, um mit der ESSEX auf der Höhe von Nantucket zusammenzutreffen; letztere befand sich bereits auf Position zur Überwachung der Seeverbindungen zwischen Großbritannien und New York. Ihre Aufgabe sollte darin bestehen, sich zum einen um die Interessen der britischen Handelsschiffahrt zu kümmern, aber zum anderen auch, um jedes deutsche Passagierschiff abzufangen und zu vernichten, das den Versuch unternehmen sollte, aus dem Hafen von New York auszubrechen.

HMS BERWICK stand in See, um das Fahrwasser der Florida-Straße zwischen den Bahamas und Florida zu überwachen. Der Leichte Kreuzer BRISTOL hatte den Befehl erhalten, die westindischen Gewässer mit Nordkurs zu verlassen, aber dieser ursprüngliche Befehl war schon bald widerrufen worden, und daher befand sich dieser britische Kreuzer seit den Mittagsstunden des 6. August auf Südkurs. LANCASTER hatte auf den Bermudas zur Durchführung kleinerer Reparaturen eingedeckt, war aber am 6. August ausgelaufen, um die Cabot-Straße, die Einfahrt in den St.-Lorenz-Golf, zu überwachen.

Eine der ersten Prioritäten Rear-Admiral Cradocks bestand in der Vernichtung der KARLSRUHE. Er war sich durchaus bewußt, daß dieser deutsche Kreuzer ein schnelles und modernes Schiff war, das auf den Schiffahrtswegen beträchtliche Verheerungen anrichten

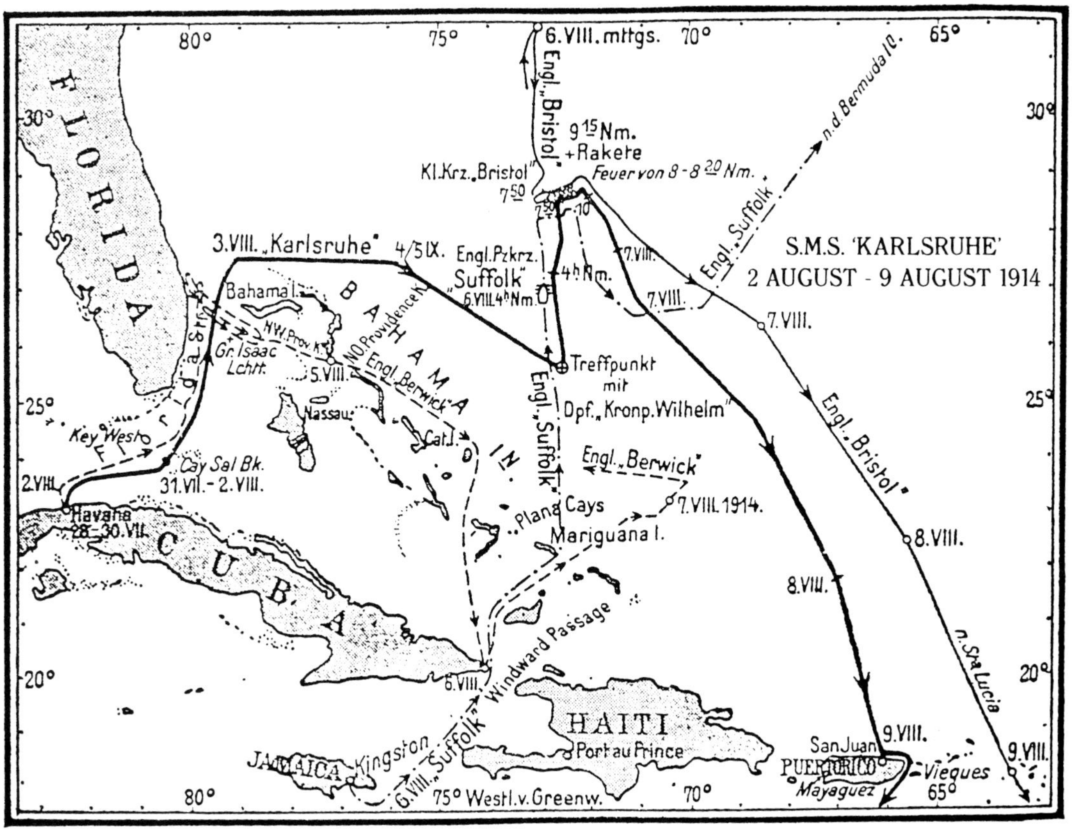

konnte, wenn man es ungehindert umherstreifen ließ. Aufgefangene Funksprüche, die für das deutsche Kriegsschiff bestimmt waren, hatten bestätigt, daß FKpt. Köhler freie Hand zur Kreuzerkriegsführung erhalten hatte. Da es höchst unwahrscheinlich war, daß er eine direkte Konfrontation mit Rear-Admiral Cradocks Kreuzern suchen würde – selbst die BRISTOL konnte sich gegenüber dem leichter bewaffneten deutschen Schiff als überlegen erweisen –, lag die einzig durchführbare Alternative im Angriff auf den britischen Seehandel.

Rear-Admiral Cradock, dem bekannt war, daß die KARLSRUHE zuletzt in Habana gesehen worden war, entsandte die BRISTOL, um die Gewässer der Florida-Straße abzusuchen. Doch als der britische Kreuzer auf Gegenkurs gegangen war, hatte sich das deutsche Schiff bereits zwischen Crooked Island und der Insel Mariguana (heute Mayaguana) versteckt. Bei Plana Kays konnte die KARLSRUHE britischen Funkverkehr auffangen. FKpt. Köhlers Befehle forderten von ihm, am 6. August mit dem Schnelldampfer nördlich von Plana Kays zusammenzutreffen. Doch als er Kapitän Grahn von der KRONPRINZ WILHELM über Funk Anweisungen übermittelte, wurde dieser Funkverkehr zufällig von einem Dampfer der United Fruit Company auf der Höhe des Great-Isaac-Leuchtfeuers an der Einfahrt in den North West Providence Channel aufgefangen.[94] Die Nachricht von der Anwesenheit des deutschen Kreuzers in nächster Nähe wurde sofort an den britischen Panzerkreuzer BERWICK weitergegeben. Seine erfolglose Suche in der Florida-Straße aufgebend, lief das britische Kriegsschiff mit Südostkurs in den North East Providence Channel ein und befand sich am 6. August in der Nähe von Cat Island auf Position 24°20'N 75°30'W.

Am 5. August 1914 um 07.00 Uhr hatte die KARLSRUHE den italienischen Dampfer MONDIBELLO der Reederei Societá de Navigatori a Vapori ›Creole‹ in Messina auf offener See angehalten. Das neutrale Schiff fuhr in Ballast nach Galveston in Texas und konnte nicht aufgebracht werden. Um 03.00 Uhr morgens am 6. August gelang es FKpt. Köhler, endlich mit der KRONPRINZ WILHELM in Funkkontakt zu kommen (siehe auch Kapitel »KRONPRINZ WILHELM«). Der beeindruckende, im Jahre 1901 fertiggestellte Schnelldampfer des Norddeutschen Lloyd sollte nunmehr zum Hilfskreuzer ausgerüstet werden.

Nach tadelloser Navigationsarbeit traf die KARLSRUHE am 6. August um 07.00 Uhr auf der Position 25°36'N 72°36'W mit der KRONPRINZ WILHELM zusammen, weit entfernt von der nächsten Landmarke. Der Kreuzer machte Backbordseite an Backbordseite an dem großen Passagierdampfer fest und die beiden Schiffe steuerten mit langsamer Fahrt südostwärts. KRONPRINZ WILHELM erhob sich so turmhoch über die KARLSRUHE, daß die feste Verbindung zwischen den beiden Schiffen das Hauptproblem darstellte, wenn auch Fender die Schäden verringerten, sobald die beiden Schiffskörper in der atlantischen Dünung aneinderstießen .

Der deutsche Kreuzer übergab zwei 8,8-cm-Geschütze mit 290 Schuß Munition, ein 8-mm-Maxim-Maschinengewehr, 36 Mauser-Gewehre (Gewehr 98), Infanteriemunition und Bajonette und übernahm seinerseits Kohle, Heizöl und Proviant. Kptlt. Paul Thierfelder, der Navigationsoffizier der KARLSRUHE, wurde zum Kommandanten des Schnelldampfers ernannt, während zwei Reserveoffiziere – die Leutnants zur See d.R. Eyring und Hentschel an Bord des Kreuzers kamen.

Um 10.15 Uhr, die Übernahme von Brennstoff und Ausrüstung war noch in vollem Gange, meldeten die Ausgucks im Südwesten eine Rauchfahne. Auf deutscher Seite mußte angenommen werden, daß dies das Eintreffen eines gegnerischen Kriegsschiffes bedeutete, vermutlich der HMS BERWICK. Es folgten hektische Anstrengungen, um die deutschen Schiffe voneinander zu lösen, und danach lief die KARLSRUHE mit 21 kn und Nordwestkurs ab, während die KRONPRINZ WILHELM mit 18 kn einen Nordostkurs einschlug. Der deutsche Kreuzer hatte lediglich 50 Tonnen Kohle an Bord nehmen können und mußte in der allgemeinen Verwirrung die Motorpinnaß aufgeben.

Der Neuankömmling war der britische Panzerkreuzer SUFFOLK vom 4. Kreuzergeschwader und führte die Flagge von Rear-Admiral Cradock. Die SUFFOLK war auf dem Wege von Kingston auf Jamaica nach Nantucket, um zusammen mit dem Panzerkreuzer ESSEX die Seeverbindungen von New York nach Großbritannien zu schützen. Die ESSEX hatte die Bermudas in der Nacht vom 2./3. August 1914 verlassen. Auch der Leichte Kreuzer BRISTOL dampfte zu diesem Zeitpunkt nordwärts nach St. John's auf Neufundland und befand sich auf der Position 31°30'N 73°00'W. Damit saß die KARLSRUHE zwischen der BRISTOL nördlich und der SUFFOLK südlich des Treffpunktes mit der KRONPRINZ WILHELM in der Falle. Das Zuschnappen der Falle war etwas dem Glück zuzuschreiben, obwohl sich dessen Einfluß durch die Wahl der Windward-Passage für den Marsch nach Norden und auch durch das Auffangen des Funkverkehrs zwischen der KARLSRUHE und KRONPRINZ WILHELM unmittelbar vor ihrem Zusammentreffen verringert hatte.

Das Sichten der beiden deutschen Kriegsschiffe veranlaßte Rear-Admiral Cradock, der BRISTOL durch Funkspruch unter anderem den vermuteten Kurs der KARLSRUHE und ihre geschätzte Geschwindigkeit mitzuteilen. Captain Basil Fanshawe erhielt den Befehl, den deutschen Kreuzer abzufangen, wenn ihm dies möglich wäre. Danach erteilte Rear-Admiral Cradock dem Kommandanten der SUFFOLK die Weisung, die KARLSRUHE zu verfolgen. Er ging dabei von der Einschätzung aus, daß ein frei umherstreifender Kreuzer ein gefährlicherer Gegner wäre als ein umgerüsteter Passagierliner.

Obwohl die 15,2-cm-Geschütze des britischen Panzerkreuzers für die KARLSRUHE eine wirkliche Bedrohung darstellten, war die SUFFOLK ein weit älteres Schiff. Bei ihren Erprobungsfahrten im Jahre 1904 war sie lediglich imstande gewesen, 24,7 kn zu erreichen, wohingegen das deutsche Schiff nicht nur nagelneu war, sondern auch mit Leichtigkeit eine Geschwindigkeit von 26 kn laufen konnte. Insofern war der Ausgang der Verfolgung vorhersehbar. FKpt. Köhler steigerte einfach die Fahrt seines Kreuzers auf 22 kn – schnell genug, um seinen Verfolger hinter sich zu lassen, aber nicht so schnell, um unnötigerweise Brennstoff zu verbrauchen. Beim Hereinbrechen der Dämmerung war die KARLSRUHE schließlich hinter dem Horizont verschwunden.

Im hellen Mondlicht erschien jedoch um 19.50 Uhr an Backbord voraus des deutschen Schiffes der britische Kreuzer BRISTOL – sehr zum Mißvergnügen FKpt. Köhlers. Die beiden Gegner schienen einander ebenbürtig zu sein; das britische Schiff war älter und ein bis zwei Knoten langsamer, führte aber zwei 15,2-cm-Geschütze, die dem deutschen 10,5-cm-Modell um etwa 900 m an Reichweite überlegen waren. Auf ein Gefecht erpicht, drehte die BRISTOL scharf nach Backbord auf ihren Gegner zu, um ihre Steuerbordgeschütze zum Tragen zu bringen und eröffnete auf eine Entfernung von etwa 6400 m das Feuer. Die KARLSRUHE drehte nach Steuerbord, d. h. nach Osten ab, um ihre Backbordgeschütze einsetzen zu können, und nahm das Gefecht an, während sie gleichzeitig ihre Geschwindigkeit auf 26 kn steigerte und auf einen südöstlichen Kurs ging. Beiden Schiffen gelang es nicht, Treffer zu erzielen, und gegen 20.30 Uhr wurde das Feuer eingestellt.[95]

Vom deutschen Standpunkt aus war das Gefecht sehr enttäuschend verlaufen. Nur etwa zehn der achtzig 10,5-cm-Granaten, die verschossen worden waren, hatten die BRISTOL erreicht, obwohl die Gefechtsentfernung verhältnismäßig gering gewesen war. ObltzS. von dem Borne, der Artillerieoffizier, schätzte, daß eine größere Anzahl an Aufschlägen etwa 15 hm zu kurz lag. Die Geschütze auf dem Hauptdeck mittschiffs hatten besonders schlechte Schießleistungen erbracht; die hellen Mündungsblitze hatten zweifellos die Entfernungsmessung schwierig gemacht, aber auch eine mangelhafte Aufsatzeinstellung schien eine Rolle gespielt zu haben.

Bald war klar, daß der deutsche Kreuzer seinem britischen Rivalen an Geschwindigkeit überlegen war. Das Problem lag in der amerikanischen Pocahontas-Kohle, die die BRISTOL gebunkert hatte. Wie im Falle der SUFFOLK auch, die ebenfalls einen Vorrat dieser

Oben: Der Kleine Kreuzer S.M.S. KARLSRUHE 1914 bei der Meilenfahrt. Aus »S.M.S. KARLSRUHE« von LtzS. von dem Borne, Unten: Zur Erinnerung an das Gefecht zwischen der KARLSRUHE und dem Leichten Kreuzer BRISTOL, eine Postkarte aus einer während des Ersten Weltkrieges von Bell's in Westcliff, Essex, herausgegebenen Serie. (Sammlung des Verfassers.)

Kohle in ihren Bunkern hatte, fiel die Geschwindigkeit ab, sobald die Feuerroste durch Klumpenbildung verstopft wurden. Die für eine Geschwindigkeit von 26 kn eingestufte BRISTOL war lediglich in der Lage, ganze 18 kn herauszuholen. Doch inzwischen hatte die KARLSRUHE ihren Verfolger abgeschüttelt. Ihre eigenen Kohlenvorräte waren aber in beunruhigendem Maße zusammengeschrumpft. Daher befahl der Kommandant des deutschen Kreuzers um 23.00 Uhr eine Verringerung der Geschwindigkeit auf 18 kn, eine weitere Herabsetzung um 00.20 Uhr am 7. August auf 16 kn, gefolgt von einer nochmaligen Verringerung der Geschwindigkeit auf 14 kn bei Tagesanbruch, sobald es offensichtlich geworden war, daß sich keine britischen Kreuzer in Sicht befanden. In dem Bewußtsein, daß die KARLSRUHE bei voller Fahrt nur noch etwas mehr als tausend Seemeilen zurücklegen konnte, ging FKpt. Köhler mit der Fahrt schließlich auf zwölf Knoten herunter und steuerte die dänisch verwaltete Insel St. Thomas an.

Am Mittag des 8. August 1914 waren die Brennstoffreserven des Kreuzers schätzungsweise auf 112 t Kohle und 31 t Heizöl gefallen. Da die KARLSRUHE bei einer Geschwindigkeit von zehn Knoten etwa 5,6 t Kohle verbrauchte, wurde das Anlaufen eines Hafens zu einem dringenden Problem. Die Ausgucks suchten angespannt die Kimm ab, um eine auftauchende Gefahr rechtzeitig zu erkennen; denn der deutsche Kreuzer hatte so wenig Kohle in seinen Bunkern, daß es FKpt. Köhler nicht wagen konnte, auf Höchstgeschwindigkeit zu gehen, um einem Angreifer auszuweichen – und mit einem britischen Panzerkreuzer der ›County‹-Klasse wollte er schon gar nicht aneinandergeraten. Ein solches Gefecht hätte mit Sicherheit zur Vernichtung des deutschen Schiffes geführt. Um 06.00 Uhr am 9. August 1914 lief die KARLSRUHE mit nur noch 20 t Kohle in den Bunkern in den Hafen von San Juan de Puerto Rico ein.

Die Behörden der von den USA verwalteten Insel setzten FKpt. Köhler in Kenntnis, daß er strikt die Neutralitätbestimmungen zu beachten hätte. Diese gestatteten ihm, nur soviel Kohle zu bunkern, wie erforderlich war, um den nächsten Hafen eines befreundeten Landes – glücklicherweise Charlotte Amalie auf St. Thomas – zu erreichen. Außerdem müßte er seinen Aufenthalt auf längstens 24 Stunden beschränken. Diese Neutralitätsvorschriften wurden häufig von Kriegsschiffen mißachtet, wenn sie in die Hoheitsgewässer kleinerer Mächte einliefen (wie zum Beispiel durch die DRESDEN und die KENT in den Territorialgewässern Chiles). Doch deutscherseits bestand kein Interesse, die Behörden der Vereinigten Staaten gegen sich aufzubringen, nicht zuletzt aus Besorgnis im Hinblick auf die US-Marine.

Das hartnäckige Bestehen der Behörden Puerto Ricos auf einer Weiterfahrt nach St. Thomas beunruhigte FKpt. Erich Köhler sehr, obwohl dies seine Absicht gewesen war; denn ein förmlicher Besuch der dänischen Insel schränkte seine Möglichkeiten deutlich ein, weil er dann diese Insel nicht so schnell wieder anlaufen könnte. Zu FKpt. Köhlers großem Leidwesen kam noch hinzu, daß der dort ansässige deutsche Konsul Wilhelm Hopp, der zugleich auch der örtliche Vertreter der Hamburg-Amerika-Linie war, festgestellt hatte, daß die versprochene Kohle in Leichtern angeliefert werden sollte. Sie konnte daher nicht schnell genug übernommen werden, um den Erfordernissen der Neutralitätsbestimmungen zu genügen.

Links: Das Aufbringen des britischen Dampfers BOWES CASTLE durch die KARLSRUHE, aufgenommen von einem der Begleitschiffe aus. (EMDEN-Archiv Günter Huff.)

Rechts: Eine gut gelungene Aufnahme der KARLSRUHE, einer der erfolgreichsten, aber am wenigsten bekannten deutschen Handelsstörer. Deutlich erkennbar ist vor der Brücke der gepanzerte Kommandoturm mit seinen Sehschlitzen. (Sammlung des Verfassers.)

Doch da der 3537 BRT große Dampfer ODENWALD der Hamburg-Amerika-Linie ebenfalls im Hafen von San Juan lag, war es FKpt. Köhler unter Schonung seiner Besatzung möglich, von diesem Schiff 550 t Kohle zu übernehmen. Außerdem kamen zur Verstärkung seiner Besatzung noch 15 Reservisten der Marine an Bord. Ferner erhielt er die Mitteilung, daß der 3016 BRT große Kohlendampfer PATAGONIA der Etappe Westindien aus dem an der Westküste Puerto Ricos gelegenen Hafen Mayaguez im Begriff stand auszulaufen. An Kapitän Koldewey, der dieses Schiff führte, wurde telegraphisch die Weisung übermittelt, St. Thomas anzulaufen, dort Kohle zu laden und einen Treffpunkt südostwärts von Barbados anzusteuern.

Noch am 9. August um 20.10 Uhr lief die KARLSRUHE wieder aus San Juan de Puerto Rico aus. Nachdem auf Ostkurs um 21.15 Uhr das Cabo San Juan passiert worden war, ging FKpt. Köhler auf Südkurs, durchfuhr die navigatorisch schwierige Virgin-Passage und setzte einen Kurs quer durch das Karibische Meer ab, der den deutschen Kreuzer nach Curaçao in den Niederländischen Antillen bringen sollte. Um 04.45 Uhr am Morgen des 12. August 1914 warf die KARLSRUHE in der St. Anna's Bay vor Willemstad, dem Haupthafen der Insel, mit nur noch 150 t Kohle und 29 t Heizöl in den Bunkern Anker.

Noch ehe etwas unternommen werden konnte, kam Kommodore Coenen von der Königlich Niederländischen Marine mit einer freundlichen Warnung an Bord der KARLSRUHE. Niemand in Curaçao wisse über die derzeitige politische Lage in Europa genau Bescheid. Daher habe der Gouverneur telegraphisch um die Übermittlung von Informationen ersucht. Inzwischen hatten das 4920 t große Schlachtschiff JACOB VAN HEEMSKERCK, 1906 in Amsterdam gebaut, sowie das veraltete 3464 t große Küstenpanzerschiff KORTENAER ihre Geschütze gefechtsbereit auf den deutschen Kreuzer gerichtet, um erforderlichenfalls das Feuer zu eröffnen.

FKpt. Köhler entschloß sich, das Risiko dieser Ungewißheit hinsichtlich einer neutralen oder feindlichen Haltung der Niederlande einzugehen und legte um 08.30 Uhr an der Kohlenpier der österreichischen Kohlenhandelsfirma Maduro & Söhne an. Die Kohlenübernahme wurde mit einem derartigen Schwung durchgeführt, daß sie bereits in der Mitte des Nachmittags mit 1200 t Kohle in den Bunkern abgeschlossen werden konnte. Ein weiteres unerwartetes Geschenk war das Eintreffen des 1103 BRT großen deutschen Dampfers STADT SCHLESWIG der Reederei H.C. Horn in Schleswig, geführt von Kapitän Fritz Zimmermann. Der von der mexikanischen Küste mit einer Kohlenladung kommende Dampfer sollte das örtliche Kohlenlager der Hamburg-Amerika-Linie auffüllen und wurde als Etappenschiff der Etappe Westindien in Charter genommen. Noch am selben Tag – dem 9. August 1914 – verließ die KARLSRUHE Willemstad und ging auf Nordkurs. Die STADT SCHLESWIG erhielt die Anweisung, einen Treffpunkt bei der Insel São João vor der Nordküste Brasiliens anzusteuern.

Später drehte FKpt. Köhler auf Ostkurs und fuhr parallel zur Küste

Venezuelas, in der Hoffnung, auf dem Schiffahrtsweg zwischen Curaçao und den Testigos-Inseln eine Prise aufzubringen. Doch die erfolglose Suche veranlaßte den deutschen Kommandanten bald, sein Operationsgebiet in die Passage zwischen der Insel Grenada und den Inseln Trinidad & Tobago zu verlegen. Doch auch hier kam kein britisches Schiff in Sicht. Am 18. August 1914 traf der deutsche Kreuzer um 08.30 Uhr ostwärts von Trinidad mit seinem neuen Begleitschiff zusammen, der PATAGONIA mit 2000 t Kohle an Bord, um zu bunkern.

Am Spätnachmittag desselben Tages – gegen 16.00 Uhr – sichteten die Ausgucks an Bord der KARLSRUHE eine verräterische Rauchfahne. Nach kurzer Verfolgung drehte ein Dampfer mit grauem Schiffskörper und einem roten Schornstein mit schwarzem Rand bei. Die in Liverpool registrierte und 4650 BRT große BOWES CASTLE hatte der Kreuzer auf der Position 9°54'N 55°10'W angehalten. Der 1913 auf der Werft von Sir James Laing & Sons Ltd. in Sunderland fertiggestellte Dampfer gehörte der Lancashire Shipping Co. Ltd. und wurde von James Chambers & Company bereedert. Die BOWES CASTLE hatte Nitrat und Silbererz an Bord und befand sich auf dem Wege von Antofagasta nach St. Lucia für Order. Ein Prisenkommando, bestehend aus ObltzS. Wilhelm Schroeder, LtzS.d.R. Hentschel, einem Signalgast, einem Funkgast und einem Schreibergehilfen, ging an Bord des Briten und stellte bald fest, daß die BOWES CASTLE in Montevideo, wo sie Kohlen übernommen hatte, nicht nur Verbindung mit der HMS GLASGOW gehabt hatte, sondern daß ein großer Teil der Ladung auch amerikanisches Eigentum war.

Nichtsdestoweniger entschloß sich FKpt. Köhler, den Dampfer zu versenken. Nachdem die 36 Mann starke Besatzung auf die PATAGONIA gebracht worden war, öffnete das Versenkungskommando die Seeventile, brachte Sprengpatronen an und zündete sie. Um 19.35 Uhr sank die BOWES CASTLE schließlich.

Danach ging die KARLSRUHE auf Südostkurs und folgte den Schiffahrtswegen. Am 21. August 1914 übernahm sie vor der Mündung des Amazonas bei der einsamen Insel Maracá erneut Kohle aus den Beständen der PATAGONIA. Am 23. August war das Bunkern beendet und an Bord des deutschen Kreuzers befanden sich nunmehr 1300 t Kohle, davon 130 t in Säcken als Decksladung. Inzwischen hatte auch die STADT SCHLESWIG am 14. August Curaçao verlassen und lag beigedreht vor der Insel São João. Sie war dort am 24. August angekommen, einen Tag vor dem Eintreffen der KARLSRUHE und der PATAGONIA. Die STADT SCHLESWIG war zu klein, um ständig als geeignetes Begleitschiff zu dienen. Nach der Abgabe ihrer Kohle an die PATAGONIA nahm sie die Besatzung der BOWES CASTLE an Bord und Kapitän Zimmermann wurde angewiesen, die Briten nicht vor dem 2. September in San Luiz de Marahão an Land zu setzen. Nach ihrem Eintreffen im dortigen Hafen am 2. September wurde die STADT SCHLESWIG von den brasilianischen Behörden interniert.

FKpt. Köhler faßte den Entschluß, sich auf die Schiffahrtswege vor der Nordostküste Brasiliens zu konzentrieren. Dort trafen mehrere Handelsrouten zusammen: von den Häfen an der Ostküste Südamerikas nach New York und in die Karibik oder alternativ – nach Santa Cruz de Tenerife, Las Palmas, Südeuropa oder Nordwestafrika. Das ständige Absuchen dieser Seewege von Ost nach West und umgekehrt brachte der KARLSRUHE keine Erfolge. Nach einer erneuten Kohlenübernahme am 30. August aus der PATAGONIA auf einem Ankerplatz am Lavandeira-Riff bestellte FKpt. Köhler die Etappenschiffe ASUNCION von der Hamburg-Südamerikanischen DSG und CREFELD vom Norddeutschen Lloyd der Etappe Brasilien zu einem

Treffpunkt auf offener See. Auch das Etappenschiff RIO NEGRO von der Hamburg-Südamerikanischen DSG erhielt diese Weisung.

Am 31. August 1914 um 10.30 Uhr traf die KARLSRUHE schließlich mit ihren neuen Begleitschiffen zusammen und sandte sie zum Atol de Rocas, dem Rocas-Riff, voraus, nachdem um 16.00 Uhr etwa 50 Seemeilen westnordwestlich dieser Felseninsel ein Dampfer auftauchte, den die KARLSRUHE verfolgte und anschließend anhielt. Es handelte sich um die 4336 BRT große STRATHROY, 1909 auf der Werft von William Hamilton & Co. Ltd. in Port Glasgow für die Strathroy Steamship Co. Ltd. gebaut und von der Firma Burrell & Son in Glasgow bereedert. Das Schiff hatte 6000 ts Kohle an Bord und befand sich auf dem Wege von Norfolk in Virginia nach Rio de Janeiro. Für die KARLSRUHE stellte die STRATHROY eine wertvolle Prise dar, denn die Kohlenversorgung reichte selten aus und FKpt. Köhler mußte sich auf das Aufbringen von ein bis zwei Kohlendampfern verlassen, um den Kohlenvorrat mühsam zu ergänzen. Da ein starker Seegang herrschte, entschloß sich FKpt. Köhler, nicht das Risiko einzugehen, ein Prisenkommando überzusetzen. Statt dessen warnte er den Kapitän der STRATHROY auf deutliche Weise, was passieren würde, sollte das Schiff nicht die vom Handelsstörer übermittelten Weisungen befolgen. Danach nahmen die beiden Schiffe Kurs auf das Rocas-Riff. Dort angekommen, ließ FKpt. Köhler die Prise mit ihrer teils europäischen und teils chinesischen Besatzung untersuchen. Infolge ihrer Ladung war die STRATHROY zu wertvoll, um sofort versenkt zu werden. Die Europäer aus ihrer Besatzung wurden auf die PATAGONIA gebracht und FKpt. Erich Köhler ernannte den bisherigen Ersten Offizier der CREFELD, Kptlt.d.R. Lubinus, mit Wirkung vom 1. September 1914 zum Kommandanten des neuen Begleitschiffes. Ihm zur Seite gestellt wurden LtzS.d.R. Gundlach und der Maschinist Büchmann, bisheriger Zweiter Offizier bzw. Dritter Ingenieur der ASUNCION, sowie 14 Seeleute der CREFELD, ASUNCION und RIO NEGRO, um sicherzustellen, daß die Chinesen die STRATHROY zusammen mit der PATAGONIA zum weit entfernten Lavendeira-Riff – 5°00'S 36°00'W – brachten.

Die britischen Besatzungsangehörigen wurden schließlich am 22. Oktober 1914 in Teneriffa an Land gesetzt, nahezu einen Monat später, nachdem ihr Schiff versenkt worden war. STRATHROY diente FKpt. Köhler und der Kaiserlichen Marine als »Kohlendampfer I«.

Die PATAGONIA, die den Kohlendampfer STRATHROY sicher zum Lavendeira-Riff geleitet hatte, lief am 6. September 1914 mit Post für Deutschland in Pernambuco (heute Recife) ein. Anschließend versegelte der Dampfer – viele Platten der Außenhaut waren durch das Kohleübernehmen längseits der KARLSRUHE leckgesprungen – nach Bahia Blanca in Argentinien und ging dort ins Trokkendock. Ende November verließ die PATAGONIA Bahia Blanca und wurde in Montevideo mit Kohle und Proviant für das Kreuzergeschwader neu ausgerüstet. Nach dessen Vernichtung brachte der argentinische Panzerkreuzer GENERAL SAN MARTIN am 16. Dezember 1914 das deutsche Schiff auf und geleitete es nach Bahia Blanca in die Internierung.

Nachdem die Kohleversorgung gesichert war, verließ die KARLSRUHE in Begleitung der CREFELD am 1. September 1914 ihren Ankerplatz und steuerte einen nordöstlichen Kurs, wobei sie Fernando de Noronha dicht passierte. Westlich von der Position der KARLSRUHE lag das Rocas-Riff und mehrere hundert Seemeilen nordostwärts befand sich mitten im Südatlantik in der engsten Stelle zwischen Südamerika und Westafrika der Sankt-Pauls-Felsen – São Pedro e São Paulo (St. Paul's Rock) –, eine natürliche Landmarke für den transozeanischen Schiffsverkehr, um die Kapverdischen Inseln anzusteuern. Am 3. September brachte die KARLSRUHE kurz nach der Morgendämmerung 250 sm südwestlich von St. Paul's Rock den britischen Dampfer MAPLE BRANCH (4338 BRT) der Reederei Nautilus Steam Shipping Co. Ltd. auf. Der in Sunderland registrierte Trampdampfer war 1905 auf der Werft Gourlay Brothers & Co. Ltd. in Dundee gebaut worden und befand sich mit einer gemischten Ladung auf dem Wege von England nach Punta Arenas und Valparaiso. Seine 42 Mann starke Besatzung bestand weitgehend aus Chinesen.

Das zur Ladung der Prise gehörende lebende Vieh wurde fröhlich geschlachtet und versorgte den deutschen Kreuzer und sein Begleitschiff mit frischem Fleisch. Um 17.00 Uhr öffnete das Versenkungskommando die Seeventile und zündete die angeschlagenen Sprengpatronen, aber die MAPLE BRANCH weigerte sich, rasch zu sinken. ObltzS. von dem Borne holte sich vom Kommandanten die Erlaubnis, den Dampfer als Ziel zu benutzen, um seine Besatzungen im Gebrauch von Granaten mit Zeitzündern zu schulen. Schließlich sank das Schiff um 18.45 Uhr auf der Position 1°59'S 32°47'W bzw. etwa 120 sm nördlich von Fernando de Noronha.

Die MAPLE BRANCH versorgte die Besatzung des Kreuzers mit einem asthmatischen jungen Hahn, der den Namen August erhielt, sowie mit mehreren lebenden Schweinen. Letztere wurden in einem Verschlag auf der Backbordseite des Achterdecks untergebracht. Eines dieser Schweine – auf den Namen Julius getauft – wurde zum allgemeinen Liebling an Bord des deutschen Kreuzers, obwohl »er« als britischer Kolonist geboren worden war, wie die deutschen Seeleute sagten. Augenscheinlich hatte das Ferkel, um ein solches handelte es sich, ein Besatzungsmitglied der MAPLE BRANCH auf einem Markt in Kingston auf Jamaica gewonnen. Das Ferkel wetteiferte in der Gunst mit dem Bordhund, einem Terrier namens Flocke, den die Besatzung der DRESDEN FKpt. Köhler in Veracruz zum Geschenk gemacht hatte.

Am 5. September 1914 wurde langsam die Kohle knapp und FKpt. Köhler steuerte wieder das Lavendeira-Riff an. Am dortigen Ankerplatz übernahm die KARLSRUHE am 7. und 8. September 850 t Kohle vom Kohlendampfer STRATHROY. Ohne die PATAGONIA verließ die KARLSRUHE am 9. September ihren Ankerplatz am Lavendeira-Riff, um sich mit der CREFELD am 11. September etwa 250 sm nordnordostwärts von Fernando de Noronha zu treffen. Auch das Begleitschiff RIO NEGRO war wieder zum deutschen Kreuzer gestoßen und marschierte ostwärts von ihm außer Sichtweite in einer Entfernung von mehr als zehn Seemeilen auf gleichem Kurs. Üblicherweise bildete die KARLSRUHE mit ihren beiden Begleitschiffen einen breiten Aufklärungsstreifen.

Um die charakteristische Telefunken-Signatur mit ihrem hohen Ton zu vermeiden, wurden zum Nachrichtenaustausch auf deutscher Seite weitgehend Signalflaggen und -lampen benutzt. In dieser Zeit fing die KARLSRUHE Funkverkehr vom Dampfer HIGHLAND CORRIE der Reederei Nelson Steam Navigation Co. Ltd. auf, aber das britische Schiff konnte in der Dunkelheit nicht gefunden werden.

Der kleine Verband des deutschen Kreuzers führte ein wie durch Zauberei beschütztes Eigenleben. Der Leichte Kreuzer HMS BRISTOL passierte das Lavendeira-Riff nach einem Besuch der Insel São João in 25 sm Entfernung am frühen Nachmittag des 9. September 1914 auf einem östlichen Kurs in Richtung St. Paul's Rock. Der Panzerkreuzer HMS CORNWALL lief am selben Tag zwischen dem Rocas-Riff und Fernando de Noronha auf Südkurs durch und der britische Hilfskreuzer MACEDONIA durchschnitt das Kielwasser des kleinen deutschen Verbandes in den Mittagsstunden des 10. September in einer Entfernung von 40 Seemeilen auf der Höhe von Cabo São Roque.

Am 14. September 1914 wurden gegen 03.30 Uhr in weiter Entfernung die Lichter eines Dampfers auf einem südwestlichen Kurs gesichtet. Die Morgendämmerung enthüllte den 5159 BRT großen Frachter HIGHLAND HOPE, der ebenfalls der Reederei Nelson Steam Navigation Co. Ltd. gehörte, 1903 auf der Werft von Russell & Co. in Port Glasgow gebaut, und der sich auf dem Weg nach Buenos Aires befand, um Gefrierfleisch zu laden. Dieser Dampfer hatte am 31. August Liverpool verlassen und wurde 190 sm südwestlich von St. Paul's Rock aufgebracht.

Das Prisenkommando meldete, daß die HIGHLAND HOPE 1600 ts Kohle, eine Menge Proviant und eine Marconi-Funkanlage an Bord hatte. Beunruhigt darüber, daß die Position des Handelsstörers bekannt geworden war, entschloß sich FKpt. Köhler, den Dampfer so

Ganz oben:-Der Dampfer MAPLE BRANCH (4338 BRT) der Nautilus Steam Shipping Co. Ltd., versenkt am 3. September 1914
Oben: Der spanische Passagierdampfer REGINA VICTORIA-EUGENIA, nach der Untersuchung entlassen. (Laurence Dunn.)

schnell wie möglich zu versenken. Doch vorher wurde die Marconi-Funkanlage ausgebaut und an Bord der KARLSRUHE verbracht, um sie zur Täuschung des Gegners auszunutzen. Darüber hinaus war FKpt. Köhler beunruhigt, daß Funksprüche hinausgegangen sein könnten, die die Position des Handelsstörers verrieten, und entschloß sich daher, den Dampfer so rasch wie möglich zu versenken.

Als die Besatzung des britischen Dampfers gerade auf die CREFELD gebracht wurde, erschien zufällig der spanische Passagierdampfer REINA VICTORIA-EUGENIA der Compañia Maritima S.A. in Barcelona, der auf dem Wege nach Montevideo war. Von der Brücke des Neuankömmlings wurde mit der Signallampe angefragt: »Wer sind Sie?» FKpt. Köhler ließ erwidern: »Geleitzug britischer Schiffe!», und der Spanier, durch die Anwesenheit eines Vier-Schornstein-Kreuzers offenbar zufriedengestellt, setzte seinen Weg fort. Später stellten die Funker auf dem deutschen Kreuzer Funkverkehr zwischen der REINA VICTORIA-EUGENIA und dem britischen Schlachtschiff CANOPUS fest, das einen wertvollen Tanker nach Pernambuco geleitete. Obwohl die Position des »Geleitzuges« exakt durchgegeben wurde, hielt sich zum Glück für die KARLSRUHE Captain Heathcoate Grant von der CANOPUS an seine Befehle. Die deutschen Schiffe und ihre Prise befanden sich zu diesem Zeitpunkt nur etwas mehr als 90 Minuten Fahrtzeit von dem britischen Kriegsschiff entfernt, wenn dieses mit hoher Fahrt auf sie zugedreht hätte.

Da die HIGHLAND HOPE für FKpt. Köhler nicht weiter von Nutzen war, wurde sie um 11.45 Uhr versenkt und die deutschen Schiffe liefen nach Westen ab. Der nächste Tag brachte ein Segelschiff, die SØRFAREREN, ein 1888 auf der Werft Oswald, Mordaunt & Co. in Southampton gebautes Vollschiff, das im norwegischen Hafen Christiansand registriert war. Das Schiff beförderte eine Chromerz-Ladung, die in deutschem Eigentum stand, von Neukaledonien nach Göteborg. Kapitän Aanonsen sandte Fleisch, Frischproviant und argentinische Zeitungen zum deutschen Kreuzer hinüber. Letztere verrieten hilfreich die südamerikanischen Fahrpläne der Royal Mail Steam Packet Company. FKpt. Köhler war besonders darauf aus, einen dieser großen Passagierliner aufzubringen.

Die Aktivitäten der KARLSRUHE auf den nordöstlichen Handelsrouten mußte die Aufmerksamkeit der Royal Navy erregen. Daher entschloß sich FKpt. Köhler, sein Operationsgebiet zu verlegen. In den Morgenstunden des 15. September gingen KARLSRUHE, CRE-

FELD und RIO NEGRO auf Westkurs und drehten später in Richung Westsüdwest ab, so daß die Seeverbindungen zwischen Südamerika, Westindien und den USA bedroht werden konnten.

In den Mittagsstunden des 17. September 1914 wurde 145 sm nordwestlich von Cabo São Roque auf der Position 3°00'S 35°40'W der britische Kohlendampfer INDRANI aufgebracht. Das 5706 BRT große Schiff der Reederei Indra Line in Liverpool, 1912 bei Charles Connell & Co. Ltd. in Glasgow gebaut, hatte 6700 ts amerikanischer Pocahontas-Kohle an Bord und war von Norfolk in Virginia nach Rio de Janeiro unterwegs. Auch dieses Schiff besaß eine neue Marconi-Funkanlage. INDRANI war eine zu wertvolle Prise, um sofort versenkt zu werden, und daher befahl FKpt. Köhler, seiner bisherigen Gewohnheit folgend, die europäischen Besatzungsmitglieder auf die CREFELD zu bringen, während die chinesischen Mannschaften zurückblieben, um unter deutschen Offizieren zu dienen. Das Kommando des neuen Kohlendampfers mit der Bezeichnung »Kohlendampfer II« oder »K.D. II« erhielt der Erste Offizier der RIO NEGRO, Jalaes, unterstützt von zwei Technikern und vier Seeleuten unter Führung von LtzS. d.R. Hentschel.

Anschließend wurden CREFELD und RIO NEGRO zur Versorgung des Hilfskreuzers KRONPRINZ WILHELM entsandt, während die KARLSRUHE zum Lavendeira-Riff zurückkehrte, um aus der STRATHROY 850 t Kohle zu bunkern, ehe der deutsche Kreuzer am 19. September um 05.00 Uhr diesen Ankerplatz wieder verließ.

Der 21. September 1914 erwies sich vor der brasilianischen Küste als geschäftiger Tag. Zuerst brachte die KARLSRUHE die 3804 BRT große MARIA der Holland-Gulf Stoomvart Maatschappij in Rotterdam auf, die in Charter für eine Londoner Firma 6000 ts Weizen an Bord hatte und von Portland in Oregon nach Dublin und Belfast für Order unterwegs war. 1898 an der Wearside auf der Werft von Priestman & Company gebaut, hatte der Dampfer Punta Arenas am 1. September verlassen. Von den holländischen Besatzungsmitgliedern konnte das Prisenkommando in Erfahrung bringen, daß die MARIA in der Nacht vom 18./19. September mit dem britischen Schlachtschiff CANOPUS zusammengetroffen war und daß man den Leichten Kreuzer GLASGOW in Rio de Janeiro beim Bunkern angetroffen hatte.

Noch mit der MARIA beschäftigt, mußte FKpt. Köhler mit seinem Kreuzer zur Verfolgung eines plötzlich aufgetauchten zweiten Dampfers abdrehen und überließ das Zurückrufen des Prisenkommandos und die Versenkung des niederländischen Schiffes seinen Begleitschiffen. Um 14.15 Uhr kaperte die KARLSRUHE die 3816 BRT große CORNISH CITY der Reederei Instow Steam Ship Co. Ltd. 1906 auf der Werft von Joseph L. Thompson & Sons Ltd. in Sunderland als CHARLTON gebaut, kaufte den Dampfer 1912 die Instow-Reederei, benannte ihn um und ließ ihn in Bideford registrieren. Da die KARLSRUHE ausreichend mit Kohle versorgt war, konnte FKpt. Köhler auf die 5500-ts-Ladung verzichten, die von den Barry Docks für die in britischem Eigentum stehende Brazilian Coal Company in Rio de Janeiro bestimmt war.

Noch während die CORNISH CITY in aller Eile auf den Grund des Meeres geschickt wurde – sie sank um 19.45 Uhr –, fingen die Funker der KARLSRUHE Funksignale der AMAZON auf, ein 1906 auf der Werft Harland & Wolff Ltd. in Belfast für die Royal Mail Steam Packet Company gebauter, 10 037 BRT großer Postdampfer, der von Pernambuco nach Europa ausgelaufen war. Um 21.30 Uhr wurden seine Lichter gesichtet und FKpt. Köhler zog ernsthaft in Erwägung, das Schiff abzufangen, als ihm klar wurde, daß er dessen zahlreiche Passagiere an Bord seiner Begleitschiffe nicht unterbringen konnte. Daher ließ er die AMAZON – in Unkenntnis darüber, wie dicht sie das Schicksal gestreift hatte – ihres Weges ziehen.

Am 22. September 1914 um 06.40 Uhr wurde die RIO IGUASSU (3817 BRT) der London-American Maritime & Trading Co. Ltd. auf der Position 0°40'S 32°18'W angehalten. Sie beförderte 4800 ts Kohle von Newcastle-upon-Tyne für die Tramway, Power & Light Company in Rio de Janeiro. Die Besatzung wurde an Bord der ASUNCION gebracht und nachdem so viel Kohle wie möglich übernommen worden war, wurde der 1898 in Sunderland gebaute britische Dampfer um 16.00 Uhr etwa 20 Seemeilen nordwestlich der Position versenkt, auf der ihn die KARLSRUHE aufgebracht hatte.

Die nächsten Schiffe, die angehalten und untersucht wurden, waren zur Enttäuschung der KARLSRUHE-Besatzung neutral. Der am 22. September um 06.00 Uhr gesichtete italienische Dampfer ASCARO war in Genua registriert und beförderte eine Maisladung von Rosario nach São Vicente auf den Kapverdischen Inseln für Order. Anschließend erschien die PRINCESSAN INGEBORG der Reederei Axel Johnson & Co. in Stockholm. Dort war das Schiff auch registriert. Es befand sich mit Passagieren und Stückgut auf dem Wege nach Pernambuco.

Bis zum 25. September 1914 hatte sich die KARLSRUHE soweit nach Osten abgesetzt, bis sie die Position 1°10'S 33°30'W inmitten des Atlantischen Ozeans erreichte. Hier, weit abseits der Seewege, ließ sie sich treiben, um dringend erforderliche Überholungsarbeiten durchzuführen. Die Turbinen wurden zu Wartungsarbeiten auseinandergenommen, zuerst die Backbordturbine und danach die Steuerbordturbine, um sicherzustellen, daß im Notfall mit einem Propeller Fahrt aufgenommen werden konnte. Wo es durchführbar war, wurden kleinere Schäden in der Außenbeplattung beseitigt. Seeleute entfernten den am leichtesten zugänglichen Rost und trugen dort, wo es erforderlich war, eine neue Farbschicht auf. Nach dem Abschluß dieser Arbeiten am 27. September nahm der deutsche Kreuzer wieder Kurs auf das Lavendeira-Riff und am folgenden Tag traf er 100 Seemeilen nordwestlich des Rocas-Riffes mit dem Kohlendampfer ASUNCION zusammen. Auf dem Ankerplatz am Lavendeira-Riff übernahm die KARLSRUHE schließlich die restlichen 1100 t Kohle von der STRATHROY und versenkte den britischen Trampdampfer auf der Position 0°42'N 44°30'W.

In den Nachmittagsstunden des 29. September trafen auch die RIO NEGRO und die INDRANI ein, während ASUNCION und CREFELD bereits wieder zu einem neuen Treffpunkt unterwegs waren, da das Rocas-Riff nicht mehr sicher war. Um 17.00 Uhr am 1. Oktober 1914 verließ auch die KARLSRUHE das Lavendeira-Riff; sie hatte 1420 t Kohle an Bord – tatsächlich einen so großen Vorrat, daß sich die Kohlensäcke einen Meter hoch an Deck stapelten, nur der Schwenkbereich der Geschütze blieb frei.

Am 2. Oktober brachte die ASUNCION neue Nachrichten: Der Hilfskreuzer CAP TRAFALGAR war vor der Insel Trindade versenkt worden. Außerdem befanden sich die Schiffe des Kreuzergeschwaders auf dem Marsch quer durch den Pazifik, DRESDEN stand vor der Westküste Südamerikas und die LEIPZIG hielt sich in den Galápagos-Inseln auf. Beunruhigender war die Nachricht, daß das Atol de Rocas und die Ilha da Trindade kompromittiert waren und die Bermudas überwacht wurden. Die Zeitungen berichteten auch, daß Rear-Admiral Sir Christopher Cradock, der seine Flagge auf dem Panzerkreuzer GOOD HOPE gesetzt hatte, auf dem Marsch nach Süden war, um VAdm. v. Spees Kreuzergeschwader abzufangen.

Wie die meisten Deutschen, so war sich auch FKpt. Köhler sicher, daß das Kreuzergeschwader der Handvoll Schiffe, die Rear-Admiral Cradock zur Verfügung standen, überlegen sein würde: das Flaggschiff GOOD HOPE war stark, aber veraltet, die MONMOUTH hatte eine hauptsächlich aus Reservisten, rekrutiert aus schottischen Fischern, bestehende Besatzung und nur der Leichte Kreuzer GLASGOW, das Schwesterschiff der BRISTOL, war eine modernere Einheit und daher auf indirekte Weise der KARLSRUHE-Besatzung sehr vertraut.

In Begleitung der CREFELD und der RIO NEGRO traf die KARLSRUHE am 3. Oktober 1914 gegen 08.30 Uhr in ihrem neuen Operationsgebiet ein, um auf den Schiffahrtswegen nördlich von Fernando de Noronha zu kreuzen. Die drei deutschen Schiffe bildeten am nächsten Morgen einen breiten Aufklärungsstreifen, um ihre Opfer aufzuspüren.

Um 15.00 Uhr am 5. Oktober 1914 signalisierte die CREFELD: »Dampfer in Sicht!« Auf der Position 0°46'S 30°50'W ging der britische Dampfer FARN den deutschen Schiffen in die Falle und wurde von der KARLSRUHE um 17.00 Uhr angehalten. Dieser 4393 BRT große Trampdampfer war 1910 auf der Werft von William Doxford & Sons Ltd. in Sunderland vom Stapel gelaufen, gehörte der Fargrove Steam Navigation Co. Ltd. in London und wurde von Farrar, Groves & Co. bereedert. Seine Ladung bestand aus Cardiff-Kohle und Koks von ausgezeichneter Qualität – einige Quellen sprechen von 5810 ts und andere von 7000 ts* – und war von den Barry Docks nach Montevideo bestimmt.

In Anbetracht dieser wertvollen Kohleladung entschloß sich FKpt. Köhler, die FARN als ein weiteres Begleitschiff unter der Bezeichnung »Kohlendampfer III« mitzunehmen. Das Kommando über dieses Schiff erhielt Kptlt.d.R. Lubinus, unterstützt von LtzS.d.R. Hentschel und der Besatzung, die vorher bereits die inzwischen aufgegebene STRATHROY bemannt hatte.

Kaum war die FARN zu einem neuen Treffpunkt mit der ASUNCION auf den Weg gebracht worden, da fingen die Funker der KARLSRUHE Funksignale der HMS CORNWALL in einer derartigen Lautstärke auf, daß sich FKpt. Köhler mit seinen Schiffen eiligst nach Osten in Richtung St. Paul's Rock absetzte. In Begleitung des Hilfskreuzers MACEDONIA lief das britische Kriegsschiff am 6. Oktober Fernando de Noronha an und wendete sich von da aus nach Norden. Hierbei kam sie dicht an der Stelle vorbei, wo die FARN zwei Tage früher aufgebracht worden war. Am 7. Oktober passierte der Panzerkreuzer CORNWALL 70 Seemeilen westsüdwestlich der KARLSRUHE auf dem Wege nach Westindien. In den Mittagsstunden des 6. Oktober hatte auch die BRISTOL das Kap São Roque auf einem nordwestlichen Kurs passiert und kam hierbei so dicht an die KARLSRUHE heran, daß die Funksignale des Briten aufgefangen werden konnten. Am selben Tag näherte sich zudem von Süden her der britische Hilfskreuzer ORAMA dem Atol de Rocas. Das Netz schien sich um die KARLSRUHE zuzuziehen.

Obwohl sich FKpt. Köhler weiter nach Osten über die herkömmlichen Schiffahrtswege hinaus zurückgezogen hatte, waren die britischen Kriegsschiffe von ihrer Admiralität jedoch angewiesen worden, die friedensmäßigen Schiffahrtsrouten zu überwachen. Der deutschen Seite blieb das Glück treu; denn am 6. Oktober 1914 um 15.00 Uhr sichtete die RIO NEGRO hundert Seemeilen südwestlich des St. Paul's Rock einen Dampfer, den die KARLSRUHE bald darauf aufbrachte. Es handelte sich um die 5018 BRT große NICETO DE LARRINAGA, in Liverpool registriert und mit einer aus 8000 ts Hafer, Mais, Viehfutter und landwirtschaftlichen Maschinen bestehenden Ladung von Buenos Aires nach London unterwegs. Der auf der Position 0°35'S 29°47'W aufgebrachte Dampfer gehörte der Reederei Miguel de Larrinaga Steamship Co. Ltd. und war 1912 auf der Werft von Russell & Company in Port Glasgow vom Stapel gelaufen. Er hatte eine Marconi-Funkanlage an Bord und hatte kurz vorher noch Funksprüche mit den britischen Kreuzern BRISTOL und GLASGOW ausgetauscht. Nachdem die 42 Mann starke Besatzung auf die CREFELD gebracht worden war, die nach wie vor den Besatzungen der gekaperten Schiffe als Unterkunft diente, öffnete das Versenkungskommando um 19.00 Uhr die Seeventile und zündete die angeschlagenen Sprengpatronen, aber der Dampfer verschwand erst um 20.30 Uhr unter der Wasseroberfläche.

Am nächsten Tag, dem 7. Oktober 1914, brachte die KARLSRUHE gegen 08.00 Uhr den in Liverpool registrierten und 3384 BRT großen Dampfer LYNROWAN auf, der auf einem nördlichen Kurs mit einer aus 5500 ts Mais, Zucker, Talkum und Fellen – sowie zwölf Kraftfahrzeugen – bestehenden Ladung von Buenos Aires nach Liverpool unterwegs war. Diesen Trampdampfer hatte 1907 die Werft Craggs & Son in Middlesbrough fertiggestellt und 1914 gehörte er der Reederei Liver Shipping Co. Ltd. Die sich aus Briten, Franzosen, einem Belgier, Russen und Schwarzen zusammensetzende Besatzung wurde von Bord gebracht und danach diente die LYNROWAN als Ziel für Artillerieschießübungen. Sie sank um 15.00 Uhr 90 Seemeilen südsüdwestlich des St. Paul's Rock.

Die Liverpool, Brazil & River Plate Steam Navigation Co. (Lambert & Holt Ltd.) war der einzige Schiffseigner, der zwei Schiffe an die KARLSRUHE verlor. Das erste war die 4635 BRT große CERVANTES, 1895 auf der Glasgower Werft D. & W. Henderson & Company fertiggestellt. Sie wurde am 8. Oktober 1914 um 07.00 Uhr lediglich zehn Seemeilen vom Untergangsort der LYNROWAN aufgebracht. Aus Punta Arenas und Rio Grande do Sul kommend, hatte die CERVANTES am 1. Oktober Rio de Janeiro mit einer 43 Mann starken Besatzung und vier Passagieren verlassen. Der Dampfer beförderte 4500 ts Viehfutter, Wolle, Zucker und Felle aus südamerikanischen Häfen nach Liverpool. Kurz nach 12.00 Uhr wurde auch dieser Frachter mit Sprengpatronen und ein paar 10,5-cm-Granaten versenkt.

Noch am selben Tag, dem 8. Oktober 1914, kam gegen 23.15 Uhr die in London registrierte, 4408 BRT große PRUTH in Sicht. Das von Kapitän Joseph Evans geführte Schiff gehörte der Mercantile Steam Ship Co. Ltd., 1905 auf der Werft von W. Gray & Co. Ltd. in West Hartlepool fertiggestellt. Die KARLSRUHE brachte es kurz nach Mitternacht auf der Position 0°26'S 29°45'W mit einer Ladung aus 3800 ts Chilesalpeter und 2300 ts Gerste auf. Die PRUTH

* Anmerkung des Verfassers: Vermutlich umfaßt die letztere Zahl auch den Inhalt der Kohlenbunker, während die erstere das Gewicht der »bezahlten Ladung« angibt. Die beiden Zahlenangaben widersprechen sich daher nicht notwendigerweise.

Unten: Die JOSÉ DE LARRINAGA, ein identisches Schwesterschiff der NICETO DE LARRINAGA. (Laurence Dunn.)

Oben: Das Leben an Bord eines deutschen Begleitschiffes konnte zu einer außerordentlich ermüdenden Routine werden: Essensausgabe an die Backschafter, augenscheinlich auf der MARKOMANNIA aufgenommen, dem Begleitschiff der EMDEN. (Australian War Museum, Canberra, Negativ-Nr. EN 233.

befand sich auf dem Wege von Chile nach São Vicente für Order. Um 05.30 Uhr begann die Übernahme ihrer Besatzung und ihrer Proviantvorräte auf die CREFELD, die zudem noch von der RIO NEGRO mit Fleisch versorgt wurde. Schließlich verrichtete auch auf der PRUTH das Versenkungskommando seine Arbeit und das Schiff sank gegen 10.00 Uhr.

Am 9. Oktober 1914 gegen 15.00 Uhr wurde die CÁDIZ, ein neutraler Spanier, unterwegs von Valparaiso nach Barcelona zur Untersuchung angehalten. Am nächsten Morgen um 03.00 Uhr erfuhr die norwegische BERGENHUS, die sich mit einer aus 4100 t Mais bestehenden Fracht auf dem Wege von Rosario nach Las Palmas befand, eine ähnliche Behandlung. Nach der Prüfung der Papiere wurden beide Schiffe wieder entlassen.

Da der Kohlenvorrat in den Bunkern wieder einmal zur Neige ging, drehte die KARLSRUHE nach Westen auf das Lavendeira-Riff zu, um sich mit dem aufgebrachten Kohlendampfer FARN zu treffen. Kurz vor 15.00 Uhr am 11. Oktober 1914 sichtete der deutsche Kreuzer die FARN, wie sie mit dem britischen Trampdampfer CONDOR (3053 BRT) auf der Position 2°00'S 34°00'W, das heißt 215 sm nordostwärts von Kap São Roque, Signale austauschte. Aus den Schiffspapieren ergab sich, daß die CONDOR 1893 auf der Werft von J.L. Thompson & Co. Ltd. in Sunderland gebaut worden war und der Reederei New York & Pacific Steam Ship Company gehörte. Das in London registrierte Schiff beförderte eine Stückgutladung von 4000 ts von New York, Philadelphia und Ferdinanda zu den Küsten Südamerikas.

CONDOR war vor deutschen Handelsstörern gewarnt worden und fuhr als Vorsichtsmaßnahme mehr als 100 Seemeilen ostwärts des üblichen Schiffahrtsweges. Im Augenblick jedoch hatte sie mit Maschinenhavarie beigedreht und erbat von der FARN Unterstützung. Sie führte die britische Handelsflagge, das *Red Ensign*, und dies besiegelte ihr Schicksal.

Das Prisenkommando meldete, daß die Ladung aus einer größeren Menge Dynamit, 150 t Maschinenschmieröl sowie aus reichlich Proviant und Konserven einschließlich 2000 Büchsen Kondensmilch bestand. FKpt. Köhler entschloß sich, das Schmieröl zu übernehmen. Bis zum 13. Oktober wurden 148,5 t, das heißt 781 trommelförmige und etwa 700 kastenförmige Behälter, von der KARLSRUHE an Bord genommen. Absicht war, das mit Petroleum vermischte Schmieröl in den ölbefeuerten Kesseln des Kreuzers in der Hoffnung zu verbrennen, daß es als Heizöl Verwendung finden konnte. Um 02.00 Uhr am 14. Oktober wurde die CONDOR durch Öffnen der Seeventile versenkt. Im Hinblick auf die Dynamitladung wurde von einer Sprengung Abstand genommen. Kurz nachdem sich die Wellen über dem Schiff geschlossen hatten, entzündete sich unter heftigen Explosionen die Dynamitladung und die RIO NEGRO wurde mit Trümmern überschüttet.

Das »Hotelschiff« CREFELD war jetzt mit Gefangenen, das heißt mit den Besatzungen der gekaperten Schiffe, überfüllt. In seinen Erinnerungen, die sich auf das während der Kaperfahrt geführte Tagebuch stützen, berichtet ObltzS. Hubert Aust am 8. Oktober 1914 – kurz vor dem Aufbringen der CONDOR – von insgesamt 398 Personen: 223 »Feinde Deutschlands« und 175 Neutrale.[96] Im einzelnen handelte es sich um 205 Briten, darunter zwei Frauen, 107 Chinesen und 22 Spanier sowie um je einen Belgier, Kubaner, Dänen, Ecuadorianer, Griechen und Araber. Da die Proviantvorräte zur Neige gingen, entschloß sich FKpt. Köhler, sein Begleitschiff in einen südamerikanischen Hafen zu entsenden. Doch er wies Kapitän

Vierth an, sein Eintreffen dort solange zu verzögern, bis sich der deutsche Kreuzer weit genug von dem Gebiet entfernt hatte, in dem die Besatzungen der aufgebrachten Schiffe entlassen worden waren.

Die CREFELD wurde am 13. Oktober 1914 um 16.00 Uhr entlassen und ging auf einen nordöstlichen Kurs, um Teneriffa anzulaufen. Bedachtsam und vorsichtig fahrend, erreichte der deutsche NDL-Dampfer schließlich am 22. Oktober Santa Cruz de Tenerife. Die britischen Gefangenen wurden freigelassen und die für Berlin bestimmte Post auf den Weg gebracht. Sehr zum Ärgernis der Briten, die die CREFELD als Hilfskriegsschiff betrachteten, weigerten sich die spanischen Behörden, den Dampfer zu internieren. Seine Anwesenheit in diesem Hafen führte daher notwendigerweise zu einer Blockade durch Kreuzer der Royal Navy.[97]

Die KARLSRUHE setzte ihre Fahrt fort. Auf der Weiterfahrt wurden Versuche mit der Schmierölmischung als Heizöl durchgeführt. Sie ergaben befriedigende Ergebnisse. Damit hatte die KARLSRUHE für die nächste Zeit auch das Heizölproblem gelöst. Die deutschen Handelsschiffe, selbst jene, die in den Häfen entlang des Atlantischen Ozeans vermeintlich interniert waren, leisteten in den ersten Monaten des Ersten Weltkrieges wertvolle Dienste, indem sie an FKpt. Köhler und die anderen Kommandanten von Handelsstörern Nachrichten weitergaben. Als besonders fleißig erwies sich hierbei der Dampfer HOLGER der Roland-Linie A.G., Bremen, der in Pernambuco lag und zum Etappenschiff ausgerüstet wurde. Er benutzte seine Kurzwellen-Funkanlage, um Nachrichten über die Bewegungen von Handelsschiffen und besonders von britischen Kriegsschiffen zu verbreiten. Da Pernambuco ein Brennpunkt des Seehandelsverkehrs entlang der Ostküste Brasiliens war, erwiesen sich diese Informationen für die Handelsstörer von unschätzbarem Wert. Infolge der begrenzten Reichweite des Funksenders der HOLGER kreuzte das Begleitschiff ASUNCION vor der brasilianischen Küste, um die Funksprüche unerkannt aufzufangen, ehe sie diese an die KARLSRUHE weitergab.

Zeitungen an Bord aufgebrachter Handelsschiffe waren eine weitere ergiebige Quelle für Informationen, vor allem deswegen, weil sie regelmäßig Einzelheiten über Ankünfte und Abfahrten aus den wichtigsten Häfen veröffentlichten.

Die neutralen Mächte jedoch – insbesondere die Staaten Südamerikas – wurden hinsichtlich der Mißachtung ihres Vertrauens zunehmend ungehaltener und sie verschärften allmählich die Beschränkungen für die Benutzung ihrer Häfen durch Schiffe, die sie als einsatzbereite deutsche Hilfskriegsschiffe ansahen. Sobald dies in umfangreicher Weise einträte, würde dies ein Beschneiden der Aktivitäten deutscher Handelsstörer, wie zum Beispiel der KARLSRUHE, bedeuten – entweder durch Brennstoffverknappung oder durch eine bessere Überwachung entlegener Besitzungen, wie zum Beispiel der Insel Fernando de Noronha, die als improvisierte Stützpunkte dienten.

Das Vorhandensein geheimer Liegeplätze zur Kohlenübernahme konnte der Aufmerksamkeit der gefangengenommenen Besatzungen aufgebrachter Handelsschiffe nicht entgangen sein. Daher bedeutete es nur eine Frage der Zeit, bis eine Untersuchung durch ein britisches Kriegsschiff mit dem Besuch eines Handelsstörers zusammentraf. Die meisten britischen Kreuzer im Atlantik waren artilleristisch stark genug, um die KARLSRUHE zu vernichten, vorausgesetzt, die zu befahrenden Gewässer waren beengt genug – oder die Kohlenbunker weitgehend leer –, um den deutschen Kreuzer daran zu hindern, seine überlegene Geschwindigkeit einzusetzen. Deutsche Handelsstörer waren schon häufig knapp entkommen, wie zum Beispiel auch die KARLSRUHE. Typisch für solche Situationen war das Anlaufen des Lavendeira-Riffes durch den britischen Hilfskreuzer EDINBURGH CASTLE am 25. Oktober 1914 oder die Untersuchung des Atol de Rocas durch den britischen Panzerkreuzer DEFENCE nur einen Tag später.

Zurück zur KARLSRUHE. In der Nacht vom 14./15. Oktober 1914 unmittelbar nach der Versenkung der CONDOR, das heißt nach 02.00 Uhr, nahm FKpt. Köhler Kurs auf das Lavendeira-Riff. Die Kohlenübernahme aus der FARN begann noch am selben Morgen um 08.30 Uhr und dauerte bis zum Morgen des nächsten Tages, des 16. Oktober 1914. In dieser Zeit wurden 1100 t bester Kohle gebunkert. Noch am selben Tag um 17.00 Uhr verließ der deutsche Kreuzer das Lavendeira-Riff, passierte am Nachmittag des nächsten Tages das argentinische Regierungstransportschiff CHACO, um am 17. Oktober um 18.00 Uhr auf der Position 2°00'S 3°00'W mit den Begleitschiffen RIO NEGRO und ASUNCION zusammenzutreffen. Am Morgen des 18. Oktober verließen die KARLSRUHE und die RIO NEGRO die ASUNCION wieder, um etwa 130 sm nördlich von Fernando de Noronha nach gegnerischen Handelsschiffen Ausschau zu halten.

Etwa 200 Seemeilen südwestlich des St. Paul's Rock konnte die KARLSRUHE um 11.00 Uhr am 18. Oktober einen weiteren Frachter aufbringen: die nach Montevideo bestimmte GLANTON unter Führung von Kapitän George Arthur. In London registriert und der Reederei Steel, Young & Company gehörend, hatte der 3021 BRT große Kohlendampfer aus dem Jahre 1894 eine aus Maschinen und 3800 ts bester Waliser Kohle bestehende Ladung an Bord, letztere an den Barry Docks für Wilson & Sons übernommen. Da der KARLSRUHE noch ausreichend Kohle zur Verfügung stand, entschied sich FKpt. Köhler, die GLANTON zu versenken. Nachdem das Prisenkommando die wenigen Dinge von Interesse mitgenommen hatte, wurde der Dampfer um 17.25 Uhr durch Öffnen der Seeventile und mit Sprengpatronen versenkt.

Zwei neutrale Schiffe, der niederländische Postdampfer ZAANLAND und ein nicht identifizierter italienischer Trampdampfer, wurden nicht angehalten; eine ermüdete deutsche Kreuzerbesatzung ließ die beiden Dampfer – ebenfalls noch am 18. Oktober – einfach weiterfahren.

Am 21. Oktober 1914 wurde 30 Seemeilen südsüdostwärts des St. Paul's Rock Funkverkehr des Dampfers HIGHLAND SCOT der Reederei Nelson Steam Navigation Co. Ltd. aufgefangen, aber das Schiff konnte nicht gefunden werden. Am 22. Oktober hielt die KARLSRUHE den schwedischen Dampfer ATLAND an, registriert in Göteborg, entließ ihn aber wieder nach einer flüchtigen Untersuchung. Der nächste Tag brachte jedoch mit der 2752 BRT großen HURSTDALE eine weitere Prise, 1902 auf der Werft Blumer & Company in Sunderland gebaut und der Reederei Lambert Brothers in Liverpool gehörend. Der mit einer Ladung aus 4644 ts Mais von Rosario nach Bristol unterwegs befindliche Trampdampfer kam um 16.15 Uhr in Sicht und wurde um 17.00 Uhr nur wenige Seemeilen vom nassen Grab der GLANTON entfernt angehalten. Da der Neuankömmling nichts von besonderem Interesse an Bord hatte, wurden nach der Übernahme der Besatzung auf die RIO NEGRO die Seeventile geöffnet. Pflichtschuldigst sank die HURSTDALE um 21.00 Uhr. Anschließend erhielt die ANNIE JOHNSON der Stockholmer Reederei Axel Johnson – ein Neutraler – unbelästigt freie Fahrt.

Am 25. Oktober 1914 entschloß sich FKpt. Köhler, auf einem westlichen Kurs die São-João-Inseln mit der FARN anzulaufen, während er die Begleitschiffe RIO NEGRO, ASUNCION und INDRANI mit genauen Instruktionen über Treffpunkte entließ. Seine Absicht war es, als Vorspiel zu einem Schreckensregiment in der Karibik einen Handstreich gegen Barbados zu unternehmen.[98]

Auf dem Marsch zu den São-João-Inseln sichteten die Ausgucks an Bord der KARLSRUHE um 10.15 Uhr am 26. Oktober ostsüdostwärts des Kreuzers ein großes Schiff. Es wurde bis 11.00 Uhr beschattet und danach auf der Position 1°12'S 40°49'W angehalten. Am 21. Oktober hatte Captain Basil Fanshawe vom Leichten Kreuzer HMS BRISTOL Kapitän Arthur Cadogan vom britischen Passagierdampfer VANDYCK der Reederei Liverpool, Brazil & River Plate Steamship Company (Lampart & Holt Ltd.) gewarnt, daß die KARLSRUHE noch ihr Unwesen triebe. Nichtsdestoweniger hatte Cadogan am 23. Oktober Bahia (heute Salvador) mit Bestimmungshafen New York verlassen. Als die 10328 BRT große VANDYCK angehalten wurde, war sie nach Trinidad und Barbados unterwegs und verkehrte auf der regulären Schiffahrtsroute von Kap São Roque nach Trinidad.

1911 auf der Werft von Workman, Ckark & Co. Ltd. in Belfast gebaut, beförderte die VANDYCK 210 Passagiere, Stückgut, eine kleine Menge Goldbarren sowie 1000 ts Gefrierfleisch. Der Dampfer hatte versucht zu entkommen, aber seine 15 kn waren den 25 kn der KARLSRUHE nicht gewachsen, und die VANDYCK mußte nach kurzer Verfolgung beidrehen.

FKpt. Köhler war sich des Wertes einer derart wertvollen Prise durchaus bewußt und war entschlossen, die VANDYCK zu versenken, auch wenn es unter den Passagieren viele Frauen und Kinder gab. Er ließ einen Funkspruch an die Begleitschiffe ASUNCION, RIO NEGRO und INDRANI absetzen und befahl ihnen, sich mit dem deutschen Kreuzer am 27. Oktober 1914 um 04.30 Uhr auf der Position 0°50'S 41°00'W zu treffen. Um 06.00 Uhr am selben Morgen wurden die Passagiere angewiesen, ihre Habseligkeiten zusammenzupacken. Bis gegen 19.00 Uhr waren alle Passagiere mit ihrem Gepäck und die Besatzung der VANDYCK sowie auch die Besatzungen der gekaperten Dampfer HURTSDALE und GLANTON auf die ASUNCION gebracht worden und noch am selben Abend – des 27. Oktober – wurde das Begleitschiff mit den Gefangenen entlassen. Sein Kapitän erhielt die Weisung, die Gefangenen nicht vor dem 1. November 1914 in Pará (heute Belém) an Land zu setzen, um der KARLSRUHE mehrere Tage Zeit zu verschaffen, um erneut verschwinden zu können.

Nach einer quälend langen und alle Pläne durchkreuzenden Reise auf dem kleinen Dampfer der Hamburg-Amerika-Linie wurden die Passagiere der VANDYCK und die Besatzungen der aufgebrachten Schiffe schließlich am 2. November in Pará an Land gesetzt. Im Anschluß daran wurde die ASUNCION in diesem Hafen aufgelegt. In der angloamerikanischen Presse erschienen bald darauf Berichte, wonach die Reise auf der ASUNCION ein weiteres Beispiel teutonischer Barbarei dargestellt hätte. Die Passagiere der VANDYCK sahen dies gelassener; ein auf diesem Schiff reisender Amerikaner schrieb an FKpt. Köhler, er möchte » [dem deutschen Kapitän]... für die sehr höfliche und großzügige Behandlung danken, die den Passagieren, Offizieren und Mannschaften der S.S. VANDYCK zuteil wurde. – Mit Recht konnte niemand unter diesen Umständen mehr erwarten.«

Die VANDYCK wurde schließlich am 28. Oktober 1914 um 06.00 Uhr versenkt und nach 30 Minuten ging das Schiff als letztes Opfer der KARLSRUHE auf der Position 0°50'S 41°45'W unter. Noch während die KARLSRUHE am Tage vorher dabei war, Proviant usw. von der VANDYCK zu übernehmen, erschien der in London registrierte britische Dampfer ROYAL SCEPTRE und wurde angehalten. Die Untersuchung ergab, daß der Dampfer eine in amerikanischem Eigentum stehende Kaffeeladung von Santos nach New York beförderte. Sich vor Kompensationsforderungen an die deutsche Regierung hütend, falls er dieses Schiff versenkte, ließ FKpt. Köhler diesen Dampfer seines Weges ziehen.

Am 29. und 30. Oktober 1914 bunkerte der deutsche Kreuzer bei den São-João-Inseln aus der FARN. Anschließend verließ die KARLSRUHE diese Inselgruppe, um sich am 31. Oktober 1914 auf der Position 0°30'S 45°30'W mit der RIO NEGRO und der INDURANI zu treffen. Danach steuerte der Handelsstörer mit seinen Begleitschiffen die Insel Maracá vor der Mündung des Amazonas an. Dort warf die KARLSRUHE 15 Seemeilen seewärts der Insel am 1. November 1914 um 16.30 Uhr Anker. Die Besatzung des Kleinen Kreuzers bedurfte dringend der Erholung, aber ehe ihr FKpt. Köhler eine Ruhepause bewilligen konnte, wollte er noch einen überraschenden Handstreich gegen Barbados durchführen. Dies würde, so hoffte er, den Schiffsverkehr in Panik versetzen und die Seeverbindungen unterbrechen, da auf der Reede von Barbados mit lebhaftem Dampferverkehr gerechnet werden konnte.

Am 1. November 1914 übernahm die KARLSRUHE auf ihrem Ankerplatz vor der Insel Maracá noch einmal aus der INDRANI Kohlen und setzte danach zusammen mit dem Begleitschiff RIO NEGRO Kurs auf Barbados ab. Als am Abend des 4. November 1914 die Dämmerung hereinbrach und die KARLSRUHE bei klarem Wetter friedlich nordwärts glitt, entspannten sich viele der Besatzungsangehörigen auf der Back zu den leisen Tönen einer Musik. FKpt. Köhler und ObltzS. Freiherr v. Althaus, der wachhabende Offizier, befan-

Oben rechts: Die KARLSRUHE gegen Ende ihrer Kaperfahrt. Das im Sommer 1914 aus Deutschland ausgelaufene Kriegsschiff ist nur noch ein Schatten seiner selbst. Aus »S.M.S. KARLSRUHE« von LtzS. von dem Borne. (EMDEN-Archiv Günter Huff.
Unten: Der Passagierdampfer VANDYCK der Lamport & Holt Line. (Laurence Dunn.)

den sich auf der Brücke. Die wachfreien Offiziere hielten sich zum Abendessen achtern in der Messe auf. Plötzlich schossen mit verheerender Geschwindigkeit Flammen in den dunkler werdenden Himmel und eine ungeheure Explosion betäubte vorübergehend die Beobachter auf den Begleitschiffen INDRANI und RIO NEGRO.

Als sich der Qualm verzogen hatte, war vom Vorschiff der KARLSRUHE vom vorderen Schornstein an nichts mehr übriggeblieben. Bug, Brücke und Fockmast waren über Bord geschleudert worden. FKpt. Köhler und 262 Angehörige seiner Besatzung fanden hierbei den Tod..Das Achterschiff schwamm noch eine Zeitlang, wenn auch mit starker Backbordschlagseite, aber lange genug, damit 123 Überlebende in die Boote gelangen konnten. Schließlich versank das Achterschiff um 18.57 Uhr auf der Position 11°7'N 55°25'W. Als die Überlebenden zu den Begleitschiffen pullten, wußten sie, daß ihre Kaperfahrt zu Ende war.

Barbados war verschont geblieben und einer der Piraten des Kaisers war nicht mehr.[99]

Nach dem Tod von Fregattenkapitän Köhler ging das Kommando über die verbliebenen Besatzungsangehörigen des Kreuzers und die Begleitschiffe auf Kapitänleutnant Studt über, den Ersten Offizier der KARLSRUHE.

Die detachierte FARN lief schließlich am 12. Januar 1915 in den Hafen von San Juan de Puerto Rico ein, nachdem sie in Erwartung neuer Befehle von einem nicht mehr vorhandenen Kreuzer einige Zeit zugewartet hatte. Kptlt. Studt entschloß sich, die INDRANI zu versenken und mit der Restbesatzung der KARLSRUHE auf der RIO NEGRO nach Deutschland zurückzukehren und dabei das Risiko der britischen Blockade auf sich zu nehmen. Die Heimreise vollzog sich in einem großen, nach Norden ausholenden Bogen um die Britischen Inseln herum. Allerdings wurde das Durchbrechen der Blokkade durch das Zurückziehen der veralteten britischen Kreuzer im November 1914 aus dem Patrouillendienst begünstigt. Ihr Ersetzen mit leicht bewaffneten, aber zweifellos seetüchtigeren Hilfskreuzern brauchte nicht nur seine Zeit, um die Blockade wieder vollständig herzustellen, sondern traf auch mit dem Durchbruch der RIO NEGRO zusammen. Unterstützt durch heftige Stürme, die das Schiff vor den Augen der gegnerischen Patrouillen verbargen, erreichte der Kohlendampfer am 29. November 1914 den norwegischen Hafen Alesund. Am 6. Dezember 1914 lief die RIO NEGRO letztendlich in den Kieler Hafen ein.[100]

Die Verschleierung des Unterganges der KARLSRUHE hatte so gut funktioniert,[101] daß noch am 27. November von der Funkstation Nauen ein Funkspruch an FKpt. Köhler ausgesandt wurde. Ironischerweise enthielt er die Erlaubnis des Kaisers für die KARLSRUHE, nach Deutschland zurückzukehren. Auch der deutsche Admiralstab hatte klar erkannt, daß der Nutzen von Kreuzern in der Handelskriegsführung rasch dahinschwand. Nachdem auch das Kreuzergeschwader an den Falkland-Inseln vernichtet worden war, blieb nur noch die DRESDEN übrig.

Der Untergang der KARLSRUHE ist den verschiedensten Ursachen zugeschrieben worden. Sehr häufig wird eine Explosion im vorderen Kesselraum genannt, die durch den Versuch ausgelöst wurde, das von der CONDOR übernommene Schmieröl als Heizöl zu verwenden. Es erscheint jedoch unwahrscheinlich, daß eine solche Explosion die von den Beobachtern auf der RIO NEGRO und INDRANI festgestellte vernichtende Wirkung hätte verursachen können. Eine Kesselexplosion – wenn sie erfolgt sein sollte – könnte auch eine Explosion der im Vorschiff gelagerten Munition oder der Gefechtsköpfe für die Reservetorpedos ausgelöst haben. Alternativ dazu kann aber der Verlust des Schiffes ganz einfach der Selbstentzündung schwitzenden Kordits zuzuschreiben sein – vor 1918 eine keineswegs unbekannte Ursache.*[102]

* Anmerkung des Verfassers: Infolge dieser Ursache sind an größeren Kriegsschiffen verlorengegangen: die französischen Schlachtschiffe JÉNA (1907) und LIBERTÉ (1911), das britische Schlachtschiff BULWARK (1914), der Panzerkreuzer NATAL (1915) und das Schlachtschiff VANGUARD (1917) vom ›Dreadnought‹-Typ.

KÖNIGSBERG

1. August 1914–11. Juli 1915; 1 Handelsschiff mit 6601 BRT, 1 Kriegsschiff mit 2135 ts.
Ein konventioneller Kleiner Kreuzer, vernichtet nach Blockierung im Delta des Rufiji-Flusses in Ostafrika am 11. Juli 1915.

Bau und Indienststellung
Typ: Kleiner Kreuzer.
Bewilligung: 1903 als »Ersatz Meteor«.
Bauwerft: Kaiserliche Werft, Kiel (Bau-Nr. 31). 1911–1913 Umbau auf der Kaiserlichen Werft, Kiel.
Kiellegung: 12. Januar 1905.
Stapellauf: 12. Dezember 1905.
Indienststellung: 6. April 1907.
Besatzungsstärke: 14 Offiziere und 308 Mannschaften.
Abmessungen
Konstruktionsverdrängung: 3390 t.
Einsatzverdrängung: 3814 t.
Länge über alles: 115,3 m.
Länge in der CWL: 114,8 m.
Breite: 13,2 m.
Tiefgang bei Einsatzverdrängung: 5,29 m
Bewaffnung
Artillerie: zehn 10,5 cm S.K. C/88 L/40 als Hauptbewaffnung. Ursprünglich zehn 3,7-cm-Maschinenkanonen.
Maximale Reichweite der Hauptbewaffnung: 12 200 m.
Torpedorohre: je ein seitliches Unterwasser-Torpedorohr an Backbord und an Steuerbord (Kaliber 45 cm).
Infanteriewaffen: Maschinengewehre und Handfeuerwaffen.
Munitionsdotierung: 1470 Schuß 10,5-cm-Sprenggranaten, 30 Schuß 10,5-cm-Schrapnellgranaten, fünf 45-cm-Torpedos C/03.
Panzerschutz: Deck: 20–30 mm, in der Böschung 45–80 mm; Kommandoturm: 20 mm, in der Böschung 100 mm; Geschützschilde: 50 mm.
Leistung:
Antriebsanlage: Zwei stehende Dreizylinder-Dreifach-Expansionsmaschinen, elf Marine-Kessel, zwei Propellerwellen.
Kesseldruck: 16 atü.
Bunkerraum für Kohle: 400 t Konstruktionsvorrat, 820 t maximaler Vorrat.
Höchstgeschwindigkeit bei Meilenfahrt: 24,1 kn bei einer Antriebsleistung von 13 918 Psi.
Konstruktionsgeschwindigkeit: 23 kn bei einer Antriebsleistung von 13 200 PSi.
Fahrstrecke: 5750 sm bei 12 kn.

Die ersten Jahre ihres Werdegangs verbrachte die KÖNIGSBERG im verhältnismäßig ereignislosen Flottendienst in heimischen Gewässern. Höhepunkte waren der Dienst als Begleitkreuzer der Kaiserlichen Jacht HOHENZOLLERN im Sommer 1907 – Elbregatta, Kieler Woche, Regatta vor Travemünde, Nordlandreise zum Nordkap, Begegnung des Kaisers mit Zar Nikolaus II. von Rußland Anfang August 1907 –, wobei die Erprobungsfahrten des Kreuzers nach seiner Indienststellung unterbrochen wurden, im November 1907 – Besuch des Kaiserpaares in Großbritannien und in den Niederlanden – und im Mai 1910 und Juni 1911 – erneute Besuche des Kaisers in Großbritannien (Beisetzung König Eduard VII. und Besuch bei Georg V.). Ansonsten gehörte die KÖNIGSBERG zum Verband der Aufklärungsschiffe.

Die KÖNIGSBERG als achter Kleiner Kreuzer der sog. ›Städte‹-Klasse war von konventionellem Entwurf, wenn er sich auch in Länge, Maschinenleistung und Fahrbereich von den Vorgängern und Nachfolgern unterschied (Einzelschiff). Charakteristisch waren seine drei verhältnismäßig weit auseinanderstehenden, senkrechten Schornsteine mit identischem kreisrunden Durchmesser, die – im Gegensatz zur NÜRNBERG-Klasse – in gleichem Abstand zueinander standen. Die Aufstellung der Geschütze entsprach der konven-

Unten: In Ledergelb und Weiß glänzend, liegt der Kleine Kreuzer KÖNIGSBERG im August 1907 in der Kieler Förde vor Anker. Eine Postkarte (1907, Nr. 75) aus einer Serie der Gebr. Lempe, Kiel. (Sammlung des Verfassers.)

Oben: Der britische Leichte Kreuzer HYACINTH auf einer getönten Postkarte, herausgegeben vor 1914 durch Valentine's nach einem Foto von Crockett. (Sammlung des Verfassers.)

tionellen Anordnung: Je zwei 10,5-cm-Geschütze auf der Back und achtern in Parallelaufstellung, geschützt durch hinten offene Schilde, während von den restlichen 10,5-cm-Geschützen je drei auf dem Hauptdeck längs der Steuerbord- und Backbordseite angeordnet waren. Die jeweils vorderen und achteren Geschütze standen in Kasematten mit versenkbaren Segmentschilden, wohingegen die mittschiffs angeordneten Geschütze in oben offenen Auskragungen eingebaut waren. Die KÖNIGSBERG ähnelte sehr der vorausgegangenen BREMEN-Klasse – besonders den Kleinen Kreuzern DANZIG und LEIPZIG mit ihren senkrecht stehenden Schornsteinen. Im Gegensatz zu den früher gebauten Kleinen Kreuzern waren jedoch die Brückenaufbauten ausladender und der Abstand zwischen dem vorderen Schornstein und dem zentral im Brückenaufbau eingebauten Fockmast war deutlich größer. Im Unterschied zur DANZIG hatte die KÖNIGSBERG achteraus des Großmastes nur ein kleines Deckshaus statt eines größeren mit integriertem Großmast.

Nur vier Jahre nach ihrer Fertigstellung wurde die KÖNIGSBERG auf der Kaiserlichen Werft in Kiel einer ausgedehnten Großen Werftliegezeit zwischen 1911 und 1913 unterzogen, um den Kleinen Kreuzer für den Einsatz im Auslandsdienst vorzubereiten. Eine der offensichtlichsten Veränderungen war das Ersetzen der Bugzier durch einfache Wappenschilde beiderseits des Bugs vor dem Anker.

Am 28. April 1914 lief die KÖNIGSBERG unter dem Kommando von Fregattenkapitän Max Looff aus Wilhelmshaven aus und traf nach einem Marsch durch das Mittelmeer, den Suez-Kanal und das Rote Meer am Montag, dem 6. Juni 1914, im Hafen von Dar-es-Salaam in Deutsch-Ostafrika ein. Dort löste die KÖNIGSBERG als neuer Stationskreuzer den Kleinen Ungeschützten Kreuzer GEIER ab, und FKpt. Looff übernahm als Ältester Offizier die Ostafrikanische Station. Ihm unterstand außerdem noch das Vermessungsschiff MÖWE unter KKpt. Gustav Zimmer. Eine der Hauptaufgaben von FKpt. Looff bestand im Zeigen der kaiserlichen Flagge in den Häfen Deutsch-Ostafrikas. Nannte man die EMDEN in Tsingtau den »Schwan des Ostens«, so erhielt die KÖNIGSBERG in Deutsch-Ostafrika von den Einheimischen bald die Bezeichnung »Manowari ya boma tuta« (das »Kriegsschiff mit drei großen Feuerrohren«); denn Anzahl und Größe der Schornsteine galten als Symbol für die Stärke eines Kriegsschiffes.

Als sich im Juli 1914 die politische Lage in Europa verschärfte, hielt der Admiralstab in Berlin FKpt. Looff stets auf dem laufenden und wies ihn über die Funkstation Nauen funkentelegraphisch an, im Falle eines Krieges auszulaufen und auf offener See weitere Nachrichten abzuwarten. Darüber hinaus lautete die Aufgabe für FKpt. Looff im Mobilmachungsfalle ohnedies, im Indischen Ozean Kreuzerkrieg zu führen. Noch war jedoch nicht klar, ob die potentiellen Gegner Deutschlands zu Feindseligkeiten übergehen würden.

FKpt. Looffs unmittelbares Problem stellte das von Rear-Admiral Herbert King-Hall geführte Kap-Geschwader der Royal Navy dar: Geschützte Kreuzer HYACINTH (Flaggschiff), ASTRAEA und PEGASUS. Noch am Abend des 31. Juli 1914 traf das Kap-Geschwader vor Dar-es-Salaam ein, um die KÖNIGSBERG im Hafen zu blockieren, sollten die Feindseligkeiten ausbrechen. Doch der deutsche Kreuzer war bereits ausgelaufen.

Nachdem die Nachricht von der »drohenden Kriegsgefahr« eingetroffen war, entschloß sich FKpt. Looff, einen Treffpunkt mit dem Etappenschiff SOMALI zur Brennstoffergänzung zu vereinbaren und die KÖNIGSBERG am 31. Juli in Auslaufbereitschaft zu versetzen. Noch am selben Tag lief der deutsche Kreuzer aus Dar-es-Salaam um 16.30 Uhr aus und nahm Kurs in den Indischen Ozean. Vor der Hafeneinfahrt traf die auslaufende KÖNIGSBERG den gerade aus Europa ankommenden deutschen Passagierdampfer TABORA der Deutschen Ostafrika-Linie, der direkt aus Sansibar kam. Sein Kapitän unterrichtete FKpt. Looff, daß dort das Eintreffen des britischen Kap-Geschwaders erwartet würde.

Gegen 17.55 Uhr meldete der Mastausguck der KÖNIGSBERG das Insichtkommen von drei Kriegsschiffen. In der rasch zunehmenden Dunkelheit konnten sie vor dem noch klaren östlichen Horizont als drei britische Kreuzer ausgemacht werden, die auseinandergezo-

ostafrikanischen Küste einen vertrauten Anblick dar. Obwohl die SOMALI nicht besonders groß war – 97,53 m in der Länge und 12,19 m in der Breite –, konnte sie mehrere tausend Tonnen Kohle an Bord nehmen und eine Geschwindigkeit von zehn Knoten halten.

Zu diesem Zeitpunkt hatte die KÖNIGSBERG 600 t indische Kohle in den Bunkern, um bis zum Zusammentreffen mit der SOMALI in der zweiten Augusthälfte durchzukommen. Dieser Kohlenvorrat garantierte jedoch FKpt. Looff keine Sicherheit, falls er gezwungen wäre, einem Verfolger zu entkommen oder über einen längeren Zeitraum eine Prise zu jagen. Zudem hatte der Monsun stürmisches Wetter und schwere See gebracht, die ebenfalls einen höheren Kohleverbrauch zur Folge hatten.

Auf dem Londoner Teemarkt hatte der Verlust der CITY OF WINCHESTER eine Panik verursacht und die Aufmerksamkeit der britischen Admiralität auf die Verwundbarkeit der Seewege durch das Rote Meer gelenkt. Die Handelsschiffe erhielten Anweisung, den Golf von Aden zu meiden, und gleichzeitig wurden verstärkt Kriegsschiffe entsandt, um die Suche nach der KÖNIGSBERG zu intensivieren. Noch am 5. September 1914 wurden Geleitzüge daran gehindert, das Rote Meer zu verlassen und den Indischen Ozean zu durchqueren, wenn nicht mindestens eine aus zwei Kreuzern bestehende Geleitsicherung gestellt werden konnte.

In der Nacht vom 12./13. August 1914 gelang FKpt. Looff mit seinem Kreuzer ein vom Glück begünstigtes Entkommen. Als er sich einem vereinbarten Treffpunkt mit der SOMALI näherte, stieß er statt dessen auf einen nicht identifizierten Kreuzer des Ostindischen Geschwaders der Royal Navy. Das britische Kriegsschiff eröffnete das Feuer, aber das schlechte Wetter verbunden mit schlechter Sicht behinderte das Schießen und die KÖNIGSBERG entkam unversehrt.

Mit der SOMALI wurde ein neuer Treffpunkt für den 19. August 1914 umgehend durch Funkspruch vereinbart, und zwar in der verlassenen Bucht von Ras Hafun an der Küste von Italienisch-Somaliland, etwa 50 sm südlich von Kap Guardafui, dem »Horn von Afrika«. Als FKpt. Looff schließlich nach dem Passieren der Enge zwischen dem Festland und der Insel Sokotra diesen Ankerplatz erreichte, befanden sich in den Bunkern des Kreuzers lediglich noch 70 t Kohle und infolge der von der Kohlenfeuerung abhängigen Wasserdestillationsanlage hatte auch das Trinkwasser rationiert werden müssen – und der Kohlendampfer war nirgends in Sicht. Auch das Aussenden eines Kutters mit bewaffneten Seeleuten, um an Land nach Wasser zu suchen, blieb erfolglos. Die Lage an Bord des deutschen Kreuzers wurde immer kritischer. Endlich tauchte in den Morgenstunden des 21. August 1914 die SOMALI am Horizont auf. Die Aussicht auf Proviant, Trinkwasser und guter Dampfkesselkohle besserte die Stimmung an Bord augenblicklich.

Mit bis an den Rand gefüllten Kohlenbunkern und zusätzlich an Deck gestapelten Kohlensäcken entschloß sich der Kommandant des deutschen Kreuzers am 23. August 1914, den Bug seines Schiffes nach Süden zu richten, um die Seeverkehrswege vor Madagaskar anzugreifen. Er wollte das eine oder andere große Handelsschiff der französischen Schiffahrtslinie Messageries Maritimes aufbringen, stellte aber fest, nachdem er unverfroren und ergebnislos am 30. August in den Hafen von Majunga an der Nordwestküste Madagaskars eingedrungen war, daß die gesamte Schiffahrt in den stark verteidigten Hafen Diégo Suarez – an der Ostküste der Nordspitze der großen Insel gelegen – umgeleitet worden war und das Risiko einer Durchfahrt durch die Straße von Moçambique nicht mehr auf sich nahm.[103]

Nach einem kurzen Abstecher zum Kap d'Ambre, der Nordspitze der Insel, lief die KÖNIGSBERG die heute zu den Seychellen gehörende Insel Aldabra nordwestlich von Madagaskar an, um sich angesichts des bereits wieder stark geschrumpften Kohlevorrats mit der SOMALI zur Kohlenübernahme zu treffen. Doch die lange Dünung des Indischen Ozeans ließ insbesondere die SOMALI so stark rollen, daß das Kohlen nach der Übernahme von 200 t aufgegeben werden mußte. Daher verließ der deutsche Kreuzer am 1. September 1914 diesen Ankerplatz wieder.

Bei der KÖNIGSBERG zeigten sich zunehmend Anzeichen der Überbeanspruchung. Zusätzlich zu den Verschleißerscheinungen durch das Kohleübernehmen in See – eingedrückte Teile der Außenbeplattung und herausgesprungene Nieten – war am 31. Juli, als der Kreuzer mit hoher Fahrt dem Kap-Geschwader der Royal Navy entkommen war, ein Kessel ausgefallen. Mehrere Kesselrohre mußten verschlossen werden und die von der Qualität her mindere indische Kohle hatte die Probleme noch verschlimmert. FKpt. Looff akzeptierte widerstrebend, daß sein Kreuzer der Überholung bedurfte. Die naheliegendsten Einrichtungen befanden sich in Dar-es-Salaam, aber der Funkverkehr der dortigen Station hatte am 8. August plötzlich aufgehört – infolge der Zerstörung der Funkstation im Verlaufe einer Beschießung durch Schiffe der Royal Navy – und es gab keine Möglichkeit festzustellen, ob sich Stadt und Hafen noch in deutscher Hand befanden.

Nachdem er die Karte zu Rate gezogen hatte, nahm FKpt. Max Looff vorsichtig Kurs auf die Mündung des Rufiji-Flusses, während ständig irreführende Funksprüche eines Schiffes ausgesendet wurden, das einen geheimnisvollen Treffpunkt vor dem Horn von Afrika ansteuerte. Diese Funksprüche reichten aus, um eine Panik zu verursachen; sie veranlaßten das nutzlose Entsenden mehrerer britischer Kriegsschiffe, um aufzuklären.

Die Mündung des Rufiji bildete ein breites Delta, mit der See durch mehrere große Mündungsarme verbunden. Die Entfernung vom Kikunja- bis zum Kiassi-Arm, dem nördlichsten bzw. dem südlichsten Mündungsarm, betrug mehr als 32 km. Die Kikunja-, die Ssimba-Uranga-und die Kiomboni-Mündung war bei Hochwasser für Schiffe von verhältnismäßig geringem Tiefgang gerade noch schiffbar. Wenn die KÖNIGSBERG unbemerkt über die Untiefen und Sandbänke gelangen könnte, schien der Rufiji ein idealer Ort zu sein, um die zeitraubenden Reparaturen insgeheim durchzuführen.[104]

Am 3. September 1914 passierte die KÖNIGSBERG die vorgelagerte Barre bei Hochwasser und ging durch die Ssimba-Uranga-Mündung den Rufiji etwa zehn Seemeilen stromaufwärts bis nach Ssalale. Dort machte der Kreuzer im Fluß fest. Später lief auch noch der Kohlendampfer SOMALI in das Delta ein.[105] Bis Mitte September hatte der Kreuzer die erforderlichen Reparaturen durchgeführt und war wieder einsatzbereit. Am 19. September hatten Küstenposten am Mafia-Kanal einen Zwei-Schornstein-Kreuzer gesichtet und sein Ablaufen in Richtung Sansibar gemeldet.

FKpt. Looff war nicht bekannt, daß Rear-Admiral King-Hall und die HYACINTH zurückbeordert worden waren, um das Seegebiet vor dem Kap der Guten Hoffnung zu überwachen, da die britische Admiralität beunruhigt war, das Kreuzergeschwader unter VAdm. Graf v. Spee könnte den Versuch unternehmen, den Südatlantik zu durchqueren. Auch wußte FKpt. Looff ebenfalls nicht, daß der Kreuzer ASTRAEA zu Geleitsicherungsaufgaben nach Südwestafrika entsandt worden war. Dem deutschen Kommandanten war jedoch durchaus bewußt, daß er es mit jedem der drei britischen Schiffe aufnehmen konnte, die zur Ostafrikanischen Station gehörten, und er war daher darauf vorbereitet, jedem dieser Kreuzer ein Einzelgefecht zu liefern.

Für die britische Seite bedauerlich war die Tatsache, daß der einzige zurückgebliebene Kreuzer das schwächste dieser drei Schiffe war. Außerdem litt HMS PEGASUS unter ernsten Kesselproblemen, die aus der Verwendung der örtlich geförderten Natal-Kohle – anstatt der viel härteren und daher vorzuziehenden Waliser Dampfkesselkohle – herrührten. Am 19. September 1914 faßte der Kommandant der PEGASUS, Lieutenant-Commander Ingles, den Entschluß, die Wartungsarbeiten auf seinem Kreuzer könnten nicht länger aufgeschoben werden, und lief deshalb in den Hafen von Sansibar ein. Während die Geschützbedienungen auf Gefechtsstation blieben, wurden die Feuer ausgemacht und die Kessel zur Reinigung auseinandergenommen.

Rear-Admiral King-Hall hatte zwar angeordnet, daß jederzeit genügend Dampf vorhanden sein sollte, damit in einer Notsituation

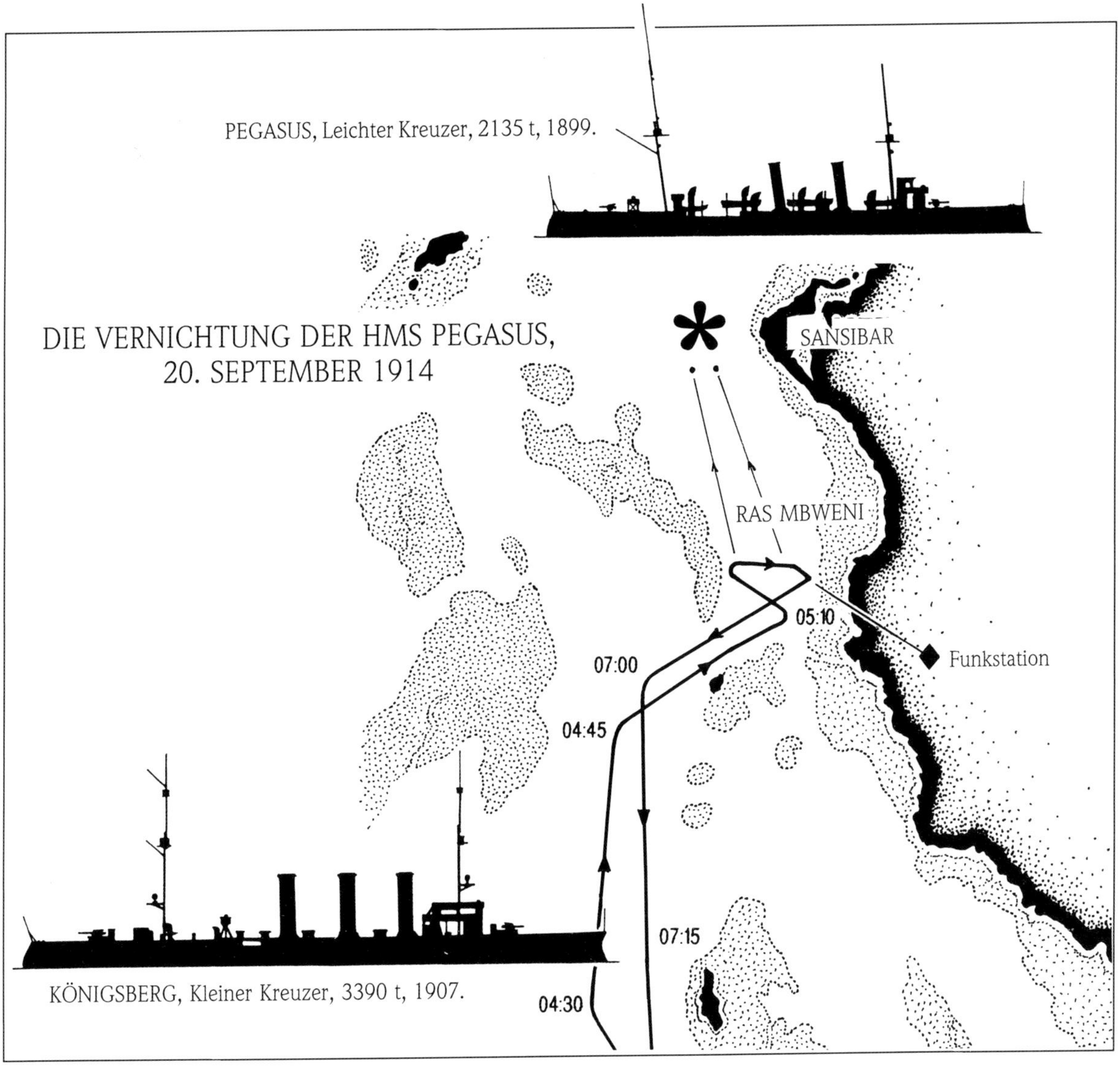

mit einer Maschine Fahrt hätte aufgenommen werden können. Doch Lieutenant-Commander Ingles entschloß sich, da keine neueren Informationen über den Verbleib der KÖNIGSBERG vorlagen, sämtliche Kessel gleichzeitig zu reinigen, um auf diese Weise die Wartungsarbeiten schneller zum Abschluß zu bringen. Im übrigen verließ er sich darauf, daß die Zugänge zum Hafen von Sansibar von dem bewaffneten Dampfer KHALIFA und dem bewaffneten Tender HELMUTH überwacht würden. Letzterer gehörte früher der Deutschen Ostafrika-Linie und war am 4. August 1914 von den Briten erbeutet worden.

FKpt. Looff verließ mit der KÖNIGSBERG am Nachmittag des 19. September 1914 und steuerte im Verlaufe der Nacht auf Kurs Nordwest zu Nord von Süden her den Hafen von Sansibar an.[106] In den Morgenstunden des 20. September gegen 04.23 Uhr tauchte an Backbord des deutschen Kreuzers der Tender HELMUTH auf. Sub-Lieutenant Clement Charlesworth von der Royal Navy, der den Tender kommandierte, entdeckte die auf den Hafen zuhaltende KÖNIGSBERG, nahm aber an, daß es sich schlechtweg um einen Kauffahrer handelte, der nicht wußte, daß die Fahrrinne gesperrt worden war. Als die HELMUTH rasch näherkam und eine Warnung blinkte, setzte die KÖNIGSBERG die deutsche Kriegsflagge und eröffnete das Feuer. Charlesworth drehte sofort ab, ehe ihn Nahtreffer und ein oder zwei Treffer veranlaßten, den Befehl zum Verlassen des Schiffes zu erteilen.

Als an Steuerbord des deutschen Kreuzers die Insel Tschumbe und ihr Leuchtfeuer erschienen, drehte FKpt. Looff um 04.30 Uhr auf Kurs Nord zu Ost ein. Um 04.45 Uhr drehte er noch weiter nach Steuerbord ab, um auf einem nordöstlichen Kurs zwischen der Panga-und der Mtwana-Untiefe hindurchzusteuern. Um 05.10 Uhr setzte die KÖNIGSBERG in den Masttoppen Gefechtsflaggen, ging auf einen Nordwestkurs, um danach um 05.21 Uhr auf Kurs Ost zu Nord einzudrehen. Auf diese Weise brachte sie ihre fünf Backbordgeschütze gegen den britischen Kreuzer zum Tragen, der wenige hundert Meter von der Küste entfernt bewegungslos vor Anker lag. Dann eröffnete der Artillerieoffizier des deutschen Kreuzers auf weniger als 700 hm das Feuer. Die erste Salve lag zu kurz, die zweite kam deckend und mit der dritten lag die KÖNIGSBERG im Ziel. Als die Gefechtsentfernung allmählich auf 500 hm sank, verwandelten die deutschen 10,5-cm-Geschütze die Decks der PEGASUS in ein Trümmerfeld verbogenen Metalls.

Nur das eine oder andere der britischen Geschütze erwiderte wirkungslos das Feuer; denn die Zerstörung der Feuerleitanlage sowie der Tod des Ersten Offiziers und des Artillerieoffiziers in der Anfangsphase des Gefechtes verhinderten eine wirksame Antwort. Es kam zu einer kurzen Feuereinstellung, als FKpt. Looff die Meldung erhielt, auf dem Achterdeck des britischen Kreuzers schwenke ein Seemann eine weiße Flagge, aber die Pause währte nicht lange. Als sich Rauch und Qualm des Gefechtes etwas verzogen, war im Masttopp die immer noch wehende britische Kriegsflagge, das *White Ensign*, zu erkennen, und der Artillerieoffizier erhielt den Befehl, wieder das Feuer zu eröffnen.

Gegen 05.37 Uhr stellte die KÖNIGSBERG das Feuer endgültig ein. Bis zu diesem Zeitpunkt hatte die PEGASUS mindestens 60 Treffer erhalten. Anschließend setzte sich der deutsche Kreuzer ab, nachdem er noch eine westlich von ihm an der Panga-Untiefe liegende Dampfbarkasse mit ein paar Schuß aus den achteren Steuerbordgeschützen versenkt und die Funkstation bei Ras Mbweni beschossen hatte. Nach dem Verbrauch von etwa 350 Schuß ging FKpt. Looff mit seinem Schiff um 05.50 Uhr auf Kurs Südwest zu Süd und dampfte in der Fahrrinne zwischen den Sandbänken auf demselben Weg zurück. Gegen 07.00 Uhr drehte der deutsche Kreuzer auf Kurs Süd zu Ost, passierte um 07.15 Uhr die Insel Tschumbe und lief mit hoher Fahrt in Richtung seines Versteckes im Rufiji-Delta ab.

Als sich der Rauch verzogen hatte, zog man auf britischer Seite Bilanz. Die PEGASUS war nur noch ein Wrack, kaum mehr als eine rauchende Hülle mit 33 Gefallenen und 59 schwerer Verwundeten. Von den letzteren erlagen noch zehn ihren Verletzungen. Zwölf Tote hatte es bei der Bedienungsmannschaft am vorderen 10,2-cm-Geschütz an Backbord gegeben, daß durch einen Volltreffer in die Lafette unter gleichzeitiger Explosion der gesamten Bereitschaftsmunition in die Luft geflogen war. Die Funkstation an Land hatte schwere Schäden erlitten, ihre Funkmasten waren zusammengestürzt und mehr als 40 eingeborene Soldaten waren gefallen. Da sich FKpt. Looff jedoch auf die PEGASUS konzentriert hatte, war nicht nur ein von der britischen Admiralität gecharterter Kohlendampfer sondern auch die Stadt Sansibar selbst verschont geblieben.

Die nicht sehr schwer beschädigte HELMUTH wurde von ihrer Besatzung wieder übernommen und nach der gelungenen Reparatur der Hauptdampfleitung kam der Schlepper wieder in Fahrt. Ferner wurde der Versuch unternommen, die PEGASUS auf Strand zu setzen, aber im Schlepp der HELMUTH legte sich die Hulk langsam auf die Seite und sank um 14.00 Uhr auf flachem Wasser. Nur die Masten ragten noch aus dem Wasser.

Die Vernichtung der PEGASUS sollte für FKpt. Looff der letzte Sieg sein. Die unbeschädigt gebliebene Telegraphenstation in Sansibar meldete den traurigen Ausgang des Gefechtes sofort nach London. Die entsprechend ernüchterte britische Admiralität reagierte rasch. Am 21. September 1914 – die KÖNIGSBERG war am Nachmittag des 20. September bei Hochwasser bereits wieder in den Rufiji eingelaufen – erhielt der Leichte Kreuzer CHATHAM unter dem Kommando von Captain Sidney Drury-Lowe den Befehl, aus dem Roten Meer auf die Ostafrikanische Station zu gehen und den deutschen Kreuzer zu suchen. Auf der Königlichen Marinewerft in Chatham im Dezember 1912 fertiggestellt, wies der Kreuzer zwischen den Loten eine Länge von 139,6 m auf und verdrängte bei normalem Tiefgang 5400 ts. Seine Bewaffnung bestand aus acht 15,2-cm-Geschützen BL Mk XII L/45 mit niedriger V_0, vier 4,7-cm-(3-Pfünder)-Schnellfeuergeschützen sowie zwei 53,3-cm-Torpedorohren. Parsons-Turbinen trieben vier Propellerwellen an und lieferten eine Höchstgeschwindigkeit von 25,5 kn.

Auch zwei Leichte Kreuzer der WEYMOUTH-Klasse, die DARTMOUTH und die WEYMOUTH selbst, erhielten den Befehl, aus dem Indischen Ozean bzw. aus dem Mittelmeer zu Captain Drury-Lowe zu stoßen – auch auf die Gefahr hin, durch den Abzug eines Kreuzers aus dem Indischen Ozean den Druck auf die EMDEN zu verringern. Beide Kreuzer waren im Oktober 1911 fertiggestellt worden: DARTMOUTH auf der Werft der Vickers Ltd. in Barrow-in-Furness und die WEYMOUTH auf der Werft der Sir W.G. Armstrong, Whitworth & Co. Ltd. in Elswick. Mit einer Wasserverdrängung von 5250 ts und einer Länge von 138,07 m zwischen den Loten führten sie eine Bewaffnung aus jeweils acht 15,2-cm-Geschützen BL Mk XI L/50 mit hoher V_0, vier 4,7-cm-(3-Pfünder)-Schnellfeuergeschützen sowie zwei 53,3-cm-Unterwasser-Torpedorohren. Parsons-Turbinen trieben vier Propellerwellen an und verliehen diesen Kreuzern eine Höchstgeschwindigkeit von 25 kn.

Von jedem dieser starken Schiffe konnte angenommen werden, mit der KÖNIGSBERG fertig zu werden. Das Problem war nur, daß die britische Seite nicht wußte, wohin der deutsche Kreuzer verschwunden war. Dies zwang Captain Drury-Lowe dazu, die ostafrikanische Küste in drei Sektoren aufzuteilen: die DARTMOUTH überwachte die Küste von Portugiesisch-Ostafrika, WEYMOUTH die Straße von Moçambique und die CHATHAM kreuzte vor der Küste von Deutsch-Ostafrika.

Die Lage verbesserte sich durch eine riesige Anzahl einander widersprechender »Sichtmeldungen« des deutschen Kreuzers nicht, die jedoch alle überprüft werden mußten. Keine erbrachte einen Anhaltspunkt. Mühelos konnte die KÖNIGSBERG vor Porugiesisch-Ostafrika (heute Moçambique) und gleichzeitig bei der Kohlenübernahme in Jeddah gemeldet werden. Es zeigte sich auch deutlich, daß die deutsche Seite einen verbesserten Küstenwachdienst eingerichtet hatte, um den Weg der britischen Schiffe mit Flaggen- und Feuersignalen zu verfolgen. Captain Drury-Lowe argwöhnte, daß dies zum Vorteil für die KÖNIGSBERG geschah und daß sich der deutsche Kreuzer daher immer noch in Deutsch-Ostafrika befand. Demgemäß entschied er, die DARTMOUTH und die WEYMOUTH zurückzurufen, so daß das Geschwader in der Lage war, gemeinsam zu operieren.

Bevor jedoch entsprechende Befehle erteilt werden konnten, kam der Royal Navy das Glück zu Hilfe. Im Verlaufe einer Patrouillenfahrt vor der Küste von Portugiesisch-Ostafrika brachte die DARTMOUTH am 9. Oktober 1914 den deutschen Tender ADJUDANT auf, der sich auf dem Wege von Beira nach Moçambique befand und auf der Rückreise vermutlich den Hafen Lindi im südlichen Teil Deutsch-Ostafrikas anlaufen sollte. Captain Drury-Lowe hatte den Verdacht, daß dieser Tender der Unterstützung des Dampfers PRÄSIDENT der Deutschen Ostafrika-Linie diente. Die PRÄSIDENT könnte sich daher im Hafen von Lindi aufhalten. Am 19. Oktober 1914 erschien deshalb Captain Drury-Lowe mit der CHATHAM vor Lindi, um diesen Hafen zum wiederholten Male abzusuchen. Dort wurde der deutsche Dampfer auch vorgefunden; er führte die Rote-Kreuz-Flagge. Da aber die sonstigen Abzeichen eines Lazarettschiffes fehlten, hielt dies Captain Drury-Lowe für einen Trick und sandte ein Prisenkommando an Bord. Die britischen Seeleute fanden bei der Durchsuchung nichts, was im Zusammenhang mit einem Lazarettschiff stehen könnte, und so befahl der britische Kommandant – ungeachtet der deutschen Proteste –, das Schiff durch Beschädigung der Maschinenanlage fahruntüchtig zu machen.

Der wichtigste Fund, den das britische Untersuchungskommando machte, bestand jedoch in einer Anzahl Papiere, darunter eine Empfangsbescheinigung, aus der hervorging, daß die PRÄSIDENT Mitte September 1914 die KÖNIGSBERG mit Kohle versorgt hatte, die der Dampfleichter HEDWIG und der kleine Küstendampfer ROWUMA vier Seemeilen den Rufiji stromaufwärts zur Regierungsstation Ssalale gebracht hatten.[107] Außerdem zeigten die mitgenommenen Seekarten der PRÄSIDENT das Rufiji-Delta genauer als die Karten der britischen Admiralität und ließen erkennen, daß der Fluß noch eine beträchtliche Strecke stromaufwärts auch für größere Schiffe befahrbar schien. Daraufhin entschloß sich Captain Drury-Lowe, Kurs auf das Flußdelta zu nehmen und es genauer abzusuchen. Nachdem die CHATHAM dort vor Anker gegangen war, setzte der britische Kreuzer Boote mit Landungskommandos aus, um den Ssimba-Uranga-Arm des Flusses zu untersuchen. Am 29. Oktober 1914 erkletterte ein Mann aus einem dieser Kommandos routinemäßig einen besonders hohen Baum, um über die Wipfel der Mangrovenwälder hinweg Ausschau zu halten, und machte eine seltsame Entdeckung. Wie war es dazu gekommen?

Die Seekarten ließen erkennen, daß auch der tiefste der Mündungsarme selbst bei Hochwasser unpassierbar sein würde. Captain Drury-Lowe war jedoch bekannt, daß die KÖNIGSBERG einen geringeren Tiefgang als die CHATHAM besaß. Wenn auch der britische Kreuzer die Sandbarren vor der Mündung nicht passieren konnte, so schien es doch möglich, daß der deutsche Kreuzer bei einer besonders günstigen Tide – bei Springhochwasser dazu in der Lage sein könnte.

Daher entsandte Captain Drury-Lowe ein Landungskommando, um Erkundigungen in den Dörfern einzuziehen. Es kehrte mit Eingeborenen zurück, die bestätigten, daß das »Manowari ya bomba tuta« sich tatsächlich im Delta versteckt hielt. Während die britischen Offiziere noch die weiteren Schritte berieten, traf die Meldung des erwähnten Seemannes ein, er hätte einen geschickt mit Palmwedeln getarnten Mast ausgemacht. Ein Offizier, der die Beobachtung nachprüfte, erkannte über den Baumwipfeln nicht nur die Masten eines Handelsschiffes sondern auch die noch höheren eines Kriegsschiffes. Damit waren die KÖNIGSBERG und die SOMALI gefunden. Das Beibehalten der Masten in voller Höhe, um den Funkverkehr zu erleichtern, hatte sich als kostspieliger Irrtum erwiesen.[108]

Nach der Versenkung der PEGASUS im Hafen von Sansibar war der deutsche Kreuzer, wie erwähnt, am 20. September 1914 wieder in das Rufiji-Delta eingelaufen. Gegenüber einem Angriff von See aus war der Zufluchtsort ziemlich sicher, da der ihn umgebende Mangrovensumpf trotz seiner abscheulichen Moskitoschwärme und der alles durchdringenden Feuchtigkeit eine ideale Tarnung abgab. FKpt. Max Looff war zu umsichtig, um sich einfach einem tropischen Gefängnis anzuvertrauen. Er war der Auffassung, statt sein Schiff im Rufiji aufzulegen, bestand die beste Chance darin, nach Deutschland zurückzukehren. Allerdings hatten sich die Kesselprobleme der KÖNIGSBERG seit dem Rückmarsch von Sansibar verschlimmert und größere Reparaturen waren erforderlich geworden.

Von geeigneten Werfteinrichtungen abgeschnitten, hatten sich FKpt. Looff und sein Leitender Ingenieur entschlossen, die Maschinen gründlich zu überholen und die schadhaften Maschinenteile – soweit eine Reparatur durch das Maschinenpersonal nicht in Frage kam – über Land nach Dar-es-Salaam zu bringen, um sie dort neu gießen zu lassen. Doch Fkpt. Looff erhielt die Unterstützung des für den Rufiji-Bezirk zuständigen deutschen Bezirksamtes und der deutschen Pflanzer im Bereich des Rufiji. Sie stellten kundige Führer, Träger und Transportmittel zur Verfügung und für den Transport der größeren Maschinenteile wurden auf benachbarten Plantagen zwei große Schlitten gebaut. Es war eine unglaubliche Leistung, die schweren Maschinenteile auf einem langen und beschwerlichen Weg über viele Flußarme und auf schmalen Pfaden durch tiefen Sand und Busch nach Dar-es-Salaam zu schaffen. Nach drei Wochen hatten sie die Gießerei erreicht.

Außerdem traf FKpt. Looff Vorkehrungen, die KÖNIGSBERG ausreichend beweglich zu halten, um in einem Notfall ihren Liegeplatz im Delta verlegen zu können; denn mit der zur Wartung und Reparatur auseinandergenommenen Maschinenanlage und einem zur Ausbesserung zerlegten Kessel war der deutsche Kreuzer nicht mehr seetüchtig. Von der deutschen Schutztruppe war der 1910 aus der Kaiserlichen Marine ausgeschiedene Korvettenkapitän d.R. Werner Schönfeld mit dem für die KÖNIGSBERG erforderlichen Küstenschutz beauftragt worden. KKpt.d.R. Schönfeld hatte sich nach seiner Verabschiedung als Pflanzer in Deutsch-Ostafrika niedergelassen, kannte die örtlichen Verhältnisse genau und sprach außerdem Suaheli. In Dar-es-Salaam stellte er aus den Besatzungsangehörigen der im Hafen liegenden Handelsschiffe die »Abteilung Delta« auf und brachte sie in der Nacht vom 25./26. September 1914 mit der HEDWIG und der ROWUMA in das Delta. Askaris, das heißt eingeborene Soldaten, verstärkten die Truppe. Sie hatte das Delta gegen einen eindringenden Gegner zu verteidigen. Den Kern bildete ein über das Delta verteiltes Netz von Postenstellungen. Die Hauptfahrrinnen sicherten Geschütze kleineren Kalibers und an der Kikunja-Mündung stand eine Torpedobatterie. Ein Feldtelefonkabel stellte die Verbindung zwischen dem Artilleriebeobachtungsstand auf dem Pemba-Berg mit dem Kreuzer her. FKpt. Looff hoffte, auf diese Weise durch Aufschlagbeobachtung eine Feuerleitung zu ermöglichen, falls die 10,5-cm-Geschütze der KÖNIGSBERG im Ernstfall zur Verteidigung eingesetzt werden mußten.

Erst am 30. Oktober 1914 kamen die neu gegossenen Maschinenteile aus Dar-es-Salaam an. Die Maschinenanlage und der Kessel wurden wieder zusammengesetzt und die Antriebsanlage war wieder fahrbereit. Die Ironie des Schicksals wollte es, daß der britische Kreuzer CHATHAM am Tag vor dem Eintreffen der Maschinenteile die KÖNIGSBERG entdeckt hatte und nunmehr vor dem Mündungsdelta ankerte. Als auch noch der deutsche Beobachtungsposten auf der vor dem Delta liegenden Insel Komo am 30. Oktober 1914 von einem britischen Landungskommando ausgehoben wurde, erschienen die Aussichten für einen Rückmarsch nach Deutschland plötzlich nicht mehr erfolgversprechend, zumal am selben Tag auch noch die britischen Kreuzer DARTMOUTH und WEYMOUTH eintrafen.

Außerhalb des Rufiji-Deltas hielt Captain Drury-Lowe ungeduldig einen ständigen Patrouillendienst aufrecht. Seine Kreuzer konnten in das Delta selbst nicht eindringen, da auch der tiefste Mündungsarm nur bei einer sehr hohen Springtide passiert werden konnte. Im Gegensatz zu einem normalen Springhochwasser mit Intervallen von 10–14 Tagen – ausreichend für die KÖNIGSBERG – trat eine solche Springtide nur im Abstand von mehreren Monaten ein. Vorstöße mit Booten, um den Verteidigungseifer der Abteilung Delta zu prüfen, erwiesen sehr bald, daß die deutschen Stellungen gut getarnt waren, und sogar eine Beschießung der Ssimba-Uranga-Mündung durch die britischen Kreuzer war nicht in der Lage, die Verteidiger aus der Fassung zu bringen.

Am 3. November 1914 gelang es der DARTMOUTH, geführt durch ein die Wassertiefe auslotendes Vorausboot, durch die Untiefen und Riffe etwa 3500 m landeinwärts vorzudringen. Auch die CHATHAM und die WEYMOUTH gingen soweit wie möglich heran und begannen, in Richtung auf die KÖNIGSBERG das Feuer zu eröffnen. Captain Drury-Lowes Schiffe waren jedoch selbst bei größtmöglicher Erhöhung ihrer 15,2-cm-Geschütze – dies entsprach einer Reichweite von 13 250 m – nicht in der Lage, die KÖNIGSBERG zu treffen. Lediglich von näher einschlagenden Granaten fielen Sprengstücke an Deck oder prallten gegen den Schiffskörper des Kreuzers. Fkpt. Looff verlegte daraufhin den Liegeplatz seines Schiffes einige tausend Meter stromaufwärts. Der einzige Erfolg trat ein, als eine Salve der CHATHAM die SOMALI in ein brennendes Wrack verwandelte. Vier Tage später wurde der Kohlendampfer selbstversenkt.

Nicht in der Lage, ein ausreichend starkes Landungskommando aufzubieten, um die Abteilung Delta im Sturm anzugreifen, entschloß sich Captain Drury-Lowe zu verzweifelten Maßnahmen. Am 7. November 1914 unternahm eine Flottille kleiner Schiffe den Versuch, in den Ssimba-Uranga-Arm einzudringen. Sie sicherten den bewaffneten Kabeldampfer DUPLEX, der ein mit Torpedos bewaffnetes Boot im Schlepp hatte. Nachdem dieses Boot von einer 3,7-cm-Granate getroffen wurde und im Mangrovensumpf nutzlos einen Torpedo verlor, wurde der Angriff aufgegeben.

Am 10. November 1914 erhielt Captain Drury-Lowe von der britischen Admiralität den Befehl, den deutschen Kreuzer um jeden Preis zu vernichten. Doch Captain Drury-Lowe hatte genug eigene Probleme. Der dicke Schlamm im Mündungsbereich des Rufiji verstopfte bald die Kondensatoren seiner Schiffe und es waren zwei Tage erforderlich, um sie zu reinigen. Falls FKpt. Looff einen Ausbruch in die freie See unternähme, solange einer der überwachenden britischen Kreuzer ausgebessert würde und nicht in der Lage wäre, Dampf aufzumachen, stünden die Chancen für den deutschen Kreuzer günstig. Der britische Verbandsführer entschloß sich daher, den Ssuninga-Arm der Ssimba-Uiranga-Mündung durch die Versenkung der NEWBRIDGE – eines 3737 BRT großen Turmdeckschiffes, 1906 auf der Doxford-Werft gebaut – zu blockieren. Die britische Admiralität hatte dieses Schiff bei der Temperley Steam Shipping Co. Ltd. in London angekauft. Der Kohlendampfer wurde mit Dynamit beladen und sollte, als Blockschiff dienend, in dem Versuch gesprengt werden, die Chancen zugunsten der britischen Seite zu verbessern und die FKpt. Looff offen stehenden Möglichkeiten zu verringern.

Am 10. November 1914 drang unter der Führung von Commander Raymond Fitzmaurice um 05.25 Uhr die mit 14 Freiwilligen bemannte NEWBRIDGE, gesichert von kleinen Schiffen, langsam mit Feuerunterstützung der 15,2-cm-Geschütze der CHATHAM in die Fahrrinne ein. Doch die dichte Vegetation setzte die Wirkung des Artilleriebeschusses auf ein Minimum herab und die Abteilung Delta bereitete den eingedrungenen Fahrzeugen einen grimmigen Empfang. Erstaunlicherweise erreichte der Kohlendampfer problemlos den vorgesehenen Versenkungsort, kam quer zur Fahrrinne liegend zum Stillstand und warf Bug- und Heckanker. Um 05.50 Uhr wurden die Sprengladungen gezündet, um den Ssuninga-Arm für den Rest des Krieges zu sperren.[109] Am selben Tag – 10. November – verlegte die KÖNIGSBERG in der Ssimba-Uranga-Fahrrinne noch weiter stromaufwärts. An diesem Liegeplatz verblieb sie bis zum 17. November 1914. Danach brachte FKpt. Looff sein Schiff wieder stromabwärts an den alten Liegeplatz an der Abzweigung des Ssuninga-Arms von der Ssimba-Uranga-Rinne. Dort ankerte der deutsche Kreuzer bis zum 18. Dezember 1914.

Captain Drury-Lowe war immer noch besorgt, FKpt. Looff könnte mit seinem Schiff aus einem der anderen Flußarme entkommen, wenn eine glückliche Konstellation zwischen Hochwasser und mondloser Nacht eintrat. Darüber hinaus quälte ihn auch der Gedanke, daß der Verlust eines seiner Kreuzer die Aufgabe des Abfangens der KÖNIGSBERG noch schwieriger gestalten würde.

Beunruhigt durch die Bedrohung, die das deutsche Kreuzergeschwader für die britischen-Intersessen in Südafrika im Gefolge der Seeschlacht vor Coronel darstellte, befahl die britische Admiralität die Kreuzer DARTMOUTH und WEYMOUTH nach Süden, um das Kap-Geschwader unter Rear-Admiral King-Hall zu verstärken. Die CHATHAM verblieb vor dem Rufiji-Delta und zu ihr stieß noch der britische Leichte Kreuzer FOX, ein 4450 ts großes veraltetes Schiff (ein Schwesterschiff der ASTRAEA – siehe Seite 114).

Die Lage an Bord der KÖNIGSBERG hatte sich kaum gebessert. FKpt. Max Looff erkannte klar, daß ein Entkommen seines Schiffes von einer besonderen Konstellation zwischen Springhochwasser und mondloser Nacht abhing und daß der geringste Irrtum zum Festkommen seines Schiffes auf einer Sandbarre führen könnte, den britischen 15,2-cm-Geschützen auf Gnade und Ungnade ausgeliefert. Ihm war das Schicksal der EMDEN, die weitgehend der KÖNIGSBERG glich, unter den Geschützen der HMAS SYDNEY – fast ein Abbild der CHATHAM – durchaus bewußt.

In einem sehr scharfsinnigen Augenblick kam Captain Sidney Drury-Lowe der Gedanke, daß die Lösung seiner Probleme in der Luftbeobachtung lag. In Durban wurde ein einmotoriges Curtiss-Wasserflugzeug aufgetrieben, das einem unerschrockenen Flieger namens Cutler gehörte. Cutler wurde auf Zeit in die Royal Naval Reserve übernommen und das Flugzeug nahm der britische Hilfskreuzer KINFAUNS CASTLE an Bord.

Das bald darauf auf den Namen »Cuckoo« getaufte Curtiss-Wasserflugzeug traf am 16. November 1914 vor dem Rufiji-Delta ein und am 22. November unternahm Cutler den ersten von drei Flü-

Oben: Der britische Leichte Kreuzer CHATHAM. Ein Gemälde von H.G. Shepherd, 1914 als Postkarte (Nr. 1520) in einer Serie erschienen, herausgegeben von Gale 6 Polden Ltd. (Sammlung des Verfassers.)

Links: Die KÖNIGSBERG im Hafen von Dar-es-Salaam, der Hauptstadt von Deutsch-Ostafrika. Der graue Anstrich läßt erkennen, daß dieses Foto kurz nach Kriegsausbruch aufgenommen wurde. (Sammlung des Verfassers.)

gen über dem Delta, ehe das Flugzeug bei der Landung zu Bruch ging. Beim dritten Flug hatte Cutler die KÖNIGSBERG im oberen Abschnitt des blockierten Ssuninga-Arms jedoch ausgemacht. Captain Drury-Lowe war darüber hoch erfreut und befahl, ein weiteres Flugzeug zu requirieren. Am 3. Dezember 1914 traf der Hilfskreuzer KINFAUNS CASTLE mit einer Ersatzmaschine ein, die stabil genug war, um neben Cutler als Piloten noch einen Beobachter mitzunehmen. Doch am 10. Dezember ging auch dieses Flugzeug bei einer Notlandung nördlich der Kikunja-Mündung auf dem Meer zu Bruch. Der tropfnasse, aber anscheinend unverwüstliche Cutler geriet in die Gefangenschaft der Abteilung Delta und wurde FKpt. Looff zum Verhör vorgeführt.[110]

Am 19. Dezember 1914 ging die KÖNIGSBERG bei Kikale ankerauf und verholte durch einen Seitenarm zum Bumba-Arm, der in die Mssala-Mündung führte. Dort ankerte sie bis zum 13. April 1915 auf einem Liegeplatz bei der Batja-Halbinsel.

Das erste Kriegsjahr endete mit einem Patt. Captain Drury-Lowe war nicht in der Lage, die KÖNIGSBERG zu erreichen, die sogar außerhalb der Reichweite seiner 15,2-cm-Geschütze lag und von den Männern der Abteilung Delta hartnäckig verteidigt wurde, während FKpt. Looff nicht bereit war, zu den Bedingungen seines Gegners den Ausbruch zu riskieren. Auch das Weihnachtsfest 1914 brachte der Besatzung des deutschen Kreuzers, eingeschlossen im schwülheißen Rufiji-Delta, kaum Ermunterung. Die Hälfte der Besatzung hatte an Land Geschütze bemannt, während der größere Teil der übrigen Besatzung an Malaria oder an der Ruhr litt.

Die Versorgung mit Chinin war sehr knapp und vielleicht am schlimmsten war ein von den Funkern der KÖNIGSBERG aufgefangener Funkspruch, in dem Captain Drury-Lowe die Vernichtung des deutschen Kreuzergeschwaders in der Seeschlacht bei den Falkland-Inseln mitgeteilt wurde.

Die Besatzung des deutschen Kreuzers legte in der Nähe ihres Schiffes auf einem Streifen gerodeten Landes einen Sportplatz an und trug dort ein trostloses Fußballspiel aus; und die britische Seite gab sich damit zufrieden, ein paar derbe Funksprüche in das Sumpfgebiet zu senden. Am Neujahrstag des Jahres 1915 ließ Captain Drury-Lowe an die KÖNIGSBERG funken: »Wir wünschen Ihnen ein glückliches Neues Jahr und hoffen, Sie bald zu sehen.« FKpt. Looff erwiderte in englischer Sprache.- »Danke. Ihnen dasselbe. Wenn Sie mich zu sehen wünschen, ich bin stets zu Hause.« Ein Spur Humor blieb auf beiden Seiten erhalten.

Anfang Januar 1915 entrissen sechs Kompanien indischer und afrikanischer Truppen mit Feuerunterstützung der Schiffsartillerie die Insel Mafia – vor der Mündung des Rufiji gelegen – den von Leutnant Schiller geführten zwei Unteroffizieren und 20 Askaris der Schutztruppe Deutsch-Ostafrikas. Kurze Zeit später gelang auch der Abteilung Delta ein Erfolg, als eine Granate die Hauptdampfleitung des ehemaligen deutschen Tenders ADJUDANT durchtrennte. Das Schiff trieb ans Ufer und wurde erbeutet; Lieutenant-Commander Price und 22 Mann gerieten in Gefangenschaft. Die Briten hatten den Tender mit drei 4,7-cm-Schnellfeuerkanonen und zwei 7,69-mm-Maschinengewehren ausgerüstet, die eine nützliche Verstärkung für die Verteidigungsstellungen entlang der Mündungen der Flußarme darstellten. Die wieder fahrbereit gemachte ADJUDANT wurde schließlich von der Artillerie der Leichten Kreuzer HYACINTH und PIONEER am 6. Juli 1915 vernichtet.[111]

Am 20. Februar 1915 traf der Hilfskreuzer KINFAUNS CASTLE mit zwei neuen Sopwith-›Folder‹-Wasserflugzeugen an Bord und 18 Mann Personal des Royal Naval Air Service – des Königlichen Seefliegerdienstes – unter Führung von Flight Lieutenant John Tull vor dem Rufiji-Delta ein. Obwohl die beiden früheren Flugzeuge verlorengegangen waren, hatten sich Captain Drury-Lowe und die britische Admiralität entschlossen, daß die Fortsetzung des Abenteuers dies wert war.

Auf ihrem zweiten Flug rutschte eine der Sopwith-Maschinen in der Luft ab, aber Tull gelang es irgendwie, den sich anschließenden Absturz zu überleben. Bei der noch verbliebenen Maschine lief der Motor so häufig heiß, daß sie beim Start selten von der Wasseroberfläche abhob. Diese Probleme rührten von einem Konstruktionsfehler am Motor her, der nie für einen Einsatz in den Tropen vorgesehen war. Erneut blieb das verlockende Versprechen von Luftaufklärung unerfüllt.

Durch fehlende Fortschritte enttäuscht und im Bewußtsein, daß eine große Anzahl britischer Schiffe von einem einzigen Kreuzer, der sich in einem unzugänglichen Sumpfgebiet verkrochen hatte, lahmgelegt worden war, ordnete die britische Admiralität die Rückkehr von Rear-Admiral Herbert King-Hall auf die Ostafrikanische Station an, um die Führung der Operationen zu übernehmen. Am 7. März 1915 traf Rear-Admiral King-Hall, der seine Flagge auf dem Schlachtschiff GOLIATH – ein 1898 fertiggestellter, 13150 ts großer Vordreadnought – gesetzt hatte, vor dem Rufiji-Delta ein und entschloß sich, die Iniative zu ergreifen.

Er nahm den Jäger Pieter Pretorius in Dienst, nicht nur, um den genauen Liegeplatz der KÖNIGSBERG festzustellen, sondern auch um herauszufinden, ob die Geschütze des deutschen Kreuzers noch einsatzbereit waren oder nicht, ob die Torpedos zu den vorgeschobenen Stellungen der Abteilung Delta gebracht worden waren und welcher der Hauptarme im Mündungsdelta als schiffbar in Frage kommen könnte. Die Art und Weise, auf die der Jäger, sein Funker und sechs Afrikaner gewissenhaft die Antworten auf die gestellten Fragen beschafften, oft direkt unter der Nase der Deutschen in der Maske von Fischern arbeitend, beschrieb Pretorius unterhaltsam in seiner Autobiographie »Jungle Man«.

An Bord des deutschen Kreuzers verschlechterten sich die Bedingungen immer mehr. Eine immer größer werdende Anzahl von Besatzungsangehörigen litt unter Krankheiten, während das Schiff und seine Antriebsanlage unter einer Moderschicht verkam .

Am 3. März 1915 traf über die Großfunkstation Windhuk in Deutsch-Südwestafrika ein Funkspruch des Admiralstabs aus Berlin ein, in dem das Eintreffen eines Hilfsschiffes für den Kreuzer in Deutsch-Ostafrika für den April angekündigt wurde. Um die britische Blockade zu durchbrechen, wurde dieses Hilfsschiff unter der Bezeichnung »Sperrbrecher A« als das dänische Handelsschiff KRONBORG getarnt. Hierzu wurden die Vorbereitungen mit großer Gründlichkeit getroffen: Papiere und Ausrüstung waren durchweg dänisch und die Besatzung kam aus den dänisch sprechenden Gebieten Schleswig-Holsteins. Zum Kommandanten des Schiffes wurde der ObltzS.d.R. Carl Christiansen ernannt.

ObltzS.d.R. Christiansen gehörte vor 1914 als Offizier der deutschen Handelsmarine an, sprach fließend Dänisch und kannte die Gewässer der Ostsee sehr genau. Nach einem Kommando als Wachoffizier auf dem Kleinen Kreuzer LÜBECK wurde er auf eine gefährliche Kundschafterreise in das russische Helsingfors (heute Helsinki) zur Erkundung der russischen Küsten- und Minenverhältnisse geschickt. Erfolgreich zurückgekehrt, wurde er zum Stab des KAdm.z.D. Behring auf den Panzerkreuzer FRIEDRICH CARL versetzt. ObltzS.d.R. Christiansen, der zu den Geretteten gehörte, nachdem der Panzerkreuzer am 17. November 1914 westlich von Memel auf eine russische Mine gelaufen und gesunken war, wurde anschließend dazu ausersehen, einen Blokkadebrecher in den Südatlantik zur Unterstützung des Kreuzergeschwaders zu führen. Mit der Vernichtung des Kreuzergeschwaders unter VAdm. v. Spee in der Seeschlacht bei den FalklandInseln scheiterte dieser Plan. Nunmehr sollte er zur Unterstützung der KÖNIGSBERG und der Schutztruppe in Deutsch-Ostafrika wieder aufgenommen werden.

Der hierzu ausgewählte, 3587 BRT große Dampfer RUBENS war 1906 auf der Werft von William Gray & Co. in West Hartlepool für die Bolton Steam Shipping Co. Ltd. in London fertiggestellt worden. Bei Ausbruch des Ersten Weltkrieges hatten die deutschen Behörden das Schiff in Hamburg beschlagnahmt. Zur Durchführung einer geheimen Mission war es ideal geeignet. Die RUBENS besaß die nur schwer zu beschreibende Linienführung eines klassischen, in Großbritannien gebauten Trampdampfers und es war unwahrscheinlich, daß sie einen übermäßigen Verdacht der britischen Blockadepatrouillen in der Nordsee auf sich zog.

Am 18. Februar 1915 lief die RUBENS unter dänischer Tarnung um 13.00 Uhr aus Wilhelmshaven mit einer höchst beeindruckenden Ladung aus. Neben 2000 t Kohle, 1000 t destilliertem Wasser, 50 t Maschinenöl sowie weiterer Ausrüstung für die KÖNIGSBERG hatte der Dampfer zwei 6-cm-Bootskanonen in Landungslafette, vier 8-mm-Maxim-Maschinengewehre und 1500 Mauser-Infanteriegewehre Modell 98 an Bord. Des weiteren bestand die Fracht aus 3000 Schuß Munition für die 3,7-cm-Revolverkanonen des Vermessungsschiffes MÖWE, das sich am 8. Augsut 1914 in Dar-es-Salaam selbstversenkt hatte, 3000 Schuß 6-cm-Munition, 500 Schuß für die zusätzlich an Bord der KÖNIGSBERG zur Ausrüstung eines Hilfs-

Unten: Der britische Leichte Kreuzer DARTMOUTH verläßt im Oktober 1911 die Vickers-Werft in Barrow-in-Furness zur Werftabnahmefahrt. (Sammlung des Verfassers.)

kreuzers mitgeführten 8,8-cm-Geschütze, 1000 Schuß 10,5-cm-Patronenmunition, 4,5 Millionen Schuß 8-mm-Patronen und eine Tonne des Sprengstoffs Trinitroanysol. Hinzu kamen noch Uniformen, Schuhe, Zelte, Feldtelefone, F.T.-Anlagen, Proviant für Europäer sowie Sanitätsausrüstung und Medikamente, alles Dinge, die in der belagerten deutschen Kolonie dringend gebraucht wurden.

Ein schwerer Sturm in der Nordsee half ObltzS.d.R. Christiansen und seinen Männern, den britischen Patrouillen auszuweichen. Nachdem die RUBENS ihre Tarnung in die eines British India-Liners geändert hatte, steuerte der Dampfer auf den bestehenden Schifffahrtsrouten direkt nach Süden, um einer Entdeckung durch britische Kriegsschiffe zu entgehen. Am 22. März 1915 rundete die RUBENS das Kap der Guten Hoffnung. In der Nacht vom 3./4. April setzte ObltzS.d.R. Christiansen 150 sm südostwärts der französisch verwalteten Komoren (Îles de Comores) – und noch immer weitgehend im Ungewissen hinsichtlich der Lage in Ostafrika – einen Funkspruch ab, um von der KÖNIGSBERG Weisungen für das Anlaufen eines sicheren Hafens zu bekommen. Obwohl er zum damaligen Zeitpunkt die Bedeutung seines Fehlers noch nicht erkannte, sollte sich der längere Austausch von Funksprüchen schließlich als verhängnisvoll erweisen .

In den frühen Morgenstunden des 10. April 1915, nachdem die RUBENS nur wenige Stunden vorher knapp einem britischen Hilfskreuzer ausgewichen war, ging der deutsche Dampfer vor der Insel Aldabra vor Anker und legte seine Tarnung ab.

Der Austausch von Funksprüchen zwischen ObltzS.d.R. Christiansen und FKpt. Looff war von französischen Kriegsschiffen, die vor Madagaskar kreuzten, abgehört und sofort an Rear-Admiral King-Hall weitergeleitet worden. Obwohl die chiffrierten Funksprüche nicht entziffert wurden, konnte der hohe Ton der Funksignale nur von einer Telefunken-F.T.-Anlage stammen und ihre Stärke ließ erkennen, daß sich der Sender in der Nähe befinden mußte. In der Morgendämmerung des 13. April 1915 lief daher der britische Hilfskreuzer KINFAUNS CASTLE Aldabra an, um die Insel zu inspizieren; ObltzS.d.R. Christiansen hatte seinen Ankerplatz vor der Insel erst am Nachmittag des vorhergehenden Tages verlassen.

Rear-Admiral King-Hall quälte sich vor Ungeduld. Am 25. März hatte er die GOLIATH für eine Verwendung vor den Dardanellen abgeben müssen[112] und die CHATHAM befand sich zur Neuausrüstung in Bombay. Das unmittelbar bevorstehende Springhochwasser zwang ihn, die WEYMOUTH zur Bewachung der Mündungsarme des Rufiji zurückzulassen, und so konnte nur die veraltete HYACINTH – sein derzeitiges Flaggschiff – entbehrt werden, um nach dem deutschen Hilfsschiff zu suchen. Doch was geschah, wenn der Funkverkehr von einem modernen deutschen Kreuzer kommen sollte? Das veraltete britische Kriegsschiff hätte dann nur eine sehr geringe Chance.

Am 13. April 1915 verlegte die KÖNIGSBERG im Kikunja-Arm stromabwärts auf einen neuen Liegeplatz bei Kikale. Dort sollte sie bis zu ihrem Ende verbleiben. Die britischen Schiffe konzentrierten sich auf das Rufiji-Delta. Würde FKpt. Looff den Ausbruch riskieren, um mit seinem Hilfsschiff zusammenzutreffen? Nur der ehemalige Kabelleger DUPLEX war zurückgelassen worden, um die Zufahrten zum Hafen von Tanga im Norden der deutschen Kolonie zu überwachen. Er könnte wenig unternehmen, um das Einlaufen eines bewaffneten Gegners in den Hafen zu verhindern. Die außergewöhnliche Lage erforderte eine außergewöhnliche Maßnahme; daher entschloß sich Rear-Admiral King-Hall, das Risiko einzugehen, und setzte die HYACINTH nach Tanga in Marsch. Seine Vermutung erwies sich als richtig.

Um 05.30 Uhr am 14. April 1915 sichtete ObltzS.d.R. Christiansen den Leuchtturm von Ulenga, der den Beginn der Fahrrinne in den Hafen von Tanga markierte. Gleichzeitig machten die Ausgucks an Bord der HYACINTH im Südwesten die sich der Hafeneinfahrt nähernde RUBENS aus. Kurz darauf erhöhte der britische Kreuzer seine Fahrt auf 18 Knoten. ObltzS.d.R. Christiansen, der die Gefährlichkeit seiner Lage erkannte, befahl volle Fahrt voraus, obwohl für ein Entkommen wenig Aussicht bestand. Die HYACINTH stand im Begriff, das deutsche Handelsschiff einzuholen, und es war nur noch eine Frage der Zeit, bis sich die RUBENS in der Reichweite der britischen Geschütze befand.

Jedoch kurz bevor Rear-Admiral King-Hall den Befehl zur Feuereröffnung geben konnte, brach in der Steuerbordmaschine eine Kolbenstange und die HYACINTH begann, rasch Fahrt zu verlieren. Sehr bald wurde klar, daß die Backbordmaschine allein nur noch etwa zehn Knoten aufrechterhalten konnte und daß die RUBENS eine Chance erhalten hatte zu entkommen. Im verzweifelten Bemühen, diesen Maschinenschaden vor dem deutschen Kommandanten zu verbergen, gab Rear-Admiral King-Hall den Befehl zur Feuereröffnung.

Die ersten Salven schlugen achteraus des deutschen Frachters ein, aber ObltzS.d.R. Christiansen – von der mißlichen Lage seines Gegners nichts ahnend – drehte in die scheinbare Sicherheit der nahe gelegenen Mansa-Bucht ab, statt das Risiko von noch sechs Seemeilen Fahrt in den sicheren Hafen von Tanga auf sich zu nehmen. Um 06.30 Uhr ankerte die RUBENS auf flachem Wasser in der nördlichsten Ecke der Bucht – in der sicheren Erkenntnis, daß es die HYACINTH nicht wagen würde, die Sandbarre vor der Bucht zu überqueren. Doch das Hilfsschiff befand sich noch immer in der Reichweite der britischen Geschütze und Rear-Admiral King-Hall ließ sein Schiff einfach breitseits drehen und erneut das Feuer eröffnen.

Die britischen Salven gabelten die RUBENS ein; eine Granate riß ein großes Stück des Schornsteins fort und zwei weitere rissen Löcher in die Wasserlinie. Nunmehr erteilte ObltzS.d.R. Christiansen den Befehl zur Selbstversenkung des Schiffes. Die Seeventile wurden geöffnet, das Oberdeck wurde mit Petroleum übergossen und augenblicklich brannte die RUBENS lichterloh.

Das Feuer der britischen Geschütze verlagerte sich nunmehr in Richtung auf die Rettungsboote, deren Rudergasten sich verzweifelt in die Riemen legten, um die Sicherheit der Küste zu erreichen; weniger, um die Bootsinsassen zu verletzen oder gar zu töten, sondern um sie daran zu hindern, an Land zu gelangen. Rear-Admiral King-Hall wollte unbedingt ein paar Gefangene machen, um mehr über ihren Auftrag zu erfahren. Die deutschen Seeleute nahmen jedoch das Risiko auf sich, getroffen zu werden, und machten sich am Ufer in die Mangrovensümpfe davon. Als das britische Landungskommando von einer Feldkompanie der Kaiserlichen Schutztruppe Deutsch-Ostafrika abgewiesen wurde, lief Rear-Admiral King-Hall mit der HYACINTH nach Süden ab, überzeugt davon, daß die RUBENS die Mansa-Bucht nie wieder verlassen würde. Die heftigen Brände und mehrere deutlich vernehmbare Explosionen unter Deck ließen darauf schließen, daß keine Artilleriemunition an Bord gewesen war, wie dies zuerst vermutet worden war.

Der deutschen Seite gelang es schließlich, den Großteil der Fracht zu bergen, jedenfalls soweit es die Waffen, Munition und die sonstige Ausrüstung betraf, die unterhalb der Wasserlinie verstaut waren, als das Schiff sank und in Brand geriet. Die Schutztruppe in Deutsch-Ostafrika konnte zusammen mit einer überraschend großen Menge Munition so ziemlich alle Gewehre in Empfang nehmen, die sich an Bord befunden hatten. Soweit es jedoch FKpt. Max Looff und seine KÖNIGSBERG betraf, hatten die Briten ihr Ziel erreicht; die kostbare Kohle war verloren.

Am 25. April 1915 startete Flight Lieutenant Tull mit seinem Beobachter in einem der drei veralteten Wasserflugzeuge, die als Ersatz für die Sopwith-Maschinen mit ihren störanfälligen Motoren eingetroffen waren. Angesichts des energischen Abwehrfeuers der Abteilung Delta – ganz zu schweigen vom Beschuß aus zwei 10,5-cm-Geschützen des deutschen Kreuzers mit maximaler Erhöhung, die durch das Entfernen des oberen Teils der Geschützschilde erreicht wurde – gelang es Flight Lieutenant Tull, mit neuen Aufklärungsergebnissen zurückzukehren. Es war ihm sogar gelungen, mit einer Box-Kamera einige Fotos aufzunehmen. Die KÖNIGSBERG hatte ihren getarnten Liegeplatz verlassen und glänzte in einem fri-

Unten: KÖNIGSBERG im Sumpfgebiet des Rufiji-Deltas. Eine in der Zeitschrift »The War Illustrated« vom 28. November 1914 veröffentlichte künstlerische Darstellung. (Sammlung des Verfassers.)

Unten rechts: Mit einem umgestürzten Schornstein und das Oberdeck unter Wasser hat die KÖNIGSBERG ihren letzten Ruheplatz gefunden. (Sammlung des Verfassers.)

Delta nahm sie beim Auslaufen aus der Kikunja-Mündung erneut mit dem 6-cm-Geschütz unter Beschuß, aber die beiden Monitore kehrten zurück und trafen vor der Insel Koma wieder mit Rear-Admiral King-Hall zusammen. Die SEVERN war unbeschädigt geblieben, aber die in Schlepp genommene MERSEY hatte ihr vorderes 15,2-cm-Geschütz verloren und wies in der Wasserlinie zwei Einschußlöcher auf. Sofort wurde mit der behelfsmäßigen Ausbesserung begannen. Das beschädigte Geschütz und seine Lafette kamen von Bord der MERSEY und die im Deck zurückgebliebene Öffnung wurde mit Stahlplatten verschlossen. Auf beiden Schiffen gesprungene Nähte und Schotte wurden entweder verstärkt oder abgestützt. Außerdem berief Rear-Admiral King-Hall hinsichtlich des weiteren taktischen Vorgehens eine Konferenz der Verantwortlichen ein.

Insgesamt hatten die beiden Schiffe 635 Granaten vom Kaliber 15,2 cm verschossen, konnten aber auf der KÖNIGSBERG lediglich vier Treffer erzielen. Die MERSEY hatte eines ihrer schweren Geschütze verloren und vier Besatzungsangehörige waren gefallen, zwei von ihnen waren später den im Gefecht erlittenen schweren Verwundungen erlegen. Lobenswerter war die Tatsache, daß die beiden Artilleriebeobachtungsflugzeuge insgesamt 13 Stunden in der Luft geblieben waren. Hierbei hatten sie über 1770 km ohne Störungen zurückgelegt. Dies ermutigte Rear-Admiral King-Hall hinlänglich, einen weiteren Versuch zu unternehmen. Das taktische Vorgehen wurde jedoch insoweit geändert, indem die beiden Monitore eine halbe Seemeile voneinander getrennt vor Anker gehen sollten. Die beschädigte MERSEY hatte ihren Ankerplatz weiter von der Insel Gengeni entfernt in dem Versuch zu wählen, das Feuer der KÖNIGSBERG aufzuteilen oder – alternativ dazu – sicherzustellen, daß die SEVERN nach Belieben feuern konnte.

Nachdem am 11. Juli 1915 vormittags das Hochwasser eingesetzt hatte, lief die kleine Flottille – dem Beschuß der Abteilung Delta unter dem Feuerschutz der Kreuzer WEYMOUTH und PYRAMUS trotzend – um 11.45 Uhr erneut in den Kikunja-Arm ein, während HYACINTH und PIONEER die Ssimba-Uranga-Mündung angriffen. Infolge ihres verhältnismäßig geringen Tiefgangs gelang es der PYRAMUS, den Kikunja-Arm etwa drei Seemeilen stromaufwärts zu dampfen, um die Monitore zu unterstützen.

FKpt. Looff und seine Besatzung hatten die Telefonverbindung zur Artilleriebeobachtungsstation auf dem Pemba-Berg verbessert und der deutsche Kreuzer eröffnete – dem britischen Bericht zufolge – um 12.10 Uhr auf die SEVERN das Feuer. Unter den wachsamen Augen von Flight Lieutenant Tull begannen die Monitore, um 12.30 Uhr das Feuer zu erwidern. Eine Granate der vierten britischen Salve zerstörte zufälligerweise die Telefonverbindung zwischen der KÖNIGSBERG und dem Pemba-Berg, woraufhin das deutsche Feuer zunehmend ungenau zu werden begann .

Auf britischer Seite hatte man sich endlich an die Artilleriebeobachtung aus der Luft gewöhnt und die Aufschlagsunterscheidung war klarer geworden. Dadurch konnte die britische Artillerie schneller ins Ziel gebracht werden und in rascher Folge wurden Treffer gemeldet. Eine Granate der achten Salve der SEVERN detonierte um 12.42 Uhr auf dem Deck vor der Kommandobrücke der KÖNIGSBERG und setzte das vordere 10,5-cm-Geschütz an Steuerbord ein zweites Mal außer Gefecht. Eine zweite Granate detonierte unmittelbar hinter dem Kommandoturm. Sprengstücke schlugen von achtern durch die Sehschlitze in den Turm, dessen Personal ausfiel. Auch der Kommandant, FKpt. Looff, erlitt hierbei ernsthafte Verletzungen. Die Feuerleitung für die Artillerie der KÖNIGSBERG ging daraufhin auf den achteren Feuerleitstand über. Die Verluste unter den Geschützbedienungen und den Munitionsmannern nahmen zu und auf der Steuerbordseite konnten nur noch die drei achteren 10,5-cm-Geschütze das Feuer fortsetzen.

Um 12.52 Uhr fiel der mittlere Schornstein und kurze Zeit später brach achtern ein starker Brand aus. Um 13.15 Uhr war eine heftige Explosion zu hören und eine Rauchwolke markierte die Position des zusammengeschossenen Kriegsschiffes. Das Feuer entzündete die an den achteren Geschützen gestapelte Bereitschaftsmunition. Sie brannte ab und die Munitionsräume mußten geflutet werden. Nur ein einziges Geschütz feuerte noch. FKpt. Looff war durch einen Splitter im Magenbereich getroffen worden und übergab schließlich das Kommando des Schiffes an den Ersten Offizier, Kapitänleutnant Georg Koch.

Mit einem der letzten an Bord der KÖNIGSBERG befindlichen 10,5-cm-Schrapnells war in der Zwischenzeit der Motor der Farman-Maschine von Flight Lieutenant Tull getroffen worden. Das Flugzeug verlor rasch an Höhe und mußte in der Nähe der MERSEY niedergehen. Tull versuchte eine Notlandung, aber als die Räder des Fahrgestells das Wasser berührten, überschlug sich der beschädigte Doppeldecker und ging zu Bruch. Tull und sein Beobachter, Sub-

Lieutenant Arnold, wurden durchgeschüttelt und erlitten Prellungen, blieben aber ansonsten unverletzt. Sie wurden beide von der Besatzung des Monitors gerettet.

Nachdem sich die Geschütze der SEVERN und der MERSEY eingeschossen hatten, verließ die beiden Schiffe Salve um Salve. Zwischen 13.00 Uhr und 14.20 Uhr verschoß die erstere 84 und die letztere 28 Schuß. Um 14.20 Uhr meldete der Beobachter des Artilleriebeobachtungsflugzeuges über Funk, daß der deutsche Kreuzer vernichtet worden war. Das einstmals schmucke »Manowari ya bomba tuta«, der Stolz der Ostafrikanischen Station, war nur noch ein rauchendes Wrack. Dem Kommandanten der SEVERN, Captain Fullerton, nicht bekannt, hatte FKpt. Max Looff um 13.40 Uhr den Befehl zur Feuereinstellung erteilt, da die Munitionskammern geflutet waren; außerdem erhielt der Erste Offizier von seinem verwundeten Kommandaten noch den Befehl, das Schiff zu sprengen, und kurze Zeit später kam der Befehl zum Verlassen des Schiffes.

Nachdem das letzte Boot den Kommandanten an Land gebracht hatte, ging der inzwischen das Kommando führende Erste Offizier, Kptlt. Koch, mit dem Torpedomaschinisten nochmals an Bord und bereitete die Sprengung vor. Kurz nach 14.00 Uhr riß die Detonation von zwei Torpedogefechtsköpfen in Höhe des umgestürzten mittleren Schornsteins ein großes Unterwasserleck in das Schiff und das Wrack sank bis zum Oberdeck auf flachem Wasser. Bei Sonnenuntergang um 17.45 Uhr wurden die Kriegsflagge der KÖNIGSBERG und der Kommandantenwimpel niedergeholt und dem verwundeten Kommandanten übergeben. Dazu erklang ein dreifaches Hurra auf den Kaiser.

Nachdem sie ihre Aufgabe erfüllt hatten, zogen sich die britischen Monitore vorbei an den demoralisierten Resten der Abteilung Delta zurück und stießen wieder zu ihrem Verband. Ohne das Eintreten weiterer zusätzlicher Verluste auf britischer Seite war der deutsche Kreuzer schließlich vernichtet worden. Die Härte des Gefechtes spiegelte sich in den deutschen Verlusten nicht wider. Von den 220 noch an Bord der KÖNIGSBERG befindlichen Besatzungsangehörigen waren 19 Mann gefallen sowie 21 schwer und 24 leicht verwundet worden. Die meisten Verwundeten wurden über Land in das Lazarett Neustieten gebracht. Die Gefallenen wurden in unmittelbarer Nähe des Wracks beigesetzt, jedoch einige Monate später auf den Friedhof von Neustieten überführt. Einige der Schwerverwundeten starben noch im Lazarett; insgesamt stieg die Zahl der Gefallenen auf etwa 30 Mann.* Auf dem Friedhof von Neustieten gibt es ein steinernes Denkmal mit einer Erinnerungsplatte, auf der das Datum des letzten Gefechtes und die Namen der Gefallenen verzeichnet sind.

Das Schicksal der KÖNIGSBERG zog noch eine überraschende Folge nach sich. Nachdem ihn der unermüdliche KKpt.d.R. Schönfeld überzeugt hatte, daß die 10,5-cm-Geschütze geborgen werden könnten, ließ FKpt. Loof in der Folge nach den über Bord geworfenen Geschützverschlüssen tauchen und sie wieder heraufholen. Die Geschütze wurden an Land gebracht und über Land nach Dar-es-Salaam transportiert. Dort wurden sie instandgesetzt und auf Radlafetten montiert. Bis zum Ende des Krieges leisteten sie der Kaiserlichen Schutztruppe bei der Verteidigung Deutsch-Ostafrikas wertvolle Unterstützung.[114]

* Anmerkung des Verfassers: Nach Gröner, Jung und Maass »Die deutschen Kriegsschiffe 1815–1945«, Bd. 1, S. 133, hatte es insgesamt nur 19 Gefallene gegeben. Die Abweichung zwischen dieser Zahl und den an anderer Stelle angegebenen – z. B. legt Charles Miller in »Battle for the Bundu« aufgrund eines Besuches auf dem Friedhof dar, daß die Verluste merklich höher waren – ist noch nicht geklärt. Es ist darauf hingewiesen worden, daß die Gesamtzahl von über 30 Gefallenen auch die Besatzungsangehörigen einschließt, die in den Kämpfen bei der Abteilung Delta gefallen sind. Doch dies ist noch nicht endgültig erwiesen.

KRONPRINZ WILHELM

6. August 1914–26. April 1915; 14 Handelsschiffe (51 346 BRT)

Einst ein beliebter und erfolgreicher Passagier-Liner auf der Nordatlantikroute. Nach längerer Feindfahrt in Newport News in den USA interniert.

Bau und Indienststellung
Typ: Hilfskreuzer. Bezeichnung »Hilfskreuzer C«.
Bauwerft: A.G. ›Vulcan‹, Stettin-Bredow (Bau-Nr. 249). Im August 1914 in See durch die KARLSRUHE ausgerüstet.
Reederei: Norddeutscher Lloyd, Bremen.
Stapellauf: 30. März 1901.
Jungfernfahrt: September 1901.
Indienststellung: 6. August 1914.
Besatzungsstärke: 20 Offiziere und 483 Mannschaften.

Abmessungen
Registrierte Tonnage: 14 908 BRT.
Einsatzverdrängung: 24 900 t.
Länge über alles: 202,2 m.
Länge in der CWL: 194,2 m.
Breite: 20,2 m.
Tiefgang bei Einsatzverdrängung: 8,8 m.

Bewaffnung
Artillerie: Zwei 8,8 cm S.K. L/35 (siehe im Text unten). Zwei alte britische 12 cm S.K. L/.. (ohne Munition).
Maximale Reichweite der Hauptbewaffnung: 12 200 m.
Torpedorohre: Keine.
Infanteriewaffen: Ein 8-mm-Maxim-Maschinengewehr, 36 Mauser-Gewehre Modell 98.
Munitionsdotierung: 290 Schuß 8,8-cm-Granaten.
Panzerschutz: Nur die Geschützschilde.

Leistung
Antriebsanlage: Zwei stehende Sechszylinder-Vierfach-Expansionsmaschinen, 16 Zylinderkessel, zwei Propellerwellen.
Kesseldruck: 14,5 atü.
Bunkerraum für Kohle: 4420 t.
Höchstgeschwindigkeit bei Meilenfahrt: 23,3 kn bei einer Antriebsleistung von 36 000 PSi.
Konstruktionsgeschwindigkeit: 22 kn bei einer Antriebsleistung von 30 000 PSi.
Fahrstrecke: 4800 sm bei 18 kn.

Am 2. August 1914, als die Streitkräfte Rußlands und Deutschlands in den Krieg eintraten, übergab der deutsche Marine-Attaché, Fregattenkapitän Boy-Ed, in New York an Kapitän Grahn, der den Schnelldampfer KRONPRINZ WILHELM des Norddeutschen Lloyd führte, eine versiegelte Order. Diese wies Kapitän Grahn an, sofort Kohle zu bunkern, Proviant überzunehmen und sobald wie möglich aus New York auszulaufen, um sich auf hoher See mit einem Kleinen Kreuzer der Kaiserlichen Marine zu treffen. Am 3. August 1914 um 20.10 Uhr verließ die KRONPRINZ WILHELM den Hafen von New York und lief mit hoher Fahrt nach Süden. Die Heizer arbeiteten fieberhaft, um die Geschwindigkeit des großen Passagierdampfers auf 20 kn zu steigern, während ein anderer Teil der Besatzung die ursprünglich weißen Aufbauten und senfgelben Schornsteine mit einem schwarzen Anstrich tarnte. Auf dem Weg nach Süden ging auf der KRONPRINZ WILHELM ein Funkspruch des Kleinen Kreuzers KARLSRUHE ein, der ein Zusammentreffen am 6. August auf der Position 25°40'N 72°37'W mitteilte. Der Kreuzer hatte dem

Unten: In vielen Teilen der Welt, insbesondere dort, wo kaum Hafeneinrichtungen vorhanden waren, mußten mühsame Arbeiten, wie zum Beispiel das Übernehmen von Ladung oder Kohle, von Hand durchgeführt werden. (Sammlung des Verfassers.)

Schnelldampfer zwei 8,8-cm-Geschütze, ein Maschinengewehr, Gewehre und eine große Menge Munition zu übergeben.* Um 07.00 Uhr am 6. August traf die KARLSRUHE mehr als 150 sm vom nächsten Land entfernt mit der KRONPRINZ WILHELM zusammen.

Die beiden Schiffe machten aneinander fest, so gut dies infolge des großen Unterschieds in der Größe und Seitenhöhe erfolgen konnte. Die beiden Geschütze wurden an Bord des Passagierschiffes geheißt, während dieser Kohle und Frischproviant an den Kreuzer abgab. Die Zeit spielte hierbei eine wesentliche Rolle, da sowohl dem Kreuzerkommandanten als auch dem Handelsschiffskapitän die Nähe britischer Kriegsschiffe durchaus bewußt war. Sollte ein britischer Kreuzer auftauchen und fände die KARLSRUHE und die KRONPRINZ WILHELM unbeweglich aneinander festgemacht vor, wären die Konsequenzen unvorstellbar.

Die Indienststellung des Schnelldampfers des Norddeutschen Lloyd als Hilfskreuzer der Kaiserlichen Marine war von einem Wechsel im Kommando begleitet. Obwohl Kapitän Grahn ein erfahrener Seemann war, besaß er keine entsprechende militärische Ausbildung. Infolgedessen wurde Kapitänleutnant Paul Thierfelder, der Navigationsoffizier der KARLSRUHE, zum Kommandanten des Hilfskreuzers ernannt. Kapitän Grahn blieb weiterhin die seemännische Führung des Schiffes überlassen und Kptlt. Frese wurde Navigationsoffizier. 15 Mann seemännisches und technisches Personal einschließlich Heizer stiegen von der KARLSRUHE auf den Hilfskreuzer um, während Kapitän Grahn die Leutnants zur See d.R. Eyding und Hentschel an den Kleinen Kreuzer abgab.

Um 10.15 Uhr sichteten die Ausgucks eine Rauchfahne im Süden. Dies konnte nur bedeuten, daß sich ein britischer Kreuzer näherte. Fälschlicherweise wurde angenommen, es handele sich um den Panzerkreuzer BERWICK der ›Country‹-Klasse; aber tatsächlich war es ein Schwesterschiff: die SUFFOLK. Mit Ausnahme der zur KARLSRUHE gehörenden Motorpinasse, die aufgegeben wurde, konnten alle Boote wieder eingesetzt werden. Offiziere und Mannschaften eilten auf ihre zum Teil neuen Gefechtsstationen. Die Festmachetrossen wurden losgeworfen und die Schiffe strebten in verschiedene Richtungen auseinander. Die KARLSRUHE steuerte mit hoher Fahrt Kurs Nord zu West, während der Schnelldampfer mit Nordnordost-Kurs ablief.

Da die SUFFOLK die Verfolgung des deutschen Kreuzers aufnahm, konnte die KRONPRINZ WILHELM unversehrt entkommen. Hätte der britische Kreuzer den Schnelldampfer verfolgt, wäre dessen Schicksal besiegelt gewesen. Statt dessen erhielt die KRONPRINZ WILHELM die erforderliche Zeit, ihre neuen Geschütze einzubauen, wichtige Bereiche mit Matten zu schützen, den Speisesalon Erster Klasse in einen behelfsmäßigen Kohlebunker zu verwandeln und den Rauchsalon auszuräumen, um ihn als Verbandsplatz zu benutzen. Der Kriegsmarsch von den Bahamas in Richtung auf die Ilhas dos Açôres (Azoren) verlief jedoch ereignislos .

Am 17. August 1914 befand sich der deutsche Hilfskreuzer in Sichtweite der Inseln und rief über Funk den Kohlendampfer, der hier erwartet wurde. Erst am folgenden Tag erschien der 3913 BRT große Dampfer WALHALLA der Etappe Westafrika und die beiden Schiffe trafen auf der Position 35°00'N 25°00'W zusammen. Das Etappenschiff war 1907 auf der Werft von William Doxford & Sons in Sunderland gebaut worden und gehörte der Rhederei-A.G. ›Oceana‹ (H.H. Schmidt) in Hamburg. Am 2. August hatte es Las Palmas mit einer vollen Kohle- und Proviantladung verlassen.

Das Fernbleiben gegnerischer Kriegsschiffe und ein längerer Zeitraum ruhigen Wetters verschafften der KRONPRINZ WILHELM und der WALHALLA drei Tage, um 2500 t Kohle umzuladen, eine Arbeit, die am 21. August abgeschlossen wurde. Die Vertäutrossen wurden danach gelöst und der Kohlendampfer lief nach Las Palmas zurück, wo er anschließend aufgelegt wurde, während der deutsche Hilfskreuzer auf einen südsüdwestlichen Kurs ging, um die Schifffahrtsrouten abzusuchen.

Am 27. August 1914 sichteten die Ausgucks der KRONPRINZ WILHELM einen Schoner, der gehorsam beidrehte, als er über Megaphon dazu aufgefordert wurde. Bedauerlicherweise stellte sich heraus, daß es sich um ein neutrales Schiff handelte, die dänische ELIZABETH. Sie durfte unbehelligt ihre Fahrt fortsetzen. Kurze Zeit später hielt die KRONPRINZ WLHELM die russische Bark PITTAN an. Doch obwohl sich das Deutsche Reich und Rußland im Kriege befanden, hielt Kptlt. Thierfelder seine Prise nicht für wertvoll genug, um versenkt zu werden. So wurde auch diesem kleinen Segelschiff gestattet, seine Fahrt fortzusetzen; für das knappe Entkommen hat seine Besatzung vermutlich Dankgebete gemurmelt. Dem inzwischen in den Südatlantik gelangten deutschen Hilfskreuzer enthielt das Schicksal immer noch eine Prise vor, die diesen Namen verdiente.

Am 3. September 1914 traf die KRONPRINZ WILHELM 200 sm ostwärts des brasilianischen Kap São Roque mit dem 4663 BRT großen Kohlendampfer ASUNCION zusammen, 1895 auf der Hamburger Werft Blohm & Voss für die Hamburg-Südamerikanische Dampfschiffahrts-Gesellschaft vom Stapel gelaufen und nunmehr unter Charter für die Etappe Brasilien.

Am 4. September 1914 lief Kptlt. Thierfelder und seinem Schiff endlich eine richtiggehende Prise über den Weg: der 2846 BRT große Dampfer INDIAN PRINCE der Prince Line Ltd. 1910 auf der Werft von J. Readhead & Sons in South Shields fertiggestellt, hatte das in Newcastle-upon-Tyne registrierte Schiff unter Führung von Kapitän Gray am 2. September Bahia (heute Salvador) verlassen. Sobald die Passagiere und die Besatzung von dem zum Untergang verurteilten Frachter übernommen und die Sprengladungen angebracht worden waren, ließ Kptlt. Thierfelder die INDIAN PRINCE Kurs Südsüdost steuern, während die KRONPRINZ WILHELM achteraus folgte, um sicherzustellen, daß alles nach Plan verlief. Am 9. September wurde das britische Handelsschiff schließlich um 09.00 Uhr etwa 200 sm nordwestlich der Ilha da Trindade versenkt.

Der 1905 für die DDG ›Hansa‹ in Bremen bei der Flensburger Schiffbau-Gesellschaft gebaute, 4275 BRT große Dampfer EBERNBURG der Etappe Brasilien erschien nach seinem Auslaufen am 5. September 1914 verabredungsgemäß am 11. September, um den deutschen Hilfskreuzer wieder mit Proviant zu versorgen. Kurze Zeit später traf auch der aus Montevideo ausgelaufene und 5703 BRT große Hapag-Dampfer PONTOS der Etappe La Plata ein, der für den Hilfskreuzer CAP TRAFALGAR (siehe oben) bestimmt war. Schließlich folgte auch noch dem 1900 auf der britischen Werft J. Priestman & Co. in Sunderland gebauten Kohlendampfer die 3557 BRT große PRUSSIA der Hamburg-Amerika-Linie, ein Schiff der Etappe Brasilien. Der 1912 bei der Flensburger Schiffbau-Gesellschaft gebaute Kohlendampfer war zum erstenmal für die DRESDEN ausgerüstet aus Bahia ausgelaufen. Danach hatte er die Besatzung des versenkten britischen Trampdampfers HYADES nach Rio de Janeiro gebracht. Anschließend hatte die PRUSSIA erneut eine Ladung Kohle übernommen und am 5. September 1914 Rio de Janeiro wieder verlassen.

Die Ilha da Trindade schien für die deutschen Schiffe eine ideale Kohlenstation zu sein: unbewohnt und ausreichend weit von den normalen Schiffahrtsrouten entfernt, um unbemerkt zu bleiben, aber dennoch nah genug zu Südamerika, damit die deutschen Kohlendampfer bequem die brasilianischen Häfen anlaufen konnten. Die Möglichkeit, an diesem isolierten Außenposten einen Kreuzer der Royal Navy anzutreffen, waren gering. Zu diesem Zeitpunkt befand sich lediglich der britische Leichte Kreuzer GLASGOW auf der Südamerikanischen Station.

Unterwegs nach der Ilha da Trinidade erfuhr jedoch Kptlt. Thierfelder bei der Kohlenübernahme aus der PONTOS und der PRUSSIA über Funk, daß der Hilfskreuzer CAP TRAFALGAR (siehe oben) an

* Anmerkung des Verfassers: Das Kaliber dieser Geschütze wird oft mit 10,5 cm angegeben, andeutend, daß die KARLSRUHE zwei Geschütze ihrer Hauptbewaffnung von Bord gegeben hätte. Die beiden 8,8-cm-Geschütze wurden jedoch extra zur Ausrüstung eines Hilfskreuzers an Bord der Auslandskreuzer mitgeführt.

Oben: Der schnelle und starke deutsche Schlachtkreuzer VON DER TANN wäre für das Kreuzergeschwader eine große Unterstützung gewesen. Es handelte sich allerdings nur um ein Gerücht. Eine Postkarte (Nr. 3037) aus einer Serie, vor 1914 herausgegeben von M.L. Carstens, Hamburg. (Sammlung des Verfassers.)

seinem vorgesehenen Bestimmungsort von dem britischen Hilfskreuzer CARMANIA beim Kohlen überrascht worden war. In dem sich anschließenden Artillerieduell war das deutsche Schiff gesunken. Zu diesem Zeitpunkt befand sich die KRONPRINZ WILHELM weniger als 150 sm von der Ilha da Trinidade entfernt. Angesichts dieser Umstände setzte Kptlt. Thierfelder die Kohlenübernahme länger als beabsichtigt fort; sie wurde schließlich am 17. September beendet.

Noch am selben Tag entließ Kptlt. Thierfelder die EBERNBURG und die PRUSSIA mit der Besatzung der INDIAN PRINCE an Bord. Die erstere erreichte am 25. September 1914 Rio de Janeiro und wurde interniert, während die PRUSSIA am 24. September in Santos einlief und aufgelegt wurde. Die Besatzung der INDIAN PRINCE versuchte den britischen Behörden alle Unterstützung zu geben, die sie konnte, aber die KRONPRINZ WILHELM war bereits auf dem Weg in die noch südlicheren Gewässer des Atlantik.

Der Handelsstörer war auf der Höhe der Ilha da Trinidade inaktiv geblieben und hatte das Operationsgebiet gewechselt. Jedoch am 7. Oktober 1914 löste sich eine Rauchwolke in einen großen Dampfer mit einem schwarzen Schiffskörper und einem beherrschenden schwarzen Schornstein auf. Als das Schiff näherkam, war auf dem Schornstein deutlich ein weißes Kreuz auf einem roten Band zu erkennen: die Houlder Line Ltd. In London. Die Art und Weise des Aufbringens war außergewöhnlich. Die übliche Annäherung und einen Warnschuß vor den Bug verschmähend, brachte Kptlt. Thierfelder die KRONPRINZ WILHELM längsseits seines zukünftigen Opfers, Boote und Decksausrüstung auf beiden Schiffen zertrümmernd, und ließ anschließend den Dampfer durch ein Prisenkommando über die Seite entern, als ob ihn die Piraten des 17. Jahrhundert dazu inspiriert hätten! Das Aufbringen des 8529 BRT großen Schiffes erfolgte mehr als 300 sm ostwärts von Montevideo. Es erwies sich als die 1912 auf der Werft Irvine's Ship Building & Dry Dock Co. Ltd. in West Hartlepool fertiggestellte LA CORRENTINA. Kapitän Murrison und sein Schiff befanden sich auf der Heimreise vom La Plata mit einer Fleischladung.

Der deutsche Hilfskreuzer übernahm die Passagiere, die Besatzung und genug Fleisch, um damit Monate auszukommen. Auch zwei 12-cm-Geschütze wurden auf das deutsche Schiff gebracht; sie hätten der KRONPRINZ WILHELM eine unliebsame Überraschung bereiten können, wenn das britische Schiff für sie Munition an Bord gehabt hätte. Kptlt. Thierfelder stellte fest, daß sich die Geschützbedienungen bereits an Bord der LA CORRENTINA befanden, aber auch, daß die Munition noch in Liverpool auf das Anbordnehmen wartete. Am 16. Oktober wurde der Frachter schließlich versenkt.

Am 20. Oktober 1914 traf die 8226 BRT große SIERRA CORDOBA – 1912 von der Stettiner Maschinenbau-A.G. ›Vulcan‹ für den Norddeutschen Lloyd in Bremen fertiggestellt – der Etappe La Plata aus Buenos Aires mit einer Ladung Kohle, Frischgemüse, Kleidung und anderer wichtiger Ausrüstung ein. Am 22. Oktober machten die beiden Schiffe aneinander fest und die Übernahme begann: Kohle und Vorräte für den Handelsstörer und die Gefangenen von der LA CORRENTINA für das Begleitschiff. Zusammen mit der SIERRA CORDOBA steuerte der deutsche Hilfskreuzer auf die brasilianische Küste zu, um die Seeverbindungen zu bedrohen, die vom Kap Hoorn in den Nordatlantik und in die Karibik liefen.

Am 28. Oktober 1914 stieß die KRONPRINZ WILHELM auf der Position 34°00'S 52°00'W auf eine Viermastbark. Da das Segelschiff einen grauen Anstrich hatte und längs des Oberdecks ein Band mit aufgemalten Geschützpforten aufwies, nahm Kptlt. Thierfelder richtigerweise an, daß es sich um einen Franzosen handelte. 1882 auf der Werft von Russell & Co. in Greenock gebaut, war die 2183 BRT große UNION der Reederei Ant. Dom. Bordes et Files unter Kapitän Riou mit 3100 ts bester walisischer Dampfkohle zum La Plata unterwegs. Anstatt die in Bordeaux registrierte Bark sofort zu versenken, entschloß sich Kptlt. Thierfelder, soviel Kohle wie möglich zu übernehmen. Da schlechtes Wetter herrschte und die See zu hoch ging, um ein Längsseitsgehen zu riskieren, nahm der deutsche Hilfskreuzer die UNION in Schlepp. Bis zum 20. November 1914 konnten immerhin 2000 t übernommen werden.

Ehe jedoch auch die restliche Kohlenmenge noch an Bord des Hilfskreuzers gebracht werden konnte, kenterte das Segelschiff längsseits des Handelsstörers. Unter ähnlichen Umständen hatte KKpt. Thierichens, der Kommandant des Hilfskreuzers PRINZ EITEL FRIEDRICH, Masten und Takelage einer Prise verkürzt, um diese Gefahr zu verringern. Kptlt. Thierfelder hatte die Gefahr jedoch nicht erkannt. Die Besatzung der UNION war auf die SIERRA CORDOBA gebracht worden. Anschließend hatte Kptlt. Thierfelder das Begleitschiff entlassen, um die Gefangenen in Montevideo an Land zu setzen.

Durch einen Funkspruch der Funkstation Pernambuco (heute Recife) vorgewarnt, hielt die KRONPRINZ WILHELM am 21. November 1914 die in Nantes registrierte französische Bark ANNE DE BRETAGNE (2063 BRT) der Reederei Société Nouvelle d'Armement an, mit einer Ladung europäischen Bauholzes um Kap Hoorn nach Melbourne unterwegs. Das 1901 gebaute Segelschiff fand bei den deutschen Seeleuten wenig Interesse. Daher wurde der Versuch unternommen, das Schiff durch Öffnen der Seeventile und Zünden der üblichen Sprengladungen zu versenken. Doch infolge des Auftriebes der Holzladung machte die Bark kaum Anstalten zu sinken. Daraufhin rammte Kptlt. Thierfelder sie, beschädigte hierbei Bug und Stevenfuß der KRONPRINZ WILHELM und war anschließend doch gezwungen, mehr als 20 seiner kostbaren 8,8-cm-Granaten zu verschwenden, ehe das französische Schiff auf der Position 27°00'S 32°00'W langsam unter die Wasseroberfläche glitt.

Ausbleibende Erfolge überzeugten Kptlt. Thierfelder, daß es an der Zeit war, das Operationsgebiet zu wechseln, und so nahm der deutsche Hilfskreuzer Kurs auf die Schiffahrtswege zwischen Kap São Roque und den Kapverdischen Inseln. Am 4. Dezember 1914 kam der 3814 BRT große Kohlendampfer BELLEVUE der Bellevue Steam Shipping Co. Ltd. – auf der Ausreise aus Glasgow – in Sicht und wurde auf der Position 3°00'S 29°9'W 450 sm nordöstlich von Pernambuco aufgebracht. 1895 auf der Werft von Charles Connell & Co. Ltd. in Glasgow gebaut, beförderte der Trampdampfer etwa 5400 ts Kohle unter dem Kommando von Kapitän James Robertson nach Montevideo.

Ehe das Prisenkommando die Untersuchung des Schiffes beenden konnte, wurde ein weiterer Dampfer gesichtet und der deutsche Hilfskreuzer nahm die Verfolgung auf. Es entwickelte sich eine flotte Jagd, ehe die KRONPRINZ WILHELM den Frachter einholen konnte. Auf das Setzen der deutschen Kriegsflagge und auf einen entsprechenden Befehl über Megaphon hin drehte das Schiff bei. Das Prisenkommando stellte fest, daß es sich um die in Ballast fahrende, 4803 BRT große MONT AGEL der Reederei Société Générale de Transportation Maritime à Vapeur handelte, 1911 auf der Werft Ateliers et Chantiers de France in Dünkirchen fertiggestellt und in Marseilles registriert. Durch Öffnen der Seeventile und Zünden der angeschlagenen Sprengpatronen wurde der Dampfer alsbald versenkt.

Seltsamerweise beschleunigte auch in diesem Fall Kptlt. Thierfelder die Versenkung durch Rammen. Seine Vorliebe für eine solche Taktik ist oft kritisiert worden, aber es ist wesentlich, sich daran zu erinnern, daß die KARLSRUHE den Schnelldampfer KRONPRINZ WILHELM in See ausgerüstet hatte. Hierbei erhielt der Hilfskreuzer nur eine sehr begrenzte Bewaffnung mit einer verhältnismäßig geringen Dotierung an 8,8-cm-Munition, die durch das plötzliche Erscheinen des britischen Kreuzers SUFFOLK nicht einmal vollständig übernommen werden konnte. Kptlt. Thierfelder mußte für den Fall,

Unten: Der Dampfer HIGHLAND LAODIE der Nelson Steam Navigation Company war ein Schwesterschiff der unglücklichen HIGHLAND BRAE. (Laurence Dunn.)

daß er gezwungen wurde zu kämpfen, Munition sparen. Dies erklärt auch die Tatsache, warum er so erpicht darauf war, die beiden 12-cm-Geschütze der LA CORRENTINA an Bord zu nehmen, obwohl für sie keine Munition vorhanden war und die meisten Hilfskreuzerkommandanten sie einfach der Vernichtung preigegeben hätten. Die britischen Geschütze waren von stärkerem Kaliber als die beiden deutschen Geschütze, die bereits auf der KRONPRINZ WILHELM eingebaut waren, und es bestand eine weitaus größere Chance, auf einer Prise zur entsprechenden britischen Munition zu kommen, als auf hoher See zu deutscher 8,8-cm-Munition zu gelangen.

Durch die von der BELLEVUE ausgehende Verlockung verführt, entschloß sich Kptlt. Thierfelder, so viel an Wertvollem wie nur möglich von diesem Kohlendampfer auf die KRONPRINZ WILHELM zu bringen. Wenn auch das Wertvollste die Kohle war, so wußte man an Bord des Handelsstörers auch die alkoholischen Getränke, die Zigarren, die Schokolade sowie jedweden Proviant und Wasser sehr zu schätzen.

Daher war der deutsche Hilfskreuzer erst am 20. Dezember 1914 in der Lage, die BELLEVUE zu versenken und erneut auf Beute Jagd zu machen. Inzwischen war die 5463 BRT große OTAVI, 1904 auf der Werft von Russell & Company in Port Glasgow gebaut, der Etappe Brasilien zur KRONPRINZ WILHELM gestoßen. Dieser Dampfer der Hamburg-Amerika-Linie hatte am 1. Dezember unter dem Vorwand Pernambuco verlassen, seine vor Kriegsausbruch begonnene Reise fortzusetzen. Es waren jedoch Gerüchte im Umlauf, daß die OTAVI den deutschen Schlachtkreuzer VON DER TANN mit Kohlen versorgen sollte, der angeblich von Deutschland aus nach Süden unterwegs wäre, um VAdm. Graf v. Spee und sein Kreuzergeschwader nach der Umrundung Kap Hoorns auf dem Heimmarsch zu begleiten.

Die Vernichtung der deutschen Schiffe in der Seeschlacht bei den Falkland-Inseln am 8. Dezember 1914 hinterließ für den Schlachtkreuzer VON DER TANN und den Kohlendampfer OTAVI keine Aufgabe mehr. Daher erhielt das Hilfsschiff den Befehl, am 12. Dezember zur KRONPRINZ WILHELM zu stoßen.[115] Nach durchgeführter Versorgung entließ Kptlt. Thierfelder am 21. Dezember die OTAVI wieder. Der Dampfer hatte die bisherigen Gefangenen an Bord, die er am 4. Januar 1915 in Las Palmas an Land setzt. Schließlich wurde das Schiff am 9. Januar 1915 in Barcelona interniert.

Bis Weihnachten 1914 war es Kptlt. Thierfelder gelungen, die KRONPRINZ WILHELM ausreichend mit Kohle zu versorgen, um seine Kaperfahrt noch einige Zeit lang auszudehnen. Allerdings hatte er in den vorausgegangenen vier Monaten nur wenig Erfolg erzielt. Der deutsche Admiralstab, dem schließlich auch der Verlust der KARLSRUHE zur Kenntnis gekommen war, hatte an Kptlt. Thierfelder einen Funkspruch übermittelt, worin er ihm die Erlaubnis erteilte, in einen neutralen Hafen einzulaufen, falls er diese Absicht habe, und sich internieren zu lassen. Der Kommandant des deutschen Hilfskreuzers verspürte jedoch noch keine Neigung, dieser Empfehlung bereitwillig nachzukommen.

Am 28. Dezember 1914 brachte er ostwärts einer Linie, gezogen von Fernanda de Noronha zum St.-Paul's-Felsen, den in Liverpool registrierten, 3486 BRT großen Trampdampfer HEMISPHERE der Hemisphere Steam Ship Co. Ltd. auf, 1897 auf der Werft von Bartram & Sons in Sunderland fertiggestellt. Unter der Führung von Kapitän Robert Jones beförderte das Schiff Kohle von Hull nach Buenos Aires. Das Aufbringen erfolgte auf der Position 4°20'S 29°25'W. Kptlt. Thierfelder ließ die HEMISPHERE mit Ostkurs aus den Schifffahrtsrouten bringen, ehe er am 30. Dezember das Übernehmen ihrer Kohlenladung beginnen ließ. Schließlich wurde der Dampfer am 7. Januar 1915 versenkt.

Einen Tag früher, am 6. Januar, war die KRONPRINZ WILHELM auf der Position 1'00'N 20'00'W mit dem 5556 BRT großen Dampfer HOLGER der Etappe Brasilien zusammengetroffen. Dieses Etappenschiff war 1906 auf der Tyneside-Werft von Swan, Hunter & Wigham Richardson für die Roland-Linie A.G. in Bremen vom Stapel gelaufen. Die HOLGER war im Hafen von Pernambuco als getarnte Relaisstation für den deutschen Funkverkehr vor Anker gelegen. Ohne sich mit Ausklarierungsformalitäten aufzuhalten, war sie schließlich in der Nacht zum 1. Januar 1915 im Schutze der Dunkelheit ausgelaufen und allen Patrouillenschiffen ausgewichen.

Britische Proteste gegen das heimliche Vorgehen deutscher Handelsschiffe, die in brasilianischen Häfen interniert waren, konnten von den Brasilianern nicht länger ignoriert werden. Das Entkommen der HOLGER führte dazu, daß der Hafenkapitän und der Kommandant des Wachschiffes ihre Posten verloren. Die Neutralität Brasiliens wurde mit Nachdruck geltend gemacht, indem Teile der Funkanlagen an Bord der deutschen Schiffe entfernt wurden. Auch die Funkstation auf Fernando de Noronha, die den Handelsstörern als nützliches Funkfeuer gedient hatte, wurde für die Dauer der Feindseligkeiten geschlossen. Die deutsche Seite behalf sich anschließend mit der Weiterleitung von Funksprüchen durch Schiffe. Doch in Südamerika war mit dem Untergang des deutschen Kreuzergeschwaders ein Meinungsumschwung eingetreten; Verletzungen der Neutralität in großem Maßstab wurden nicht mehr geduldet.

Während Vorräte von der HOLGER auf den deutschen Hilfskreuzer gebracht wurden, teilte der Kapitän des Etappenschiffes Kptlt. Thierfelder die jüngsten Nachrichten mit und übernahm die Besatzung der HEMISPHERE. Danach liefen die beiden Schiffe auf einem nordwestlichen Kurs ab, um den Schiffahrtsweg Las Palmas – Buenos Aires zu bedrohen – in Kenntnis der Tatsache, daß die Handelsschiffahrt gewarnt worden war, sich östlich der normalen Schifffahrtsrouten zu halten. Am 10. Januar 1915 brachte die KRONPRINZ WILHELM um 00.30 Uhr auf der Position 5°48'N 25°58'W die 4419 BRT große POTARO der Royal Mail Steam Packet Company auf. Der Dampfer – schwarzer Schiffskörper mit weißen Aufbauten und einem schlichten ledergelben Schornstein – befand sich auf der Ausreise aus Liverpool in Ballast und hatte Kurs auf Buenos Aires, um dort Ladung überzunehmen. Kptlt. Thierfelder entschloß sich, das 1904 auf der Werft von Harland & Wolff in Glasgow gebaute Schiff zur Aufklärung einzusetzen. In aller Eile erhielt es einen grauen Anstrich und wurde mit einer Telefunken-F.T.-Anlage ausgerüstet.

Nach Süden marschierend, sichteten die Ausgucks an Bord des deutschen Hilfskreuzers am 14. Januar 1915 einen Dampfer mit grauem Schiffskörper und charakteristisch hellgrünen Aufbauten. Der rote Schornstein wies einen schwarzen Rand sowie drei schmale Bänder von gleicher Breite in den Farben weiß-schwarz-weiß auf, obwohl das offensichtlichste Merkmal der Aufbau mittschiffs darstellte: verhältnismäßig kurz gehalten, aber drei Decks hoch. Er verlieh dem Schiff ein unbeholfenes, topplastiges Aussehen.

Es handelte sich um den Dampfer HIGHLAND BRAE der Nelson Steam Navigation Co. Ltd., 1910 auf der Werft von Cammell, Laird & Co. in Birkenhead/Liverpool fertiggestellt. Das 7364 BRT große Schiff war mit Ladung, zu der auch Gefrierfleisch gehörte, von der Themse nach Buenos Aires unterwegs und lag jetzt beigedreht etwa 230 sm nordostwärts des St.-Paul's-Felsens.

Kptlt. Thierfelder war sich über das Schicksal der HIGHLAND BRAE noch nicht schlüssig geworden, als ein kleiner Schoner mit drei Masten in Sicht kam. Nach einer kurzen Verfolgung hatte der deutsche Hilfskreuzer die britische WILFRED M (251 BRT) zum Beidrehen gezwungen, unterwegs von Bahia (heute Salvador) nach Halifax/Neuschottland mit einer Ladung Trockenfisch. Aus den Schiffspapieren war zu ersehen, daß der Schoner fünf Jahre zuvor auf der Werft von Smith & Rhuland in Lunenburg/Neuschottland gebaut worden war – aber auch, daß er in Bridgetown auf Barbados für die Reederei »The Ship WILFRED M« Co. Ltd. registriert war. Nach der Übernahme der Besatzung unternahm die KRONPRINZ WILHELM den Versuch, den Schoner durch Überlaufen zu versenken. In zwei Teile zertrennt, schnitt er unter, während der deutsche Hilfskreuzer seine Fahrt fortsetzte, um im Mittelatlantik wieder Anschluß an die HOLGER, die POTARO und die Prise zu gewinnen.

Das Wrack der WILFRED M ging jedoch nicht unter. Am 18. Januar 1915 war das Schlachtschiff CANOPUS vor der Anwesenheit eines deutschen Handelsstörers durch ein britisches Handelsschiff gewarnt worden, das auf der Position 1°00'N 24°27'W Funksignale von einer Funkanlage vom Typ Telefunken aufgefangen hatte. Während das Schlachtschiff in dem Seegebiet patrouillierte, aus dem die Funksignale gekommen waren, nahm die Besatzung der CANOPUS eine Wolke starken Gestanks nach verfaulendem Fisch auf und fand schließlich am 21. Januar auf der Position 2°40'N 25°50'W das Vorschiff des zum Wrack zertrümmerten Schoners. Ein weiterer unternommener Versuch, das Wrack durch Rammen zu versenken, schlug ebenfalls fehl; und die Wrackstücke des Schoners aus Barbados wurden später vor der Insel Belsamos gesichtet, um schließlich am 28. April 1915 auf Grenada an Land zu treiben.

Der nunmehr aus vier Schiffen bestehende kleine deutsche Geleitzug lief mit langsamer Fahrt südwärts. Nach und nach wurde aus der HIGHLAND BRAE alles Brauchbare übernommen und am 30. Januar 1915 wurde der Dampfer 100 sm südostwärts der Ilha da Trindade versenkt. Auch hinsichtlich der POTARO besann sich Kptlt. Thierfelder eines Besseren und versenkte das bisherige Aufklärungsschiff ebenfalls.

Nur noch von der HOLGER begleitet, lief die KRONPRINZ WILHELM zurück auf die Segelschiffsrouten. Am 3. Februar 1915 holte Kptlt. Thierfelder mit seinem Hilfskreuzer auf der Position 26°30'S 27°00'W die 2280 BRT große Viermastbark SEMANTHA ein. Es stellte sich heraus, daß das Segelschiff 1888 auf der Werft von Hamilton & Company in Port Glasgow gebaut, aber anschließend an die Akties. »SEMANTHA« in Lyngnør verkauft worden war und die Flagge des neutralen Norwegen führte. Da seine Weizenladung jedoch von Großbritannien nach Rio de Janeiro bestimmt war, wurde die SEMANTHA an Ort und Stelle versenkt, sobald Kapitän Halvorsen und seine Besatzung an Bord der HOLGER gebracht worden waren.

Das Begleitschiff wurde am 12. Februar 1915 nach Buenos Aires entlassen, traf dort fünf Tage später ein und wurde am 18. Februar aufgelegt. Auf dieser Fahrt hatte die HOLGER unbemerkt den britischen Panzerkreuzer CARNARVON in Sichtweite passiert, der die Flagge von Rear-Admiral Stoddart führte.

Das deutsche Handelsschiff wurde mit Recht als Hilfskriegsschiff angesehen und ihm wurde daher lediglich der übliche 24-Stunden-Aufenthalt in argentinischen Gewässern bewilligt. Da jedoch seine Maschinen dringend der Wartung bedurften und der Schiffsboden einen enormen Bewuchs aufwies, entschloß sich die deutsche Schiffsführung zum Auflegen und zur Internierung. Diese unerwartete Entscheidung wurde schließlich Anfang März 1915 der britischen Admiralität mitgeteilt, woraufhin der britische Hilfskreuzer CELTIC von seinem Patrouillendienst vor der Mündung des Rio de la Plata zu den Falkland-Inseln zurückbeordert wurde.

Am 22. Februar 1915 hielt Kptlt. Thierfelder mit seinem Hilfskreuzer auf der Position 6°15'S 26°10'W den 4583 BRT großen Dampfer CHASEHILL an. Das Schiff war 1891 auf der Werft von Doxford & Company in Sunderland gebaut worden und gehörte der Essex Chase Steam Ship Co. Ltd. in London. Seine für den La Plata bestimmte Ladung aus 2860 ts Kohle bedeutete für Kptlt. Thierfelder eine große Erleichterung. Doch kaum hatte am 23. Februar die Übernahme der Vorräte begonnen, als ein weiterer Dampfer in Sicht kam und KRONPRINZ WILHELM zur Verfolgung ansetzen mußte.

Die 6600 BRT große GUADELOUPE der Reederei Compagnie Générale Transatlantique, 1906 auf der Werft Chantiers de L'Atlantique in Saint Nazaire fertiggestellt und in Le Havre registriert, wurde von einer Prisenmannschaft bald zur CHASEHILL zurückgebracht. Unter den nützlichsten Waren an Bord des französischen Schiffes befand sich graues Tuch, das die Besatzung des Handelsstörers mit neuen Uniformen versorgte. Die GUADELOUPE wurde am 9. März 1915 versenkt, während die CHASEHILL bei dem deutschen Hilfskreuzer verblieb, bis dieser die gesamte Kohle übernommen hatte. Die gefangenen Besatzungen und die Passagiere der GUADELOUPE, darunter Frauen und Kinder, wurden an Bord der CHASEHILL eingeschifft und Kptlt. Thierfelder entließ das von der Kohlenübernahme her übel zugerichtete Schiff ebenfalls noch am selben Tag – 9. März – nach Pernambuco. Dort traf es am 12. März ein.

Am 10. März 1915 passierte der britische Hilfskreuzer MACEDONIA das Seegebiet, in dem die CHASEHILL und die GUADELOUPE aufgebracht worden waren, aber Kptlt. Thierfelders Glück hielt noch an. Am 24. März 1915 hielt die KRONPRINZ WILHELM den 3207 BRT großen britischen Dampfer TAMAR mit einer Kaffeeladung etwa 500 sm ostnordöstlich von Pernambuco an. Das 1902 auf der Werft von Craig, Taylor & Co. in Stockton-on-Tees gebaute, in Middlesborough registrierte und der Royal Mail Steam Packet Company gehörende Schiff wurde an Ort und Stelle durch Artilleriebeschuß versenkt.

Am 27. März 1915 holte der deutsche Hilfskreuzer 460 sm ostnordöstlich von Pernambuco den 3824 BRT großen britischen Trampdampfer COLEBY ein und brachte ihn auf. Er befand sich mit 5000 ts Weizen an Bord auf der Heimreise von Südamerika. 1907 auf der Werft von Ropner & Son in Stockton-on-Tees für die Reederei R. Ropner & Company fertiggestellt, wurde auch dieser Dampfer mit seinem charakteristischen Trunkdeck durch Sprengladungen und Artilleriebeschuß auf der Stelle versenkt.

Auf britischer Seite war man überzeugt, daß die KRONPRINZ WILHELM immer noch im Südatlantik operierte. Immer wieder verschwand der deutsche Hilfskreuzer in der Weite des Atlantik, aber sein letztes Verschwinden war problematisch gewesen. Wenige Segelschiffe hatten eine F.T.-Anlage an Bord und daher war das Aufbringen der WILFRED M, um nur ein Beispiel zu nennen, nicht sofort bekannt geworden. Die einzige Hoffnung schien darin zu bestehen, die in vermeintlich neutralen Häfen internierten deutschen Handelsschiffe sorgfältig zu beobachten, in der Hoffnung, daß der Versuch unternommen werden würde, die Bunker des Handelsstörers wieder aufzufallen, falls diesem die Kohle knapp zu werden begann.

Hierbei konzentrierte sich das Interesse auf den 4312 BRT großen Kohlendampfer MACEDONIA der Hamburg-Amerika-Linie, ein Schiff der Etappe Nordamerika. Der 1900 auf der Werft Swan, Hunter & Wigham Richardson in Newcastle-upon-Tyne fertiggestellte Dampfer hatte New York im Laufe des August 1914 verlassen, um in Höhe der Kanarischen Inseln eine Wartestellung zu beziehen. Später war das deutsche Schiff in den Hafen von Las Palmas eingelaufen und am 17. Oktober 1914 von den spanischen Behörden interniert worden.

Obwohl die Spanier einen Zylinderdeckel entfernt hatten, um die MACEDONIA daran zu hindern, ohne ihr Wissen den Hafen zu verlassen, war vom Etappendienst ein Ersatzteil beschafft worden. Am 5. März 1915 wies ein chiffrierter Funkspruch den Frachter an, zum Hilfskreuzer KRONPRINZ WILHELM zu stoßen. Am 15. März 1915 schlüpfte die MACEDONIA unter dem Schutze der Dunkelheit um 01.30 Uhr aus dem Hafen, wich ohne Schwierigkeit dem Wachschiff aus und entkam hinaus in die Nacht.

Um die herzlichen Beziehungen zu Spanien nicht zu gefährden, hatte die Royal Navy ihre Überwachung so weit von den Kanarischen Inseln entfernt aufgestellt, daß es nicht nur schwierig war, das Entkommen der MACEDONIA zu verhindern, sondern es erwies sich auch als ziemlich unmöglich, das Schiff zu verfolgen. Nur durch das Entschlüsseln der über die Funkstation Nauen übermittelten Funksprüche gelang es *Room 40*, den Treffpunkt etwas nördlich des Äquators auf 32°–35° West zu ermitteln. In aller Eile wurde der britische Leichte Kreuzer GLOUCESTER unter dem Kommando von Captain W.A. Howard Kelly entsandt, um das fragliche Seegebiet abzusuchen.

Am 28. März 1915 sichtete die GLOUCESTER in dem fraglichen Seegebiet einen Dampfer, der einen südöstlichen Kurs steuerte. Fast im selben Augenblick wendete dieses Schiff jedoch und ging mit voller Fahrt auf Nordkurs. Die Gloucester steigerte in der Verfolgung ihre Geschwindigkeit auf 20 kn und holte ihr Opfer rasch ein. Captain Kelly ließ das Flaggensignal vorheißen: »Stoppen Sie sofort! Welches Schiff?» Der Dampfer erwiderte das Signal durch Heißen der niederländischen Handelsflagge. Am Heck konnte der Name HENDRICK abgelesen werden. Das Prisenkommando stellte jedoch fest, daß es sich tatsächlich um die MACEDONIA handelte.

Bei der Untersuchung des Kohlendampfers wurden Papiere gefunden, die erkennen ließen, daß das Schiff zwischen dem 9. und dem 23. April 1915 eine Wartestellung in der Nähe der Position 3°00'N 37°00'W einnehmen sollte. Captain Kelly gab die Einzelheiten sofort über Funk an Rear-Admiral Stoddart weiter, der seine Flagge auf dem Leichten Kreuzer SYDNEY gesetzt hatte und zusammen mit dem Hilfskreuzer EDINBURGH CASTLE auf der Höhe des Arquipélago dos Abrolhos – der Abrolhos-Bank – patrouillierte.

Das von den Hafenbehörden vereitelte Entkommen des deutschen Dampfers ODENWALD aus San Juan de Puerto Rico in der Nacht vom 22./23. März 1915 bestätigte die Auffassung der britischen Admiralität, daß Versuche im Gange waren, in der Nähe einen Handelsstörer mit Kohlen zu versorgen – doch ob es sich um die KARLSRUHE oder die KRONPRINZ WILHELM handelte, war zu diesem Zeitpunkt nicht bekannt.

Die KRONPRINZ WILHELM war ein Geist ihres eigenen Ruhms geworden. Ihre Bordwände wiesen Roststreifen auf und waren durch das viele Kohleübernehmen wie Wellblech verformt, die Außenbeplattung war vielfach gesprungen, Nähte klafften auseinander und der Bug hatte die Spuren der Rammstöße davongetragen. In Kenntnis der Tatsache, daß viele Besatzungsangehörige erste Anzeichen von Skorbut erkennen ließen, wog Kptlt. Thierfelder die Chancen ab, inwieweit das Überleben des Schiffes als Handelsstörer noch möglich war. Falls die KRONPRINZ WILHELM auf See blieb, würde sie mit Sicherheit ein Opfer der patrouillierenden britischen Kreuzer werden, da ihre Vierfach-Expansionsmaschinen – zu ihrer Zeit der Inbegriff der Kunst des Schiffsmaschinenbaus – nicht länger in der Lage waren, mehr als 20 kn zu erbringen. Der beste Ausweg schien zu sein, das Schiff in einem neutralen Hafen aufzulegen. Für diese Absicht eignete sich anscheinend am besten der Hafen von Newport News in Virginia/USA, wo Anfang April 1915 bereits der deutsche Hilfskreuzer PRINZ EITEL FRIEDRICH eingelaufen war.

Die Anwesenheit eines britischen Kreuzergeschwaders, um ein Inseegehen der PRINZ EITEL FRIEDRICH zu verhindern, zwang Kptlt. Thierfelder, mit großer Vorsicht vorzugehen. In den frühen Morgenstunden des 11. April 1915 schlich sich die KRONPRINZ WILHELM jedoch an dem Panzerkreuzer HMS SUFFOLK vorbei, dem einzigen britischen Kriegsschiff vor dem Hafen.[116]

Der deutsche Hilfskreuzerkommandant ersuchte die amerikanischen Behörden unverfroren um einen Aufenthalt von drei Wochen zur Durchführung von Reparaturen – anscheinend in der Absicht, die Feindfahrt fortzusetzen. Obwohl die KRONPRINZ WILHELM schließlich die Erlaubnis erhielt, am 19. April ins Trockendock zu gehen, durfte lediglich der Schiffsboden von Bewuchs gesäubert werden. Die Schäden an Bug und Außenbeplattung betrachteten die Hafenbehörden als kriegsursächlich; sie dürften in einem neutralen Hafen nicht ausgebessert werden. Die Sinnlosigkeit eines weiteren Widerstandes einsehend, legte Kptlt. Thierfelder am 26. April 1915 das Schiff auf. Der deutsche Hilfskreuzer wurde interniert.

Am 7. April 1917 wurde die KRONPRINZ WILHELM von den USA beschlagnahmt und als Truppentransportschiff VON STEUBEN von der amerikanischen Marine in Dienst gestellt. Schließlich wurde das Schiff im Jahre 1923 auf der Abbruchwerft Boston Iron & Steel Metal Company abgewrackt und verschrottet.

Unten: Eine Vorkriegsaufnahme des britischen Leichten Kreuzers GLASGOW, Veteran der Seeschlachten von Coronel und den Falkland-Inseln – ein Schwesterschiff der HMS GLOUCESTER. (Ray Burt.)

cisco in Ballast nach Mittelamerika unterwegs. Der in Liverpool registrierte Dampfer der Bear Creek Oil & Shipping Co. Ltd. (bereedert durch C.T. Bowring & Company) entstand 1913 auf der Werft von Swan, Hunter & Wigham Richardson in Newcastle-upon-Tyne. Kapitän Roberts hatte versucht zu entkommen, als er zum Stoppen aufgefordert wurde, drehte aber nach einem Schuß vor den Bug bei. Ein Prisenkommando unter ObltzS. Horst Jöhnke ging an Bord und der letztere meldete, daß es für den Kreuzer kaum etwas Brauchbares an Bord gäbe. Daher wurde die Besatzung übernommen und der Tanker sank nach Artilleriebeschuß um 17.30 Uhr.

Anschließend nahmen LEIPZIG und MARIE Kurs auf die Islas Galápagos, die Galápagos-Inseln, mehrere hundert Seemeilen westlich der Küste von Ecuador. Dort sollte die LEIPZIG ein weiterer Kohlendampfer erwarten. Nach dem Eintreffen bei den Galápagos-Inseln ging die LEIPZIG in der Tagus Cove, einer kleinen Bucht an der Westseite der Hauptinsel Albemarle, längsseits der MARIE und übernahm Kohlen. Da FKpt. Haun nicht wußte, ob der erwartete Kohlendampfer tatsächlich eintreffen würde, wollte er seinen Kreuzer auf alle Fälle in volle Gefechtsbereitschaft versetzen. In den Mittagsstunden des nächsten Tages – des 19. September 1914 – setzte die LEIPZIG mit vollen Bunkern und 60 t gesackte Kohle als Decksladung ihre Fahrt über die Hood-Insel (hier wurde die MARIE zurückgelassen) zur Freshwater Bay bei der Isla Isabela (der Indefatigable-Insel) fort. Dort traf sie am 20. September mit der bereits wartenden AMASIS der Etappe Peru zusammen. Der Dampfer hatte Proviant, Wasser und 3000 t Kohle von guter Qualität an Bord. Das Etappenschiff war 1914 bei der Flensburger Schiffbau-Gesellschaft für die DDG ›Kosmos‹ in Hamburg gebaut worden und war mit 7224 BRT vermessen. In der vom Seegang her ruhigeren Wreck-Bai wurden am 21. September Proviant und Wasser übernommen. Anschließend verlegte die AMASIS aus Geheimhaltungsgründen wieder in die Freshwater Bay, während die LEIPZIG das Begleitschiff MARIE in die Wreck-Bai holte. Das letztere setzte anschließend die ELSINORE-Besatzung an Land. Ein regelmäßig die Galápagos-Inseln anlaufender Segler brachte die britische Besatzung schließlich nach Guayaquil in Ecuador. Dort traf sie Anfang Oktober 1914 ein.

Am 22. September 1914 lief die LEIPZIG mit ihren beiden Begleitschiffen AMASIS und MARIE auf einem östlichen Kurs aus, um später in einem breiten Aufklärungsstreifen den Schiffahrtsweg längs der Küste abzusuchen. Am 25. September brachte die LEIPZIG im Golfo de Guayaquil, der Bucht von Guayaquil, den in Liverpool registrierten, 3763 BRT großen Trampdampfer BANKFIELDS der Bank Shipping Company in Liverpool auf, unterwegs mit einer aus 5950 ts Zukker und neun Tonnen Kupfererz bestehenden Ladung von Eten in Peru über den Panama-Kanal nach Großbritannien. Die 1905 auf der Pickersgill-Werft in Sunderland gebaute BANKFIELDS wurde versenkt, nachdem ihre Besatzung zusammen mit lebenden Hühnern und Schweinen von Bord gebracht worden war. Eine Woche später setzte die MARIE die britische Besatzung in Callao an Land.

Am 28. September 1914 ankerte die LEIPZIG vor der Isla Lobos de Afuera, etwa 60 sm nordwestlich des peruanischen Hafens Eten gelegen, um im Laufe des Tages etwa 440 t Cardiff-Kohle aus den Beständen der AMASIS zu übernehmen. Bedauerlicherweise kamen der Skipper des in dem kleinen Hafen liegenden und Guano ladenden britischen Viermastschoners TAMAR und der peruanische Hafenmeister an Bord des deutschen Kreuzers und baten dessen Kommandanten, sie zu verschonen. FKpt. Haun sagte dies natürlich bereitwillig zu – er befand sich schließlich in neutralen Gewässern, aber der Schaden war angerichtet. Bereits einen Tag später – am 29. September – verbreitete die Funkstation Callao die Meldung von der Anwesenheit der LEIPZIG mit zwei deutschen Hilfskreuzern vor der peruanischen Küste. Nach der Kohlenübernahme ging der deutsche Kreuzer mit seinen bei den Hilfsschiffen noch am selben Tag – 28. September – am späten Nachmittag wieder in See. Erfolglos steuerten die Schiffe einen südlichen Kurs und am 30. September wurde die MARIE nach Callao entlassen. Das Schiff wurde dort am 1. Oktober 1914 interniert.

Am 14. Oktober 1914 stieß die LEIPZIG in der Cook-Bucht der Oster-Insel zum Kreuzergeschwader. Anschließend marschierte das Kreuzergeschwader zu den Juan-Fernández-Inseln und ergänzte dort Kohle. LEIPZIG bunkerte am 26. Oktober aus den Beständen des Begleitschiffes BADEN vor Más a Tiera. An der darauf folgenden Seeschlacht vor Coronel am 1. November 1914 hatte auch die LEIPZIG aktiven – wenn auch einen belanglosen – Anteil. Der deutsche Kreuzer eröffnete sieben Minuten nach Gefechtsbeginn das Feuer auf den britischen Leichten Kreuzer HMS GLASGOW und erzielte zumindest einen Treffer, verlor aber dann in der einbrechenden Dunkelheit die Fühlung am Gegner.

Das siegreiche Kreuzergeschwader lief am 3. November 1914 ohne die DRESDEN und die LEIPZIG zu einem Kurzaufenthalt in Valparaiso ein. Am selben Tag brachte die LEIPZIG auf dem Marsch zur Insel Màs a Fuera in den Juan-Fernández-Inseln die 3120 BRT große französische Viermastbark VALENTINE auf. Diese war 90 Tage zuvor aus Port Talbot mit 3500 ts Cardiff-Kohle ausgelaufen und war nach Iquique unterwegs. Die von Kapitän François Guillou geführte Bark war 1901 auf der Werft Chantiers de Normandie in Grand Quevilly für die Reederei Ant. Dom. Bordes et Fils gebaut worden und in Dünkirchen registriert. Das Begleitschiff AMASIS nahm den Segler in Schlepp und am 5. November nachmittags warfen die LEIPZIG und die beiden Schiffe vor Más a Fuera Anker. Am Tage darauf traf auch VAdm. Graf v. Spee mit seinen Schiffen ein und das gesamte Geschwader bereitete sich auf den Marsch um Kap Hoorn in den Atlantischen Ozean vor.

Da die französische Besatzung der VALENTINE sich weigerte, mit den Deutschen zusammenzuarbeiten, wurde sie auf den Hilfskreuzer PRINZ EITEL FRIEDRICH verbracht. Die Bark wurde zur Verringerung des Obergewichtes abgeriggt und die Übernahme ihrer Kohlenladung begann. Nur etwa 1200 t konnten übernommen werden, als im Salon ein Brand ausbrach, der die Bark achtern so schwer beschädigte, daß sie am nächsten Tag versenkt werden mußte. Die französische Besatzung wurde schließlich in Valparaiso vom Etappenschiff SACRAMENTO an Land gesetzt. Dieses Schiff war 1900 auf einer britischen Werft – Palmers Shipbuilding Company in Newcastle-upon-Tyne – als ALEXANDRIA gebaut worden, gehörte aber 1914 der amerikanischen Reederei Northern & Southern Steamship Company in San Francisco. Dies war jedoch ein von der Etappe San Francisco angewendeter Trick, um in amerikanischen Häfen unbehindert Kohle zu laden. In Wirklichkeit hatte das nunmehr in SACRAMENTO umbenannte Schiff die Hamburg-Amerika-Linie gekauft.

Am 10. November 1914 wurden DRESDEN und LEIPZIG zu einem Kurzbesuch nach Valparaiso entsandt, um Berichte nach Berlin zu übermitteln, Nachrichten einzuholen und das Gerücht über ihren Untergang vor Coronel zu widerlegen. Sie liefen in den Morgenstunden des 13. November in den Hafen ein, verließen ihn aber bereits wieder um Mitternacht mit zahlreichen Freiwilligen an Bord. Am 18. November stießen die beiden Kleinen Kreuzer erneut zum Geschwader. Am 21. November erreichte das Kreuzergeschwader den Golfo de Peñas im Süden Chiles. Dort ergänzten die Kriegsschiffe in der St.-Quentins-Bucht Kohle und traten am 26. November mit den Troßschiffen BADEN, SANTA ISABEL und SEYDLITZ den Marsch um Kap Hoorn an. Das Wetter verschlechterte sich derart, daß in der schweren See selbst die Panzerkreuzer wie Korkstücke tanzten. An Bord der LEIPZIG und der übrigen Kleinen Kreuzer war das Leben ein einziger Alptraum.

Am 2. Dezember 1914, als das Kreuzergeschwader den Längengrad von Kap Hoorn und das Kap selbst in etwa 30 sm Abstand passierte und damit in den Atlantischen Ozean einlief, brachte die LEIPZIG das 1844 BRT große kanadische Viermastvollschiff DRUMMUIR auf, geführt von Kapitän James Eagles. Das Segelschiff war 1882 auf der Werft von W.H. Potter & Son in Liverpool gebaut worden, gehörte aber 1914 der »The Ship DRUMMUIR Co. Ltd.« und war unter britischer Flagge in Victoria in British Columbia registriert. Augenscheinlich von James Rolph in San Francisco beree-

Oben: Der britische Panzerkreuzer CORNWALL im Gefecht mit der LEIPZIG (im Vordergrund). Ein Aquarell von Lieutenant-Commander H.T. Bennett, RN. Aus »The Battle of the Falkland Islands« (1919) von Commander Henry Spencer-Cooper, MVO, RN.

dert, war die DRUMMUIR von Swansea mit 2750 ts Cardiff-Kohle unterwegs nach San Francisco. FKpt. Haun schleppte die Prise mit seinem Kreuzer zur etwa 70 sm nordnordostwärts von Kap Hoorn entfernt liegenden Picton-Insel. Dort wurde die Kohlenladung auf der Ostseite der Insel von den Begleitschiffen BADEN und SANTA ISABEL übernommen. Das Vollschiff wurde am 6. Dezember auf der Position 55°30'S 65°00'W mit Sprengpatronen versenkt.

Am 8. Dezember 1914 wurden die LEIPZIG und die übrigen Schiffe des Kreuzergeschwaders mit Ausnahme der DRESDEN in der Seeschlacht bei den Falkland-Inseln durch einen überlegenen Gegner versenkt. Der Verlauf der Seeschlacht ist im einzelnen im Kapitel über die DRESDEN beschrieben (siehe dort). Als deutlich wurde, daß die britischen Schlachtkreuzer INVINCIBLE und INDEFATIGABLE die Entfernung soweit verringert hatten, daß sich die deutschen Kleinen Kreuzer in Reichweite ihrer Geschütze befanden, hatte sich VAdm. Graf v. Spee entschlossen, die britischen Kriegsschiffe lange genug zu beschäftigen, um seinen kleineren Schiffen die erforderliche Zeit zum Entkommen zu verschaffen. Von DRESDEN an Steuerbord angeführt, mit NÜRNBERG an Backbord hinkte die LEIPZIG in der Mitte nach. In dem verzweifelten Versuch, den Panzerkreuzern CORNWALL und KENT sowie dem Leichten Kreuzer GLASGOW auszuweichen, hatten sie ihre Geschwindigkeit bis auf 22 kn gesteigert.

GLASGOW kam jedoch rasch hinter LEIPTZIG und NÜRNBERG auf und eröffnete um 15.02 Uhr mit ihrem vorderen 15,2-cm-Geschütz das Feuer, um die deutschen Kommandanten zu Ausweichmanövern zu zwingen, die ihr Entkommen verlangsamen würden. Das britische Schiff beschoß um 15.45 Uhr und noch einmal um 16.06 Uhr die LEIPZIG, beide Male ergebnislos. Um 16.09 Uhr erzielte die LEIPZIG einen Treffer, der an Bord der GLASGOW einen Mann tötete und vier weitere verwundete.

Um 16.25 Uhr traf Captain John Luce, der Kommandant der GLASGOW, die schwerwiegende Entscheidung, die DRESDEN ziehen zu lassen, und drehte nach Backbord ab, um sicherzustellen, daß die beiden Panzerkreuzer der ›County‹-Klasse die beiden anderen deutschen Kreuzer erledigen konnten. Bei dieser Verfolgung entwickelten die Panzerkreuzer höhere Geschwindigkeiten als sie je zuvor erreicht hatten – auch nicht mit leichterer Ausrüstung und in brandneuem Zustand bei den Meilenfahrten.

Um 16.15 Uhr eröffneten KENT und CORNWALL bei einer Gefechtsentfernung von 10000 m das Feuer auf die LEIPZIG, aber es wurden keine Treffer beobachtet, und KENT holte um 16.30 Uhr zur Verfolgung der NÜRNBERG aus. Damit blieb für die LEIPZIG nur noch die CORNWALL als Gegner übrig, aber die ersten Salven des deutschen Kreuzers gingen über das britische Schiff hinweg. Die nächste schlug noch zu kurz ein, aber dann war die Entfernung gefunden. Gerade als sich die LEIPZIG auf ihren starken Gegner eingeschossen hatte, holte ein 15,2-cm-Treffer den Topp des Fockmastes mit dem Fleckerstand herunter, tötete den Artillerieoffizier und zerstörte die Feuerleitanlage. Als sich die Entfernung bis auf 80 hm verringert hatte, erzielte die LEIPZIG die ersten Treffer und zwang Captain Walter Ellerton, mit der CORNWALL nach Steuerbord abzudrehen. Danach griff die GLASGOW, an Backbord achtern der CORNWALL stehend, wieder in das Gefecht ein.

Die Artillerie des deutschen Kreuzers hatte sich wirkungsvoll eingeschossen und zwang die CORNWALL dazu, die Gefechtsentfernung zu vergrößern und zeitweise das Feuer einzustellen. Gegen 17.32 Uhr erzielte die LEIPZIG in rascher Folge auf eine Entfernung von 95 hm neun Treffer bei ihrem Gegner. Erneut mußte Captain Ellerton die Entfernung vergrößern, obwohl die leichten 10,5-cm-Granaten nur geringen Schaden verursachten. Als die CORNWALL um 18.15 Uhr wieder heranschloß, ging ihre Artillerie auf den Einsatz von Lyddit-Sprenggranaten über. Dies führte an Bord der LEIPZIG zu großen Zerstörungen, so daß das Feuern der deutschen Geschützbedienungen rasch nachließ.

Um 18.51 Uhr wütete vorn auf dem deutschen Kreuzer ein Brand, aber noch immer wurde auf der CORNWALL ein gelegentlicher Treffer registriert. Um 19.05 Uhr stellte die LEIPZIG das Feuern ihrer Artillerie ein; die gesamte 10,5-cm-Munition war verschossen. Der obere Teil des vorderen und der gesamte mittlere Schornstein waren weggeschossen worden, der Fockmast war über Bord gegangen, die Kommandobrücke war nur noch ein Trümmerfeld und das Schiff glühte regelrecht von den vielen Bränden, die unter Deck entstanden waren. Um 19.10 Uhr stellte die CORNWALL das Feuer in der Hoffnung ein, daß FKpt. Haun die Flagge streichen würde, eröffnete jedoch um 19.13 Uhr erneut das Feuer, als sich auf dem deutschen Kreuzer keine Reaktion zeigte. Um 19.43 Uhr erschütterte eine innere Explosion die LEIPZIG und ihr Großmast stürzte um. Gegen 20.12 Uhr waren zwei grüne Lichter zu sehen, die eine Notsituation signalisierten.

Im Aufleuchten der britischen Scheinwerfer war zu erkennen, daß der deutsche Kreuzer fast bis zur Deckskante Schlagseite nach Backbord hatte. Achtern und vorn wüteten Brände, die Masten waren über Bord gegangen und nur noch nur ein kleines Stück von einem der Schornsteine war vorhanden. Um 21.22 Uhr kenterte das Schiff schließlich und ging unter. 315 Angehörige der Besatzung der LEIPZIG, darunter FKpt. Haun, fanden den Tod. Lediglich vier Offiziere, fünf Deckoffiziere und neun Mann wurden gerettet.[117]

MÖWE

1. November 1915–22. März 1917; 38 Handelsschiffe (165 340 BRT und ein Handelsschiff mit unbekannter Tonnage)
Ein umgebautes Handelsschiff, das – einzigartig – zwei größere und drei kleinere Feindfahrten überstand.

Bau und Indienststellung
Typ: Hilfskreuzer.
Bauwerft: J.C. Tecklenborg A.G., Geestemünde (Bau-Nr. 258). 1915 durch die Kaiserliche Werft in Wilhelmshaven als Hilfsdampfer und später als Hilfskreuzer ausgerüstet.
Reederei: EX-PUNGO der Reederei F. Laeisz, Hamburg.
Stapellauf: 9. Mai 1914.
Indienststellungen: 1. November 1915 als Hilfsdampfer *HD 10*, 1. Dezember 1915 als Hilfskreuzer MÖWE, 12. Juni 1916 als Hilfskreuzer VINETA und 24. August 1916 als Hilfskreuzer MÖWE.
Besatzungsstärke: 16 Offiziere und 219 Mannschaften.
Abmessungen
Registrierte Tonnage: 4788 BRT.
Einsatzverdrängung: 9800 t.
Länge über alles: 124,5 m.
Länge in der CWL: 117,8 m.
Breite: 14,44 m.
Tiefgang bei Einsatzverdrängung: 6,8 m.
Bewaffnung
Artillerie: Vier 15 cm S.K. L/45 und ein 10,5 cm S.K. C/97 L/ 45.
Maximale Reichweite der Hauptbewaffnung: 13 700 m (15-cm-Geschütze), 12 200 m (10,5-cm-Geschütz).
Torpedorohre: Zwei 50-cm-Decksrohre an Steuerbord und Backbord, ab Juni 1916 zwei zusätzliche 53,3-cm-Decksrohre auf dem Achterdeck.
Minen: 500 Einheitsminen.
Infanteriewaffen: Nur Handfeuerwaffen.
Munitionsdotierung: 600 Schuß 15-cm-Granaten, 200 Schuß 10,5-cm-Granaten und zwölf 50-cm-Torpedos C/08 plus ? 53,3 cm-Torpedos.
Panzerschutz: Keiner.
Leistung
Antriebsanlage: Eine stehende Dreizylinder-Dreifach-Expansionsmaschine, fünf Zylinderkessel, eine Propellerwelle.
Kesseldruck: 13,5 atü.
Bunkerraum für Kohle: 3441 t.
Konstruktionsgeschwindigkeit: 14 kn bei einer Antriebsleistung von 3200 PSi.
Fahrtstrecke: Ca. 8700 sm bei 12 kn.

Der Umbau eines Frachtdampfers in den Hilfskreuzer MÖWE – das Schiff war bei der Kaiserlichen Marine bereits einen Monat zuvor als Hilfsdampfer *HD 10* in Dienst gestellt worden – für Aufgaben als Handelsstörer stellte eine bedeutungsvolle Veränderung der bisherigen Auffassung in der Marine dar. Frühere Versuche einer Überwasser-Handelskriegführung stützten sich ausschließlich auf Kleine Kreuzer oder schnelle, mit wenigen Geschützen bewaffnete Passagierdampfer, um zur Störung der britischen Wirtschaft den Handelsverkehr auf den Schifffahrtsrouten ausreichend zu unterbrechen.

Reguläre Kriegsschiffe verbrauchten jedoch zuviel Brennstoff, um leistungsfähig zu sein, und erforderten eine ständige Versorgung durch eine Flotte von Kohlendampfern. Obwohl EMDEN und KARLSRUHE sehr erfolgreich waren, erwies sich die Wirkung ihrer Kaperfahrten nur von kurzer Dauer. Die beiden Kleinen Kreuzer waren unabhängig voneinander innerhalb einer Woche von den Ozeanen verschwunden, während die Vernichtung der LEIPZIG und der NÜRNBERG einen Monat später in der Seeschlacht bei den Falkland-Inseln das Vorhandensein geeigneter Kriegsschiffe noch weiter verringerte. Als 1915 die DRESDEN zur Strecke gebracht und schließlich auch die KÖNIGSBERG vernichtet worden war, standen der Kaiserlichen Marine im Atlantischen oder im Pazifischen Ozean keine Kleinen Kreuzer mehr zur Verfügung.

Den Versuchen, schnelle Passagierdampfer in der Kreuzerkriegführung zu verwenden, mangelte es in ähnlicher Weise an einer Langzeitwirkung. Einige wurden das Opfer britischer Kriegsschiffe und die restlichen waren bis zum Sommer 1915 sämtlich interniert worden. Admiral von Pohl, bis zum Februar 1915 Chef des Admiralstabes und anschließend Chef der Hochseestreitkräfte, wollte schon Anfang 1915 den uneingeschränkten Handelskrieg mit U-Booten, das heißt die warnungslose Versenkung von Handelsschiffen, beginnen. Doch zum einen wurde der am 18. Februar 1915 begonnene U-Bootkrieg nach der Versenkung von Passagierschiffen, begleitet von scharfen Protesten der amerikanischen Regierung, schon bald wieder drastisch eingeschränkt und zum anderen standen dafür lediglich 30 Frontboote zur Verfügung. Bis die U-Bootwaffe über eine ausreichende Anzahl von Frontbooten verfügte, mußte folglich auch nach anderen Möglichkeiten gesucht werden, den britischen Handelsverkehr zu unterbrechen.

Die Antwort stand in einer Denkschrift, am 15. August 1915 von einem jungen Offizier der Hochseeflotte, ObltzS.d.R. Theodor Wolff, verfaßt. Er befürwortete den Einsatz gewöhnlicher Dampfer, unauffällig aussehender Frachter, die zu Hilfskreuzern umgerüstet werden sollten, insbesondere mit zusätzlichem Kohlevorrat versehen, um ihnen den erforderlichen Fahrbereich zu geben. Vorausgesetzt, sie verfügten über eine ausreichende Geschwindigkeit, um einen durchschnittlichen britischen Trampdampfer einzuholen, und wären bereit, Erfolge eher durch Täuschung als durch Waffengewalt zu erzielen, dann würden sie auch erfolgreich sein. Deutsche Handelsschiffe der erforderlichen Art wären verhältnismäßig viele vorhanden, so daß die benötigte Anzahl entbehrt werden könnte.

In seiner neuen Stellung als Chef der Hochseestreitkräfte empfahl Admiral v. Pohl dem Admiralstab, dieses neue Konzept der Kreuzerkriegführung durch zu Hilfskreuzern umgebauten Handelsschiffen aufzugreifen.[118] Zum Kommandanten des ersten derartigen Hilfskreuzers wurde der 36jährige Korvettenkapitän Nikolaus Burggraf und Graf zu Dohna-Schlodien ausgewählt, bisher Navigationsoffizier auf dem Linienschiff POSEN. Der weltgewandte, ruhig wirkende und tapfere KKpt. Graf zu Dohna-Schlodien (Crew 96) hatte bereits eine längere, wenn auch nicht besonders herausragende Karriere in der Kaiserlichen Marine hinter sich. Es stimmt, daß seine Familie Freunde am Hofe des Kaisers hatte, doch die Übertragung dieses Kommandos verdankte er eher seinem ausgeglichenen Charakter. FKpt. Karl v. Müller, der Kommandant der EMDEN, hatte das Vorbild für einen idealen Handelsstörer-Kommandanten abgegeben; Graf zu Dohna-Schlodien, obwohl viel zugänglicher als Karl v. Müller, war von ähnlichem Wesen.

Offenbar sah der ursprüngliche Plan ein kurzzeitiges Unternehmen vor, um vor dem Pentland Firth, Lough Swilly und der Bantry Bay Minen zu legen – die Einzelheiten der Ausführung blieben dem Ermessen des Kommandanten überlassen –, und danach hätte auf einem südlichen Kurs der Golf von Biskaya angesteuert werden sollen, um die Mündung der Gironde zu bedrohen. Prisen hätten aufgebracht werden können, wann immer sich dies ergeben hätte; aber KKpt. Graf zu Dohna-Schlodien argumentierte für ein aktiveres Handeln und trat für ein Vorgehen als Handelsstörer ein, sobald die Minen gelegt worden wären. Seine Argumente waren durchaus zugkräftig, um den deutschen Admiralstab von ihren Vorzügen zu überzeugen. Die Zerstörung des Etappensystems bedeutete jedoch, daß die beständige Versorgung mit Kohlen, wie sie den Handelsstörern 1914 zur Verfügung stand, nicht mehr existierte. KKpt. Graf zu Dohna-Schlodien und seine Besatzung wären in dieser Hinsicht auf sich selbst angewiesen und deshalb müßte auf ihrem Schiff soviel Bunkerraum für Kohle wie nur möglich vorgesehen und genutzt werden.

Die PUNGO, ein für seine Zeit typischer Frachter mit Kühlräumen, war nur wenige Monate vor Kriegsausbruch für die Reederei F. Laeisz in Hamburg fertiggestellt worden. Sie hätte Bananen von Togo oder anderen deutschen Kolonien ins Mutterland befördern sollen und war etwas schneller als die gewöhnlichen Trampdampfer mit nur einem Schornstein und mit nur einer Propellerwelle. Sein nichtssagendes äußeres Erscheinungsbild ließ dieses Schiff für die Zwecke der Marine geradezu prädestiniert erscheinen. Zwischen Brücke und Back wurde eine Schanzverkleidung eingezogen, um Geschütze und Torpedorohre zu verbergen. Darüber hinaus wurde ausreichend Material mitgeführt, um eine Schornsteinattrappe aufzurichten, die Aufbauten zu verlängern oder die Heckform zu verändern. Mit Hilfe der mitgeführten Farben konnten auch die Anstriche des Schornsteins und der Aufbauten verändert werden, und die einziehbaren Maststengen ließen sich nach Belieben angleichen. Aus etwas größerer Entfernung betrachtet, wirkten diese Veränderungen durchaus überzeugend; denn mit wenigen einfachen Veränderungen konnte der Gesamteindruck eines Schiffes völlig umgestaltet werden.

Die Erfahrungen der EMDEN, der KARLSRUHE und anderer Handelsstörer hatten gezeigt, daß das 10,5-cm-Geschütz – C/88 L/40 oder C/97 L/45, obwohl es zuverlässig war und genau schoß – nicht genügend Wirkung hatte, um ein Handelsschiff zu versenken, ohne eine größere Anzahl von Granaten aufzuwenden. Im Gefecht gegen ein Kriegsschiff war dieses Geschütz sogar noch weniger brauchbar. Infolgedessen erhielt die PUNGO, inzwischen in MÖWE umbenannt, 15-cm-Geschütze, die von einem desarmierten Linienschiff der WITTELSBACH-Klasse stammten.

Zwei der 15-cm-Geschütze wurden unter der Back eingebaut – ihre Schießscharten verkleideten abklappbare Blenden –, während das zweite Paar 15-cm-Geschütze beiderseits der vorderen Ladeluke hinter dem Deckabsatz der Back standen. Die beiden einzelnen 50-cm-Torpedorohre führte die MÖWE hinter dem Fockmast an Steuerbord und an Backbord an Deck. Die beiden zusätzlichen 53,3-cm-Torpedorohre befanden sich ziemlich beiderseits des Großmastes achtern und das einzelne 10,5-cm-Geschütz stand auf der Poop, als Handruderanlage getarnt. Auf diese Weise konnte es der ehemalige Bananendampfer an artilleristischer Überlegenheit mit manchem zweckgebauten Kriegsschiff aufnehmen.

Oben: Nikolaus Burggraf und Graf zu Dohna-Schlodien, Kommandant S.M.S. MÖWE; ein Foto von Kloppmann, 1916 von NS (Nr. 70125) veröffentlicht. (Sammlung des Verfassers.)

Unten: Der ehemalige Hilfskreuzer MÖWE, aufgenommen in den 1920er Jahren in seinem Nachkriegsaussehen als GREENBRIER der Reederei Elder, Dempster & Company. (Laurence Dunn.)

Die erste Feindfahrt

Gesichert durch *U 68* lief der Hilfskreuzer MÖWE am 29. Dezember 1915 aus Kiel aus, um westlich des Pentland Firth zwischen den Orkney-Inseln und Schottland Minen zu legen, ehe er zu seiner Kaperfahrt antrat. Dicht unter der norwegischen Küste laufend und durch schlechtes Wetter begünstigt, wich KKpt. Graf zu Dohna-Schlodien ohne Schwierigkeiten den britischen Blockadepatrouillen aus. In der Nacht vom 1./2. Januar 1916 legte die MÖWE ihre Minen ostwärts von Kap Wrath, der Nordwestspitze Schottlands. Die Strahlen der Leuchtfeuer von Sule Skerry und Kap Wrath, über viele Seemeilen sichtbar, trugen dazu bei, die genaue Position zu bestimmen. Bis 23.30 Uhr am Neujahrstag hatte der Hilfskreuzer trotz des zu Sturmstärke auffrischenden Windes 252 Minen in elf Reihen gelegt und damit die westlichen Zugänge zum Pentland Firth unpassierbar gemacht. Anschließend lief der Hilfskreuzer ab. Seine Besatzung war erleichtert darüber, den Großteil dieser tödlichen Fracht losgeworden zu sein.

Bereits am 6. Januar 1916 forderte diese Minensperre um 07.00 Uhr ihr erstes Opfer, als das alte Schlachtschiff KING EDWARD VII. auf der Position 58°43'N 4°4'W einen Minentreffer erhielt und schließlich in der schweren See unterging. Am nächsten Tag sank noch ein norwegisches Handelsschiff. Das Vorhandensein dieser Minen zwang die britische Admiralität, ihre Kriegsschiffe ein beträchtliches Stück nördlich um die Orkney-Inseln passieren zu lassen. Da dieses Seegebiet nur teilweise geräumt werden konnte, vermieden es größere Kriegsschiffe für den Rest des Krieges. Die erwünschte Unterbrechung des Schiffsverkehrs war erreicht worden.

Nach dem Legen der Minen vor der schottischen Küste hatte die MÖWE in einem weiten Bogen westlich um Irland herum ausgeholt, war dann auf einen Südostkurs gegangen und in den Golf von Biskaya eingelaufen. Dort legte der Hilfskreuzer die restlichen 238 Minen auf der Höhe von La Rochelle zwischen der Mündung der Gironde und der Insel Yeu. Obwohl das Vorhandensein der in der Nacht vom 9./10. Januar 1916 gelegten Minen schon am nächsten Tag entdeckt wurde, sank am 13. Januar auf dieser Sperre 40 sm westlich von La Rochelle der nach La Pallice bestimmte und von Huelva unterwegs befindliche spanische Dampfer BAYO. Ihm folgte am 15. Januar der spanische Frachter BELGICA auf dem Wege von Bordeaux nach Port Glasgow.

KKpt. Graf zu Dohna-Schlodien war bestrebt, seine Tätigkeit als Handelsstörer sobald wie möglich in Angriff zu nehmen, um zusätzlich zur Unterbrechung des Schiffsverkehrs, den seine Minen – dessen war er sich sicher – verursacht hatten, weitere Verwirrung hinzuzufügen. Er entschloß sich jedoch, an ein paar Grundregeln festzuhalten. Schiffe mit zwei Schornsteinen sollten unbeachtet bleiben; denn bei ihnen handelte es sich im allgemeinen um Passagierschiffe, die mehr Probleme schufen, als sie lösten, und die sich häufig schneller als ein umgebauter Bananendampfer erwiesen. Ferner wollte er auch Schiffe vermeiden, deren Schornsteine einen hellen Anstrich trugen, es sei denn, es handelte sich eindeutig um britische. Schiffe mit einem hellfarbenen Anstrich der Schornsteine bedeuteten häufig ein neutrales Schiff. Am ehesten erwünscht würde ein Schiff sein, das einen einzigen Schornstein hatte, entweder mit einem durchweg schwarzen Anstrich oder mit einfachen Markierungen, und das verhältnismäßig langsam war. Schiffe dieser Art standen stets in britischem Eigentum.

Am 11. Januar 1916 sichteten die Ausgucks der MÖWE um 10.00 Uhr an Steuerbord voraus eine Rauchfahne 150 sm westlich von Kap Finisterre. Als ein Schiff der britischen Ellerman-Line getarnt, ging die MÖWE sofort mit der Fahrt herauf und setzte zur Verfolgung an. Doch erst gegen 16.00 Uhr begann der deutsche Hilfskreuzer, zu seiner beabsichtigten Beute aufzuschließen. Plötzlich sichteten die Ausgucks des Hilfskreuzers eine zweite Rauchfahne an Backbord. Da zu diesem Schiff die Entfernung geringer als zu dem bisher verfolgten war, verringerte der deutsche Hilfskreuzerkommandant die Geschwindigkeit, drehte auf den Neuankömmling zu und setzte ein Flaggensignal mit der Frage nach Namen und Herkunft.

Durch das nichtssagende äußere Erscheinungsbild der MÖWE getäuscht, gab der 3146 BRT große Dampfer FARRINGFORD der britischen Harrogate Steam Ship Co, Ltd., mit einer Ladung Kupfererz auf der Heimreise, zuvorkommend seine Identität bekannt. Daraufhin stieg auf dem deutschen Hilfskreuzer die Kriegsflagge hoch und die MÖWE feuerte dem britischen Schiff einen blinden Schuß vor den Bug. Bis auf 50 m herangehend, forderte KKpt. Graf zu Dohna-Schlodien die Besatzung des 1906 auf der Werft von J.L. Thompson & Sons in Sunderland fertiggestellten Frachters auf, sofort das Schiff zu verlassen. Kapitän Frederick Foley und seine Männer kamen in aller Eile trotz des schweren Seegangs der Aufforderung nach und wurden von dem Handelsstörer sicher an Bord genommen. Mit nur wenigen gutgezielten Schüssen, die die Leistungsfähigkeit des 15-cm-Geschützes erwiesen, wurde die FARRINGFORD rasch versenkt. Das ursprünglich von der MÖWE verfolgte Schiff war inzwischen in einer Regenbö entkommen. Unwissentlich – aber mehr als töricht – hatte Kapitän Barton, der den 3678 BRT großen Trampdampfer CORBRIDGE der Cambridge Steam Ship Co. Ltd. führte, seinen ursprünglichen Kurs beibehalten, bis der Handelsstörer wieder aufs neue die Verfolgung aufnahm und schließlich herankam. Der deutsche Hilfskreuzer setzte dem britischen Dampfer einen Schuß vor den Bug. Doch die Antwort des Frachters bestand darin, daß dicke Rauchwolken aufquollen und sich seine Geschwindigkeit bis aufs äußerste steigerte.

Darüber verärgert, befahl auch KKpt. Graf zu Dohna-Schlodien äußerste Kraft voraus. Sehr bald schon wurde erkennbar, daß die MÖWE etwa zwei Knoten schneller als die CORBRIDGE lief. Das 1910 auf der Werft von R. Thompson & Sons Ltd. in Sunderland fertiggestellte und durch eine Ladung von 4000 ts Dampfkohle benachteiligte Schiff war auf dem Wege von Cardiff nach Brasilien. Als sich die Entfernung ausreichend verringert hatte, feuerte der deutsche Hilfskreuzer einen scharfen Schuß vor den Bug des britischen Schiffes. Als Kapitän Barton endlich das Risiko erkannte, das er einging, drehte er mit seinem Schiff bei.

Das an Bord des Briten gegangene Untersuchungskommando – zwei Subalternoffiziere, vier bewaffnete Seeleute, zwei Mann technisches Personal und ein Signalgast – meldete KKpt. Graf zu Dohna-Schlodien, daß der Frachter walisische Kohle bester Qualität geladen hätte. Daraufhin entschloß sich der Hilfskreuzerkommandant, die CORBRIDGE – statt sie an Ort und Stelle zu versenken – zu einem geeigneten Treffpunkt zu entsenden.

Aufgrund der Erfolge in gehobene Stimmung versetzt, trat der deutsche Hilfskreuzer den Marsch nach Süden an, von den gut überwachten Schiffahrtsrouten zwischen Kap Finisterre und den Islas Canarias, den Kanarischen Inseln, weit nach Westen abgesetzt. Am 13. Januar 1916 näherte sich der MÖWE – seit dem 10. Januar unter der Tarnung des britischen Dampfers SUTTON HALL fahrend, unterwegs von Liverpool nach Buenos Aires – etwa 200 sm westlich von Lissabon ein Dampfer mittlerer Größe mit schwarzem Anstrich. Die 3627 BRT große DROMONBY, der Reederei R. Ropner & Co. gehörend und in West Hartlepool registriert, versuchte zu entkommen, ehe sie durch den üblichen Schuß vor den Bug angehalten wurde. Das Untersuchungskommando stellte fest, daß der 1900 gebaute Frachter eine Kohlenladung an Bord hatte, die für das vor der südamerikanischen Küste operierende Kreuzergeschwader der Royal Navy bestimmt war. Mit großer Genugtuung befahl KKpt. Graf zu Dohna-Schlodien die Versenkung des Kohlendampfers. Die Besatzung wurde von Bord gebracht und nach dem Öffnen der Seeventile sowie dem Zünden der angeschlagenen Sprengpatronen wurde die DROMONBY ihrem nassen Grab übergeben.

Kaum war die Erregung über diesen Erfolg abgeklungen, da sichteten die Ausgucks eine weitere Rauchfahne. Um 15.30 Uhr, nur wenige Seemeilen von der Untergangsstelle der DROMONBY entfernt, brachte der Handelsstörer die der Reederei Charente Steam Ship Co. Ltd. (T. & J. Harrison) in Liverpool gehörende AUTHOR

Oben: Der Dampfer APPAM (7781 BRT), entlassen als Gefangenenschiff nach Newport News/USA. (Laurence Dunn.)

auf. 1905 auf der Glasgower Werft von Charles Connell & Company vom Stapel gelaufen, erfüllte der 3496 BRT große Drei-Insel-Trampdampfer KKpt. Graf zu Dohna-Schlodiens Anforderungen: schwarzer Schiffskörper, einfache weiße Aufbauten und ein schwarzer Schornstein mit einem schmalen roten Band auf einem breiteren weißen. Das Schiff hatte London am 8. Januar 1916 verlassen und war mit einer gemischten Ladung nach Beira, Durban und die Delagoa Bay bestimmt. Kapitän James Arthur, der die AUTHOR führte, hatte das Herankommen der MÖWE bemerkt. Doch da das deutsche Schiff zu diesem Zeitpunkt noch die britische Handelsflagge, das *Red Ensign*, am Flaggenstock führte, hatte er keinen Grund zu unnötiger Besorgnis gesehen.

Erst als der Handelsstörer längsseits kam, stieg die Kaiserliche Kriegsflagge am Mast empor, und als sich seine Geschütze auf die AUTHOR richteten, war die Wahrheit unvermeidlich geworden. »Stoppen Sie sofort. Alle Mann von Bord!«, lautete das an der Signalrah vorgeheißte Flaggensignal der MÖWE. Drei Bootsladungen bewaffneter deutscher Seeleute wurden auf den Harrison-Dampfer übergesetzt. Sie brachten die 58 Mann starke Besatzung und soviel Proviant wie nur möglich von Bord. Gleichzeitig öffnete das Versenkungskommando die Seeventile, brachte die Sprengladungen an und stellte die Zeitzünder ein. Die AUTHOR sank um 17.50 Uhr.

Um 17.25 Uhr kreuzte ein weiteres Schiff zufällig den Weg des deutschen Hilfskreuzers. Der wohlbekannten Verfahrensweise folgend, hielt die MÖWE die 3608 BRT große TRADER der London Traders Shipping Co. Ltd. an, 1906 auf der Werft von Craggs in Middlesborough gebaut und mit einer Rohrzuckerladung aus Westindien nach Liverpool bestimmt. Um 17.40 wurde dieses Schiff durch Öffnen der Seeventile und mit Sprengladungen versenkt.

Am Abend dieses Tages dachte KKpt. Graf zu Dohna-Schlodien an das Glück zurück, das ihm an einem einzigen Tag drei Prisen eingebracht hatte, und dies in einem Seegebiet von nur wenigen Quadratseemeilen. Doch er sann auch über das Schicksal seiner 150 Gefangenen nach. Die Europäer hatte er vorn im Minenraum unterbringen lassen, während sich die Laskaren und die Chinesen im achteren Laderaum befanden.

Am 15. Januar 1916 brachte die MÖWE den 3055 BRT großen britischen Dampfer ARIADNE auf, der eine Weizenladung an Bord hatte. Unter Einsatz von Artillerie und einem Torpedo wurde er in aller Eile 140 sm nordostwärts von Madeira versenkt. Das Schiff war 1904 auf der Werft von W. Gray & Co. Ltd. in West Hartlepool für die Ariadne Steam Shipping Company in London fertiggestellt worden. Danach tauchte ein großes Passagierschiff auf, das auf Nordkurs direkt auf den Handelsstörer zulief. KKpt. Graf zu Dohna-Schlodien befahl dem Rudergänger, die MÖWE quer vor den Bug des Dampfers zu bringen, damit sein Name abgelesen werden konnte; der Blick in das Lloyd's Register lieferte die weiteren Einzelheiten.

Die in Liverpool registrierte APPAM (7781 BRT), 1913 auf der Werft von Harland & Wolff in Belfast gebaut, gehörte der British & American Steam Navigation Company und wurde von Elder, Dempster & Co. Ltd. bereedert.

Wie viele andere britische Schiffe wollte die APPAM nicht beidrehen, als ihr dies befohlen wurde, und sandte über Funk verzweifelt Notrufe aus. Schließlich wurde der Dampfer 135 sm ostwärts von Madeira durch einen Schuß vor den Bug zum Anhalten gezwungen. KKpt. Graf zu Dohna-Schlodien hatte sofort erkannt, daß der Dampfer am Heck ein einzelnes 10,2-cm-Geschütz * führte, erfuhr jedoch später, daß sich der Kapitän vernünftigerweise entschlossen hatte, nicht zu feuern, um das Leben seiner Passagiere vor der dann unvermeidlichen deutschen Erwiderung zu schützen.

Die Funker des deutschen Hilfskreuzers waren sehr darauf bedacht, die über die F.T.-Anlage der APPAM ausgesandten Notrufe zu stören; denn es war bekannt, daß die Royal Navy dieses Seegebiet stark überwachte. Rear-Admiral Sir Archibald Moore, der für die Überwachung des Seegebietes um Madeira und die Kanarischen In-

* Anmerkung des Verfassers: Manchmal wird als Bewaffnung entweder ein 12-Pfünder(7,6-cm-) oder ein 12-cm-Geschütz aufgeführt. Das hier angegebene Kaliber scheint jedoch korrekt zu sein.

seln verantwortliche Flaggoffizier, konnte zusammen mit den Hilfskreuzern CARMANIA und OPHIR die Panzerkreuzer KING ALFRED und ESSEX aufbieten. Außerdem befand sich der Leichte Kreuzer HIGHFLYER zusammen mit dem Hilfskreuzer MARMORA im Seegebiet um die Kapverdischen Inseln auf Patrouillenfahrt.

Mit dem Aufbringen der APPAM, die von ihren Merkmalen her kaum seinen Grundregeln entsprach, hatte KKpt. Graf zu Dohna-Schlodien ein kalkuliertes Risiko auf sich genommen. Aufgrund der hohen Masten, der vorhandenen Funkantennen und des Fehlens der britischen Handelsflagge, des *Red Ensign*, bestand auf der MÖWE der Verdacht, daß es sich bei diesem Dampfer um einen gut bewaffneten britischen Hilfskreuzer handeln könnte.

Sehr bald schon wurde festgestellt, daß der Liner mehr als 150 Passagiere an Bord hatte, darunter den Gouverneur von Sierra Leone und den höchsten Verwaltungsbeamten von Nigeria. An Bord befanden sich auch deutsche Staatsangehörige aus den deutschen Kolonien Togo und Kamerun, die nach England in die Internierung gebracht werden sollten. Die Frachtliste ergab, daß die Fracht neben vielen anderen Dingen aus Gummi und Goldbarren im Werte von £ 50 000 bestand. Doch der größte Vorteil der APPAM für KKpt. Graf zu Dohna-Schlodien war der Umstand, daß sie eine ideale Möglichkeit bot, die 200 auf der MÖWE untergebrachten Gefangenen loszuwerden. Infolgedessen übernahm ein aus zwölf Mann bestehendes, bewaffnetes Prisenkommando unter Führung von LtzS.d.R. Hans Berg, ein 39jähriger Schleswig-Holsteiner, den Passagierdampfer, um sicherzustellen, daß die erwarteten Schwierigkeiten auf ein Mindestmaß beschränkt blieben.

Am 16. Januar 1916 stießen MÖWE und APPAM 120 sm westlich von Madeira auf ein Schiff mit dunklem Anstrich von beträchtlicher Größe. Da die Dunkelheit schon hereingebrochen war, erkundigte sich die MÖWE mit Hilfe der Signallampe nach dem Namen des Schiffes. Der Dampfer morste zurück: »Nennen Sie zuerst Ihren Namen!« Ohne Zögern befahl KKpt. Graf zu Dohna-Schlodien, den Namen AUTHOR zu übermitteln, da er dieses Schiff erst wenige Tage zuvor versenkt hatte und vermutete, daß dies noch nicht bekannt geworden war. In der Dunkelheit glichen sich MÖWE und AUTHOR von der allgemeinen Beschreibung her ausreichend genug, um den Fragesteller hinters Licht zu führen, selbst wenn aus dem Lloyd's Register Einzelheiten der AUTHOR herausgesucht wurden.

Mit der Antwort zufrieden, identifizierte sich das geheimnisvolle Schiff selbst als CLAN MACTAVISH. Auch dieser Dampfer erfüllte die gewünschten Kriterien: ein Schiffskörper mit einfachem schwarzen Anstrich sowie ein schwarzer Schornstein mit zwei roten Bändern, getrennt durch einen schmalen schwarzen Ring. Im Dezember 1912 auf der Werft von Armstrong, Whitworth & Co. Ltd. in Newcastle-upon-Tyne für die Reederei The Clan Line Steamers Ltd. vom Stapel gelaufen, war der 5816 BRT große Frachter von Wellington nach London unterwegs.

Unmittelbar darauf richteten sich die 15-cm-Geschütze der MÖWE auf die CLAN MACTAVISH, während gleichzeitig die Aufforderung zum Stoppen hinübergemorst wurde. Das britische Schiff ließ erkennen, daß es beidrehte, aber die Funker des deutschen Hilfskreuzers waren überzeugt, daß der Dampfer über Funk weiterhin Notrufe aussandte. Daraufhin ließ KKpt. Graf zu Dohna-Schlodien auf die Brücke der CLAN MACTAVISH das Feuer eröffnen. Zu diesem Zeitpunkt betrug die Entfernung zwischen den beiden Schiffen kaum mehr als 300 m. Plötzlich erwiderte der Dampfer mit seinem 6-Pfünder-(4,7-cm)-Heckgeschütz das Feuer.

Das Gefecht währte nur kurz, war aber heftig. Nach nur fünf Minuten signalisierte die CLAN MACTYVISH, daß sie völlig gestoppt hätte, und KKpt. Graf zu Dohna-Schlodien gab sofort den Befehl zur Feuereinstellung. Die Navigationsbrücke und die Aufbauten des britischen Trampdampfers waren schwer beschädigt worden. Es gab unter seiner Besatzung 18 Tote und fünf Verwundete. Der Großteil der Verluste war eingetreten, als eine Granate unter den Laskaren detonierte, die in aller Eile das Schiff verlassen wollten. Obwohl die CLAN MACTAVISH eine Ladung von beträchtlichem Wert beförderte, darunter Leder und Wolle, ließ die Zerstörung seiner Maschinen durch eine deutsche Granate KKpt. Graf zu Dohna-Schlodien kaum eine andere Wahl, als den Dampfer zu versenken, ehe britische Kriegsschiffe auf die über Funk ausgesandten Notrufe hin erschienen. Daher wurde die CLAN MACTAVISH auf der Position 30°40'N 17°10'W so schnell wie möglich versenkt.

Kapitän William Oliver informierte KKpt. Graf zu Dohna-Schlodien, daß seine Befehle gelautet hätten, sein Schiff nach England zu bringen, und daß er es, da sein Schiff mit einem Geschütz ausgerüstet war, als seine Pflicht angesehen hätte, Widerstand zu leisten. Der deutsche Hilfskreuzerkommandant schüttelte seinem Gegner die Hand und fügte anerkennend hinzu, daß er ähnlich gehandelt hätte, wären die Rollen vertauscht gewesen, und sperrte den Schotten und seine Kanoniere für den Rest der Reise auf der MÖWE ein. Sie wurden später in Deutschland interniert.

Die MÖWE hatte sehr großes Glück, ungehindert zu entkommen. KKpt. Graf zu Dohna-Schlodien konnte nicht wissen, daß ein kurzes und teilweise verstümmeltes Notsignal der CLAN MACTA-

Unten: Der Dampfer CLAN MACTAVISH (5816 BRT) versuchte, sich gegen den Handelsstörer zur Wehr zu setzen und erlitt ein tragisches Schicksal. (Laurence Dunn.)

Oben: LtzS.d.R. Hans Berg als Prisenoffizier und das Prisenkommando der APPAM. Eine Postkarte (Nr. 1411), herausgegeben von Paul Hoffmann & Co., Berlin-Schöneberg. (Sammlung des Verfassers.)

VISH von einem Funkgasten an Bord des britischen Kreuzers ESSEX aufgefangen worden war, aber an den diensthabenden Offizier nicht weitergegeben wurde. Dieses ungewöhnliche Versehen gestattete es dem Handelsstörer, ungehindert zu entkommen. Der deutsche Hilfskreuzer setzte seinen Marsch mit Südwestkurs fort. Am 17. Januar 1916 erhielt LtzS.d.R. Hans Berg von KKpt. Graf zu Dohna-Schlodien den Befehl, in einen neutralen amerikanischen Hafen einzulaufen – weit genug entfernt, um die Freilassung der Gefangenen noch ein paar Tage hinauszuzögern, damit das Verschwinden der MÖWE gewährleistet war. Alle Gefangenen wurden auf die APPAM gebracht; ausgenommen 54 britische Gefangene, und zwar Kapitän Oliver, ein Dutzend Heeres- und Marineangehöriger sowie die Geschützbedienungen der CLAN MACTAVISH und der APPAM. Auch etwa hundert Laskaren blieben zur Bemannung zurückgehaltener Kohlendampfer weiterhin auf dem Hilfskreuzer.

Am 16. Februar 1916 lief LtzS.d.R. Berg schließlich mit der APPAM in Newport News bei Norfolk/Virginia ein. Endlich war auch der britischen Admiralität das erneute Vorhandensein eines Handelsstörers bewußt geworden. Doch KKpt. Graf zu Dohna-Schlodien hatte mit seinem Schiff bereits das Operationsgebiet gewechselt. Auf südwestlichen Kursen strebte die MÖWE in den Bereich der Schifffahrtsrouten zwischen Pernambuco und den Kapverdischen Inseln. Bei der Ilha Maracá, etwas nördlich der Amazonas-Mündung vor der brasilianischen Küste gelegen, wartete der aufgebrachte Kohlendampfer CORBRIDGE mit seiner Kohlenladung auf den deutschen Hilfskreuzer.

Am 20. Januar 1916 – immer noch nur 700 sm südwestlich von São Vicente in den Kapverdischen Inseln entfernt – brachte die MÖWE die 1473 BRT große Dreimastbark EDINBURGH auf. Sie gehörte der britischen Reederei J. Stewart & Company in Glasgow und war vom La Plata nach Liverpool unterwegs. Das alte Segelschiff – 1885 auf der Werft von Charles Connell & Company fertiggestellt – hatte wenig Brauchbares für die MÖWE an Bord und so wurde das Schiff an Ort und Stelle mit Sprengladungen versenkt, nachdem seine Besatzung übernommen worden war. In seinen Erinnerungen bedauerte Nikolaus Graf zu Dohna-Schlodien diese Versenkung; die Bark, so schrieb er, war »selbst im Tode noch schön« gewesen.

Am 27. Januar 1916 fand der Handelsstörer die CORBRIDGE und danach schlossen sich drei Tage Kohlenübernahme an. Sobald die Bunker der MÖWE voll waren, wurde der gekaperte britische Dampfer auf die offene See hinausgeschleppt und versenkt. KKpt. Graf zu Dohna-Schlodien nahm mit seinem Schiff sofort wieder Kurs auf den Bereich der Schiffahrtsrouten, aber die Tage vergingen, ohne daß ein Schiff in Sicht kam. Inzwischen vergnügte sich die Besatzung des deutschen Hilfskreuzers damit, ihr Schiff ständig in die verschiedensten Farben umzumalen.

Dann kam für die MÖWE ein reiner Glückstag. Der Hilfskreuzer wurde vom Leichten Kreuzer HMS GLASGOW gesichtet, der sofort zur Verfolgung aufdrehte. Der britische Kreuzer war gut bewaffnet und schnell; KKpt. Graf zu Dohna-Schlodien wußte, daß er in einem Gefecht kaum eine Chance haben würde. Als jedoch die GLASGOW gerade auf Schußweite herankam, brach ein tropischer Regensturm los. Nachdem sich der Himmel wieder aufgeklärt hatte, waren die Schiffe gegenseitig außer Sicht geraten. Auf der Suche nach dem deutschen Hilfskreuzer stieß die GLASGOW auf einen Dampfer. Obwohl das Schiff drei Masten anstatt der zwei hatte, die die MÖWE führte, war die GLASGOW gezwungen, den Dampfer anzuhalten und die Schiffspapiere zu überprüfen; denn es war bekannt, daß die Handelsstörer ihre Tarnungen wechselten. In der Zwischenzeit gelang es KKpt. Graf zu Dohna-Schlodien und seinem glückhaften Schiff zur Freude seiner Besatzung zu entkommen.

Am 4. Februar 1916 wurde der 4322 BRT große belgische Dampfer LUXEMBOURG angehalten. Das Untersuchungskommando meldete, daß das Schiff der Reederei Compagnie Nationale Belge de Transportation Maritime (Armement Adolf Deppe) gehörte und in Antwerpen registriert war. Es war 1908 bei der Flensburger Schiffbau-Gesellschaft gebaut worden und beförderte 5900 ts Dampfkohle bester Qualität nach Buenos Aires, die letzlich für eine in britischer Hand befindliche argentinische Eisenbahngesellschaft bestimmt war. Da die MÖWE gerade erst von der CORBRIDGE Kohle

Kohle. Dieses zufällige Zusammentreffen ermöglichte es FKpt. Graf zu Dohna-Schlodien, Badewitz und die YARROWDALE am nächsten Tag zu entlassen, während die SAINT THEODORE unter Führung von Fähnrich zur See Köhler zu einem vorher vereinbarten Treffpunkt entsandt wurde.

In der klaren Erkenntnis, daß das Aufbringen dieser beiden Schiffe in unmittelbarer Nähe zueinander dazu geeignet war, das Interesse der Royal Navy wachzurufen, setzte sich FKpt. Graf zu Dohna-Schlodien unverzüglich nach Süden ab, bis die MÖWE die Schiffahrtsroute – etwa 500 sm südwestlich von Flores – erreichte, die von Mittelamerika über St. Thomas und die Ilhas dos Açóres nach Großbritannien verlief. Der deutsche Hilfskreuzer brauchte nicht lange auf sein nächstes Opfer zu warten.

Am 18. Dezember 1916 kam ein Handelsschiff in Sicht: ein Drei-Insel-Dampfer mit schwarzem Schiffskörper, weißen Aufbauten und einem überwiegend schwarzen Schornstein. Als das Schiff näher herankam, war zu erkennen, daß der Schornstein ein dünnes rotes Band auf einem breiteren weißen trug. Außerdem führte er die britische Handelsflagge. Der Neuankömmling wurde nach der üblichen kurzen Verfolgung mit einem Schuß vor den Bug angehalten. Das Prisenkommando meldete, daß es sich um die DRAMATIST der Charente Steam Ship Co. Ltd in Liverpool (T. & H. Harrison) handelte. Sie war mit einer Ladung, die unter anderem aus Südfrüchten und Sprengstoff bestand, von St. Lucia nach Großbritannien unterwegs. Auf der Werft von Charles Connell & Co. Ltd. in Glasgow gebaut, besaß der im Januar 1914 in Dienst gekommene Dampfer eine registrierte Tonnage von 5415 BRT mit einer Länge zwischen den Loten von 124,97 m. Seine Geschwindigkeit betrug über 12 kn.

Drei der von FKpt. Graf zu Dohna-Schlodien angehaltenen Schiffe (Fotos von Laurence Dunn):
Oben links: Der belgische Versorgungsdampfer SAMLAND (9748 BRT), der nach der Untersuchung wieder freigegeben wurde.
Mitte links: Der glücklose Dampfer GEORGIC (10077 BRT) der White Star Line, versenkt am 10. Dezember 1916.
Unten links: Der Dampfer FRENCH PRINCE (ex-BULGARIAN PRINCE, 4766 BRT) der Prince Line Ltd., versenkt am 16. Februar 1917.

FKpt. Graf zu Dohna-Schlodien übernahm von der DRAMATIST genügend Südfrüchte, um die Bedürfnisse seiner Besatzung zufriedenzustellen, und ließ danach den Dampfer mit Hilfe der üblichen Kombination aus Sprengpatronen und geöffneten Seeventilen versenken.

Am 23. Dezember traf die MÖWE wie geplant mit der SAINT THEODORE zusammen. Das aufgebrachte Schiff wurde mit Vorräten versorgt und eine Funkanlage sowie zwei alte 5,2-cm-Geschütze L/55 wurden hinübergegeben. Anschließend wurde das Schiff am 28. Dezember 1916 als Hilfskreuzer GEIER (siehe unten Anhang 1) unter dem Kommando von Kptlt. Friedrich Wolf in Dienst gestellt. Noch am selben Tag entsandte FKpt. Graf zu Dohna-Schlodien die GEIER zur Kreuzerkriegsführung. Da der Dampfer jedoch verhältnismäßig langsam war (bei den Erprobungen hatte er lediglich eine Geschwindigkeit von 12,6 kn entwickelt), mußte sich Kptlt. Wolf auf die Verfolgung von Segelschiffen beschränken.

Der Erste Weihnachtsfeiertag 1916 brachte für die Besatzung der französischen Viermastbark NANTES (2679 BRT) der Reederei Société Nouvelle d'Armement ein unheilvolles Geschenk. Die MÖWE brachte das 1900 auf der Werft Ateliers et Chantiers de Normandie in Grand Quevilly gebaute und in der Stadt, deren Namen es trug, registrierte Schiff mit einer Ladung von 3300 t Salpeter auf. Unter Führung von Kapitän Schaeffer befand es sich auf dem Wege von Valparaiso nach London. Da Salpeter ein wichtiger Bestandteil des Schießpulvers ist, war FKpt. Graf zu Dohna-Schlodien mit seiner Prise mehr als zufrieden. Auf die herkömmliche Art und Weise wurde die NANTES an Ort und Stelle unverzüglich versenkt.

Am 31. Dezember 1916 traf ein Funkspruch mit der Nachricht ein, daß der aufgebrachte Dampfer YARROWDALE (später als Hilfskreuzer LEOPARD – siehe unten Anhang 1 – ausgerüstet) sicher in Wilhelmshaven eingelaufen war. Die Besatzung der MÖWE hoffte, daß dies für das neue Jahr ein gutes Omen bedeutete. Am 2. Januar 1917 brachte der deutsche Hilfskreuzer die 3103 BRT große französische Viermastbark ASNIÈRES auf. Das Segelschiff befand sich mit einer Ladung von 4000 t nordamerikanischen Weizens unter Führung von Kapitän Éduard Hogrel auf dem Wege nach Bordeaux. Die der Société Anonyme des Longues Couriers Français gehörende und in Le Havre registrierte Bark war 1902 auf der Werft Forges et Chantiers de la Méditerranée gebaut worden.

Kurze Zeit später, nachdem die ASNIÈRES in der Tiefe des Atlantischen Ozeans verschwunden war, hielt die MÖWE den 3798 BRT großen japanischen Dampfer HUDSON MARU der Tatsuma Kisen Goishi Kaisha an. Anstatt die 1900 bei der Sunderland Ship Building Co. Ltd. gebaute Prise zu versenken, übergab FKpt. Graf zu Dohna-Schlodien das Schiff einer Prisenbesatzung mit der Absicht, die HUDSON MARU zu benutzen, um Gefangene an Land zu setzen, wenn die Zeit dafür gekommen war.

Der 4310 BRT große britische Dampfer RADNORSHIRE der Royal Mail Steam Packet Company, 1913 auf der Werft von Bartram & Sons in Sunderland fertiggestellt, lief dem Handelsstörer am 7. Januar 1917 über den Weg und wurde 110 sm ostwärts von Pernambuco aufgebracht. Die hauptsächlich aus Kaffeebohnen aus Santos bestehende Ladung wurde auf die MÖWE gebracht, ehe das Schiff mit Sprengladungen versenkt wurde.

Am 9. Januar 1917 stoppten FKpt. Graf zu Dohna-Schlodien und seine Männer nordostwärts der Untergangsstelle der RADNORSHIRE den 2890 BRT großen britischen Kohlendampfer MINIEH.

Auf dem deutschen Hilfskreuzer wurde anfänglich nicht erkannt, welches Risiko die MÖWE eingegangen war; denn die alte, abgenutzte MINIEH, 1876 gebaut, gehörte früher der Khedivial Mail Steam Shipping & Graving Dock Co. Ltd. in London und war eines der zehn Schiffe, die von der britischen Admiralität mit der Aufgabe betraut worden waren, den Köder für Handelsstörer zu spielen. Als die Männer des Prisenkommandos an Bord des britischen Schiffes gingen, erfuhren sie, daß es nur zwei Tage zuvor den britischen Leichten Kreuzer AMETHYST mit Kohlen versorgt hatte.

Fkpt. Graf zu Dohna-Schlodien vermutete, daß der Kohlendampfer den britischen Kreuzer verständigt hatte, und daher mußte die MÖWE so schnell wie möglich dieses Seegebiet verlassen. Die AMETHYST war keineswegs der stärkste ihrer Gegner, aber der Kreuzer war wesentlich schneller und würde dem Handelsstörer zweifellos hart zusetzen. Nachdem der Kohlendampfer mit Sprengladungen und ein bis zwei Granaten versenkt worden war, lief der deutsche Hilfskreuzer mit hoher Fahrt in den Mittelatlantik ab.

Am 10. Januar 1917 stieß der Handelsstörer auf den britischen Trampdampfer NETHERBY HALL, der der Ellerman Lines Ltd. in Liverpool gehörte. Dieses 4461 BRT große Schiff, 1905 auf der Werft von Swan, Hunter & Wigham Richardson in Newcastle-upon-Tyne gebaut, wurde etwa 300 sm von Pernambuco entfernt versenkt.

Danach war FKpt. Graf zu Dohna-Schlodien gezwungen, die immer mehr anwachsende Gruppe von Gefangenen – inzwischen mehr als 250 Männer – mit der HUDSON MARU nach Pernambuco zu entlassen, um sie dort an Land zu setzen. Am 17. Januar 1917 traf die MÖWE mit der GEIER (die ehemalige SAINT THEODORE) zur Kohlenübernahme und zum Nachrichtenaustausch zusammen. Kptlt. Wolf hatte wenig zu berichten. Er hatte lediglich einen einzigen kleinen Dreimastschoner aufbringen können: die 215 BRT große JEAN der Reederei J.C. Crosbie in Liverpool auf Neuschottland, 1905 an der kanadischen Atlantikküste gebaut. Das von Kapitän Edward Burke geführte Segelschiff war ostwärts von São Pedro e São Paulo – St. Paul's Rocks – aufgebracht worden.

Die Kohlenübernahme erwies sich als schwierig. Es herrschte eine starke atlantische Dünung und sie wurde rasch wieder aufgegeben, nachdem die GEIER in der Außenhaut der MÖWE mehrere Platten aufgerissen hatte.

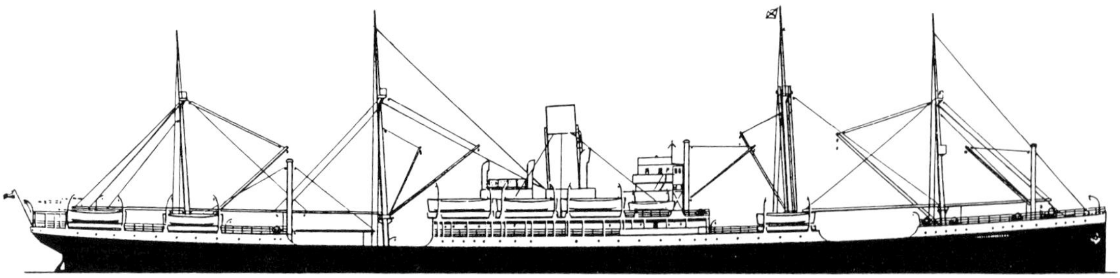

Oben: Die BRECKNOCKSHIRE, gezeichnet von Laurence Dunn nach Werftplänen für sein Buch »Ships of the Past, Belfast Built«.

Am 22. Januar 1917 trennten sich die beiden Schiffe wieder und liefen in entgegengesetzte Richtungen ab. FKpt. zu Dohna-Schlodien wollte sein Glück auf der Seehandelsroute zum Kap der Guten Hoffnung versuchen. Nachdem er jedoch in der ersten Februarwoche kein Opfer gefunden hatte, steuerte er wieder das Seegebiet vor der südamerikanischen Küste an und traf sich vor der Ilha da Trindade erneut mit der GEIER. Auch der Kohlendampfer hatte keinen großen Erfolg vorzuweisen. Nur ein zweites einsames Segelschiff konnte er für sich verbuchen. Da sein Kohlenvorrat zur Neige ging, ließ Graf zu Dohna-Schlodien am 14. Februar 1917 die GEIER versenken.

Ein Seegebiet etwa 500 sm nordostwärts von Kap Frio wählend, von dem er annnahm, daß sich dort keine Kreuzer der Royal Navy aufhielten, versuchte FKpt. Graf zu Dohna-Schlodien erneut sein Glück.

Einen Tag nach der Versenkung der GEIER brachte der deutsche Hilfskreuzer die BRECKNOCKSHIRE auf, einen 8422 BRT großen britischen Dampfer, 1916 auf der Werft von Harland & Wolff in Belfast für die Royal Mail Steam Packet Company fertiggestellt. Das Schiff befand sich mit einer Ladung von 7000 ts Kohle auf seiner Jungfernreise. Es versorgte die MÖWE-Besatzung mit Zeitungen jüngeren Datums und wurde anschließend versenkt. Als nächstes Schiff fiel der MÖWE die FRENCH PRINCE zum Opfer. Der britische Dampfer wurde am 16. Februar 1917 etwa 490 sm ostnordostwärts von Kap Frio auf dem Wege vom La Plata nach Le Havre mit einer aus Corned Beef, Weizen und anderen Nahrungsmitteln bestehenden Ladung aufgebracht. In Newcastle-upon-Tyne registriert, war das 4766 BRT große Schiff 1901 auf der Werft von Sir James Laing & Sons Ltd. in Sunderland gebaut worden. 1912 erwarb diesen Frachter die Prince Line Ltd. Er fuhr bis 1915 als BULGARIAN PRINCE, aber da Bulgarien zu diesem Zeitpunkt an der Seite Deutschlands in den Krieg eintrat, wurde er umbenannt. Wie die zumeist abergläubischen Seeleuten wissen wollen, bringt eine Namensänderung in kurzer Zeit Unglück!

Durch Öffnen der Seeventile und Zünden der angeschlagenen Sprengpatronen wurde die FRENCH PRINCE an Ort und Stelle versenkt. Ein Schicksal, das am selben Tag – dem 16. Februar – auch der 2652 BRT großen EDDIE beschieden war. Von Kapitän Thomas Turnbull geführt, war dieser britische Dampfer der Thomas Turnbull & Son Shipping Co. Ltd. in Whitby registriert. Dort war das Schiff auch 1895 vom Stapel gelaufen. Gerade als die MÖWE zur Verfolgung eines dritten Dampfers ansetzte, erschien plötzlich der britische Hilfskreuzer EDINBURGH CASTLE. FKpt. zu Dohna-Schlodien versuchte, mit seinem Schiff verzweifelt zu entkommen. Der 13 300 BRT große britische Hilfskreuzer, 1910 für die Union-Castle Mail Steamship Co. Ltd. gebaut, hatte Doppelschrauben-Antrieb und konnte seine Geschwindigkeit bis auf 17 kn steigern. Zum Glück für den langsameren deutschen Handelsstörer erleichterte eine Regenbö das Entkommen.

Anschließend ging die MÖWE auf einen östlichen Kurs, um der EDINBURGH CASTLE auszuweichen, und steuerte danach mehrere Tage lang nach Norden, während die Maschinenanlage gewartet und repariert wurde – insbesondere ein Kessel war im Verlaufe der Verfolgungsjagd durch den britischen Hilfskreuzer überbelastet worden. In der klaren Erkenntnis, daß sein Schiff zu einer Grundüberholung in die Werft mußte, entschloß sich FKpt. zu Dohna-Schlodien, ein erneutes Mal den Rückmarsch nach Deutschland anzutreten. Da er hierbei die nördlichen Seehandelsrouten zu passieren hatte, hoffte er, auf dem Heimmarsch weitere Prisen aufbringen zu können.

Das erste Opfer wurde der 2926 BRT große Dampfer KATHERINE, am 23. Februar 1917 auf der Heimreise von Rosario mit einer aus 4500 ts argentinischen Weizen bestehenden Ladung aufgebracht. An einem blauen Schornstein mit einem roten Rand oberhalb eines breiten weißen Bandes kenntlich, war dieser Trampdampfer 1914 von der Seaton Shipping Co. Ltd. an die Chr. Salvesen & Company in Leith verkauft worden. Obwohl sich die Reederei Salvesen in norwegischen Händen befand, führte das Schiff die britische Flagge und war in West Hartlepool registriert – dort war dieser Dampfer auch 1904 auf der Werft von Furness, Withy & Company vom Stapel gelaufen. FKpt. Graf zu Dohna-Schlodien ließ die KATHERINE etwa 200 sm nordostwärts von São Pedro e São Paulo versenken.

Die letzte Februarwoche brachte die MÖWE mit der Überholung ihrer Maschinen und Kessel zu. Um den britischen Blockadepatrouillen auf dem letzten Teil ihres Rückmarsches durch die Nordsee ausweichen zu können, mußte eine volle Antriebsleistung gewährleistet sein. Am 4. März 1917 sichtete der deutsche Hilfskreuzer den 3061 BRT großen britischen Dampfer RHODANTHE der London Marine Steam Ship Co. Ltd. und brachte ihn auf. Er befand sich unter Führung von Kapitän William Maclean mit einer Ladung kubanischen Rohrzuckers auf der Heimreise. 1902 bei W. Gray & Company in West Hartlepool fertiggestellt, hatte die Prise für den Handelsstörer kaum etwas Brauchbares an Bord und wurde 330 sm nordnordwestlich der Kapverdischen Inseln versenkt.

Der Morgen des 5. März 1917 brachte ein norwegisches Segelschiff. Doch FKpt. Graf zu Dohna-Schlodien gab es nach der Untersuchung durch das Prisenkommando frei, da es keine Bannware an Bord hatte. Zu diesem Zeitpunkt waren Prisen eine Seltenheit. Erst am 10. März fand die MÖWE ein weiteres Opfer und versenkte es: die 4491 BRT große britische ESMERALDAS, ein Schwesterschiff der FLAMENCO, die der deutsche Hilfskreuzer auf seiner ersten Feindfahrt aufgebracht hatte. 1906 auf der Werft von Sir James Laing & Sons in Sunderland für die Pacific Steam Navigation Company gebaut, war der in Liverpool registrierte Trampdampfer auf dem Wege nach Baltimore, um Pferde für das britische Heer zu holen.

Kurz nach der Versenkung der ESMERALDAS stieß die MÖWE auf einen großen Dampfer mit einem lederfarbenen gelben Schornstein. Von London in Ballast nach New York unterwegs, handelte es sich um die 9575 BRT große OTAKI, 1908 auf der Werft von William Denny & Bros. in Dumbarton für die New Zealand Shipping Co. Ltd. fertiggestellt. Mit Ausnahme des britischen Zerstörers VELOX war sie das erste Schiff, das eine Abdampfturbine erhalten hatte. Zwischen zwei konventionellen Dreifach-Expansionsmaschinen eingebaut, wirkte sie auf die mittlere Propellerwelle. Die Geschwindigkeit der OTAKI lag jedoch nur bei 14 kn, d. h. sie lief genauso schnell wie die MÖWE.

Als der deutsche Handelsstörer herankam, entschloß sich Kapitän Archibald Bissett-Smith, der die OTAKI führte, zum Ablaufen – in der Hoffnung, dies könnte seinem einzigen 10,2-cm-Heckgeschütz die Gelegenheit zum Gefecht verschaffen.* Zudem drehte das britische Schiff absichtlich den Bug in die See, um durch den Gischt der auf der MÖWE überkommenden Bugseen den deutschen Geschützbedienungen das Zielen zu erschweren.

Zu Anfang betrug die Gefechtsentfernung etwa 3000 m. Die Geschützbedienung der Royal Navy auf der OTAKI erzielte schon bald auf dem deutschen Schiff den ersten Treffer. Ihre erste Granate schlug unterhalb der Brücke ein und detonierte über dem Kesselraum mit einer derartigen Wucht, daß sie fünf Angehörige der Besatzung der MÖWE tötete und zehn weitere verwundete. Eine weitere Granate setzte einen der Kohlenbunker in Brand und eine dritte war ein Nahtreffer, der so dicht vorn am Schiff lag, daß das Wasser durch die von den Splittern aufgerissene Bordwand drang. Sobald sich jedoch die vier 15-cm-Geschütze auf der Back der MÖWE eingeschossen hatten, erhielt die OTAKI Treffer auf Treffer.

Zu diesem Zeitpunkt hatte sich die Gefechtsentfernung auf etwas mehr als eine Seemeile verringert und die deutschen Kanoniere verzeichneten 30 Treffer. Brennend und mit Steuerbordschlagseite kenterte die OTAKI schließlich und sank über das Heck. Der Großteil ihrer Besatzung wurde aus dem Wasser gefischt, aber sechs tapfere Seeleute verloren ihr Leben – darunter auch Kapitän Bissett-Smith, der mit seinem Schiff unterging, nachdem er sichergestellt hatte, daß die Boote mit den Verwundeten sicher weggekommen waren.

*Anmerkung des Verfassers: Dieses Geschütz wird manchmal – offensichtlich falsch – als 12-Pfünder angegeben; dies würde einem Kaliber von 7,6 cm entsprechen.

FKpt. Graf zu Dohna-Schlodien, erleichtert darüber, den tapferen Gegner vernichtet zu haben, wertete das Artilleriegefecht als »genauso tapfer, wie die Seekriegsgeschichte berichten kann«. Die in gleicher Weise beeindruckte britische Admiralität empfahl Kapitän Archibald Bissett-Smith für die posthume Verleihung des Viktoria-Kreuzes und förderte die Möglichkeit der Verleihung, indem er – ebenfalls posthum – zum Offizier der Royal Naval Reserve, d. h. zum Reserveoffizier der Königlichen Marine, ernannt wurde.[121]

Wie dem deutschen Hilfskreuzerkommandanten kurze Zeit nach dem Gefecht gemeldet werden konnte, waren die durch die Treffer verursachten Schäden nicht so schwerwiegend, um die Leistungsfähigkeit der MÖWE zu beeinträchtigen; obwohl der in einem Kohlenbunker ausgebrochene Brand fünf Tage lang schwelte, ehe er schließlich gelöscht werden konnte. Die Lecks in der Wasserlinie wurden – so wirksam wie möglich – zugepropft und auch die Schäden auf der Brücke und darunter wurden ausgebessert. Danach setzte der Hilfskreuzer den Rückmarsch fort.

Am 13. März 1917 stieß die MÖWE etwa 730 sm ostwärts von Kap Race auf den britischen Frachter DEMETERTON. Gemeinsam der Carlton- und der Camboy-Dampfschiffahrts-Gesellschaft gehörend, war der in Newcastle-upon-Tyne registrierte, 6048 BRT große Dampfer Anfang 1914 auf der Werft von Ropner & Sons Ltd. in Stockton-on-Tees fertiggestellt worden. Am Heck der DEMETERTON ein Geschütz ausmachend, befahl FKpt. Graf zu Dohna-Schlodien seinen Geschützbedienungen, sofort das Feuer zu eröffnen, sobald die deutsche Kriegsflagge am Mast emporgestiegen war. Das britische Schiff stoppte unverzüglich, drehte bei und erwartete das Anbordkommen des Prisenkommandos. Sprengpatronen wurden angeschlagen und gezündet, aber die Holzladung erschwerte durch ihren Auftrieb das Sinken der DEMETERTON. Erst nachdem ein paar 15-cm-Granaten in die Wasserlinie gefeuert worden waren, ging das Schiff in die Tiefe.

Der Nachmittag des 14. März 1917 brachte die GOVERNOR, ein weiteres Schiff der Charente Steam Ship Co. Ltd. in Liverpool und – ironischerweise – ein Schwesterschiff der DRAMATIST, die der

Unten: Die Versenkung der OTAKI, ein von der New Zealand Shipping C-o. Ltd. in Auftrag gegebenes Gemälde. (Laurence Dunn.)

Handelsstörer nur drei Monate zuvor aufgebracht hatte. Das Handelsschiff wies eine registrierte Tonnage von 5524 BRT auf, hatte eine Länge zwischen den Loten von 124,97 m und war im Oktober 1915 auf der Werft von D. & W. Henderson & Co. Ltd. in Glasgow fertiggestellt worden. 930 sm westlich von Fastnet Rock angetroffen, entschloß sich Kapitän Packe, dem das Schicksal des Schwesterschiffes der GOVERNOR bekannt war, sein Glück mit dem Heckgeschütz zu versuchen.

FKpt. Graf zu Dohna-Schlodien war nicht gewillt, sich ein zweites Mal erwischen zu lassen, und manövrierte die MÖWE geschickt aus dem Schußbereich. Mit ein paar 15-cm-Schüssen zwang er das Harrison-Schiff zur Übergabe. Im Verlaufe dieses kurzen Gefechtes fanden vier britische Seeleute den Tod, dem der Kapitän der GOVERNOR glücklich entging, als eine Granate des deutschen Hilfskreuzers den neben ihm stehenden Offizier in Stücke riß. Nachdem sich der Rauch verzogen hatte, war zu erkennen, daß ein großer Teil der Navigationsbrücke weggeschossen worden war und daß die Decks des Schiffes ein Trümmerfeld darstellten. Sobald die Besatzung von Bord gebracht und die Seeventile geöffnet worden waren, bereitete dem Schiff ein Torpedotreffer mittschiffs ein schnelles Ende.

Der Handelsstörer war jetzt mit mehr als 800 Gefangenen beängstigend überfüllt und die Vorräte gingen rasch zur Neige. Doch bis zum 18. März 1917 hatte die MÖWE die nördlichen Breiten in der Nähe von Island erreicht und steuerte später südöstliche und südliche Kurse an den Shetland-Inseln vorbei und entlang der norwegischen Küste. Am 22. März 1917 lief FKpt. Graf zu Dohna-Schlodien mit seinen Männern triumphierend in Kiel ein. Die MÖWE hatte ihre zweite Atlantikunternehmung zu Ende geführt.

Im Anschluß daran entschied der deutsche Admiralstab, daß die Verwendung der MÖWE als Hilfskreuzer nicht mehr in Frage kam. Die rasch ansteigenden Erfolge des U-Boothandelskrieges gegen die Schiffahrt der Alliierten unterstrich die Versenkung von 103 Schiffen im März 1917, gefolgt von 155 Schiffen im April. Diese Erfolge wurden auf eine weit weniger kostspielige Weise erzielt als die mageren Ergebnisse der Hilfskreuzer. Unterseeboote konnten in großer Zahl viel leichter gebaut werden und erforderten kleinere Besatzungen. Die Tage der »Piraten des Kaisers« neigten sich rasch ihrem Ende zu.

Es bestand kein Zweifel darüber, daß FKpt. Graf zu Dohna-Schlodien und seine Männer ihre Aufgabe mit Können und Entschlossenheit mustergültig durchgeführt hatten. Sie überstanden unversehrt zwei lange Feindfahrten – dies allein war schon eine beispiellose Tat –, jedoch nur erreicht auf Kosten einer hohen geistigen Anspannung. Diese zeigte sich besonders gegen Ende der zweiten Atlantikunternehmung, als ein artilleristisch hoffnungslos unterlegener britischer Dampfer unerwartet kühnen Widerstand leistete und mehrere Angehörige der Besatzung des deutschen Hilfskreuzers getötet wurden. Die eingetretenen Verluste betonten lediglich die Verwundbarkeit umgebauter Handelsschiffe gegenüber einem gegnerischen Beschuß auf nachdrückliche Weise.

FKpt. Nikolaus Graf zu Dohna-Schlodien hat jedoch auch sehr ehrenhaft gehandelt und versucht, die Regeln der Prisenordnung einzuhalten, soweit dies sein Auftrag zur Kreuzerkriegsführung erlaubte. Obwohl er den Alliierten etwa 40 Schiffe wegnahm, beliefen sich die Gesamtverluste auf nur fünf Tote an Bord der MÖWE und weniger als 30 an Bord seiner Opfer, sämtlich im Gefecht gefallen. Wenn auch der allgemeine Verlauf des Krieges seit der legendären Kaperfahrt der EMDEN im Jahre 1914 – damals wurde der ritterliche Fkpt. Karl v. Müller von seinen Gefangenen fast genauso respektiert wie von seiner eigenen Besatzung – eine Achtung vor der Ehrenhaftigkeit des Handelns nicht mehr kannte, so verdient FKpt. Graf zu Dohna-Schlodien ein ähnliches Maß an Respekt.

* * *

Anschließend fand die MÖWE als Hilfsschiff und Hilfsstreuminendampfer unter der Tarnung als »Sperrbrecher 10« in der Ostsee bis zum Kriegsende Verwendung. Ihr Nachkriegswerdegang war in gleicher Weise faszinierend. Am 8. Mai 1920 an Großbritannien als Kriegsbeute ausgeliefert, wurde das Schiff grundüberholt und kam als GREENBRIER der Reederei Elders & Fyffes Co. Ltd. in London in Fahrt.

1933 verkaufte diese Reederei das Schiff an die Deutsche Seeverkehrs-A.G. ›Midgard‹ (›Union‹-Handels- und Schiffahrts GmbH) in Nordenham. Von da an führte es den Namen OLDENBURG und erhielt den charakteristischen weißen Schornstein mit einer blauen Schlange zwischen zwei schmalen blauen Doppelbändern. Am 7. April 1945 wurde die OLDENBURG durch einen alliierten Luftangriff bei Vadheim im norwegischen Sognefjord auf der Position 61°12'N 5°50'O versenkt. 1953 wurde das Wrack abgebrochen.

NÜRNBERG

1. August 1914–8. Dezember 1914: keine Erfolge
Ein konventioneller Kleiner Kreuzer, in der Seeschlacht bei den Falkland-Inseln von der Royal Navy versenkt.

Bau und Indienststellung
Typ: Kleiner Kreuzer.
Bewilligung: 1904 als »Ersatz Blitz«.
Bauwerft: Kaiserliche Werft, Kiel (Bau-Nr. 32).
Kiellegung: 16. Januar 1906.
Stapellauf: 28. August 1906.
Indienststellung: 10. April 1908.
Besatzungsstärke: 14 Offiziere und 308 Mannschaften.
Abmessungen
Konstruktionsverdrängung: 3469 t.
Einsatzverdrängung: 3902 t.
Länge über alles: 117,4 m.
Länge in der CWL: 116,8 m.
Breite: 13,3 m.
Tiefgang bei Einsatzverdrängung: 5,24 m.
Bewaffnung
Artillerie: Zehn 10,5 cm S.K. C/88 L/40 als Hauptbewaffnung, acht 5,2 cm S.K. L/55.
Maximale Reichweite der Hauptbewaffnung: 12 200 m.
Torpedorohre: Je ein seitliches Unterwasser-Torpedorohr an Bachbord und an Steuerbord (Kaliber 45 cm).
Infanteriewaffen: Handfeuerwaffen.
Munitionsdotierung: 1470 Schuß 10,5-cm-Sprenggranaten, 30 Schuß 10,5-cm-Schrapnellgranaten, 4000 Schuß 5,2-cm-Granaten, fünf 45-cm-Torpedos C/03.
Panzerschutz: Deck: 20–30 mm, in der Böschung 45–80 mm; Kommandoturm: 20 mm, in der Böschung 100 mm; Geschützschilde: 50 mm.
Leistung
Antriebsanlage: Zwei stehende Dreizylinder-Dreifach-Expansionsmaschinen, 11 Marine-Kessel, zwei Propellerwellen.
Kesseldruck: 16 atü.
Bunkerraum für Kohle: 400 t Konstruktionsvorrat, 880 t maximaler Vorrat.
Höchstgeschwindigkeit bei Meilenfahrt: 23,4 kn bei einer Antriebsleistung von 13 154 PSi.
Konstruktionsgeschwindigkeit: 23 kn bei einer Antriebsleistung von 13 200 PSi.
Fahrstrecke: 4120 sm bei 12 kn.

Die NÜRNBERG war der typische deutsche Kleine Kreuzer mit drei Schornsteinen; er unterschied sich von der ansonsten baugleichen KÖNIGSBERG (siehe oben) nur durch die charakteristische Lücke zwischen dem zweiten und dem dritten Schornstein (wie auch STUTTGART und STETTIN) und führte – zumindest anfänglich – anstelle der 3,7-cm-Maschinenkanonen eine Sekundärbewaffnung aus acht 5,2-cm-Geschützen.

Im Sommer 1914 lief die NÜRNBERG unter dem Kommando des erfahrenen Fregattenkapitän (später Kapitän zur See) Karl v. Schönberg zahlreiche Häfen an der Westküste Mexikos an, um deutsches Eigentum vor den Plünderungen mexikanischer Revolutionäre zu schützen. Die Nachricht von der Ermordung des Erzherzog Franz Ferdinand in Sarajewo erreichte FKpt. v. Schönberg am 29. Juni 1914. Er sandte sofort eine entsprechende Nachricht an VAdm. Graf v. Spee, bestimmt für sein Flaggschiff, die SCHARNHORST, die sich mit ihrem Schwesterschiff GNEISENAU in den Marianen treffen wollte.

NÜRNBERG sollte zur Wartung ihrer Kessel und Maschinen nach Tsingtau zurückkehren, nachdem sie von der LEIPZIG vor der mexikanischen Küste abgelöst worden war. Die beiden Kleinen Kreuzer trafen am 7. Juli 1914 im Hafen von Mazatlán zusammen; FKpt. v. Schönberg war mit seinem Schiff von einem kurzen Abstecher nach Panama zurückgekommen, bereit zur Kohlenübernahme vor der Durchquerung des Pazifik. Er hatte den alten britischen Kohlendampfer CITRIANA gechartert, aber die Qualität der Kohle war nicht berühmt. Da jedoch der Status der vom Etappensystem angelegten Kohlenvorräte auf dem mexikanischen Festland zweifelhaft war, mußte die schlechte Pocahontas-Kohle für den Notfall genügen. Die politische Lage war so verwirrend, daß weder FKpt. V. Schönberg noch FKpt. Haun von der LEIPZIG in der Lage waren, den Fortgang der Spannungen in Europa einzuschätzen.

Nachdem die Gespräche zwischen den beiden Kommandanten

Unten: Backbordansicht des Kleinen Kreuzers S.M.S. NÜRNBERG. Beachte die Lücke zwischen dem zweiten und dritten Schornstein. Eine Postkarte aus einer Serie (Nr. 105 R 3), herausgegeben 1915 von Gebr. Lempe, Kiel. (Sammlung des Verfassers.)

ihren Abschluß gefunden hatten, kohlten beide Kreuzer aus der CITRIANA. Am 8. Juli 1914 lief die NÜRNBERG zur Kesselüberholung nach San Francisco aus, mußte aber unterwegs ihren Kurs ändern und zunächst Honolulu anlaufen. Dort traf der Kleine Kreuzer Mitte Juli 1914 ein. FKpt. v. Schönberg ging sofort an Land, um Funksprüche mit Befehlen des Admiralstabes in Berlin abzuholen, die über die Fa. Hackfeld & Co. übermittelt worden waren. Aus ihnen erfuhr er, daß er zum Kapitän zur See befördert worden war, aber auch, daß die NÜRNBERG sofort zu bunkern – aller Urlaub war aufgehoben – und so rasch wie möglich nach Ponape auszulaufen hätte, um dort zum Kreuzergeschwader zu stoßen.

Bis zum 4. August 1914 befand sich das Deutsche Reich im Kriegszustand mit Frankreich, Rußland und Großbritannien. Die Beherrschung der See hatte äußerste Bedeutung erlangt. VAdm. Graf v. Spee hatte sein Geschwader vor Ponape versammelt und wartete nur noch auf das Eintreffen der EMDEN aus Tsingtau und der NÜRNBERG aus Honolulu, um vollzählig zu sein. KptzS. v. Schönberg traf mit seinem Kreuzer am 6. August ein und erfuhr, daß er sein Schiff sofort gefechtsbereit und seeklar zu machen hätte, um am Abend wieder auszulaufen. Noch am selben Tag verließ das Geschwader Ponape. Die noch nicht eingetroffene EMDEN erhielt Befehl, nach Pagan, einer Insel in den Marianen, zu gehen, um dort in der zweiten Augustwoche zum Geschwader zu stoßen.

Am 12. August 1914 ankerte das aus den Panzerkreuzern SCHARNHORST und GNEISENAU sowie der NÜRNBERG und den Begleitschiffen bestehende Geschwader auf der Reede von Pangan. Kurze Zeit später erschien auch FKpt. v. Müller mit der EMDEN. Bereits am nächsten Tag verließ das Geschwader nach einer Kommandantensitzung diesen Ankerplatz und marschierte mit Ausnahme der EMDEN zum Atoll Eniwetok in den Marshall-Inseln weiter (damals deutsches Hoheitsgebiet). Unmittelbar nach dem Eintreffen am 19. August begann eine erneute Kohlenübernahme. Am 22. August 1914 um 06.00 Uhr lief das Geschwader wieder aus. VAdm. Graf v. Spee, bestrebt, Nachrichten einzuholen, entsandte die NÜRNBERG mit Briefen und Depeschen nach Honolulu. Die Briten hatten bereits die wichtige deutsche Funkstation auf der Insel Yap zerstört und die Verbindung mit dem deutschen Konsulat in San Francisco, über das die Depeschen nach Berlin weitergegeben wurden, erwies sich als zunehmend schwieriger.

In der Abenddämmerung des 1. September 1914, einem Dienstag, lief KptzS. v. Schönberg mit der NÜRNBERG in Pearl Harbor ein, dem Hafen von Honolulu. Das Anfordern von Kohle komplizierte sich durch die feindselige Haltung des Hafenkommandanten, eines Admirals der US-Marine, und durch den Kriegszustand, der zwischen dem Deutschen Reich und der aus Großbritannien, Frankreich und Rußland bestehenden Koalition existierte. Schiffe kriegführender Mächte konnten zur Brennstoffergänzung in einen neutralen Hafen erst dann wieder einlaufen, wenn seit der letzten Kohlenübernahme mindestens drei Monate verstrichen waren. Als die NÜRNBERG im Juni 1914 Honolulu besuchte, hatte es jedoch noch keinen Kriegszustand gegeben, und so erhielt KptzS. v. Schönberg schließlich die Erlaubnis, 700 ts Kohle einer guten Qualität zu bunkern.

Da die Kohlenübernahme rasch vor sich gehen mußte, waren an Bord der NÜRNBERG zur Unterstützung 60 Reservisten der Marine, die sich aus auf Hawaii lebenden Deutschen und Besatzungsangehörigen des internierten Passagierdampfers POMMERN des Norddeutschen Lloyd zusammensetzten, hoch willkommen. In der Morgendämmerung des 2. September lief die NÜRNBERG wieder aus Pearl Harbor aus, wich erfolgreich dem japanischen Schlachtkreuzer KONGO aus und nahm Kurs auf die Christmas-Insel (heute Kiritimati im Pazifikstaat Kiribati) und den in der Nähe der Insel Palmyra vorgesehenen Treffpunkt.

Dort stieß KptzS. v. Schönberg am 6. September 1914 zu VAdm. Graf v. Spee und den Schiffen des Kreuzergeschwaders; lediglich die ebenfalls detachierte LEIPZIG fehlte. Von der Abgabe von Proviant, Zeitungen und Nachrichten begleitet, erstattete der Kommandant dem Geschwaderchef mündlich Bericht an Bord der SCHARNHORST und erhielt anschließend den Befehl, das australisch-kanadische Kabel zu unterbrechen und die Kabelstation auf der britischen Insel Fanning zu zerstören. VAdm. Graf v. Spee war sich der mißlichen Lage durchaus bewußt, die durch die Zerstörung der Funkstation auf Yap für die deutsche Seite entstanden war, und war daher entschlossen, eine entsprechende Vergeltung zu üben. Zusammen mit dem Begleitschiff TITANIA, das mit einem Kabelschneidegerät ausgerüstet war, trennte sich die NÜRNBERG noch am selben Tag – 6. September – um 17.00 Uhr vom Geschwader, das zur südostwärts gelegenen britischen Christmas-Insel weitermarschierte.

Die Annäherung eines Kriegsschiffes in den Morgenstunden des 7. September 1914 wurde auf der Insel Fanning bemerkt, aber ihm wurde kaum Aufmerksamkeit geschenkt. Gelegentlich hatten die Insel britische, amerikanische und japanische Kriegsschiffe angelaufen, darunter auch Kreuzer mit drei Schornsteinen. Niemand bemerkte die besonders charakteristische Lücke zwischen dem zweiten und dem dritten Schornstein des Neuankömmlings und nur ein paar Leute konnten so.etwas wie Begeisterung aufbringen, als das Kriegsschiff auf dem Whaler Anchorage, dem Ankerplatz der Walfänger, beidrehte und ein Boot zu Wasser ließ. Das deutsche Landungskommando ging an Land und stand nur einem kleinen Empfangskomitee gegenüber. Eines der 8-mm-Maxim-Maschinengewehre der NÜRNBERG wurde von den Seeleuten über den Bootsrand gehoben und augenblicklich auf seinem Dreibeingestell an der Brandungskante in Stellung gebracht. Die an Land gesprungenen Matrosen richteten ihre Gewehre auf die erstaunte Menschenansammlung. Der das Kommando führende Offizier forderte mit der Pistole in der Hand zur Übergabe auf und die Briten hoben verblüfft die Hände.

Eine Durchsuchung ergab, daß die Gefangenen nicht bewaffnet waren, und so wurden sie von den deutschen Matrosen den Strand hinauf zur Kabelstation getrieben. Der Flaggenmast wurde umgelegt und in Stücke zertrennt, die Übermittlungsapparate wurden mit den Gewehrkolben zerschmettert und die zur Erzeugung der erforderlichen elektrischen Energie dienenden Akkumulatoren zerschlagen. Schließlich wurden noch die Gebäude mit Sprengladungen zerstört. Eine Gruppe von Seeleuten zerschnitt das Transpazifik-Kabel dort, wo es aus der Brandung auftauchte. Zufrieden, ihre Aufgabe erledigt zu haben, kehrten die deutschen Seeleute auf ihr Schiff zurück. Gleichzeitig hatte die TITANIA das Unterwasserkabel an drei Stellen geschnitten. Die NÜRNBERG und ihr Begleitschiff liefen danach auf einem irreführenden westlichen Kurs ab und gingen erst außer Sichtweite der Insel auf einen südöstlichen Kurs, um bei der Christmas-Insel zu VAdm. Graf v. Spee zu stoßen.[122]

Die beiden Schiffe trafen am 8. September gegen 15.00 Uhr beim Geschwader auf der Reede dieser Insel ein. Auf der sich anschließenden Kommandantensitzung erhielt KptzS. v. Schönberg den Befehl, mit der NÜRNBERG noch eine Woche bei der Christmas-Insel zu bleiben und dann die Troßschiffe nach den Marquesas-Inseln zu führen, während die Panzerkreuzer das von den Briten besetzte Apia auf Deutsch-Samoa und im Anschluß daran den Regierungssitz Papeete auf Tahiti in den französisch verwalteten Gesellschafts-Inseln – den Isles de la Société – angriffen.

Bei den Marquesas-Inseln wieder vereinigt, setzten SCHARNHORST, GNEISENAU und NÜRNBERG sowie die Troßschiffe ihren Weitermarsch durch den Pazifik zur Osterinsel fort, wo sie am 12. Oktober 1914 eintrafen. Dort stießen auch die Kleinen Kreuzer LEIPZIG und DRESDEN (siehe oben) zum Kreuzergeschwader. VAdm. Graf v. Spee blieb sieben Tage lang vor der Osterinsel, die Neutralität dieser chilenischen Insel ungestraft mißachtend. Bei der Kohlenübernahme am 14. Oktober von dem Begleitschiff BADEN brachen infolge einer schweren Dünung die Leinen und der achteraus sackende Kohlendampfer verbog zwei Flügel des Backbordpropellers der NÜRNBERG ziemlich stark. KptzS. v. Schönberg brachte sein Schiff auf flacheres Wasser und krängte es durch Fluten bestimmter Abteilungen um etwa 15°, bis das Reparaturpersonal bei

Oben: Ein Foto der NÜRNBERG, unmittelbar nach der Schlacht von Coronel aufgenommen. Achteraus ihrer Schornsteine sind über dem Achterschiff die vier Masten des Troßschiffes BADEN auszumachen, während im Hintergrund SCHARNHORST oder GNEISENAU zu erkennen ist. (IWM, Negativ-Nr. Q 80704.)

Niedrigwasser an den Propeller herankam.[123] Die restlichen Schiffe des Geschwaders benutzten die erzwungene Untätigkeit zur Kohlen- und Proviantübernahme, zum Landgang und zur Erholung.

Am 18. Oktober 1914 setzte das Kreuzergeschwader den Weitermarsch zu den Juan-Fernández-Inseln vor der Küste Chiles fort. Dort ankerte es in den frühen Morgenstunden des 26. Oktober 1914 unter der Nordwestküste der Insel Más a Fuera. Zu diesem Zeitpunkt versammelte Rear-Admiral Sir Christopher Cradock sein Geschwader der Royal Navy nur ein paar hundert Seemeilen entfernt im Norden. Am 29. Oktober entsandte Rear-Admiral Cradock den Leichten Kreuzer GLASGOW in den Hafen von Coronel. Als das Kriegsschiff mit südlichem Kurs auf der Höhe von Valparaiso stand, empfingen seine Funker die charakteristischen hohen Pfeiftöne einer deutschen Telefunken-F.T.-Anlage. Zumindest eine Einheit des Kreuzergeschwaders – später als die LEIPZIG identifiziert – war gefunden worden.

GLASGOW blieb zwei Tage auf der Höhe von Coronel und suchte nach weiteren Anhaltspunkten, während sie auf die für Rear-Admiral Cradock bestimmten, verschlüsselten Depeschen aus London als Antwort auf die seinen wartete. In den frühen Morgenstunden des 31. Oktober erkannte der britische Hilfskreuzer OTRANTO das Rufzeichen der LEIPZIG in der Nähe von Coronel. Der Schauplatz für eine entscheidende Schlacht war hergerichtet.

An den Anfangsphasen der Seeschlacht bei Coronel hatte die NÜRNBERG wenig Anteil. Hier wird der Leser auf die kurze Beschreibung des Geschehens im Kapitel »DRESDEN« verwiesen. VAdm. Graf v. Spee hatte KptzS. v. Schönberg mit der NÜRNBERG und der DRESDEN nach Valparaiso entsandt und nun liefen die beiden Kleinen Kreuzer mit hoher Fahrt nach Süden, um wieder zum Kreuzergeschwader zu stoßen. Die um mehrere Knoten schnellere DRESDEN kam besser voran und die NÜRNBERG, die dringend einer Grundüberholung bedurfte, lag so weit zurück, daß es für KptzS. v. Schönberg den Anschein hatte, er könnte kaum noch in das Gefechtsgeschehen eingreifen. Tatsächlich hatte die NÜRNBERG einen Abstand von 25 sm zum Geschwader. Schließlich schaffte es die NÜRNBERG bei Einbruch der Dämmerung, an DRESDEN und LEIPZIG heranzukommen. KptzS. v. Schönberg konnte nur noch zur Kenntnis nehmen, daß die Schlacht so ziemlich vorüber und die Entscheidung gefallen war. Die Kleinen Kreuzer, darunter auch die NÜRNBERG, hatten den Befehl zur Verfolgung der beschädigten britischen Panzerkreuzer und der vermutlich noch intakten GLASGOW erhalten, um ein Entkommen durch Torpedoangriff zu verhindern.

Gegen 20.30 Uhr – in den Abendstunden des 1. November 1914 – machten die Ausgucks auf der NÜRNBERG an Backbord voraus einen dunklen Schatten aus. Als sich die Entfernung verringerte, entpuppte sich der Schatten als ein schwer getroffenes Kriegsschiff mit Schlagseite nach Backbord, dessen Maschinen aber offensichtlich noch arbeiteten. Auf ein mehrmaliges Zeigen der Erkennungssignale erhielt die NÜRNBERG keine Antwort. Da KptzS. v. Schönberg keine genaue Kenntnis vom Hergang der Schlacht hatte, hielt er es für erforderlich, festzustellen, ob es sich bei diesem Kriegsschiff nicht um einen im Gefecht beschädigten deutschen Kreuzer handelte. Daher ließ er auf geringe Entfernung die Scheinwerfer aufleuchten. Als die Lichtbalken die Dunkelheit durchdrangen, ließ sich erkennen, daß das Schiff eine so schwere Schlagseite nach Backbord hatte, daß die Geschützrohre auf dieser Seite fast die Wasseroberfläche berührten; der vordere 15,2-cm-Geschützturm fehlte. Deutlich war zu sehen, daß die britische Kriegsflagge immer noch wehte. Es war der britische Panzerkreuzer MONMOUTH. Die Brände waren sämtlich gelöscht und seine Leckwehrtrupps führten einen verzweifelten Kampf, um das Schiff schwimmend zu erhalten.

KptzS. v. Schönberg steuerte einen nordöstlichen Kurs, drehte mit der NÜRNBERG auf den britischen Panzerkreuzer zu, der auf Gegenkurs lag, und ließ ihn an Backbord, wohl wissend, daß das schwer beschädigte Schiff in dieser Position seine 15,2-cm-Backbordgeschütze nicht zum Tragen bringen konnte. Als die NÜRNBERG ihren Gegner passierte, eröffneten ihre 10,5-cm-Backbordgeschütze auf eine Gefechtsentfernung von 10 bis 6 hm das Feuer. Ein ebenfalls abgefeuerter Torpedo ging vorbei. MONMOUTH erwiderte das Feuer nicht, aber dank übermenschlicher Anstrengung erhöhte der Panzerkreuzer langsam seine Fahrt. KptzS. v. Schönberg argwöhnte, daß Captain Brandt beabsichtigte, sein Schiff an der chilenischen Küste aufzusetzen, und setzte das Artilleriegefecht fort. Nach mehr als 40 Schüssen, zumeist Treffer, stellte die NÜRNBERG das Feuer vorübergehend ein. Plötzlich drehte die MONMOUTH mit immer noch wehender Kriegsflagge auf den deutschen Kreuzer zu, vielleicht, um ihn in einem letzten Versuch zu rammen, oder auch nur, um ihre 15,2-cm-Steuerbordgeschütze zum Tragen zu bringen.

Alarmiert ließ KptzS. v. Schönberg erneut das Feuer eröffnen, drehte mit hoher Fahrt hinter dem Heck der MONMOUTH auf und brachte die 10,5-cm-Steuerbordgeschütze ins Gefecht. Die ungeschützten Teile der Bordwand und das Deck des Panzerkreuzers wurden aufgerissen und nach fast 80 abgefeuerten Schüssen legte sich das britische Schiff mehr und mehr nach Backbord über, kenterte langsam und ging um 21.28 Uhr mit wehenden Flaggen unter. Die Ausgucks auf der NÜRNBERG konnten auf dem eine Zeitlang kieloben schwimmenden Schiffskörper sowie im eiskalten Wasser Überlebende erkennen. An ihre Rettung war jedoch nicht zu denken. Ein Zuwasserbringen der eingeschwungenen, an Deck eingesetzten und als Vorsichtsmaßnehme für das Gefecht mit Wasser gefüllten Boote war bei der hochgehenden See nicht möglich.[124] KptzS. v. Schönberg konnte nicht zuwarten; zum einen hatten seine Ausgucks Rauchwolken in zwei verschiedenen Richtungen gemeldet – darunter vielleicht die GLASGOW ? – und zum anderen forderten seine Befehle, zum Geschwader aufzuschließen. NÜRNBERG lief mit hoher Fahrt vom Gefechtsfeld ab. Für die um ihr Überleben kämpfenden Männer der MONMOUTH, zumeist Reservisten und Freiwillige aus den Reihen der schottischen Fischer, konnte niemand etwas tun. Es gab keine Überlebenden, die das Geschehen aus britischer Sicht hätten berichten können.

Das siegreiche Kreuzergeschwader nahm Kurs auf Valparaiso. Die beiden Panzerkreuzer und die NÜRNBERG warfen am Vormittag des 3. November 1914 auf der Reede Anker. Die beträchtliche deutsche Gemeinde der Stadt und die Besatzungen der 32 im Hafen liegenden deutschen Schiffe jubelten über den Erfolg und feierten VAdm. Graf v. Spee und seine Männer entsprechend, ehe die Schiffe am nächsten Tag wieder nach Más a Fuera ausliefen, um sich für den Weitermarsch um Kap Hoorn vorzubereiten. Am 21. November 1914 erreichten die NÜRNBERG und die übrigen Schiffe des Geschwaders zusammen mit den Troßschiffen den Golfo de Peñas, den Peñas-Golf, und übernahmen dort in der St.-Quentin-Bucht bis zum 26. November Kohle. Danach begann bei sehr schlechtem Wetter der Marsch um Kap Hoorn.

Von KptzS. Fielitz, dem Chef des Stabes, und KptzS. v. Schönberg begeistert unterstützt – aber offensichtlich weder von KptzS. Maerker von der GNEISENAU noch von FKpt. Haun von der LEIPZIG oder von FKpt. Lüdecke von der DRESDEN –, entschloß sich VAdm. Graf v. Spee, als Vorspiel zum langen Rückmarsch durch den Atlantik nach Deutschland die Falkland-Inseln anzugreifen. Dieser Plan ergab einen Sinn, wies aber unsichtbare Mängel auf. Zum einen war ein sehr kampfstarker Verband der Royal Navy mit zwei Schlachtkreuzern unter Führung von Vice-Admiral Sir Frederick Doveton Sturdee entsandt worden, um das Kreuzergeschwader unter VAdm. Graf v. Spee zur Strecke zu bringen, und zum anderen hatte die allzu gemächliche Kohlenübernahme aus dem gekaperten Segelschiff DRUMMUIR das Eintreffen des deutschen Kreuzergeschwaders vor den Falkland-Inseln um mehr als 24 Stunden verzögert. Dies sollte den Unterschied ausmachen, einen Kampf aus einer Position der vorstoßenden Stärke oder aus einer der sich zurückziehenden Schwäche zu führen.

Der Verlauf der Seeschlacht am 8. Dezember 1914 wird im Kapitel »DRESDEN« geschildert. Nachdem die britischen Schlachtkreuzer INVINCIBLE und INDEFATIGABLE nah genug herangekommen waren, um für die Kleinen Kreuzer eine Gefahr darzustellen, befahl ihnen VAdm. Graf v. Spee: »Entlassen, versuchen zu entkommen!» An Steuerbord von DRESDEN geführt, mit NÜRNBERG an Backbord war die LEIPZIG in der Mitte weit zurückgeblieben, eine Folge der starken Abnutzung ihrer Maschinen und Kessel. Mit der möglichen Höchstfahrt versuchten die drei Kleinen Kreuzer ihren Verfolgern – den Panzerkreuzern CORNWALL und KENT sowie dem Leichten Kreuzer GLASGOW zu entkommen.

Die schnelle GLASGOW holte jedoch die LEIPZIG und die NÜRNBERG bald ein und erzwang um 15.02 Uhr ein Gefecht, obwohl sie nur ein 15,2-cm-Geschütz zum Tragen bringen konnte. Diese geschickte Taktik zwang schließlich KptzS. v. Schönberg und FKpt. Haun zu Ausweichmanövern und ihr Vorsprung gegenüber der KENT und der CORNWALL schwand dahin. Um 16.25 Uhr entschloß sich Captain Luce, der Kommandant der GLASGOW, die DRESDEN entkommen zu lassen, in der Erwartung, daß die beiden übrigen deutschen Schiffe von den in ihrem Kielwasser rasch aufkommenden Panzerkreuzern der ›County‹-Klasse vernichtet werden würden.

Um 16.15 Uhr eröffneten die beiden britischen Panzerkreuzer auf eine Entfernung von 10 000 m das Feuer auf die LEIPZIG, ehe KENT aufgrund eines Signals von Captain Walter Ellerton, dem Kommandanten der CORNWALL, um 16.30 Uhr zur Verfolgung der NÜRNBERG abdrehte. Auf dem Papier hatte NÜRNBERG die Möglichkeit des Entkommens, da sie es bei der Meilenfahrt auf 23,4 kn gebracht hatte; obwohl der britische Panzerkreuzer über die gemessene Meile 23,7 kn erzielt hatte. Doch das britische Schiff war elf Jahre alt und nach aller Wahrscheinlichkeit war es unmöglich, das bei der Meilenfahrt mit leichter Zuladung erzielte Ergebnis zu wiederholen. Für KptzS. v. Schönberg bedauerlich, befand sich die Antriebsanlage der NÜRNBERG in einem schlechten Zustand. Nicht nur die Kessel waren abgenutzt, sondern auch ihre Maschinen bedurften dringend einer Grundüberholung, ganz abgesehen von dem bei der Osterinsel nur unvollständig reparierten Propeller, der bei hohen Fahrtstufen schlimm vibrierte. Daher betrug die Höchstgeschwindigkeit der NÜRNBERG – selbst bei ruhiger See – nicht mehr als 22 bis 22,5 kn.

Auf der KENT hatte sich Captain Allen entschlossen, bei der Verfolgung alles zu riskieren und die NÜRNBERG zum Kampf zu stellen, ehe das dunstige Wetter die Bedingungen zu sehr verschlechterte. Ihm war auch durchaus klar, daß die KENT nur ein geringes Kohlengewicht an Bord hatte – das Bunkern war abgebrochen worden – und einen glatten Schiffsboden ohne Bewuchs aufwies. Ausgelassen fütterten die Heizer ihre Feuer und langsam stieg die Geschwindigkeit auf unglaubliche 25 kn.

Um 17.00 Uhr eröffnete die NÜRNBERG mit ihren achteren 10,5-cm-Geschützen auf eine Gefechtsentfernung von etwa 110 hm das Feuer, aber die ersten Salven lagen zu weit. KENT erwiderte um 17.09 Uhr das Feuer aus ihren vorderen 15,2-cm-Geschützen, erzielte jedoch zunächst nur Kurzschüsse.

Das Kaliber der deutschen Geschütze war nicht groß genug, um den britischen Kreuzer in Gefahr zu bringen, dessen 15,2-cm-Granaten mit einem Gewicht von 45,4 kg eine potentiell weit tödlichere Wirkung hatten. Eine der Granaten der KENT detonierte danach unter der Wasserlinie im achteren Rudermaschinenraum, dessen Besatzung bis auf einen Mann getötet wurde. Achtern schlug ein weiterer Treffer in das Deck und um 17.35 Uhr erhielt die NÜRNBERG einen dritten Treffer mittschiffs. Zu diesem Zeitpunkt hatte sich die Gefechtsentfernung auf 7100 m verringert und zwei der unter hohem Druck stehenden Kessel waren durch Rohrbrüche ausgefallen, ob durch Treffereinwirkung oder durch Materialschwäche ist strittig.

Rauch und Dampf ausstoßend, fiel die Geschwindigkeit des deutschen Kreuzers auf 18 kn. Um 17.45 Uhr konnte er nur noch etwa 90° nach Backbord aufdrehen, um seine gesamte Breitseite zum Tragen zu bringen. Captain Allen befahl der KENT, nach Backbord abzudrehen, so daß die beiden Kreuzer auf leicht konvergierendem Kurs lagen. Dies gestattete ihm, die gesamte Steuerbordbreitseite gegen die Backbordseite der NÜRNBERG einzusetzen. Die Gefechtsentfernung fiel von 5500 m um 17.47 Uhr auf 2700 m um 17.58 Uhr.

Gegen 17.55 Uhr befahl Captain Allen, das Feuer mit Lyddit-Granaten fortzusetzen, die die Decks der NÜRNBERG bald in ein Leichenhaus verwandelten. Um 18.00 Uhr wurde die Fockstenge abgeschossen, überall waren Brände ausgebrochen. Zu diesem Zeitpunkt wurde die Bramstenge der KENT durch eine 10,5-cm-Granate angeschossen; gehalten durch ihre Verspannung blieb sie jedoch oben.

Gegen 18.05 Uhr war die NÜRNBERG nur noch ein rauchendes Wrack. Der Fockmast war bis zum Scheinwerfer abgeschossen und – nach Aussagen britischer Beobachter – *»ihr Vormars und ihr vorderster Schornstein waren so durchlöchert, daß sie wie mit Menschen bedeckt erschienen»*. Ihre Geschwindigkeit war merklich abgesunken und nur zwei der fünf 10,5-cm-Backbordgeschütze waren noch intakt. Auch KENT hatte zahlreiche Treffer erhalten, aber die leichteren deutschen Granaten hatten verhältnismäßig wenig Schaden angerichtet. Das Oberdeck des britischen Kriegsschiffes war jedoch ein einziges Chaos und eine deutsche Granate, die den Funkraum durchschlug, hatte die Funkanlage zerstört.

Den schlimmsten Treffer hatte die Kasematte A 3 – mittschiffs auf dem Hauptdeck gelegen – erhalten. Granatsplitter hatten einen Mann der Geschützbedienung getötet und neun weitere verwundet. Die Flammen eines in der Kasematte ausgebrochenen Brandes waren in den Munitionsaufzug geschlagen und hatten einen Kartuschbrand verursacht. Sergeant Charles Mayes von den Royal Marines verhinderte eine Katastrophe, indem er kühlen Kopfes die Luke der Aufzugsöffnung schloß und das Fluten der Abteilung befahl.

Um 18.10 Uhr befahl KptzS. v. Schönberg eine Wendung nach Backbord, um den Versuch zu unternehmen, die noch unbeschädigten Steuerbordgeschütze zum Tragen zu bringen. Als jedoch die KENT den Bug des deutschen Schiffes kreuzte, verwandelten zwei 15,2-cm-Treffer das Vorschiff der NÜRNBERG in einen Trümmerhaufen und zerstörten die vorderen 10,5-cm-Geschütze. Anschließend kam der britische Kreuzer soweit herum, bis die beiden Kriegsschiffe annähernd parallele Kurse steuerten. Auf eine Gefechtsentfernung von 4300–4600 m duellierten sich die Backbordgeschütze der KENT mit den noch verbliebenen Steuerbordgeschützen der NÜRNBERG. Bis um 18.25 Uhr hatte das deutsche Schiff, fast bis zur Unkenntlichkeit zerschlagen, nahezu alle Fahrt verloren. Nur noch gelegentlich feuerte ein Geschütz. Um 18.36 Uhr hatte die NÜRNBERG ihre Munition verschossen. Obwohl im Vorschiff ein Brand wütete und das Schiff Schlagseite nach Steuerbord zeigte, wehte noch immer die kaiserliche Kriegsflagge.

Captain Allen hatte das Feuer einstellen lassen und verhielt sich abwartend, ob die Flagge niedergeholt werden würde; aber nichts geschah. Daraufhin eröffnete die KENT mit allen Geschützen, die sie zum Tragen bringen konnte, für ein paar Minuten wieder das Feuer, das jedoch nicht erwidert wurde. Um 18.57 Uhr befahl schließlich KptzS. v. Schönberg das Streichen der Kriegsflagge.

Die überlebenden Besatzungsangehörigen traten an Oberdeck an, brachten drei Hurras auf den Kaiser aus und danach erging der Befehl zum Verlassen des Schiffes. Der Versuch, ein Boot mit Verwundeten zu Wasser zu bringen, scheiterte in dem zunehmend stärkeren Seegang. Der Besatzung der KENT gelang es, bis 19.25 Uhr zwei beschädigte Boote zu flicken und eines konnte zu Wasser gelassen werden, gerade als eine Erschütterung durch die NÜRNBERG lief und das Schiff um 19.37 Uhr über Steuerbord kenterte. Hierbei konnte eine Gruppe von Männern auf dem achteren Deck beobachtet werden, die in einer letzten Geste des Trotzes die deutsche Kriegsflagge hochhielten.[125]

Möglicherweise hatten etwa 200 Besatzungsangehörige der NÜRNBERG das vernichtende Feuer der KENT überlebt, aber die Verzögerungen beim Zuwasserbringen der Boote kosteten nahezu allen das Leben. Obwohl die Briten die Suche nach Überlebenden bis 21.00 Uhr fortsetzten, konnten nur zwölf Seeleute lebend aus dem Wasser geborgen werden. Von ihnen starben später fünf an Bord der KENT an Unterkühlung oder an ihren Verwundungen. Die Verluste der KENT beliefen sich auf fünf Tote, drei Schwerverwundete und acht leichter Verwundete. Die Verluste der NÜRNBERG, deren Besatzung durch Reservisten Verstärkung erfahren hatte, betrugen 327 Tote; nur sieben Seeleute überlebten den Untergang ihres Schiffes.

Rechts: »Der letzte Mann«, ein Gemälde des bekannten deutschen Marinemalers Prof. Hans Bohrdt, einen Vorgang schildernd, der sich so nicht beim Untergang der NÜRNBERG ereignete. Vice-Admiral Sturdee berichtete an die britische Admiralität: »... aber noch während sie sank, wehte inmitten einer Gruppe von Mannschaften, an einer Stange hochgehalten, die deutsche Kriegsflagge.« Siehe hierzu auch Fußnote 125. (Sammlung des Verfassers.)

Short Brothers in Sunderland gebaut und mit einer Ladung Mais auf dem Wege von Rosario nach St. Vincent.

Eine Untersuchung durch das Prisenkommando ergab, daß der Dampfer für den Hilfskreuzer wenig Brauchbares an Bord hatte, und so wurde das Schiff um 11.00 Uhr an Ort und Stelle durch Sprengladungen und Artilleriebeschuß versenkt. Am nächsten Morgen passierte der britische Hilfskreuzer OTRANTO mit den Überlebenden der in der Seeschlacht bei den Falkland-Inseln versenkten deutschen Schiffe an Bord auf der Heimreise den Versenkungsort der MARY ADA SHORT.

Am 19. Februar 1915 versenkte die PRINZ EITEL FRIEDRICH auf der Position 2°28'S 31°10'W nordostwärts der Insel Fernando de Noronha den 1907 gebauten, 6629 BRT großen französischen Dampfer FLORIDE der Compagnie Générale Transatlantique. Nachdem der Handelsstörer Kurs in Richtung St.-Paul's-Felsen geändert hatte, brachte er am 20. Februar 1915 die 3630 BRT große WILLERBY der Reederei R. Ropner & Company in Stockton-on-Tees auf. Der 1912 auf der Werft von Ropner & Sons gebaute Dampfer war auf dem Wege zum La Plata gewesen, ehe er 490 sm nordostwärts von Pernambuco (heute Recife) versenkt wurde; er war in Ballast gefahren.

Die letzten Vorräte der erbeuteten Kohle waren verbraucht worden und die ständig wachsende Schar der Gefangenen bedeutete, daß an Bord der PRINZ EITEL FRIEDRICH auch die Proviantvorräte langsam zur Neige gingen. KKpt. Thierichens entschloß sich daher, den Hafen Newport News anzulaufen, fast 3000 sm entfernt an der Ostküste der USA.[127] In der Nacht vom 21./22. Februar 1915 passierte den deutschen Hilfskreuzer unbemerkt, aber in gefährlicher Nähe, der britische Hilfskreuzer EDINBURGH CASTLE, der mit Südwestkurs Richtung Südamerika lief. Am 10. März 1915 erreichte die PRINZ EITEL FRIEDRICH schließlich Newport News in Virginia.

Das Fehlen patrouillierender britischer Kriegsschiffe vor diesem Hafen erklärte sich einfach durch die Tatsache, daß die Royal Navy immer noch der Auffassung war, der deutsche Hilfskreuzer operiere im Pazifischen Ozean. Alle Gefangenen stets an Bord behaltend, hatte KKpt. Thierichens die Briten hinters Licht geführt.

Die amerikanischen Hafenbehörden stellten bald fest, daß das deutsche Schiff schwer bewaffnet war. Sie erklärten es als ein Hilfskriegsschiff und gestatteten seinem Kommandanten, sich nur bis zum 14. März zur Durchführung der wesentlichsten Reparaturen aufzuhalten. Es bestand weithin die Annahme, daß der Hilfskreuzer PRINZ EITEL FRIEDRICH wieder auslaufen würde, um den Versuch zu unternehmen, seine Tätigkeit als Handelsstörer fortzusetzen. Die Zeit verstrich, und am 5. April 1915 wurde das Schiff beim Übernehmen von Vorräten beobachtet. Der britische geheime Marinenachrichtendienst konnte dies nicht übersehen und veranlaßte, daß die britischen Panzerkreuzer CUMBERLAND (1904 gebaut, 9800 ts) und NIOBE (1898 gebaut, 11 000 ts) vor der Chesapeake Bay außerhalb der amerikanischen Hoheitsgewässer Wartestellung bezogen. Am 6. April 1915 nahm das deutsche Schiff einen Lotsen an Bord und schien bereit zum Auslaufen zu sein. Am 8. April wurde jedoch die PRINZ EITEL FRIEDRICH aufgelegt und die amerikanischen Hafenbehörden internierten das Schiff am 9. April 1915. KKpt. Thierichens hatte eine kluge Entscheidung getroffen; denn sein Schiff besaß weder die Geschwindigkeit, um den britischen Kreuzern zu entkommen, noch die Kampfkraft, um sie mit ihren dreißig 15,2-cm-Geschützen zu schlagen. Erneut war einer der Piraten des Kaisers gezwungen worden, sich frühzeitig zurückzuziehen.

Am 7. April 1917 beschlagnahmten die USA die PRINZ EITEL FRIEDRICH und übernahmen sie unter dem neuen Namen DE KALB als Truppentransportschiff. 1921 wurde das Schiff an die United American Lines Inc. verkauft und kam als MOUNT CLAY in Fahrt. Schließlich wurde der wieder als Passagier- und Frachtschiff fahrende ehemalige deutsche Hilfskreuzer 1924 aufgelegt und im Jahre 1935 auf einer Abbruchwerft abgewrackt.

SEEADLER

2. Dezember 1916–2. August 1917: 14 Schiffe (28 140 BRT)
Das einzige Segelschiff, das als Handelsstörer Verwendung fand, bis es im Pazifischen Ozean strandete und aufgegeben werden mußte.

Bau und Indienststellung
Typ: Hilfskreuzer.
Bauwerft: R. Duncan & Co., Port Glasgow (Bau-Nr. 237). 1916 durch die Werft J.C. Tecklenborg, Geestemünde, als Hilfskreuzer ausgerüstet.
Reederei: EX-PASS OF BALMAHA der River Plate Shipping Company, Glasgow.
Stapellauf: 9. August 1888.
Indienststellung: 2. Dezember 1916.
Besatzungsstärke: 7 Offiziere und 57 Mannschaften.
Abmessungen
Registrierte Tonnage: 1571 BRT.
Einsatzverdrängung: 4500 t.
Länge über alles: 83,5 m.
Länge in der CWL: 74,3 m.
Breite: 11,81 m.
Tiefgang bei Einsatzverdrängung: 5,5 m.
Bewaffnung
Artillerie: Zwei 10,5 cm S.K. L/45.
Maximale Reichweite der Hauptbewaffnung: 12 200 m.
Torpedorohre: Keine.
Infanteriewaffen: Maschinengewehre und Handfeuerwaffen.
Munitionsdotierung: 400 Schuß 10,5-cm-Granaten.
Panzerschutz: Keinen.
Leistung
Besegelung: Takelung als Dreimastvollschiff.
Hilfsmotor: Ein Carels Fréres Vierzylinder-Zweitakt-Dieselmotor, eine Welle.
Bunkerraum für Dieselöl: 2100 t.
Höchstgeschwindigkeit: 14–16 kn unter Segeln bei optimalem Wind; mit Hilfsmotor allein: 9 kn bei einer Antriebsleistung von 900 WPS.
Fahrstrecke: 40 000 sm mit Hilfsmotor bei 9 kn; unter Segeln unbegrenzt.

Der Erfolg der Überwasser-Handelsstörer unmittelbar nach Ausbruch des Ersten Weltkrieges hing weitgehend von der Leistungsfähigkeit des Etappen-Systems und der ständigen Begleitung durch Kohlendampfer ab. Nachdem die Royal Navy die meisten Handelsstörer ausgeschaltet und das Kreuzergeschwader in der Seeschlacht bei den Falkland-Inseln vernichtet hatte, fiel diese Unterstützung weg. Daher ruhte bis zum Ende des Jahres 1915 der Gedanke, den britischen Seehandel durch den Einsatz von Überwasserschiffen zu unterbrechen.

Eine Veränderung im operativen Denken mit dem Akzent auf wirtschaftlichen Schiffen mit großem Bunkerraum belebte diese Form des Handelskrieges wieder, wie das Beispiel der MÖWE auf ihrer ersten Feindfahrt zeigte. Das extremste Mittel, um einen Handelsstörer von der Abhängigkeit eines ausreichenden Kohlevorrates zu befreien, war der Einsatz eines Segelschiffes. Dieser Gedanke ist mehreren Personen zugeschrieben worden, aber die Urheberschaft ist offensichtlich dem Leutnant zur See d.R. Alfred Kling zu verdanken.

Kling war ein bekanntes Mitglied der ersten Deutschen Antarktischen Expedition gewesen, die von dem deutschen Forschungsreisenden Dr. Wilhelm Filchner 1911/12 geleitet wurde.[128] Anfangs wurde seinem Vorschlag mit großer Ablehnung begegnet; allmählich wurden die Einwände jedoch beseitigt. Die Ausrüstung mit einem wirtschaftlichen Hilfsdieselmotor sollte es dem Segelschiff ermöglichen, Bekalmungen zu vermeiden, und – zumindest von vornherein – würde niemand hinter einem voll getakelten Schiff einen Handelsstörer vermuten. Eine derartige Tarnung würde es zweifellos erleichtern, bei der Ausreise die Blockade der Royal Navy zu durchbrechen, wenn auch die Heimreise problematischer werden würde.

Ein anderes Hauptproblem bestand in der Tatsache, daß es in der Kaiserlichen Marine nur wenige Offiziere gab, die Erfahrung unter Segeln besaßen. Somit hing der Erfolg eindeutig davon ab, den richtigen Mann als Kommandanten zu finden. Dieser richtige Mann sollte der Kapitänleutnant Felix Graf v. Luckner sein. Am 9. Juli 1881 in Dresden geboren, war der gebürtige Sachse, der vor 1914 während der Woche von Cowes zur Besatzung der Krupp'schen Jacht GERMANIA gehörte, ein kraftstrotzender Mensch. Doch der 34jährige Marineoffizier hatte eine außergewöhnliche Jugend hinter sich. Er ging im Alter von zwölf Jahren als Schiffsjunge an Bord des russischen Vollschiffes NIOBE zur See. Danach heuerte er auf dem amerikanischen Viermastschoner GOLDEN SHORE und 1902 auf dem britischen Viermaster PINMORE an, ehe er nach Hamburg zurückkehrte. Im Anschluß daran fuhr er auf dem deutschen Schiff CAESAREA, dem kanadischen Schoner FLYING FISH und dem Dampfer LISBON. Er behauptete von sich, in Australien der Heilsarmee angehört und Känguruhs gejagt zu haben. Er wäre Preisboxer gewesen und hätte zu den Truppen gehört, die den Palast des mexikanischen Präsidenten Porfirio Diaz bewacht hatten.

1908 absolvierte Felix Graf v. Luckner sein Steuermanns-Examen und heuerte auf dem Dampfer PETROPOLIS der Hamburg-Südamerika-Linie an. Er diente die erforderlichen neun Monate und trat danach als Einjährig-Freiwilliger in die Kaiserliche Marine ein. 1910 kehrte Felix Graf v. Luckner mit dem Patent eines Leutnants zur See d.R. zur Hamburg-Südmarikanischen Dampfschiffahrts-Gesellschaft zurück, auf deren Schiffen er fuhr, bis er im Februar 1912 zum aktiven Dienst einberufen wurde.

Infolge seiner außergewöhnlichen Herkunft und seiner Neigung, unheimliche Geschichten zu erzählen, wurde Felix Graf v. Luckner bald ein Günstling von Kaiser Wilhelm II. Nachdem er erzählt hatte, wie er einmal von den Offizieren des Kanonenbootes PANTHER eine Abfuhr erlitten hatte, fand er sich auf genau dieses Schiff kommandiert wieder. Auf diesem Kommando verblieb er bis zum Ausbruch des Ersten Weltkrieges.

Anschließend diente Felix Graf v. Luckner als Wachoffizier auf dem 1914 fertiggestellten Linienschiff KRONPRINZ und war beim Seegefecht in der Helgoländer Bucht am 28. August 1914 sowie an den Flottenvorstößen nach Yarmouth und an die Yorkshire-Küste dabei. In der Skagerrakschlacht war er – immer noch auf demselben Schiff – Turmkommandant. Einige Zeit danach gelangte der deutsche Admiralstab zur Überzeugung, ein Segelschiff als Handelstörer zu entsenden. Trotz der Einwände von Offizieren, die aufgrund ihres Dienstalters einen vorrangigen Anspruch auf dieses Kommando erhoben, stellte Felix Graf v. Luckner die ideale Wahl für den Kommandanten dar.

Die Auswahl eines geeigneten Schiffes war nicht besonders schwierig. Die PASS OF BALMAHA war 1888 am Clyde gebaut worden, wurde aber nach der Jahrhundertwende an die River Plate Shipping Company in Glasgow verkauft. Im Juni 1915 hatte das Vollschiff unter Führung eines rauhbeinigen Neuengländers namens Scott mit einer für Archangelsk bestimmten Ladung Baumwolle verlassen. Eine britische Patrouille hielt das Schiff nordwestlich von Kap Wrath an und sandte es zur Untersuchung in einen schottischen Hafen. Noch ehe die PASS OF BALMAHA in diesen Hafen einlaufen konnte, brachte sie das unter Führung von Kptlt. Graefe stehende *U 36* auf. Mit einem Prisenkommando an Bord, geführt von einem Fähnrich z.S., nahm das Segelschiff Kurs auf Cuxhaven; mit an Bord war das im Laderaum versteckte britische Prisenkommando.

Nunmehr wurde das nach Hamburg eingebrachte Vollschiff, sämtlicher Rahen und Stengen beraubt – und ab 16. Juli 1916 zeitweilig unter der Tarnung als Schulschiff WALTER – , auf der Werft von J. C. Tecklenborg A.G. in Geestemünde zum Hilfskreuzer umgebaut. Hinter der abklappbaren Bordwand unmittelbar hinter dem Decksabsatz der Back wurden versteckt zwei 10,5-cm-Geschütze eingebaut, je eines an Backbord und an Steuerbord. Außerdem kamen zahlreiche Handfeuerwaffen und eine große Menge Munition an Bord. Ferner wurde eine starke Funkanlage eingebaut und der Laderaum wurde als Gefängnis für 400 Mann (mit reihenweise Kojen aus Segeltuch und Stahlrohr) hergerichtet. Für die Kapitäne der gekaperten Schiffe wurden achtern besondere Quartiere bereitgestellt. Besonders erfindungsreich war, daß der achtere Salon auf einen hydraulischen Aufzug montiert wurde. Ein Druck auf einen hinter dem Barometer im Kartenhaus versteckten Knopf ließ den Fußboden des Salons mit allem, was sich darauf befand, unter Deck verschwinden. Dahinter versteckte sich die Absicht, unerwünschte Besucher gefangenzunehmen, falls dies die Umstände erforderten.

Einen geeigneten Hilfsmotor zu finden, erwies sich als ein Problem. Der Motor mit Verdichtungszündung, d. h. der Dieselmotor (damals einfach als Ölmotor bezeichnet), war eine verhältnismäßig neue Erfindung. Die ersten Patente stammten aus dem Jahre 1893, aber erst 1897 gelang der Bau eines leistungsfähigen Motors. Ob-

Unten: Der Hilfskreuzer SEEADLER, hier im Hafen von San Francisco vor dem Kriege als Vollschiff PASS OF BALMAHA liegend. (Sammlung des Verfassers.)

wohl viele Firmen Lizenzen erworben hatten, zog sich die Entwicklung von Motoren, die stark genug waren, um große Schiffe anzutreiben, in die Länge. Der erste Küstentanker war erst 1901 in den Niederlanden vom Stapel gelaufen, obgleich bereits im November 1911 ein Hochseefrachtschiff folgte: die außerordentlich gelungene dänische SELANDIA.

Die in København (Kopenhagen) bei der Firma Burmeister & Wain gefertigten Viertakt-Dieselmotoren erwiesen sich bei sorgfältiger Wartung als besonders zuverlässig und wirtschaftlich. Doch andere Hersteller hatten Probleme. Wenn auch Krupp 1912 in Deutschland einen Zweitaktmotor mit 1250 PSe einführte, so war andererseits an Bord der PRIMUS – im März 1912 auf der Werft A.G. ›Weser‹ für die Hamburg-Amerika-Linie vom Stapel gelaufen – ein Junkers-Motor erfolglos erprobt worden.

Blohm & Voss wendete viel Zeit auf, um einen »doppeltwirkenden« Zweitaktmotor für die 4499 BRT große SECUNDUS – im Januar 1913 vom Stapel gelaufen – zu entwickeln, mußte aber letztlich einen Fehlschlag einräumen und kehrte zum konventionellen MAN-Dieselmotor zurück.

Als es an der Zeit war, für die SEEADLER einen geeigneten Dieselmotor ausfindig zu machen, waren daher Hochleistungsdieselmotoren kaum zu bekommen. Von Burmeister & Wain einen Dieselmotor zu erwerben, war unmöglich, da zuviele Fragen beantwortet werden müßten. Deutsche Hersteller konzentrierten sich auf die dringende Kriegsfertigung. Schließlich wurde die Lösung im besetzten Belgien gefunden. Dort konnte die Firma Usines Carels Frères S.A. in Gent einen Vierzylinder-Zweitaktmotor liefern.

Da die SEEADLER unter der Tarnung eines norwegischen Vollschiffes in See gehen sollte, wurden die Vorbereitungen außerordentlich gründlich durchgeführt. Mit den Worten Graf v. Luckners: die SEEADLER – unter der Tarnung der norwegischen MALETTA – *»wurde in denselben Farben wie die MALETTA gepönt, [wir] richteten ihr Deck in derselben Weise her und schmückten die Kajüten mit denselben Ornamenten. In meiner Kapitänskajüte hing ich Bilder des Königs und der Königin von Norwegen und auch ihres jovialen Verwandten auf, des [späteren] Königs Eduard VII. von England. Barometer, Thermometer und Chronometer entstammten sämtlich norwegischer Fertigung. Ich besaß eine norwegische Bibliothek und hatte einen norwegischen Phonographen mit Platten. Von norwegischen Firmen hatten wir ausreichend Proviant, um durch die Blockade zu kommen....»*

Die erforderlichen Schiffspapiere wurden gefälscht, und Graf v. Luckner behauptete, das echte Logbuch der MALETTA im Hafen von Kopenhagen gestohlen zu haben. Um die Tarnung zu vervollständigen, suchte Kptlt. Graf v. Luckner norwegisch sprechende deutsche Seeleute aus, deren Aussehen den Seeleuten an Bord der echten MALETTA entsprach. Die Gründlichkeit, mit der auf deutscher Seite die Vorbereitungen für den Einsatz des Handelsstörers geplant wurden, kannte keine Grenzen. Graf v. Luckner erinnerte sich, daß

»die Briten stets das Vorschiff inspizierten, um zu sehen, ob sich dort alles an der richtigen Stelle befand. Ich trug eine ganze Sammlung von Photographien zusammen, um glauben zu machen, es handele sich um die Eltern, Brüder und Schwestern, Onkeln und Tanten, Freundinnen, Ehefrauen und Schwiegermütter der norwegischen Seeleute.... Wegen dieser Photographien schickten wir sogar jemand nach Norwegen, damit die Namen der norwegischen Photographen auf deren Rückseite aufgestempelt waren.»

Auch die Segelanweisungen wurden gefälscht, um vorzutäuschen, daß das Schiff nach Melbourne bestimmt war. Der Erste Offizier der SEEADLER, LtzS.d.R. Kling, war der Urheber des Konzeptes, ein Segelschiff als Handelsstörer zu verwenden. Vor dem Kriege war er Kapitän bei der Hamburg-Südamerika-Linie. LtzS.d.R. Preiss war ein früherer Bordkamerad des Grafen v. Luckner gewesen und der Steuermann, LtzS.d.R. Leudemann, fuhr vor dem Kriege als Handelsschiffsoffizier auf Segelschiffen der Reederei F. Laeisz – der berühmten »Flying-P-Line« in Hamburg. Im Logis unter der Back – im Foc'sl – waren über 20 norwegisch sprechende Seeleute untergebracht – dieselbe Anzahl wie auf der echten MALETTA –, während die nur deutsch sprechende Mehrheit der Besatzung für den ersten Teil der Ausreise in einem Versteck unter Deck ihren Aufenthalt hatten.

Die »Besatzung« meisterte ihre übernommenen Rollen. Dies galt auch für den Seemann, dem die wichtige Aufgabe zugefallen war, die Frau des Kapitäns zu spielen. Als jedoch die Vorbereitungen abgeschlossen waren und die SEEADLER zum Auslaufen bereit war, erhielt Kptlt. Graf v. Luckner den Befehl zum Abwarten, bis das Handelsunterseeboot DEUTSCHLAND von einer Reise in die USA in seinen deutschen Heimathafen zurückgekehrt war. Der deutsche Admiralstab hatte Kenntnis erhalten, daß die Royal Navy in dem Bemühen, das Unterseeboot abzufangen, ihre Blockadepatrouillen verdoppelt hatte; sie hätten den Segelschiffs-Handelsstörer mit Sicherheit gestellt. Allerdings lief die DEUTSCHLAND erst 20 Tage später ein, und die unechte MALETTA konnte Hamburg endlich verlassen. In der Zwischenzeit war jedoch die echte MALETTA aus einem dänischen Hafen ausgelaufen. Die gesamten sorgfältigen Vorbereitungen waren damit vergebens gewesen. Nach einer Durchsicht des Lloyd's Register, um ein anderes norwegisches Schiff zu finden, das vom äußeren Erscheinungsbild her der SEEADLER bzw. der MALETTA entsprach, stieß Kptlt. Graf v. Luckner auf die CARMOE und wählte sie aus.* Niemand wußte, wo sich das Schiff zu diesem Zeitpunkt befinden könnte, aber die Sache schien es wert, das Risiko einzugehen. Kurz vor dem Auslaufen der SEEADLER zu ihrer Feindfahrt verriet jedoch eine neue norwegische Zeitung – erworben, um der Ausreise eine größere Authenzität zu verleihen –, daß die echte CARMOE erst unlängst von einer britischen Blockadepatrouille untersucht worden war. Damit war auch dieser Plan gescheitert.

Schließlich entschloß sich Kptlt. Graf v. Luckner, dem Schiff den Tarnnamen HERO zu geben.** Die gefälschten Schiffspapiere und das gestohlene Logbuch wurden sorgfältig mit Seewasser behandelt, um gewisse Stellen in der Hoffnung unkenntlich zu machen, daß dies ausreichen würde, um ein britisches Untersuchungskommando in die Irre zu führen.

Am 21. Dezember 1916 lief die SEEADLER aus der Wesermündung aus, um an der Küste Norwegens entlang nach Norden zu segeln, die Nordspitze Schottlands zu runden und auf einem normalen Schiffahrtsweg den freien Atlantik zu gewinnen.

Am 23. Dezember geriet das Segelschiff in einen schweren Sturm. Für die beabsichtigte Tarnung war dies ein Segen; denn dadurch gewann die »Sturmschaden»-Erklärung für die aufgeweichten Papiere an Glauben.

Am Ersten Weihnachtsfeiertag des Jahres 1916 hatte Kptlt. Graf v. Luckner mit seinem Schiff eine Position etwa 180 sm südwestlich von Island erreicht, als die SEEADLER von dem 15000 BRT großen britischen Hilfskreuzer AVENGER angehalten wurde, der den deutschen Handelsstörer mit Leichtigkeit hätte aus dem Wasser blasen können. Ein Untersuchungskommando kam an Bord, aber die Tarnung des deutschen Schiffes hielt der Untersuchung stand. Trotz einer Verzögerung, in derem Verlauf der Führer des Untersuchungskommandos Informationen über die Anwesenheit »der MÖWE und des Hilfskreuzers SEEADLER« weitergab, die vom LtzS.d.R. Leudemann stammten, hatten Kptlt. Graf v. Luckner und seine Männer die Briten hinters Licht geführt. Obwohl die Untersuchung gründlich gewesen war, hatte die Geschicklichkeit triumphiert, mit der das »norwegische« Schiff darauf vorbereitet worden war. Der SEEADLER war das schönste Weihnachtsgeschenk zuteil geworden, das man sich vorstellen konnte.

Anmerkungen des Verfassers:

* Nach Thomas Lowell »The Sea Devil. The Story of Count Felix von Luckner, the German War Raider« (Heinemann, London 1928).

** Graf v. Luckner erwähnt in seinen Erinnerungen, daß zu Ehren seiner Verlobten der Name IRMA gewählt worden wäre. Doch diese Behauptung scheint aus Effekthascherei auf Kosten der historischen Wahrheit gemacht worden zu sein.

Die Decksgeschütze des Handelsstörers hatte die Besatzung unter Segeltuch mit einer Bemalung versteckt, die einem Schweinepferch glich. Darüber hatte man Kleidungsstücke verstreut, als ob sie zum Trocknen auslägen. Unsichtbar aufgestellte Maschinengewehre befanden sich auf der Poop. Hinter dem Schanzkleid konnten sich 50 mit Gewehren bewaffnete Männer verbergen, um erforderlichenfalls das Feuer zu eröffnen. Nunmehr wurden die norwegische Tarnung beseitigt, die aus Holz bestehende und ebenfalls der Tarnung dienende Decksladung über Bord geworfen und das Schiff gesäubert, bis es in seinem Aussehen wieder einem deutschen Kriegsschiff glich.

Am 9. Januar 1917 kam ein eleganter Dampfer mit einem einzigen Schornstein, einem schwarzen Schiffskörper und einem Klipperbug 120 sm südwestlich der Azoren in Sicht. Auf dem deutschen Hilfskreuzer schätzte man den Dampfer als britisch ein, obwohl weder eine Flagge noch ein Name sichtbar waren. Die SEEADLER heißte ein Flaggensignal mit dem Ersuchen um Uhrzeitangabe, ein völlig normaler Vorgang für die damalige Zeit, wenn Schiffe – vor allem Segelschiffe, über einen längeren Zeitraum hinweg kein Land gesichtet hatten. Kapitän Chewn, der mit seinem Schiff von Cardiff mit einer Ladung Dampfkohle nach Buenos Aires unterwegs war, änderte Kurs nach Luv auf den Handelsstörer zu und verringerte die Geschwindigkeit. Seine 3268 BRT große GLADYS ROYLE, 1894 auf der Wearside bei Short Brothers vom Stapel gelaufen, gehörte der Reederei James Westoll und war in Sunderland registriert.

Am Mast der SEEADLER stieg die deutsche Kriegsflagge empor und LtzS. Kircheiss, der zugleich Navigations- und Artillerieoffizier war, befahl das Abklappen des falschen Schanzkleides, hinter dem das 10,5-cm-Steuerbordgeschütz stand. Der erste Schuß fegte über den Bug der GLADYS ROYLE. Sehr zur Überraschung der Deutschen setzte der Dampfer die britische Handelsflagge und dippte sie anschließend. Ein zweiter Schuß heulte über den Bug und ein dritter über den Schornstein.

Endlich drehte der Dampfer bei und ließ ein Boot zu Wasser. Kapitän Chewn kletterte an Bord des deutschen Hilfskreuzers; er war völlig verwirrt. Einen Böller abzufeuern, um die Uhrzeit zu markieren, war ein uraltes Verfahren, und so hatte er seine Flagge gesetzt, damit sie sein »Böllerschuß« sein sollte. Von dem zweiten deutschen Schuß hatte er angenommen, er sei für ein gegnerisches Unterseeboot bestimmt gewesen, weshalb die GLADYS ROYLE begonnen hatte, Zickzackkurs zu fahren.

Erst als der dritte Schuß dicht über den Schornstein heulte, hatten die Briten bemerkt, daß am Masttopp der SEEADLER die deutsche Kriegsflagge wehte. Nachdem das Prisenkommando unter Führung von LtzS.d.R. Preiss mitgenommen hatte, was für das deutsche Schiff brauchbar war, wurden die angeschlagenen Sprengpatronen gezündet und die GLADYS ROYLE sank langsam über das Heck.

In den Mittagsstunden des 10. Januar 1917 kreuzte ein unbekannter Dampfer mit schwarzem Rumpf – keine Flagge, kein sichtbarer Name – den Weg der SEEADLER. Fragen nach der Herkunft des Schiffes blieben unbeachtet, so daß sich Kptlt. Graf v. Luckner entschloß, dem Neuankömmling vorsätzlich vor den Bug zu steuern – in der Hoffnung, daß die Regel Beachtung finden würde, wonach ein Dampfer einem Segelschiff auszuweichen hatte. Doch der Dampfer pflügte einfach weiter und zwang den Handelsstörer zum Abdrehen.

Wieder stieg die deutsche Kriegsflagge hoch und eine Granate heulte über den Bug des Dampfers. Kapitän George Bannister, der die 3096 BRT große LUNDY ISLAND der Williams Steam Navigation Co. Ltd. in West Hartlepool führte, entschloß sich zum Ablaufen, auch als ein zweiter Schuß gefährlich nahe an seinem Schornstein vorbeiging. Sein Schiff war in den letzten Jahren des 19. Jahrhunderts gebaut worden, konnte aber immer noch einem Segelschiff ausweichen, indem es in den Wind dampfte – so oder so ähnlich hoffte Kapitän Bannister. Kptlt. Graf v. Luckner gab daraufhin den Befehl, Feuer zu eröffnen. Eine Granate durchschlug den Schornstein, zwei weitere schlugen in den Schiffsrumpf und eine vierte detonierte an Deck. Schließlich drehte der Dampfer bei und die Boote wurden zu Wasser gelassen. Kptlt. Graf v. Luckner ließ dem britischen Skipper signalisieren, an Bord der SEEADLER zu kommen, aber ohne Ergebnis, und so wurde von dem deutschen Hilfskreuzer ein Boot mit dem Untersuchungskommando hinübergesandt.

Als Kapitän Bannister endlich zur SEEADLER gebracht wurde, ergaben sich die Gründe für seinen Fluchtversuch und das ungewöhnliche Verhalten. Die LUNDY ISLAND war mit einer Ladung Zucker von Madagaskar nach Frankreich unterwegs. Bannister betrachtete die Ladung als wichtig genug, um das Risiko einzugehen, dem Segelschiff zu entkommen. Doch seine bunt zusammengewürfelte Besatzung war in Panik geraten, als die ersten Granaten das Schiff trafen, und eilte zu den Booten. Der Kapitän nahm selbst das Steuerrad in die Hand, aber der nächste Treffer durchtrennte die Sorgkette und die LUNDY ISLAND konnte nur noch hilflos in der Dünung schlingern. Die Besatzung nahm danach alle Boote und verließ das Schiff, den Kapitän zurücklassend.

Kptlt. Graf v. Luckner erfuhr, daß Kapitän Bannisters voriges Schiff von KKpt. Graf zu Dohna-Schlodien im Verlaufe der ersten Feindfahrt der MÖWE aufgebracht worden war. In der Annahme, nicht ein zweites Mal aufgebracht zu werden, hatte Kapitän Bannister diesem auch das Ehrenwort gegeben, das sich jetzt als wertlos herausstellte. Die LUNDY ISLAND wurde an Ort und Stelle durch Artilleriebeschuß versenkt.

Seine Fahrt nach Süden durch den Atlantik fortsetzend, passierte Kptlt. Graf v. Luckner eine Position halbwegs zwischen Brasilien und der westafrikanischen Küste. Mehrere Tage lang auf den Handelsrouten kreuzend, brachte die SEEADLER am 21. Januar 1917 die 2199 BRT große Dreimastbark CHARLES GOUNOD der Société Nouvelle d'Armement auf, die mit einer Ladung Getreide auf dem Wege nach Bordeaux war. In Nantes registriert, war die Bark 1900 auf der Werft Ateliers et Chantiers de la Loire in St. Nazaire gebaut worden. Nach dem Detonieren der Sprengladungen sank das französische Schiff graziös über den Bug. Trotzig wehte die Trikolore im Masttopp des Großmastes bis zu seinem Ende.

Aus dem Logbuch der französischen Bark ergaben sich Begegnungen mit anderen Segelschiffen und häufig waren auch die Routen notiert, die sie genommen hatten. Aufgrund einer dem Logbuch der CHARLES GOUNOD entnommenen Information handelnd, traf am 24. Januar 1917 der deutsche Hilfskreuzer 150 sm nordostwärts des St.-Paul's-Felsens auf den 364 BRT großen Dreimast-Motorschoner PERCE. Das kleine Schiff ignorierte alle Signale. Anfangs nahm man auf deutscher Seite an, es handele sich um einen neutralen Amerikaner. Gerade als sich Kptlt. Graf v. Luckner und LtzS.d.R. Leudemann entschlossen hatten, die PERCE ziehen zu lassen, ging am Mast die britische Handelsflagge hoch. Zwei Schüsse vor den Bug zwangen das kanadische Schiff zum Anhalten. Das deutsche Untersuchungskommando stellte fest, daß der Schoner mit einer Ladung Gabardine, Wolle und Salzfisch zu seinem Heimathafen Halifax auf Neuschottland unterwegs war. Nachdem seine Besatzung – einschließlich des neuvermählten Kapitänspaares – übernommen worden war, wurde die PERCE durch Artilleriebeschuß versenkt.

Am 3. Februar 1917 sichteten die Ausgucks an Bord der SEEADLER eine große Viermastbark. Als der deutsche Hilfskreuzer näher herankam, konnte seine Besatzung erkennen, daß das Schiff einen grauen Anstrich hatte und entlang des Schiffskörpers falsche Stückpforten aufwies. Das Segelschiff war eindeutig französischer Herkunft und gehörte sehr wahrscheinlich der Reederei Ant. Dom. Bordes et fils. Es handelte sich um die 3071 BRT große ANTONIN, 1902 auf der Werft Ateliers et Chantiers de la France in Dünkirchen vom Stapel gelaufen. Sie wurde auf der Position 7°00'N 36°00'W angetroffen und befand sich mit einer Ladung Salpeter auf der Heimreise aus Chile. Kptlt. Graf v. Luckner kam mit seinem Schiff hinter dem französischen Schiff auf. Der Dieselmotor streikte, aber die SEEADLER erwies sich unter Segel als schnell genug, und so entschloß sich der deutsche Hilfskreuzerkommandant, aus Sportsgeist heraus dem Franzosen ein Wettrennen zu liefern.

Oben: Die französische Dreimastbark CHARLES GOUNOD (2199 BRT), versenkt am 21. Januar 1917. (Sammlung des Verfassers.)

Als eine Windbö einfiel, nahm Kapitän Lecoq Segel weg, besorgt wegen der Kosten für einen ruinierten Satz Segel, die seine Eigner zu tragen hätten. Kptlt. Graf v. Luckner, nur sich selbst und sonst niemand verantwortlich, ließ alles Tuch stehen. Auf der französischen Bark war zu erkennen, wie ein Foto für die Nachwelt aufgenommen wurde, als sie der Handelsstörer einholte. Als sich die Entfernung weit genug verringert hatte, ließ Kptlt. Graf v. Luckner die Segel und die Takelage der ANTONIN mit Maschinengewehrfeuer bestreichen. Gleichzeitig machte der französische Skipper die vom Masttopp der SEEADLER ausweitende deutsche Kriegsflagge aus; für ihn war damit alles verloren. Die Bark drehte bei, die Besatzung wurde auf die SEEADLER gebracht und die auf dem französischen Schiff angeschlagenen Sprengpatronen wurden gezündet. Bald darauf war das Opfer von der Wasseroberfläche verschwunden.

Am 9. Februar 1917 brachten Kptlt. Graf v. Luckner und seine Männer das schäbige, 1811 BRT große Segelschiff BUENOS AYRES mit seinem ebenfalls unordentlichen Kapitän Antonio Barbieri auf. Im Eigentum der Reederei Lachianca in Neapel stehend, war das Schiff 1891 bei Russell & Co. in Greenock am Clyde gebaut worden. Auch dises Schiff hatte eine Ladung chilenischen Salpeters an Bord.

Der Morgen des 19. Februar 1917 brachte ein weiteres elegantes Segelschiff. Die SEEADLER setzte zur Jagd auf die Viermastbark an, die ihrerseits alle Segel setzte und davonzuziehen begann. Glücklicherweise arbeitete diesmal der Dieselmotor auf dem deutschen Hilfskreuzer zufriedenstellend, so daß seine Antriebsleistung die der Segel unterstützen konnte. Allmählich begann die SEEADLER, zur Viermastbark aufzuschließen. Schließlich befahl Kptlt. Graf v. Luckner 540 sm nordwestlich von São Pedro e São Paulo dem unbekannten – aber vertraut aussehenden – Schiff, seinen Namen anzugeben. Kurze Zeit später wehte als Antwort ein Flaggensignal aus: PINMORE (2431 BRT), Kapitän James Mullen, mit einer Ladung Weizen.

Hinsichtlich des Aufbringens und der bevorstehenden Vernichtung dieses besonderen Schiffes gab es für den deutschen Hilfskreuzerkommandanten eine ganz eigene Bitterkeit. 1882 auf der Werft von J. Reid & Company in Port Glasgow gebaut und in Greenock registriert, gehörte die PINMORE 1917 der Tridonia Ltd. Auf diesem Schiff hatte Graf v. Luckner 1902 eine schreckliche Reise von San Francisco um Kap Hoorn nach Liverpool überstanden und sein damals angenommener Name – »Phylax Luedecke« – war immer noch in seine Heckreling eingeschnitten.

Kptlt. Graf v. Luckner konnte der Versuchung nicht widerstehen, mit der PINMORE nach Rio de Janeiro einzulaufen, um Vorräte zu ergänzen. Seine rechte Hand hatte er bandagiert, um zu vermeiden, die echte Unterschrift Kapitän Mullens auf den Zolldokumenten zu wiederholen.* Als das britische Schiff jedoch nicht mehr von Nutzen war, wurden schließlich die angeschlagenen Sprengpatronen gezündet und die alte Bark sank träge über den Bug. Viele Angehörige der deutschen Besatzung wunderten sich – in Unkenntnis des gesamten Vorgangs – darüber, warum sich ihr Kommandant in seine Kajüte einschloß, als das Schiff seinem nassen Grab übergeben wurde.

Am 25. Februar 1917 wurde die dänische Viermastbark VIKING 1907 bei Burmeister & Wain für die Det Forenede Dampskibs A/S in København gebaut – angehalten, aber nach einer Untersuchung wieder freigegeben, da ihre Ladung nicht zu beanstanden war.

In den nebligen Morgenstunden des 26. Februar 1917 machte LtzS.d.R. Preiss einen verschwommenen Schatten aus. Kptlt. Graf v. Luckner schlug mit der SEEADLER unverzüglich einen Abfangkurs ein und 15 Minuten später tauchte dicht vor dem Handelsstörer die

* Anmerkung des Verfassers: Dies ist einer der vielen Vorgänge, auf die nur in Graf v. Luckners Erinnerungen Bezug genommen wird (er fehlt zum Beispiel völlig im Buch von Lowell Thomas »The Sea Devil«, 1928 erschienen). Daß Kapitän Mullen an Land so gut bekannt gewesen sein sollte, scheint außerordentlich weit hergeholt.

1953 BRT große Dreimastbark BRITISH YEOMAN auf. Die Besatzung des Schiffes winkte begeistert den aus vielen Rassen zusammengesetzten Gefangenen zu, die die Decks des deutschen Hilfskreuzers säumten. Da die Bark keine Handelsflagge führte, befahl Kptlt. Graf v. Luckner, um die Nationalität aus dem Namen erkennen zu können, auf dem Phonographen so laut wie möglich »A Long Way to Tipperary« zu spielen. 1880 auf der Werft von Oswald, Mordaunt & Company in Southampton gebaut, war die BRITISH YEOMAN tatsächlich einmal unter britischer Flagge gesegelt und bis 1916 inVictoria, Britisch Kolumbien, registriert gewesen.

Sie war jedoch inzwischen an die Reederei Eschen & Minor in San Francisco, die das Schiff früher bereedert hatte, verkauft worden und hätte die »Stares und Stripes« führen müssen.*

Kapitän Armstrong wollte Neuigkeiten vom Kriegsverlauf hören, woraufhin Kptlt. Graf v. Luckner erwiderte, daß es viel zu berichten gäbe und daß er die Informationen über Flaggensignal mitteilen würde. Während die Besatzung der BRITISH YEOMAN voller Erwartung zusah, gingen auf der SEEADLER drei Signalflaggen hoch: weiß mit einem blauen Rand oben und unten sowie mit einem roten Streifen in der Mitte, gelb mit einem schwarzen Kreis und blau mit einem gelben Rand oben und unten, d. h. die Buchstaben C – I – D; sie bedeuteten: »Stoppen Sie sofort oder ich eröffne das Feuer!»

Am Mast stieg knatternd die deutsche Kriegsflagge hoch und von den Geschützen fielen die Tarnungen. An Bord der Bark herrschte Bestürzung; Seeleute rannten zu den Booten, während sie beidrehte. Als sich die Panik gelegt hatte, ging ein Prisenkommando der SEEADLER an Bord und stellte fest, daß zur Ladung lebende Hühner und Schweine gehörten. Die Tiere wurden auf den Handelsstörer gebracht, ehe die Sprengladungen gezündet wurden. Die BRITISH YEOMAN sank 230 sm nordwestlich von São Pedro e São Paulo.

Am Abend desselben Tages – des 26. Februar 1917 – war achteraus ein Licht zu sehen. Allmählich kam hinter der SEEADLER eine große Viermastbark auf, da Kptlt. Felix Graf v. Luckner mit seinem Schiff die Fahrt stetig, aber nicht zu schnell, fortsetzte. Die Morgendämmerung enthüllte die wunderbare französische LA ROCHEFOUCAULD (2200 BRT) der Société Nouvelle d'Armement, 1899 auf der Werft Ateliers et Chantiers ›Loire‹ in Nantes gebaut. Kptlt. Graf v. Luckner ließ signalisieren: »Stoppen Sie. Wir haben wichtige Nachrichten!» Langsam kam die Bark dieser Anweisung nach. Die 10,5-cm-Geschütze wurden enttarnt und die deutsche Kriegsflagge stieg in den Masttopp hoch.

Die Nutzlosigkeit jeden Widerstandes erkennend, kam Kapitän Malbert verärgert an Bord der SEEADLER; selbst als er die Geschütze des Handelsstörers gesehen hatte, war er immer noch der Meinung gewesen, einen britischen Unterseebootstender vor sich zu haben. Das Prisenkommando meldete, daß Besatzungsangehörige der LA ROCHEFOUCAULD ausgesagt hätten, die Bark wäre erst vor kurzem von einem britischen Kreuzer untersucht worden. Eine nochmalige Überprüfung des Logbuches ließ erkennen, daß Kapitän Malbert eine Seite in der Hoffnung entfernt hatte, der Kreuzer würde den Handelsstörer unversehens stellen. Doch sein Plan war entdeckt worden und sein Schiff wurde am 27. Februar versenkt.

Der Abend des 5. März 1917 zeigte sich mit prächtigem, klarem Wetter, während die SEEADLER unter dem Kreuz des Südens dahinzog. Als Kptlt. Graf v. Luckner den Horizont absuchte, sichtete er als Silhouette gegen das Mondlicht eine große Viermastbark. Die SEEADLER näherte sich dem Neuankömmling unbemerkt auf der Schattenseite. Er wurde als vermutlich britisches Schiff eingestuft.

* Anmerkung des Verfassers: Obwohl im Lloyd's Register stehend, wird dieser Umstand seltsamerweise in zeitgenössischen Erinnerungen nicht erwähnt – einige führen die Bark noch als kanadisch auf.

Unten: Die dänische Viermastbark VIKING, von Kptlt. Graf v. Luckner angehalten, aber nach der Untersuchung wieder freigegeben. (Laurence Dunn.)

Kptlt. Graf v. Luckner ließ mit der Morselampe »Stoppen Sie sofort. Deutscher Kreuzer!» hinüberblinken, um das künftige Opfer in Panik zu versetzen; es sollte annehmen, ihm stünde ein Kriegsschiff gegenüber.

Bald darauf war ein klatschendes Geräusch zu hören, das von Bootsriemen herrührte, und eine Stimme rief den deutschen Hilfskreuzer in gepfeffertem Französisch an. Der lustige Kapitän Charrier, der die 2206 BRT große DUPLEIX der Société Anonyme des Armateurs Nantais führte, kam in dem Glauben an Bord, ein französischer Kapitänskollege hätte ihm auf seine Kosten einen Streich gespielt. Die deutschen Seeleute beteuerten nachhaltig ihre Unschuld, ehe sie ihn einen Blick in Graf v. Luckners Kajüte werfen ließen: geschmückt mit den Bildern von Kaiser Wilhelm II., Hindenburg und Ludendorff mit einer großen deutschen Flagge darüber. Der Franzose war untröstlich. Er erzählte, wie ihn zwei andere Skipper gewarnt hatten, Valparaiso erst zu verlassen, wenn Anweisungen von seinen Eignern eingegangen wären. Doch er hatte sich entschlossen, bei gutem Wind auszulaufen und das Risiko auf sich zu nehmen. Er gab sogar die Namen der anderen französischen Schiffe preis: die ANTONIN und die LA ROCHEFOUCAULD.

Kurze Zeit später folgte ihnen die 1900 auf der Werft Ateliers et Chantiers de la Loire in Saint Nazaire fertiggestellte DUPLEIX auf den Meeresgrund.

Am 11. März 1917 machten die Ausgucks an Bord der SEEADLER 220 sm ostnordostwärts von São Pedro e São Paulo einen Dampfer mit schwarzem Schiffsrumpf aus. Als Kptlt. Graf v. Luckner mit seinem Schiff näher herankam, befahl er, das Signal mit dem Ersuchen um die Uhrzeit zu setzen. Da dies der Dampfer ignorierte, wurde auf dem Handelsstörer eine große Menge Magnesiumpulver in einem Raucherzeuger verbrannt, um einen ernsten Brand zu simulieren. Notsignale wurden angezündet, woraufhin die 1911 gebaute und 3609 BRT große HORNGARTH der Horngarth Steam Ship Co. Ltd. in Cardiff unverzüglich Kurs änderte, um zu Hilfe zu kommen. Kptlt. Graf v. Luckner konnte auf diesem Schiff eine Funkantenne und auf der Poop ein großes Geschütz erkennen. Falls der Dampfer Feuer eröffnen sollte, wäre er imstande, der SEEADLER einen tödlichen Schlag zu versetzen.

Kptlt. Graf v. Luckner entschloß sich, den ersten Schritt zu tun. Als die HORNGARTH näherkam, wurde der »Brand« unter Kontrolle gebracht und der Matrose Schmidt erschien als Kapitänsfrau verkleidet zur Ablenkung an Deck. Innerhalb eines Augenblicks veränderte sich die gesamte Situation. Von den Geschützen fiel die Tarnung, Schmidt wurde wieder zum deutschen Seemann, die Reichskriegsflagge stieg hoch und über dem Schanzkleid tauchten Gewehrschützen auf, um jeden aufs Korn zu nehmen, der sich zum Geschütz bewegte. Eine einzige 10,5-cm-Granate zerstörte die Funkanlage an Bord des britischen Schiffes und eine »Lärmkanone«, hergestellt aus einem Stück Rohr mit großem Durchmesser und mit Schießpulver geladen, wurde mit ungeheurer Wirkung gezündet.

Aber noch immer weigerte sich Kapitän Ivor Stainthorp von der HORNGARTH zu kapitulieren, statt dessen befahl er die Geschützbedienung auf ihren Posten. Die deutschen Seeleute konnten erkennen, wie sich die Bedienung einzeln aus der Menge an Deck löste, um Richtung Poop zu eilen. Die Gewehrschützen auf der SEEADLER bereiteten sich zum Feuern vor. Gleichzeitig enterten drei Mann mit Megaphonen nach oben und schmetterten: »Torpedos klar!» Das martialische Verhalten an Bord des Dampfers fiel wie ein durchstochener Luftballon zusammen. In der Brise wehten weiße Fahnen und weiße Taschentücher aus, als die HORNGARTH beidrehte.

In diesem Fall bestand das Prisenkommando aus Männern, die wegen ihrer beeindruckenden kraftvollen Figur besonders ausgewählt waren, um von jedem Widerstand abzuschrecken. Die ungläubig dreinschauende britische Besatzung wurde jedoch ohne Zwischenfall übernommen und die deutschen Seeleute versenkten die HORNGARTH – nach vorheriger Übernahme mehrerer Musikinstrumente und eines großen Pianos – mit der üblichen Kombination aus Öffnen der Seeventile und Sprengladungen.

Am 21. März 1917 erschien die französische Viermastbark CAMBRONNE (1863 BRT) der Ant. Dom. Sordes et fils, die auf der Position 20°10'S 25°50'W vor der deutschen Kriegsflagge kapitulierte. 1897 auf der Werft von Laporte & Cie. in Rouen gebaut, war die Bark nicht nur geräumig sondern auch gut verproviantiert, so daß sich Kptlt. Graf v. Luckner entschloß, die SEEADLER von den nahezu 300 Gefangenen zu befreien.

Das von den deutschen Hilfskreuzerkommandanten üblicherweise angewendete Verfahren bestand darin, einen Dampfer aufzubringen, die Gefangenen hinüberzuschaffen und das Schiff dem Befehl eines deutschen Prisenkommandos zu unterstellen, das den Dampfer so langsam wie möglich in einen geeigneten neutralen Hafen bringen würde. Die Verwendung der CAMBRONNE, um die Gefangenen freizugeben, bereitete besondere Probleme. Kptlt. Graf v. Luckner konnte es sich nicht leisten, ein ausreichend starkes Prisenkommando abzugeben, um sicherzustellen, daß die Prise nach Wunsch segelte. Ließ er die Bark ohne Überwachung frei, dann gab es viel zuviel Seeleute mit Segelschiffserfahrung an Bord, die alles unternehmen würden, um unter vollen Segeln den nächstgelegenen Hafen anzusteuern. Dies würde der SEEADLER nicht ausreichend Zeit verschaffen, um ein gelungenes Entkommen zu gewährleisten.

Das Problem wurde schließlich auf folgende Weise gelöst: Entfernen der Bramstengen auf der CAMBRONNE, Vernichten der Reservespieren und Überbordwerfen der in Frage kommenden Segel, um sicherzustellen, daß die Bark Rio de Janeiro in weniger als zehn Tagen nicht erreichen konnte. Genug Proviant, der für mindestens einen Monat ausreichte, wurde an Bord des Franzosen gebracht und dann entließ Kptlt. Graf v. Luckner die CAMBRONNE unter der Führung von Kapitän Mullen von der PINMORE ostwärts der Ilha da Trindade. Zum Mißvergnügen der französischen Besatzung bestand Kapitän Mullen darauf, die Trikolore niederzuholen und den Union Jack zu setzen.

Der deutsche Hilfskreuzer hingegen richtete seinen Bug nach Süden und verweilte kurz auf der Höhe der Falkland-Inseln zur Niederlegung eines großen Eisernen Kreuzes, um die Seemannsgräber von VAdm. Graf v. Spee – einem Freund der Familie Graf v. Luckners – und seinen Männern zu markieren, die im Dezember 1914 mit ihm gefallen waren.

Im Anschluß daran knüppelte die SEEADLER am 18. April 1917 in einem schweren Orkan um Kap Hoorn, aus dem sie ohne Schäden hervorging, um auf nördlichen Kursen entlang der chilenischen Küste in den Pazifischen Ozean zu steuern. Diese Fahrt gestaltete sich nicht einfach. Aufgefangene Funksprüche enthüllten die Anwesenheit von Kriegsschiffen der Royal Navy und, obwohl die SEEADLER so weit nach Süden ausgewichen war, daß sie Eisberge angetroffen hatte, mußte Kptlt. Graf v. Luckner auch noch vor einem großen Hilfskreuzer davonlaufen, um sein Schiff zu retten. Die deutschen Seeleute waren der Auffassung, ihr Verfolger wäre die OTRANTO gewesen, der sie in einer Regenbö nur mit Glück entkommen waren, ehe das britische Schiff auf Schußweite herankommen konnte. In nur wenigen hundert Seemeilen Entfernung passierte der Handelsstörer auch den vor der chilenischen Küste patrouillierenden britischen Panzerkreuzer LANCASTER.

Um die britische Seite zu verwirren, befahl Kptlt. Graf v. Luckner das Überbordwerfen von Rettungsbooten und Schwimmwesten; nachdem dafür gesorgt worden war, daß sie alle deutlich mit dem Namen des Handelsstörers gekennzeichnet waren. Er ließ auch falsche SOS-Funksprüche von Handelsschiffen aussenden, die angeblich von deutschen Unterseebooten angegriffen wurden, und ließ absichtlich das Aussenden jedesmal vorzeitig abbrechen.

Anfang Mai 1917 nahmen die Funker auf dem deutschen Hilfskreuzer einen Funkspruch unbekannter Herkunft auf. Er lautete: »SEEADLER mit wehenden Flaggen gesunken. Kommandant und Teil der Besatzung in Gefangenschaft und auf dem Wege nach Montevideo.« Die Briten, so schien es, spielten ein eigenes Spiel, um zu versuchen, das Vertrauen in die Sicherheit des Seehandels wiederherzustellen.

Auf den beiden letzten Sperren sanken am 17. bzw. am 21. Februar die britischen Dampfer WORCESTERSHIRE (7175 BRT) und PERSEUS (6728 BRT). Nach dem Beenden des Minenlegens setzte sich KKpt. Nerger nach Süden ab, um gegen den Schiffsverkehr auf den Seewegen Kreuzerkrieg zu führen, die zum einen Südafrika mit Bombay und zum anderen Aden mit Colombo oder der Sunda-Straße verbinden.

Am 26. Februar 1917 entschloß sich KKpt. Nerger, das Seeflugzeug zusammenbauen zu lassen. Nachdem die Einzelteile aus ihren Verstecken herausgeholt worden waren, stellte sich heraus, daß die tropische Hitze und Feuchtigkeit die Tragflächen des Doppeldeckers verzogen hatte. Remy versuchte, sie unter Einsatz seiner Werkzeuge wieder auszurichten, wurde aber durch das Rollen des Schiffes darin behindert. Schließlich sorgten das Peilen über den Daumen und die entsprechenden Stoßgebete dafür. Die Größe der FF 33 E, die eine Flügelspannweite von 16,75 m hatte, komplizierte diese Aufgabe. Doch am späten Nachmittag war das Werk getan und als der Abend hereinbrach, erhielt Vizeflugmeister Stein den Befehl, den Motor zum Probelauf zu starten. Zu jedermanns Erleichterung sprang der 150-PS-Sechszylinder-Benzinmotor Bz. III sofort an.

Doch zunächst wurde aus einem Start nichts, denn am 27. Februar 1917 kam um 06.25 Uhr der 5528 BRT große britische Dampfer TURRITELLA in Sicht und wurde nach einer kurzen Verfolgungsjagd um 08.00 Uhr auf der Position 8°40'N 63°15'O mit einem Schuß vor den Bug angehalten. Diese Prise war deshalb besonders interessant, weil das Schiff 1906 bei der Flensburger Schiffbau-Gesellschaft gebaut worden war. Auf den Namen GUTENFELS getauft, gehörte es – wie früher die WOLF – der Deutschen Dampfschifffahrts-Gesellschaft ›Hansa‹ in Bremen und war im August 1914 in Port Said interniert und später von den Briten beschlagnahmt worden. Sie brachten es als POLAVON zunächst wieder in Fahrt und bauten es 1916 zum Öltanker TURRITELLA um. Als »Tanker 147« fuhr die TURRITELLA im Auftrag der Anglo-Saxon Petroleum Co. Ltd. in London für die Royal Navy.

Das aufgebrachte Schiff bekam eine Prisenbesatzung unter Führung des bisherigen Ersten Offiziers der WOLF, Kptlt. Brandes, wurde mit einem 5,2-cm-Geschütz und 25 Minen ausgerüstet und erhielt nach der Indienststellung als Hilfskreuzer ILTIS (siehe unten Anhang 1) den Auftrag, Minen vor Aden zu legen. Da der britische Kapitän Maedows prahlte, die WOLF wäre in vierzehn Tagen erledigt, da der britische Leichte Kreuzer HMS NEWCASTLE in diesem Seegebiet stünde, entschloß sich KKpt. Nerger, das Seeflugzeug zur Aufklärung starten zu lassen. Um 14.30 Uhr wurde die FF 33 E mit dem Ladebaum über die Steuerbordseite ausgesetzt und durch Zerschlagen einer Flasche Champagner am Propeller auf den Namen »Wölfchen« getauft. Vizeflugmeister Stein balancierte auf einem der Schwimmer und drehte den Propeller, um Anlaßkraftstoff in den Motor einzuspritzen, während Flugmeister Fabeck den Anlasser betätigte. Wieder sprang der Motor sofort an, woraufhin das Flugzeug unter lauten Hurrarufen vom Schiff wegrollte.

Die FF 33 E war nicht besonders schnell; sie war nur zu einer Geschwindigkeit von 119 km/h imstande und brauchte fast 30 Minuten, um auf 1500 m zu steigen. Dennoch boten das Schiff und der es umgebende Ozean von oben einen derart atemberaubenden Anblick, daß Stein und Fabeck von freudiger Erregung überwältigt wurden und in den Luftschraubenstrom drei Hurras auf den Flugzeughersteller ausbrachten. Flugmeister Fabeck machte dann eine elegante Landung und rollte, gefolgt von einer Flottille stets hoffnungsvoller Haie, zum Schiff zurück. »Wölfchen« wurde mit dem Ladebaum wieder an Bord der WOLF genommen und auf die Ladelucke 4 gesetzt. Anschließend meldeten die Piloten, daß der britische Kreuzer nicht in Sicht war.

Am nächsten Morgen wurde der Flug wiederholt. Hierbei kam es zur Sichtung von zwei Schiffen, die aber beide weit außerhalb des Seegebietes fuhren, das der deutsche Hilfskreuzer kontrollieren konnte. Bis zum Nachmittag waren die beiden Handelsschiffe außer Sicht gekommen. Die enttäuschten Piloten ersuchten um die Erlaubnis, den Versuch zu unternehmen, Schiffe durch Abwerfen von Bomben zum Stoppen zu veranlassen. Doch KKpt. Nerger verweigerte – zumindest anfänglich – seine Zustimmung.

Im Anschluß daran war KKpt. Nerger mit seinem Schiff auf einen südwestlichen Kurs gegangen und hielt auf das Seegebiet südlich

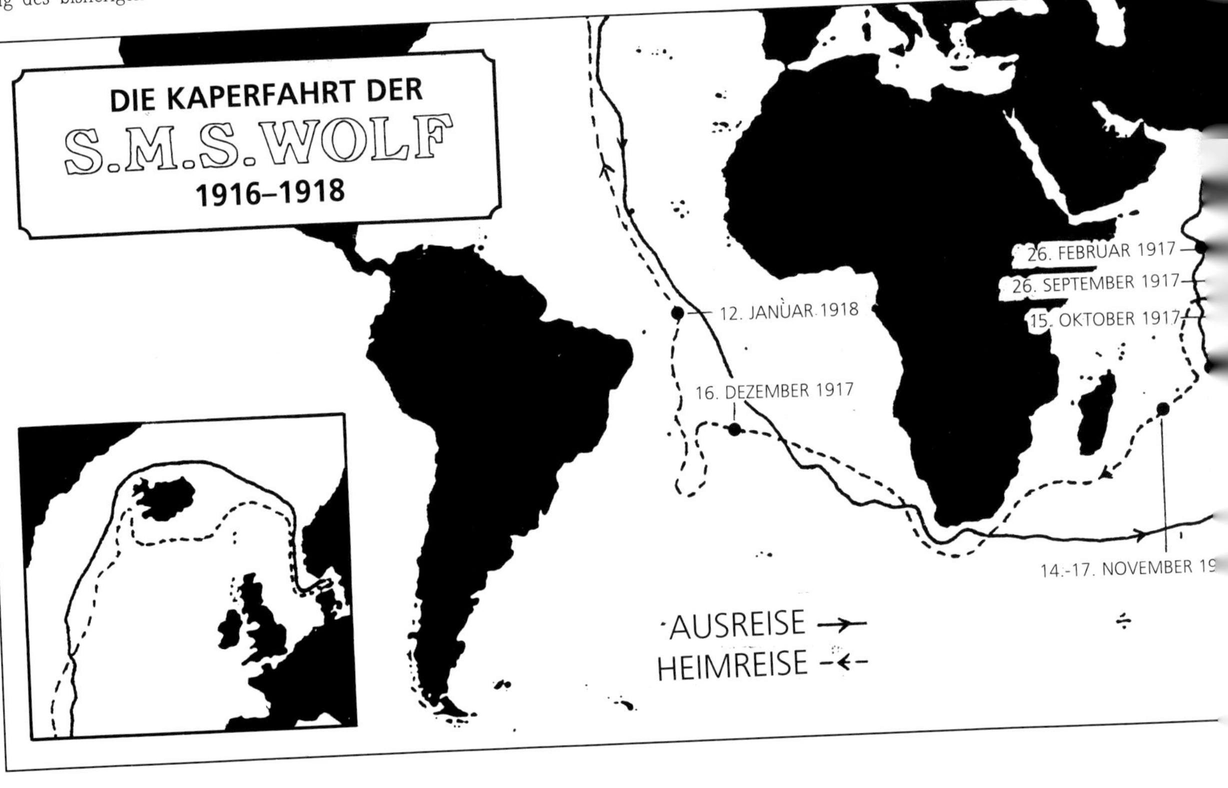

von Australien zu. Am 1. März 1917 bekamen die Ausgucks an Bord der WOLF an der Kimm einen Dampfer in Sicht und »Wölfchen« wurde ausgesetzt, um Schäden durch den Luftdruck zu vermeiden, sollte der Handelsstörer das Feuer eröffnen. Dies stellte jedoch Stein und Fabeck nicht zufrieden, die prompt starteten. Als der deutsche Hilfskreuzer einen Schuß abfeuerte, um den 4152 BRT großen britischen Dampfer JUMNA auf der Position 8°9'N 62°00'O zu stoppen, stieß das Seeflugzeug herab und kreiste, jederzeit bereit, den Dampfer – falls erforderlich – mit Bomben zu belegen. Die JUMNA drehte aber gehorsam bei; wenn auch die Freude über das gelungene Aufbringen des Schiffes durch einen ernsten Unglücksfall an Bord des Hilfskreuzers überschattet wurde. Aus dem Backbord achteren Geschütz, das nach innen gerichtet war, hatte sich ein Schuß gelöst und fünf deutsche Seeleute getötet und über 20 weitere verwundet.[132]

Die JUMNA war 1902 auf der Werft von Bertram & Sons in Sunderland fertiggestellt worden und gehörte der Reederei Mercantile Steam Ship Co. Ltd. in London. Der Dampfer wurde außerhalb des Schifffahrtsweges gebracht und alles Brauchbare – darunter 300 t Kohle, Proviant, Tauwerk, Holz und Steuermannsgerät – übernommen. Danach wurde er am 4. März 1917 mit Sprengpatronen versenkt.

Der Hilfskreuzer ILTIS, die ex-TURRITELLA, legte ihre Minen in der Nacht vom 4./5. März 1917. Am 5. März im Verlaufe des Nachmittags näherte sich jedoch dem deutschen Schiff die Sloop HMS ODIN.[133] Da das britische Kriegsschiff sechs 10,2-cm-Geschütze führte, versenkte sich der Hilfskreuzer ILTIS um 16.50 Uhr selbst, um nicht in britische Hände zu fallen. Im Kriegstagebuch der ODIN wird der Untergangsort – westsüdwestlich von Aden – mit der Position 12°30'N 43°48'O angegeben; inzwischen wird aber die Position 12°26'N 44°12'O als richtig akzeptiert. Zum Bedauern für KKpt. Nerger und sein Schiff gaben die chinesischen Besatzungangehörigen, die sich neben dem 27 Mann starken deutschen Prisenkommando an Bord der ILTIS befanden, den britischen Vernehmungsoffizieren eine genaue Beschreibung der WOLF. Für den deutschen Hilfskreuzerkommandanten wurde es Zeit, das Operationsgebiet zu wechseln.

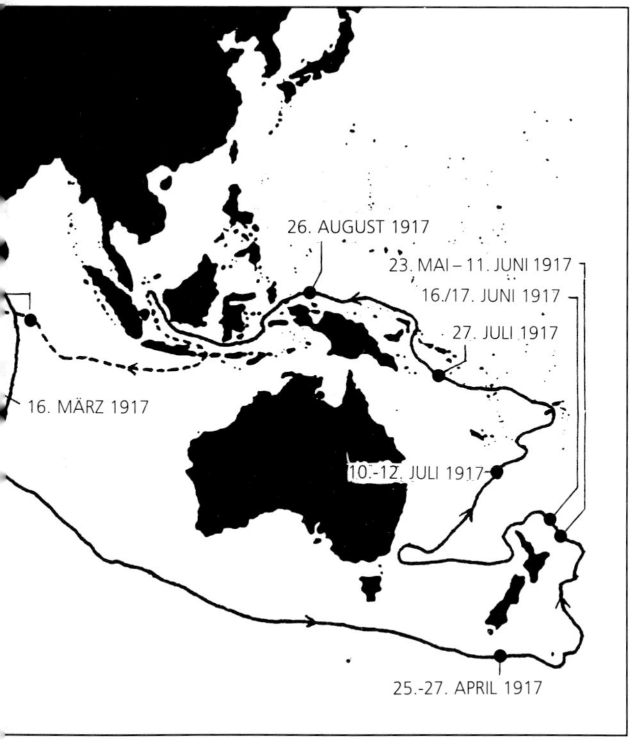

Aufgrund der Erfahrungen entschied sich KKpt. Nerger, das Seeflugzeug jedesmal auszusetzen, ehe er sich einem potentiellen Opfer näherte, da die Anwesenheit der FF 33 E auf der Ladeluke 4 nicht nur die Aufmerksamkeit auf sich ziehen sondern auch die Tarnung der WOLF als einfaches Handelsschiff gefährden würde. Stein und Fabeck waren über diese Entscheidung weniger glücklich und argumentierten hartnäckig dafür, daß sie eine aktivere Rolle spielen sollten. Das Seeflugzeug hätte eine Flugausdauer von fünf bis sechs Stunden und könnte einer besseren Verwendung zugeführt werden, als lediglich ein Aufklärungsspielzeug zu sein.

Am 11. März 1917 sichteten die Ausgucks der WOLF um 09.30 Uhr etwa 680 sm ostwärts der Seychellen am Horizont eine Rauchfahne. Stein und Fabeck starteten mit ihrem Flugzeug sofort zur Aufklärung und kamen mit der Meldung zurück, es handele sich um ein Handelsschiff. Die FF 33 E wurde wieder an Bord genommen und der deutsche Hilfskreuzer setzte zur Verfolgung an. Um 12.30 Uhr wurde das Seeflugzeug erneut ausgesetzt und tanzte mehrere Stunden lang umher, ehe die WOLF signalisierte, daß sie sich in Angriffsentfernung befand. Der Pilot ließ den Motor an und dann startete die Maschine in Richtung auf den schon weit entfernt stehenden Handelsstörer. Als die WOLF über den Bug des britischen Dampfers WORDSWORTH (3509 BRT) der Shakespear Shipping Co. Ltd. einen Warnschuß feuerte, kurvten Stein und Fabeck dicht über die Decks des Schiffes, bereit zum Bombenwurf, falls erforderlich. Der 1915 auf der Werft von W. Gray & Co. Ltd. in West Hartlepool fertiggestellte Dampfer mit einer Ladung Reis an Bord drehte jedoch gehorsam auf der Position 4°30'S 67°00'O bei.

Die Weite des Indischen Ozeans gestattete es KKpt. Nerger, den Weitermarsch gemächlich fortzusetzen. Der deutsche Hilfskreuzer übernahm aus der neuen Prise lediglich ein paar Tonnen Reis, ehe das Schiff am 18. März 1917 mit Hilfe der bewährten Kombination aus Öffnen der Seeventile und angebrachten Sprengladungen versenkt wurde.

Das Seeflugzeug, das im Indischen Ozean bisher 14 Flüge durchgeführt hatte, wurde am 16. März wieder auseinandergenommen und im Laderaum 4 verstaut. Stein, Fabeck, Remy und die Besatzung des Handelsstörers hatten die FF 33 E in einer überraschend guten Einsatzbereitschaft gehalten, wenn auch kleinere Schäden an Streben, zerrissene Spanndrähte und Löcher in der Bespannung regelmäßig auftraten. Glücklicherweise waren diese Reparaturen einfach und der Motor hatte sich als zuverlässig erwiesen.

Am 31. März 1917 holte die WOLF die 1169 BRT große Dreimastbark DEE ein, unterwegs nach Perth in Westaustralien. 1885 bei Russell & Company in Port Glasgow gebaut, gehörte die Bark der Reederei Le Nouveau Chantier Ltd. und war in St. Louis auf Mauritius registriert. Kapitän John Rugg setzte die britische Handelsflagge und signalisierte: »An Bord alles in Ordnung!» Als Antwort setzte die WOLF das Flaggensignal: »Deutscher Kreuzer. Stoppen Sie sofort!« Die Bark wurde 410 sm südwestlich von Kap Leeuwin versenkt, ein Einzelerfolg in einem abgeschiedenen Seegebiet. KKpt. Nerger setzte danach den Weitermarsch südlich von Australien fort, ohne den Weizenschiffen zu begegnen, die er zu vernichten hoffte.

Am 23. Mai 1917 wurde »Wölfchen« wieder zusammengesetzt und führte vier erfolglose Flüge auf der Suche nach Prisen durch. Am 27. Mai hatte die WOLF die Sunday- oder Rabaul-Insel erreicht, die nördlichste Insel der Kermadec-Gruppe, etwa 600 sm nordnordostwärts von Neuseeland. Nachdem das Schiff dort vor Anker gegangen war, um Wartungsarbeiten durchzufahren, befahl KKpt. Nerger am 2. Juni besorgt den Start des Seeflugzeuges zur Aufklärung; denn am Horizont war eine Rauchfahne in Sicht gekommen, gefolgt von zwei Masten und einer Funkantenne. Da ein Kessel zur Reparatur auseinandergenommen worden war, konnte die WOLF nur noch sechs Knoten laufen.

KKpt. Nerger wollte wissen, ob es sich bei dem Neuankömmling um ein Hilfskriegsschiff handelte, und wenn es ein Handelsschiff war, so mußte sein Entkommen verhindert werden. Er befahl daher Vizeflugmeister Stein und Flugmeister Fabeck, das Schiff anzuhalten, falls sie dies könnten. Dies war die Gelegenheit, auf die die Piloten schon lange warteten.

»Wölfchen« startete um 15.30 Uhr und stieg hinter dem fremden Schiff auf 1000 m Höhe. Es war ein Dampfer mit schwarzem Schiffskörper, ledergelben Aufbauten und einem einzelnen roten Schornstein mit schwarzem Rand. Vizeflugmeister Stein gab Gas, stieß herunter und strich in 60 m Höhe der Länge nach über das Schiff, während Flugmeister Fabeck beschwerte Nachrichtenbeutel aus Segeltuch abwarf. Die Überraschung an Bord des Dampfers WAIRUNA der Reederei Union Steamship Company of New Zealand Ltd. war vollkommen. Manch Angehöriger der Besatzung des Dampfers hatte noch nie ein Flugzeug gesehen.

Einer der Beutel landete auf der Brücke. Neugierig öffnete ihn Kapitän Hammand. Zu seinem Erstaunen fand er eine Botschaft mit den Worten: *»Befehl. Steuern Sie nach Süden zu deutschem Kreuzer. Gebrauchen Sie nicht Ihre Funkanlage. Falls Sie diese Befehle nicht befolgen, werden Sie mit Bomben angegriffen!»* Als die WAIRUNA weder ihre Fahrt verlangsamte noch stoppte, warf Flugmeister Fabeck, um der Botschaft Nachdruck zu verleihen, eine Bombe ab, die nur 30 m vor den Bug des Dampfer in die See schlug und detonierte.

Jeder Gedanke, den Kapitän Hammand in Erwägung gezogen haben mag, um zu entkommen, schwand dahin, als die WOLF Anker lichtete und von der Sunday-Insel weg auf See hinaus hielt. Um 16.05 Uhr ging das Prisenkommando an Bord, um den 3974 BRT großen Frachter – 1904 an der Tyneside bei Armstrong, Whitworth & Co. Ltd. gebaut – in Besitz zu nehmen. Seine Ladung bestand aus Käse, Fleisch, Milch und 1200 ts Kohle. »Kostbarer für uns als unser tägliches Brot», bemerkte KKpt. Nerger zu seinen Piloten, als er ihnen die erbeutete neuseeländische Flagge überreichte.

Die WAIRUNA wurde mit zurück zur Sunday-Insel genommen. Beide Schiffe gingen dort vor Anker, der Frachter in Lee der WOLF; denn die Ladung der WAIRUNA sollte zur Ergänzung seiner Vorräte vom Hilfskreuzer übernommen werden. Mit Ausnahme des Skippers wurden die Offiziere und der größte Teil der Besatzung sofort auf den Handelsstörer gebracht. Die Übernahme der Ladung dauerte bis zum 7. Juni 1917. Gelegentlich wurde der Ankerplatz verändert, da die vorherrschenden Winde ihre Richtung änderten. Kommandos wurden durch die starke Brandung an Land geschickt, um Frischwasser zu holen und Früchte zu sammeln. Am 5. Juni 1917 entkamen der Leitende Ingenieur und der Zweite Ingenieur der TURRITELLA unbemerkt von Bord des Hilfskreuzers, offensichtlich in der Absicht, an Land zu schwimmen. Sie wurden nicht wieder gesehen.

Das Seeflugzeug war am 5. Juni durch Funkenflug aus dem Schornstein und fünf Tage später in einem Sturm ernsthaft beschädigt worden. Wind mit einer Stärke von 50 kn, d. h. mit über 90 km/h, hatte die Querruder abgerissen. Dies zwang die einfallsreiche Besatzung des deutschen Hilfskreuzers, aus Zigarrenschachteln und Teekisten neue Teile zu bauen.

Am 16. Juni 1917 gingen die WOLF und die WAIRUNA um 18.00 Uhr wieder in See, letztere bereits zur Versenkung vorbereitet. Kaum lag jedoch die Sunday-Insel hinter ihnen, da sichtete »Wölfchen« einen kleinen Viermastschoner. Da die mit Blei beschwerten Nachrichtenbeutel entweder leewärts ins Wasser fielen oder von den Segeln ins Wasser abprallten, warf Vizeflugmeister Stein aus 75 m Höhe eine Bombe vor den Bug des Schoners. Anschließend führte Flugmeister Fabeck eine gekonnte Landung durch und rollte mit dem »Wölfchen« längsseits des Schoners. Dort angekommen, kletterte Vizeflugmeister Stein auf die hintere Abdeckung des Flugzeugrumpfes und überzeugte – drohend eine Parabellum-08-Pistole schwingend – den erstaunten Kapitän Orville Fredericks, sein Schiff zum deutschen Hilfskreuzer zu steuern. Das Seeflugzeug startete wieder und umkreiste den Schoner, um zu gewährleisten, daß die Anweisungen buchstabengetreu befolgt wurden.

Der Schoner erwies sich als die 567 BRT große WINSLOW, 1899 auf der Werft der Hall Brothers in Port Blakely im US-Staat Washington gebaut. Der Reederei G.E. Billings in San Francisco gehörend, war sie mit ein paar hundert Tonnen Ladung, bestehend aus Kohle, Schamottesteinen und Petroleum, auf dem Wege von Sydney nach Samoa. Der Schoner war keineswegs überraschend aufgetaucht, da die deutschen Funker zwischen Apia/Samoa und Sydney gewechselte Funksprüche aufgefangen hatten, die zunächst mitteilten, daß die WINSLOW zum Auslaufen bereit wäre, und dann bestätigten, daß der Schoner den Hafen verlassen hatte.

Am 17. Juni 1917 wurde die WAIRUNA um 07.45 Uhr durch Öffnen der Seeventile und Zünden der angeschlagenen Sprengpatronen versenkt. Außerdem schoß die WOLF sechzehn 15-cm-Granaten in die Wasserlinie, um den Untergang des Frachters zu beschleunigen. Die FF 33 E wurde wieder auseinandergenommen und verschwand im Laderaum 4.

KKpt. Nerger blieb mit seinem Hilfskreuzer in der Absicht in See, die WINSLOW als Köder zu benutzen, aber nichts ereignete sich. Daher wurde der Schoner am 20. Juni mit zur Sonntags-Insel zurückgebracht, um seine gesamten Vorräte zu übernehmen. Zwei Tage später schleppte die WOLF das Segelschiff wieder in See und das Sprengkommando zündete vier Sprengladungen. Beim zwecklosen Versuch, die Masten und Spieren herunterzubringen, verschwendete der Handelsstörer fast vierzig 15-cm-Granaten. Schließlich dampfte die WOLF in den frühen Abendstunden davon und überließ die noch immer brennende Hulk der WINSLOW sich selbst.

In der Nacht vom 25./26. Juni 1917 wurden in neuseeländischen Gewässern Minen gelegt, um die Durchfahrt zwischen den Three-Kings-Inseln und dem Festland der Nordinsel zu sperren. Danach steuerte der deutsche Hilfskreuzer nach Süden in Richtung Cook-Straße und legte dort in der Nacht vom 26./27. Juni 1917 weitere 50 Minen. Nach einem Schlag nach Westen legte die WOLF am 3. Juli nochmals 17 der insgesamt beabsichtigten 25 Minen vor der Gabo-Insel, wenige Seemeilen südwestlich von Kap Howe an der Ostküste Australiens. Das unerwartete Erscheinen eines Geleitzuges, gesichert durch ein britisches Kriegsschiff, vermutlich der Leichte Kreuzer HMS ENCOUNTER, unterbrach abrupt das Minenlegen und zwang den Handelsstörer, aus Sicherheitsgründen nach Norden abzulaufen. Das erste Opfer auf dieser Minensperre wurde der große britische Dampfer CUMBERLAND (9471 BRT), der am 6. Juli südwestlich der Insel Gabo sank.

Anschließend ging die WOLF auf Nordostkurs, passierte die Lord-Howe-Insel und lief in den Pazifischen Ozean. Am 9. Juli 1917 brachte KKpt. Nerger mit seinem Schiff auf der Position 26°42'S 166°40'O das amerikanische Segelschiff BELUGA mit einer Ladung Kanisteröl (Petroleum) und Benzin auf.* Die Benzinkanister wurden an Bord des Hilfskreuzers gebracht, während das Petroleum benutzt werden sollte, um die BELUGA in Brand zu setzen. Kaum war jedoch das Prisenkommando von Bord gegangen, als am Horizont eine Rauchfahne in Sicht kam, und der stets vorsichtige KKpt. Nerger lief mit seinem Schiff ab. Am nächsten Tag – dem 10. Juli – erhielt »Wölfchen« um 06.30 Uhr den Befehl zum Aufsteigen, um sicherzustellen, daß nichts in Sicht war, um die WOLF daran zu hindern, zur Vernichtung ihres Opfers zurückzukehren. Am 11. Juli 1917 versenkte der deutsche Hilfskreuzer die BELUGA durch Artilleriebeschuß.

Einen Tag später – am 12. Juli – traf während der Startvorbereitungen eine Woge das Seeflugzeug und beschädigte den Steuerbordschwimmer. Die Piloten bemerkten die Beschädigung erst, als sie mit dem Flugzeug bereits in der Luft waren. Am Ende ihres Aufklärungsfluges setzte Flugmeister Fabeck »Wölfchen« derart elegant auf der Wasseroberfläche auf, daß die FF 33 E fast zum Stillstand gekommen war, ehe die Stützstreben am Steuerbordschwimmer brachen. Danach begann das Seeflugzeug zu sinken und Vizeflugmeister Stein und Flugmeister Fabeck kletterten auf den Schwanz der

* Anmerkung des Verfassers: Da eine Erwähnung dieses Schiffes im Lloyd's Register nicht gefunden werden konnte, wird angenommen, daß es von verhältnismäßig geringer Größe war möglicherweise sogar kleiner als 100 BRT.

Oben: Das Seeflugzeug »Wölfchen«, eine Friedrichshafen FF 33 E, an Bord des Handelsstörers, nach dem Einlaufen in Kiel mit einem frischen Anstrich versehen. (Bayerisches Hauptstaatsarchiv IV, Staudinger-Sammlung.)

Maschine, um auf Rettung zu warten. Erstklassige Seemannschaft an Bord des Hilfskreuzers schaffte es, das Seeflugzeug an Bord zu holen, ehe es untergehen konnte.

Ein zerschmetterter Unterflügel, ein weggerissener Steuerbordschwimmer, ein zersplitterter Propeller und ein völlig in Seewasser eingetauchter Motor waren die Folge. Dennoch besaß »Wölfchen« einen so großen Wert, daß KKpt. Nerger seiner Besatzung den Befehl erteilte, das Seeflugzeug so schnell wie möglich zu reparieren. Die überall zu findenden Zigarrenschachteln und Teekisten lieferten die Rippen für die Tragflächen, während abgelagerte Holzplanken zu Streben für Tragflächen und Schwimmer umgearbeitet wurden. Der Motor wurde auseinandergenommen, gesäubert, geschmiert und so erfolgreich wieder zusammengesetzt, daß er hinterher noch besser lief als dies im Neuzustand der Fall gewesen war. Am 27. Juli 1917 absolvierte »Wölfchen« zur Erleichterung aller an Bord einen erfolgreichen Probeflug.

Der 13. Juli 1917 brachte die 651 BRT große Viermastbark ENCORE, in San Francisco registriert und für die Reederei Simpson Lumber Company 1897 auf der Werft von A.M. Simpson in North Bend im US-Staat Oregon gebaut. Kapitän Palmgren befand sich mit seinem Schiff und einer Holzladung an Bord auf dem Wege vom Columbia River nach Sydney. Der deutsche Hilfskreuzer brachte die Bark ostwärts der Îles Loyauté – der französischen Loyality-Inseln – auf der Position 21°00'S 169°00'O auf. Aus der Erkenntnis heraus, daß mit Holz beladene Schiffe wegen ihres Auftriebs gewöhnlich schwer zu versenken waren, befahl KKpt. Nerger, die Decks der ENCORE mit Öl zu übergießen, ehe sie in Brand gesetzt wurde. Im Anschluß daran steuerte die WOLF einen nordwestlichen Kurs, passierte die Fidschi- und die Salomon-Inseln und kam dicht an das ehemals deutsche Kaiser-Wilhelm-Land – der deutsche Teil Neuguineas, heute der Staat Papua-Neuguinea oder Nuigini – heran, ehe es von den australischen Streitkräften besetzt wurde. Zwischen dem 25. Juli und dem 6. August 1917 stieg das Seeflugzeug täglich zur Aufklärung auf, während der Handelsstörer in Wartestellung verblieb, um über seine Beute herzufallen.

Am 28. Juli 1917 fingen die Funker an Bord der WOLF einen Funkspruch im Klartext mit folgendem Inhalt auf: *»Burns, Philp, Rabaul. Donaldson verließ Sydney am 27. via Newcastle Brisbane mit 340 ts Stückgut, 500 ts Westport-Kohle für Rabaul und 236 ts Stückgut für Madang. [gez] Burns.»*

KKpt. Nerger wußte durch ObltzS. Witschetzky, den Artillerieoffizier, der sich vor dem Kriege in dieser ehemals deutschen Kolonie aufgehalten hatte, daß die Firma Burns, Philp & Co. Ltd. eine Reederei war. Außerdem war ihm bekannt, daß in Rabaul im Bismarck-Archipel, dem ehemals deutschen Regierungssitz für die deutschen Südsee-Kolonien, ein britischer Gouverneur residierte. Daher müßte dem Handelsstörer alsbald ein Schiff über den Weg laufen. Am 29. Juli hörten die Funker der WOLF um 20.00 Uhr einen weiteren Funkspruch ab, wonach der Dampfer MATUNGA in Brisbane eingelaufen war und am folgenden Montag auf der Höhe von Kap Moreton stehen würde. Schließlich konnte am 5. August noch ein weiterer Funkspruch empfangen werden, in dem mitgeteilt wurde, Donaldson würde am nächsten Morgen um 07.00 Uhr in Rabaul eintreffen.

Noch am selben Tag – 5. August 1917 – sichtete der deutsche Hilfskreuzer um 19.45 Uhr die 1618 BRT große MATUNGA, 1900 auf der Werft von Napier & Miller Ltd. in Glasgow fertiggestellt. Eines der wichtigsten Unterscheidungsmerkmale für Schiffe der Reederei Burns, Philp & Company war der schwarze Schornstein. Er trug ein Band mit zwei Reihen eines schwarz-weißen Schachbrettmusters mit einem weißen Saum. Die an Bord des Handelsstörers angespannt in die zunehmende Dunkelheit starrenden Ausgucks waren erleichtert, weit im Süden ein weißes Leuchtsignal im Bogen über den Himmel ziehen zu sehen, gefolgt von einem roten und wieder von einem weißen. »Wölfchen« hatte die Beute gefunden. Bei seiner Rückkehr legte das Seeflugzeug ohne die Unterstützung von Markierungsfeuern eine einwandfreie Landung hin.

Gegen 22.00 Uhr konnte der Dampfer am Horizont ausgemacht werden. Die WOLF wendete, um ihm zu folgen, und in den frühen Morgenstunden wurde das Seeflugzeug ausgesetzt. Um 07.00 Uhr zwangen der Handelsstörer und sein Seeaufklärer die MATUNGA

störers kreuzten. Signale wurden nicht ausgetauscht, da KKpt. Nerger annahm, diese Schiffe transportierten Truppen des US-Heeres nach Europa, und er argwöhnte, daß eine starke Geleitsicherung in der Nähe stand. Der Leitende Ingenieur des spanischen Dampfers nahm die Gelegenheit wahr, die auf der IGOTZ MENDI angebrachten Sprengladungen über Bord zu werfen. Dies erboste den Führer des deutschen Prisenkommandos derartig, daß er den Spanier zu einer dreijährigen Strafe in einem deutschen Gefängnis verurteilte.

Anfang Februar 1918 erreichten die WOLF und ihr Begleitschiff die nördlichste Position ihres Heimmarsches und waren bereit, sobald sich die Wetterverhältnisse als günstig erwiesen, entlang der norwegischen Küste nach Süden zu laufen. Die IGOTZ MENDI stand am 7. Februar 1918 nordwestlich von Island, mußte aber infolge des Packeises an den Polarkreis zurückkehren. Dies verzögerte ihren Heimmarsch und so konnte die norwegische Küste erst am 21. Februar gesichtet werden. Ihr weiterer Marsch nach Süden verlief langsam, aber stetig und führte auf nordöstlichem Kurs in das Skagerrak hinein. Danach sollte es durch das Kattegat nach Kiel gehen. Am 24. Februar 1918 lief die IGOTZ MENDI um 15.20 Uhr im dichten Nebel bei Kap Skagen an der dänischen Küste auf Grund. Um 20.15 Uhr hatte sich der Nebel soweit gelichtet, daß ein dänisches Kanonenboot längsseits kam. Somit war es mit dem weiteren Heimmarsch vorbei.

Die Dänen brachten die Passagiere in Rettungsbooten an Land, erlaubten ihnen aber, am 28. Februar 1918 noch einmal zurückzukehren, um ihr Gepäck zu holen. Die IGOTZ MENDI saß immer noch fest.[135]

Der WOLF war ein glücklicherer Heimmarsch beschieden. Sie trotzte Eis und Nebel und lief am 24. Februar 1918 nach 457 Tagen Feindfahrt wieder im Kieler Hafen ein. KKpt. Nerger schätzte, daß sein Schiff auf dieser Fahrt 64 000 sm oder 118 600 km oder fast das Dreifache des Erdumfangs zurückgelegt hat. Seine Leistung rechtfertigte den begeisterten Empfang durch die Kieler Bevölkerung, die dichtgedrängt zu Tausenden die Strandpromenade entlang der Förde säumte, und durch die Besatzungen der im Hafen an ihren Bojen liegenden Kriegsschiffe. Sie alle hatten den Hilfskreuzer seit langem als verloren betrachtet. Vizeflugmeister Stein und Flugmeister Fabeck bestanden darauf, mit dem wieder zusammengesetzten »Wölfchen« – frisch verziert mit dem Namen, dem Eisernen Kreuz und der Flugzeugkennung »841« – zur Flugstation Kiel-Holtenau zu fliegen, um zu zeigen, daß das Seeflugzeug nach fünfzehnmonatiger Feindfahrt immer noch flugtüchtig war.

KKpt. Nerger und seine Männer hatten eine bemerkenswerte Leistung vollbracht.[136] Sie hatten bewiesen, daß ein Handelsstörer, richtig geführt, von verhältnismäßig begrenzter Offensivfähigkeit und ungewöhnlich geringer Geschwindigkeit über lange Zeiträume hinweg unbeschädigt operieren konnte, wenn er von einem Bordflugzeug unterstützt wurde, das frühzeitig vor möglichen Gefahren warnte. Doch die WOLF war zu einer für Deutschland ungünstigen Zeit zurückgekehrt. Die Lehren ihrer Feindfahrt konnten nicht mehr umgesetzt werden – dies sollte erst im Zweiten Weltkrieg der Fall sein –, da die Kaiserliche Marine seit Monaten zur Untätigkeit verurteilt war, und so lag statt Feiern die Revolution in der Luft.

Bis Kriegsende diente die WOLF als Hilfsschiff in der Ostsee. Schließlich wurde das Schiff am 5. April 1919 in Brest als französische Kriegsbeute abgeliefert. Nach einer sich lange hinziehenden Grundüberholung in der Werft kaufte den Frachter die Reederei Compagnie Messageries Maritimes in Paris an und brachte ihn ab 1921 unter seinem neuen Namen ANTINOUS in Fahrt. Im Mai 1931 wurde der einstmals berühmte Hilfskreuzer an eine italienische Abbruchwerft verkauft und verschrottet.

Unten: Gefangene an Bord der WOLF beim Essenfassen in See. Beachte den Doppeldecker »Wölfchen« auf der Ladeluke 4 und das achtere 15-cm-Backbordgeschütz, das mit einer Persenning zugedeckt ist. (Bayerisches Hauptstaatsarchiv IV, StaudingerSammlung.)

ANHÄNGE

Ein kurzes Verzeichnis der weniger bekannten Hilfskreuzer sowie Informationen über die Schiffe, die entweder von den Handelsstörern versenkt oder für eigene Zwecke benutzt wurden.

Anhang 1
Weitere Handelsstörer

Vorbemerkung: Soweit nicht besonders erwähnt, sind ihnen im Verlaufe der Feindfahrt keine Schiffe zum Opfer gefallen.

BERLIN

Bau und Indienststellung
Typ: Hilfskreuzer. Bezeichnung »Hilfskreuzer C«.
Bauwerft: A.G. ›Weser‹, Bremen (Bau-Nr. 164). 1914 durch die Kaiserliche Werft in Wilhelmshaven ausgerüstet.
Reederei: Norddeutscher Lloyd, Bremen.
Stapellauf: 7. November 1908.
Jungfernreise: Mai 1909.
Indienststellung: 18. September 1914.
Besatzungsstärke: Nicht bekannt (etwa 310 Offiziere und Mannschaften).
Abmessungen
Registrierte Tonnage: 17 324 BRT.
Konstruktionsverdrängung: 23 700 t.
Einsatzverdrängung: 26 000 t.
Länge über alles: 186,8 m.
Länge in der CWL: 182,7 m.
Breite: 21,21 m.
Tiefgang bei Einsatzverdrängung: 8,8 m.
Bewaffnung
Artillerie: Sechs 10,5 cm S.K. C/88 L/40 als Hauptbewaffnung sowie vier 3,7-cm-Revolverkanonen.
Maximale Reichweite der Hauptbewaffnung: 12 200 m.
Torpedorohre: Keine.
Minen: 200 Einheitsminen.
Infanteriewaffen: Handfeuerwaffen.
Munitionsdotierung: Nicht bekannt.
Panzerschutz: Nur die Geschützschilde.
Leistung
Antriebsanlage: Zwei stehende Vierzylinder-Vierfach-Expansionsmaschinen, sieben Zylinderkessel, zwei Propellerweelen.
Kesseldruck: 15,5 atü.
Bunkerraum für Kohle: 4000 t.
Höchstgeschwindigkeit bei Meilenfahrt: 19 kn bei einer Antriebsleistung von 16 000 PSi.
Konstruktionsgeschwindigkeit: 17,5 kn bei einer Antriebsleistung von 14 000 PSi.
Fahrstrecke: 4000 sm bei 10 kn.
Werdegang Dieses Passagierschiff aus der Vorkriegszeit wurde in erster Linie in Dienst gestellt, um als Minenleger Verwendung zu finden. Doch seinem Kommandanten, Kapitän z.S. Pfundheller, war es freigestellt, nach dem Minenlegen Kreuzerkrieg zu führen. Zwei der 10,5-cm-Geschütze befanden sich nebeneinander auf der Back vor der vorderen Ladeluke, zwei weitere standen achteraus des Fockmastes an Steuerbord und an Backbord und das dritte Paar war im Absatz zwischen den Aufbauten und dem achteren Deckshaus beiderseits der achteren Ladeluke eingebaut.

Am 21. September 1914 lief die BERLIN um 23.00 Uhr aus Bremerhaven zu ihrer ersten Unternehmung aus. Sie sollte die Zugänge nach Glasgow verminen, anschließend die britischen Fischereifahrzeuge bei Island angreifen und später auf der Schiffahrtsroute von Großbritannien nach Archangelsk Handelskrieg führen. Doch die Nächte waren so mondhell, daß sich KptzS. Pfundheller entschloß, nach nur 80 zurückgelegten Seemeilen am 22. September um 08.00 Uhr in den Hafen zurückzukehren.

Am 16. Oktober 1914 verließ die BERLIN zu einem zweiten Versuch Wilhelmshaven. Sie passierte am 19. Oktober die Enge zwischen den Färöer-Inseln und Island, marschierte in den Atlantik bis zur Position 56°N 20°W und ging dann auf einen östlichen Kurs zur Nordküste Irlands. Am 22. Oktober stand die BERLIN im Firth of Clyde vor der Insel Arran. Da die Küstenbefeuerung gelöscht worden war, entschloß sich KptzS. Pfundheller, das Risiko einer Ansteuerung der Clyde-Mündung nicht einzugehen und statt dessen seine Minen vor der Insel Tory zu legen. Auf dieser zehn Seemeilen langen Sperre aus 200 Minen sanken am 26. bzw. am 28. Oktober 1914 der britische Postdampfer MANCHESTER COMMERCE und das britische Schlachtschiff AUDACIOUS. Diese Sperre wurde erst im Herbst 1917 geräumt.

Am 1. November 1914 befand sich die BERLIN auf Position vor der norwegischen Küste, um die Seeverbindungen zwischen Großbritannien und Nordrußland zu bedrohen. Doch für einen guten Hilfskreuzerkommandanten war KptzS. Pfundheller zu nervös. Ohne irgendeinen Erfolg zu erzielen, kreuzte er über zwei Wochen lang in diesem Seegebiet. Infolge schwerer Schneestürme und Kohlenknappheit hielt KptzS. Pfundheller einen Rückmarsch nach Deutschland für aussichtslos und entschied sich daher, am 17. November 1914 um 09.00 Uhr in Trondheim einzulaufen.
Schicksal Aufgrund der vorhandenen Geschütze betrachteten die norwegischen Behörden die BERLIN als Hilfskriegsschiff und gewährten KptzS. Pfundheller lediglich 24 Stunden Aufenthalt in diesem Hafen. Am 18. November 1914 wurde das deutsche Schiff interniert.

Im Juni 1919 kehrte die BERLIN nach Bremerhaven zurück, wurde aber am 13. Dezember 1919 an Großbritannien als Kriegsbeute ausgeliefert. Nach einer längeren Grundüberholung in der Werft kaufte die britische White Star Line das Schiff und setzte es unter dem neuen Namen ARABIC als Passagierschiff ein. Im Dezember 1931 wurde die ARABIC an eine italienische Abbruchwerft verkauft und verschrottet.

BRUMMER und BREMSE

Bau und Indienststellung
Typ: Minenkreuzer. Bezeichnung »Minendampfer C« bzw. »Minendampfer D«.
Bauwerft: A.G. ›Vulcan‹, Stettin (Bau-Nr. 422 bzw. 423).
Bewilligung: 1914.
Stapellauf: 11. Dezember 1915 bzw. 11. März 1916.
Indienststellung: 2. April 1916 bzw. 1. Juli 1916.
Besatzungsstärke: 16 Offiziere und 293 Mannschaften.
Abmessungen
Konstruktionsverdrängung: 4385 t.
Einsatzverdrängung: 5856 t.
Länge über alles: 140,4 m.
Länge in der CWL: 135 m.
Breite: 13,2 m.
Tiefgang bei Einsatzverdrängung: 6 m.
Bewaffnung
Artillerie: Vier 15 cm S.K. L/45 als Hauptbewaffnung sowie zwei 8,8 cm S.K. L/45.
Maximale Reichweite der Hauptbewaffnung: 17 600 m.
Torpedorohre: Zwei 50-cm-Decksrohre.
Minen: 400 Einheitsminen.
Munitionsdotierung: 600 Schuß 15-cm-Granaten, ? Schuß 8,8-cm-Granaten und vier Torpedos (Kaliber 50 cm).
Panzerschutz: Deck: 15 mm; Kommandoturm: 20 mm, in der Böschung 100 mm; CWL: 40 mm; Schilde: 50 mm.
Leistung
Antriebsanlage: Zwei Satz Turbinen, zwei Kohle- und vier Öl-Marinekessel, zwei Propellerwellen.
Kesseldruck: 18 atü.
Bunkerraum: 600 t Kohle, 1000 t Heizöl.
Höchstgeschwindigkeit bei Meilenfahrt: 28 kn bzw. 28,1 kn bei einer Antriebsleistung von 42 797 WPS bzw. 47 748 WPS.
Konstruktionsgeschwindigkeit: 28 kn bei einer Antriebsleistung von 33 000 WPS.
Fahrstrecke: 5800 sm bei 12 kn, 1400 sm bei 25 kn.
Werdegang Das Typschiff BRUMMER und sein Schwesterschiff BREMSE sind infolge des steigenden Bedarfs an Minenlegern als zweckgebaute Minenkreuzer entstanden. Die vier Turbinensätze der Antriebsanlagen waren ursprünglich für den russischen Schlachtkreuzer-Neubau NAVARIN bestimmt und wurden bei Kriegsausbruch beschlagnahmt. Als Minenleger hatten beide Schiffe eine verhältnismäßig hohe Geschwindigkeit und führten auch eine ausreichend starke Bewaffnung. Die vier 15-cm-Geschütze waren sämtlich in der Mittschiffslinie aufgestellt und wie folgt verteilt: eines auf der Back, ein weiteres zwischen dem ersten und zweiten Schornstein auf dem Aufbaudeck und die beiden restlichen befanden sich in überhöhter Aufstellung achtern. Die beiden 8,8-cm-Geschütze waren hintereinander zwischen dem dritten Schornstein und dem Großmast auf dem Aufbaudeck eingebaut.

Von der Thematik her gehören die beiden Minenkreuzer an sich nicht in dieses Werk. Sie waren jedoch von ihrer Geschwindigkeit und Bewaffnung her neben den Kleinen Kreuzern des Kreuzergeschwaders und der Auslandsstationen sowie den aus umgebauten Kauffahrteischiffen entstandenen Hilfskreuzern die einzigen Überwasserschiffe der Kaiserlichen Marine, die aus der Kriegserfahrung heraus eingesetzt werden konnten. BRUMMER (FKpt. Leonhardi) und BREMSE (FKpt. Westerkamp) führten vom 16.–18. Oktober 1917 gemeinsam ein Unternehmen gegen den britischen Handelsverkehr – die sog. »Skandinavien-Geleitzüge« – zwischen den Shetland-Inseln und dem mittleren Norwegen durch. Der Operationsbefehl des Chefs der Hochseestreitkräfte, Admiral Scheer, an FKpt. Leonhardi, den Führer der Unternehmung, sah unter anderem vor:
1. Angriff auf die feindlichen Geleitzüge zwischen Bergen und Lerwick/Shetland-Inseln.
2. Nach Durchführung dieser Aufgabe ggf. Angriff auf den feindlichen Handelsschiffsverkehr westlich England durch Kreuzer BREMSE allein.
Am 17. Oktober griffen die beiden deutschen Kreuzer etwa 65 sm ostwärts von Lerwick einen westgehenden Skandinavien-Geleitzug an, der aus zwölf Schiffen bestand und von zwei Zerstörern (HMS MARY ROSE und HMS STRONGBOW) und zwei bewaffneten Trawlern gesichert war. Neben den beiden Zerstörern versenkten die beiden deutschen Handelsstörer aus diesem Geleitzug neun Handelsschiffe mit insgesamt 10 248 BRT: HABIL (636 BRT), DAGBJÖRG (640 BRT), SØRHAUG (1007 BRT), SILJA (1222 BRT), KRISTINE (568 BRT), WICANDER (1256 BRT), VISBUR (877 BRT), STELLA (886 BRT) und MARGARETHE (1241 BRT). Die beiden deutschen Kreuzer entkamen unversehrt; lediglich BRUMMER hatte unter der Back einen unbedeutenden Treffer erhalten. Der zweite Teil der Unternehmung konnte infolge der Knappheit an

schwader. Am 6. August 1915 ausgelaufen und in der Aufklärung durch *U 17* und durch Luftschiffe der Marine unterstützt, legte sie auf den Ein- und Auslaufwegen in der Nacht vom 7./8. August insgesamt vier Minensperren. Auf dem Rückmarsch wurde die METEOR am 8. August um 05.30 Uhr von dem 1862 BRT großen britischen Hilfskreuzer RAMSEY unter Führung von Lieutenant-Commander Raby, RNR, angehalten. Das deutsche Schiff eröffnete sofort das Feuer und versenkte die mit zwei 12-Pfünder-(7,6-cm)-Geschützen bewaffnete RAMSEY. In diesem Gefecht fielen Lieutenant-Commander Raby und 50 seiner Männer; den Rest der Besatzung rettete die METEOR.
Versenkte Schiffe Ein britischer Hilfskreuzer und ein kleiner norwegischer Schoner.
Schicksal Die frühzeitige Entdeckung der gelegten Minen führte zum Auslaufen der Harwich-Streitkräfte, bestehend aus Leichten Kreuzern und Zerstörern, um das deutsche Minenschiff zu suchen und abzufangen. Am frühen Nachmittag des 9. August 1915 stellten die Leichten Kreuzer der Harwich-Streitkräfte das deutsche Schiff. Angesichts des übermächtigen Gegners und gewillt, das Leben der britischen Gefangenen und seiner eigenen Besatzung zu retten, versenkte KKpt. v. Knorr auf der Position 55°56'N 6°43'O sein Schiff selbst. Mit der Hilfe eines schwedischen Fischkutters und nach Freilassung der Gefangenen erreichte die Besatzung der METEOR am 10. August 1915 List auf auf der Insel Sylt.

VICTORIA LUISE

Bau und Indienststellung
Typ: Hilfskreuzer. Bezeichnung »Hilfskreuzer A«.
Bauwerft: A.G. ›Vulcan‹, Stettin-Bredow (Bau-Nr. 244). 1914 auf der ›Vulcan‹-Werft in Hamburg als Hilfskreuzer ausgerüstet.
Reederei: Ex-DEUTSCHLAND der Hamburg-Amerika-Linie, Hamburg.
Stapellauf: 10. Januar 1900.
Jungfernreise: Juli 1901.
Indienststellung: 3. August 1914 bereitgestellt; eine formelle Indienststellung erfolgte jedoch nicht.
Besatzungsstärke: Ca. 22 Offiziere und 448 Mannschaften.
Abmessungen
Registrierte Tonnage: 16703 BRT.
Einsatzverdrängung: 27350 t.
Länge über alles: 207,2 m.
Länge in der CWL: 201,5 m.
Breite: 20,52 m.
Tiefgang bei Einsatzverdrängung: 8,5 m.
Bewaffnung
Artillerie: Vier 10,5 cm S.K. C/88 L/45 als Hauptbewaffnung sowie vier 3,7-cm-Hotchkiss-Revolverkanonen.
Maximale Reichweite der Hauptbewaffnung: 12200 m.
Torpedorohre: Keine.
Infanteriewaffen: Handfeuerwaffen.
Munitionsdotierung: 800 Schuß 10,5-cm-Granaten.
Panzerschutz: Nur Geschützschilde.
Leistung
Antriebsanlage: Zwei stehende Vierzylinder-Vierfach-Expansionsmaschinen, acht Zylinderkessel, zwei Propellerwellen.
Kesseldruck: 15 atü.
Bunkerraum für Kohle: 5600 t.
Konstruktionsgeschwindigkeit: 17,5 kn bei einer Antriebsleistung von 15000 PSi.
Fahrtstrecke: 7000 sm bei 15 kn.
Anmerkung: Ursprünglich mit 16502 BRT aufgeführt und imstande, 22,5 kn zu laufen, gewann der Schnelldampfer 1901 das »Blaue Band« für die schnellste Atlantiküberquerung. 1910/11 erhielt das Schiff eine neue Antriebsanlage.
Werdegang Die Ausrüstung der VICTORIA LUISE, insbesondere der Einbau der Geschütze, erfolgte bis zum 8. August 1914. Die Erprobungsfahrten zeigten jedoch, daß die Kessel und die Maschinenanlage des Schnelldampfers nicht mehr in der Lage waren, eine ausreichende Geschwindigkeit zu erbringen; vor allem die Kessel waren nicht mehr hochleistungsfähig. Daher wurde die VICTORIA LUISE bereits am 8. August 1914 – offensichtlich, nachdem ergebnislos in Betracht gezogen wurde, den Schnelldampfer als Minenschiff einzusetzen – wieder abgerüstet, und die Kaiserliche Marine gab das Schiff ihrem friedensmäßigen Eigentümer zurück.
Schicksal Zum Auswanderungsschiff HANSA umgebaut, brachte die Hamburg-Amerika-Linie 1921 das Schiff noch einmal in Fahrt. Es wurde schließlich 1925 beim Hamburger ›Vulcan‹ abgebrochen und verschrottet.

VINETA

Bau und Indienststellung
Typ: Hilfskreuzer.
Bauwerft: Blohm & Voss, Hamburg (Bau-Nr. 221). 1914 auf derselben Werft zum Hilfskreuzer ausgerüstet.
Reederei: EX-CAP POLONIO der Hamburg-Südamerikanischen Dampfschiffahrts-A.G., Hamburg.
Stapellauf: 25. März 1914.
Indienststellung: 8. Februar 1915.
Besatzungsstärke: Nicht bekannt.
Abmessungen
Registrierte Tonnage: 20576 BRT.
Einsatzverdrängung: 24500 t.
Länge über alles: 200,1 m.
Länge in der CWL: 193,6 m.
Breite: 21,7 m.
Tiefgang bei Einsatzverdrängung: 8,36 m.
Bewaffnung
Artillerie: Vier 15 cm S.K. L/40 als Hauptbewaffnung sowie vier 8,8 cm S.K. L/45.
Maximale Reichweite der Hauptbewaffnung: 13700 m.
Torpedorohre: Keine.
Infanteriewaffen: Handfeuerwaffen.
Munitionsdotierung: 600 Schuß 15-cm-Granaten sowie ? Schuß 8,8-cm-Granaten.
Panzerschutz: Nur Geschützschilde.
Leistung
Antriebsanlage: Zwei stehende Vierzylinder-Dreifach-Expansionsmaschinen mit einer Niederdruck-Abdampf-Turbine, vierzehn Wasserrohrkessel, drei Propellerwellen.
Kesseldruck: 15 atü.
Bunkerraum für Kohle: 5000 t.
Bunkerraum für Heizöl: 200 t.
Höchstgeschwindigkeit bei Meilenfahrt: 16,9 kn bei einer Antriebsleistung von 17850 PSi.
Konstruktionsgeschwindigkeit: 19 kn bei einer Antriebsleistung von 20000 PSi.
Tatsächliche Dienstgeschwindigkeit: 15 kn bei einer Antriebsleistung von 16000 PSi.
Fahrtstrecke: 7000 sm bei 15 kn.
Werdegang Die CAP POLONIO war als Schnelldampfer das erste große deutsche Kauffahrteischiff, das Wasserrohrkessel mit Unterwindzug für forcierte Fahrt erhielt. Um jedoch die erforderlichen 18 kn zu erhalten, die die Kaiserliche Marine für einen Hilfskreuzer als notwendig erachtete, bedurfte es walisischer Dampfkohle von guter Qualität. Die Erprobungsfahrten Anfang 1915 erwiesen, daß mit der in Deutschland zur Verfügung stehenden Dampfkohle minderer Qualität selbst 17 kn unerreichbar blieben und daß die Feuerroste der Wasserrohrkessel schnell verklumpten. Obwohl die bereits unter Führung von KptzS. Adelung in Dienst gestellte VINETA einen dritten Schornstein als abnehmbare Attrappe, verkürzte Masten und sonstige Vorbereitungen zur Tarnung erhalten hatte, gab die Kaiserliche Marine das Schiff ihrem Eigentümer zurück, der es bis Kriegsende auflegte.

Auf der am 14. Februar 1915 zurückgegebenen und wieder abgerüsteten VINETA war die Bewaffnung wie folgt verteilt gewesen: Die 15-cm-Geschütze standen in der Mittschiffslinie auf den Aufbaudecks vor dem Fockmast, vor der Brücke, unmittelbar vor dem Großmast an der Achterkante des Aufbaudecks sowie auf der Poop. Die 8,8-cm-Geschütze waren jeweils an Backbord und an Steuerbord der Aufbauten beiderseits der Brücke und des vorderen Schornsteins eingebaut.
Schicksal Am 15. April 1919 als Kriegsbeute an Großbritannien übergeben, diente der Schnelldampfer als Truppentransportschiff und machte – bereedert von der Union-Castle Line bzw. der Peninsular & Oriental Steam Navigation Company (P & O Line) – je eine Reise nach Südafrika und nach Bombay. 1920 wurde das Schiff aufgelegt und 1921 schließlich von seinem früheren deutschen Eigner zurückgekauft. In einer Großen Werftliegezeit auf Ölbefeuerung umgebaut und mit Seitenwulsten versehen, blieb die CAP POLONIO bis 1932 in Fahrt, wurde danach in Hamburg-Waltershof aufgelegt und schließlich im Juni 1935 beim Technischen Betrieb des NDL in Bremerhaven abgebrochen und verschrottet.

Nachbemerkung: Vom 12. Juni – 24. August 1916 operierte der Hilfskreuzer MÖWE (siehe Kapitel »MÖWE«) unter dem Namen VINETA und führte im Kattegat und im Skagerrak Handelskrieg, ehe er erneut unter dem Namen MÖWE in Dienst gestellt wurde und im November 1916 zu seiner zweiten Unternehmung auslief. Die VINETA ex-MÖWE brachte im Sommer 1916 den 3326 BRT großen britischen Dampfer ESKIMO auf und entsandte ihn unter einem Prisenkommando in einen deutschen Hafen.

WOLF I

Bau und Indienststellung
Typ: Hilfskreuzer.
Bauwerft: Workman, Clark & Co. Ltd., Belfast (Bau-Nr. 231). 1916 durch die Kaiserliche Werft in Wilhelmshaven als Hilfskreuzer ausgerüstet.
Reederei: EX-BELGRAVIA der Hamburg-Amerika-Linie, Hamburg.
Stapellauf: 10. Mai 1906.
Indienststellung: 14. Januar 1916.
Besatzungsstärke: 16 Offiziere und 345 Mannschaften.
Abmessungen
Registrierte Tonnage: 6648 BRT.
Einsatzverdrängung: 12900 t.
Länge über alles: 141,1 m.
Länge in der CWL: 136,8 m.
Breite: 16,23 m.
Tiefgang bei Einsatzverdrängung: 7,8 m.
Bewaffnung
Artillerie: Vier 15 cm S.K. L/40 als Hauptbewaffnung sowie zwei 3,7-cm-Maschinenkanonen.
Maximale Reichweite der Hauptbewaffnung: 13700 m.
Torpedorohre: Zwei 50-cm-Decksrohre.
Infanteriebewaffnung: Handfeuerwaffen.
Munitionsdotierung: 600 Schuß 15-cm-Granaten sowie 16 Torpedos C/08 (Kaliber 50 cm).
Panzerschutz: Keiner.
Leistung
Antriebsanlage: Eine stehende Vierzylinder-Vierfach-Expansionsmaschine, vier Zylinderkessel, eine Propellerwelle.
Kesseldruck: 15 atü.
Bunkerraum für Kohle: 5900 t.
Höchstgeschwindigkeit bei Meilenfahrt: 13 kn bei einer Antriebsleistung von 3300 PSi.
Konstruktionsgeschwindigkeit: 11,5 kn bei einer Antriebsleistung von 2800 PSi.
Fahrtstrecke: 30000 sm bei 10 kn.
Werdegang Nach der Ausrüstung und Indienststellung unter Führung von KKpt. Curt Hermann im Januar 1916 lief die WOLF I am 26. Februar 1916 aus Hamburg zur Feindfahrt aus. Ihre gesamte Bewaffnung war über das Vorschiff verteilt: Die vier 15-cm-Geschütze standen paarweise – jeweils beiderseits der Ladeluken 1 und 2 – vor und hinter dem Fockmast, verdeckt durch Tarnklappen im Schanzkleid, auf dem Hauptdeck, während sich

die beiden Torpedorohre – je eines an Steuerbord und an Backbord ebenfalls hinter Tarnklappen – unmittelbar vor dem Brückenaufbau befanden.

Noch während des Auslaufens verschlechterten sich die Wetterverhältnisse und im aufkommenden Sturm lief die WOLF I nahe der Insel Neuwerk an der Elbmündung noch am selben Tag auf Grund. Hierbei wurde die Antriebsanlage durch das starke Durchbiegen des Hilfskreuzers unbrauchbar. Diese schweren Schäden zwangen dazu, das Schiff zurück in den Hafen zu schleppen. Am 28. Februar 1916 wurde die WOLF I außer Dienst gestellt.

Schicksal Am 1. April 1916 wurde die BELGRAVIA an die HAPAG zurückgegeben, die sie auflegte. Nach Kriegsende wurde das Schiff Frankreich als Kriegsbeute zugesprochen und am 3. Mai 1919 in Cherbourg ausgeliefert. Die Compagnie Générale Transatlantique in Le Havre kaufte den Frachter an und ließ ihn 1922 als IOWA registrieren. Im April 1934 wurde die IOWA schließlich an eine Abbruchwerft in Genua verkauft und verschrottet.

Weitere als Hilfskreuzer vorgesehene Schiffe

Laut Gröner, Jung und Maass »Die deutschen Kriegsschiffe 1815–1945« (Bd. 3), Koblenz 1985, waren außerdem als Hilfskreuzer vorgesehen:
BÜLOW (Baujahr 1906, 8965 BRT),
DERFFLINGER (Baujahr 1907, 9144 BRT),
GOEBEN (Baujahr 1906, 8792 BRT),
KAISER WILHELM II. (Baujahr 1902, A.G. ›Vulcan‹ in Stettin, 19361 BRT) ,
KRONPRINZESSIN CECILIE (Baujahr 1906, A.G. ›Vulcan‹ in Stettin, 19360 BRT),
LÜTZOW (Baujahr 1907, 8826 BRT),
PRINZ LUDWIG (Baujahr 1906, 9687 BRT) und
YORCK (Baujahr 1906, 8909 BRT) – sämtlich vom Norddeutschen Lloyd, Bremen – sowie
KIGOMA (Baujahr 1914, 8156 BRT) von der Deutschen Ostafrika-Linie, Hamburg.

Keines dieser Schiffe wurde als Hilfskreuzer bewaffnet bzw. ausgerüstet. Einige von ihnen hatten bereits Decksverstärkungen für den Einbau von Geschützen erhalten, andere wiederum nicht.

In Betracht gezogen wurde eine Ausrüstung als Hilfskreuzer für den Reservefall für folgende Passagierschiffe:
CAP FINISTERRE (Baujahr 1911, Blohm & Voss in Hamburg, 14503 BRT) der Hamburg-Südamerikanischen Dampfschifffahrts-A.G., Hamburg,
KAISERIN AUGUSTE VICTORIA (Baujahr 1905, A.G. ›Vulcan‹ in Stettin, 24581 BRT) der HAPAG, Hamburg,
GEORGE WASHINGTON (Baujahr 1908, A.G. ›Vulcan‹ in Stettin, 25570 BRT) und
PRINZ FRIEDRICH WILHELM (Baujahr 1907, J.C. Tecklenborg A.G. in Geestemünde, 17082 BRT), beide vom Norddeutschen Lloyd, Bremen.

1915/16 wurden außer MÖWE und WOLF I auch noch mehrere schnelle Frachtschiffe beschlagnahmt, um sie zu Hilfskreuzern umzubauen bzw. sie als solche auszurüsten. Einzelheiten darüber sind nicht bekannt.

Anhang 2 Die Opfer der Handelszerstörer

Vorbemerkung: Die dem Lloyd's Register of Shipping entnommenen technischen Angaben beziehen sich auf das Jahr des Verlustes. Wenn nicht besonders erwähnt, fuhren sämtliche Schiffe unter britischer Flagge. Die mit Dreifach- oder Vierfach-Expansionsmaschinen ausgerüsteten Dampfschiffe wiesen drei bzw. vier Zylinder auf, ausgenommen Abweichungen werden erwähnt. Die Schiffslänge wird mit »zwischen den Loten« angegeben, es sei denn, die Angabe erfolgt ausdrücklich in »Länge über alles » oder in »Länge in der CWL«. Die Tonnage ist im allgemeinen in BRT für Kauffahrteischiffe oder als Wasserverdrängung in »ts« für Kriegsschiffe angegeben. Die Angabe der Bauwerft ergänzt das Jahr der Fertigstellung. Aus Raumgründen sind die angehaltenen, aber nach der Untersuchung wieder entlassenen Schiffe weggelassen worden.[139]

1. Versenkte Schiffe

A. B. Johnson: Reederei Wilson Bros. & Co. Flagge: USA. Amtliche Nummer: 107553. Registrierungshafen: San Francisco. Rufzeichen: KQDM. J Lindstrom, Aberdeen/Washington, 1900. 529 BRT, 50,37 m x 11,28 m. Holzrumpf, Schonertakelung, vier Masten. Aufgebracht und versenkt durch die SEEADLER am 14. Juni 1917.

ALCANTARA: Britischer Hilfskreuzer (Royal Mail Steam Packet Co., London). Amtliche Nummer: 132050. Registrierungshafen: Belfast. Rufzeichen: JFPR. Harland & Wolff Ltd., Glasgow, 1914. 16034 BRT, 179,83 m (über alles) x 19,89 m. Zwei Vierzylinder-Dreifach-Expansionsmaschinen mit einer Abdampfturbine, drei Wellen; 17 kn. Bewaffnung: acht 15,2-cm- und zwei 6-Pfünder-(5,7-cm)-Schnellfeuerkanonen. Farbanstrich: durchweg kriegsschiffgrau. Versenkt durch die GREIF am 29. Februar 1916.

ANNE DE BRETAGNE: Reederei Société Nouvelle d'Armement. Flagge: Frankreich. Registrierungshafen: Nantes. Rufzeichen: HJCS. A. Dubigeon, Nantes, 1901. 2063 BRT, 79,63 m x 11,79 m. Stahlrumpf, Barktakelung, drei Masten. Aufgebracht und versenkt durch KRONPRINZ WILHELM am 21. November 1914.

ANTONIN: Reederei Ant. Dom. Bordes et Fils. Flagge: Frankreich. Registrierungshafen: Dünkirchen. Rufzeichen: HJKN. Ateliers et Chantiers de France, Dünkirchen, 1902. 3071 BRT, 95,53 m x 13,72 m. Stahlrumpf, Barktakelung, vier Masten. Aufgebracht und versenkt durch die SEEADLER im Februar 1917.

ARIADNE: Eigner: Ariadne Steam Shipping Co. (bereedert durch G.P. Sechiardi). Amtliche Nummer: 118462. Registrierungshafen: London. Rufzeichen: VKTF. W. Gray & Co., West Hartlepool, 1904. 3055 BRT, 99,06 m x 14,94 m. Dreifach-Expansionsmaschine der Central Marine Engineering Works, West Hartlepool, eine Welle. Aufgebracht und versenkt durch die MÖWE am 15. Januar 1916.

ASNIÈRES: Reederei Société Anonyme des Longues Couriers Français. Flagge: Frankreich. Registrierungshafen: Le Havre. Rufzeichen: HKDL. Forges et Chantiers de la Méditerranée, Le Havre, 1902. 3103 BRT, 95,1 m x 13,72 m. Stahlrumpf, Barktakelung, vier Masten. Aufgebracht und versenkt durch die MÖWE am 2. Januar 1916.

AUTHOR: Eigner: Charente Steamship Co. Ltd. (Bereedert durch T. & J. Harrison Ltd.). Amtliche Nummer: 120877. Registrierungshafen: Liverpool. Rufzeichen: HDJV. Charles Connell & Co. Ltd., Glasgow, 1905. 3496 BRT, 106,68 m x 14,07 m. Dreifach-Expansionsmaschine von Dunsmuir & Jackson, Glasgow, eine Welle; 10 kn. Schornstein: schwarz mit drei gleich breiten Bändern in den Farben Weiß, Rot, Weiß. Hausflagge: weiß mit einem roten Kreuz, dessen Arme sich nach außen verbreitern und die sich bis zum Flaggenrand erstrecken. Aufgebracht und versenkt durch die MÖWE am 13. Januar 1916.

BANKFIELDS: Eigner: Bank Shipping Co. Ltd. (bereedert durch W. Just & Co.). Amtliche Nummer: 126823. Registrierungshafen: Liverpool. Rufzeichen: HBRM. W. Pickersgill & Sons, Sunderland, 1905. 3763 BRT, 110 m x 14,07 m. Dreifach-Expansionsmaschine von G. Clark Ltd., Sunderland, eine Welle. Aufgebracht und versenkt durch die LEIPZIG am 25. September 1914.

BELLEVUE: Eigner: Bellevue Steam Shipping Co. Ltd. (bereedert durch Bell, Bros & Co.). Amtliche Nummer: 105978. Registrierungshafen: Glasgow. Rufzeichen: PFSB. Charles Connell & Co., Glasgow, 1896. 3814 BRT, 106,68 m x 13,72 m. Durch KRONPRINZ WILHELM am 4. Dezember 1914 aufgebracht und am 20. Dezember 1914 versenkt.

BELUGA: Flagge: USA. Holzrumpf, Barktakelung? Keine Angaben im Lloyd's Register. Aufgebracht und versenkt durch die WOLF am 11. Juli 1917.

BENMOHR: Reederei William Thompson & Co. Ltd. ›The Ben Line‹. Amtliche Nummer: 129416. Registrierungshafen: Leith. Rufzeichen: HWNV. Scott's Shipbuilding & Engineering Co. Ltd., Greenock, 1912. 4806 BRT, 122,91 m x 15,67 m. Dreifach-Expansionsmaschine, eine Welle; 11 kn. Schornstein: ledergelb. Hausflagge: ein blauer Anker auf einem weißen Rechteck mit roter Kante. Aufgebracht und versenkt durch die EMDEN am 16. Oktober 1914.

BOWES CASTLE: Eigner: Lancashire Shipping Co. Ltd. (Bereedert durch James Chambers & Co.). Amtliche Nummer: 135440. Registrierungshafen: Liverpool. Rufzeichen: JBQN. Sir James Laing & Sons Ltd., Sunderland, 1913. 4650 BRT, 117,35 m x 15,72 m. Dreifach-Expansionsmaschine von Richardsons, Westgarth & Co. Ltd., Sunderland, eine Welle. Schornstein: rot mit einem schwarzen Rand. Hausflagge: rot-weiß mit einem blauen C auf weißem Grund in der Gösch. Aufgebracht und versenkt durch die KARLSRUHE am 18. August 1914.

BRECKNOCKSHIRE: Reederei: Royal Mail Steam Packet Co. Amtliche Nummer: 136359. Registrierungshafen: Belfast. Rufzeichen: JNRV. Harland & Wolff Ltd., Belfast, 1917. 8422 BRT, 143,31 m x 18,36 m. Vierfach-Expansionsmaschine der Bauwerft, eine Welle; 12 kn. Schornstein: ledergelb. Hausflagge: weiß mit einer goldenen Krone auf einem roten Schrägkreuz. 1914 auf Kiel gelegt, aber der Weiterbau des Schiffes wurde bis 1916 eingestellt. Aufgebracht und versenkt durch die MÖWE am 15. Februar 1917.

BRITISH YEOMAN: Reederei Eschen & Minor. Flagge: USA. Registrierungshafen: San Francisco. Rufzeichen: LFBJ. Oswald, Mordaunt & Co., Southampton, 1880. 1953 BRT, 82,04 m x 12,09 m. Eisenrumpf, Barktakelung, drei Masten. Als BRITISH YEOMAN vom Stapel gelaufen, aber später in STEFANO RAZETO umbenannt. Rückkehr zum ursprünglichen Namen, als die British Yeoman Ship Co. in Victoria/British Columbia das Schiff ankaufte. 1915 an die Reederei Eschen & Minor – die es bereits vorher bereedert hatte – verkauft und neu registriert. Aufgebracht und versenkt durch die SEEADLER am 26. Februar 1917.

BUENOS AYRES: Reederei B. Scotto Lachianca (?). Flagge: Italien. Amtliche Nummer: 239. Registrierungshafen: Neapel. Rufzeichen: NHRB. Russell & Co., Greenock, 1891. 1811 BRT, 76,81 m x 12,19 m. Stahlrumpf, Vollschifftakelung, drei Masten. Aufgebracht und versenkt durch die SEEADLER am 9. Februar 1917.

BURESK: Eigner: Buresk Steam Ship Co. Ltd. (bereedert durch Burdick & Cook). Amtliche Nummer: 136673. Registrierungshafen: London. Rufzeichen: JFMK. Richardson, Duck & Co., Stockton-on-Tees, 1914 (Bau-Nr. 638). 4337 BRT, 115,85 m x 15,54 m. Dreifach-Expansionsmaschine von Blair & Co. Ltd., Stockton-on-Tees, eine Welle; 10 kn. Schornstein- schwarz. Aufgebracht durch die EMDEN am 27. September 1914 und selbstversenkt durch die Prisenbesatzung am 9. November 1914.

CAMBRIAN RANGE: Eigner: Neptune Steam Navigation Co. Ltd., (bereedert durch Furness, Withy & Co. Ltd.). Amtliche Nummer: 124005. Registrierungshafen: Liverpool. Rufzeichen: HJLR. A. Rodger & Co., Port Glasgow, 1906. 4234 BRT, 117,27 m x 15,24 m. Dreifach-Expansionsmaschine von Dunsmuir & Jackson Ltd., Glasgow, eine Welle. Schornstein: schwarz mit einem schmalen roten Band über einem breiteren roten. Hausflagge: weißes F auf blauem Grund, früher eine Krone. Aufgebracht und versenkt durch die MÖWE am 9. Dezember 1916.

CERVANTES: Eigner: Liverpool, Brazil & River Plate Steam Navigation Co. (bereedert durch Lamport & Holt Ltd.). Amtliche Nummer 105 301. Registrierungshafen: Liverpool. Rufzeichen: HMVF. D. & W. Henderson & Co., Glasgow, 1895. 4635 BRT, 124,97 m x 14,63 m. Dreifach-Expansionsmaschine von der Bauwerft, eine Welle. Schornstein: blau mit einem schwarzen Rand über einem breiten weißen Band. Hausflagge: rot mit »L + H« in schwarz auf einem horizontalen weißen Band. Aufgebracht und versenkt durch die KARLSRUHE am. 8. Oktober 1914.

CHARCAS: Eigner: New York 6 Pacific Steam Ship Co. Ltd. (bereedert durch Grace Bros.). Amtliche Nummer: 123 741. Registrierungshafen: London. Rufzeichen: NJPF. Armstrong, Whitworth & Co. Ltd., Newcastle-upon-Tyne, 1906. 5067 BRT, 122,53 x 15,93 m. Vierfach-Expansionsmaschine von der Wallsend Slipway & Engineering Co. Ltd., Newcastle-upon-Tyne, eine Welle. Schornstein: grün mit einem schwarzen Rand. Aufgebracht und versenkt durch die PRINZ EITEL FRIEDRICH am 5. Dezember 1914.

CHARLES GOUNOD: Reederei Société Nouvelle d'Armement. Flagge: Frankreich. Registrierungshafen: Nantes. Rufzeichen: HQVC. Ateliers et Chantiers de la Loire, Saint Nazaire, ca. 1900. 2199 BRT, 85,24 m x 12,24 m. Stahlrumpf, Barktakelung, drei Masten. Aufgebracht und versenkt durch die SEEADLER am 21. Januar 1917.

CHILKANA: Reederei British India Steam Navigation Co. Ltd. Amtliche Nummer: 136 315. Registrierungshafen: Glasgow. Rufzeichen: JGFM. W. Gray & Co. Ltd., West Hartlepool, 1914. 5146 BRT. 121,92 m x 16,28 m. Dreifach-Expansionsmaschine von den Central Marine Works Co., West Hartlepool, eine Welle; 10 kn. Schornstein: schwarz mit zwei schmalen weißen Bändern. Hausflagge: ein weißer Schwalbenschwanz mit einem roten Schrägkreuz. Aufgebracht und versenkt durch die EMDEN am 19. Oktober 1914.

CITY OF WINCHESTER: Eigner: Ellerman Lines Ltd. (bereedert durch G. Smith & Sons). Amtliche Nummer: 136 290. Registrierungshafen: Glasgow. Rufzeichen: JFNP. Earle's Ship Building Co., Hull, 1914. 6601 BRT, 136,91 m x 17,27 m. Dreifach-Expansionsmaschine von der Bauwerft, eine Welle; 12 kn. Schornstein: lederfarben mit einem weißen Band unter einem schwarzen Rand. Hausflagge: »J.R.E.« in weißen Buchstaben auf blauem Grund. Aufgebracht durch die KÖNIGSBERG am 6. August 1914 und versenkt am 12. August 1914.

CLAN GRANT: Eigner: The Clan Line Steamers Ltd. (bereedert durch Cayzer, Irvine & Co. Ltd.). Amtliche Nummer: 115 683. Registrierungshafen: Glasgow. Rufzeichen: TKBG. William Doxford & Sons Ltd., Sunderland, 1902 (Bau-Nr. 296). 3948 BRT, 109,83 m x 14,63 m. Dreifach-Expansionsmaschine von der Bauwerft, eine Welle; 11 kn. Schornstein: schwarz mit zwei schmalen roten Bändern dicht beieinander. Hausflagge: rot mit einem sprungbereiten roten Löwen auf einem weißen Rhombus, dessen Enden sich bis an die Kante erstrecken. Aufgebracht durch die EMDEN am 15. Oktober 1914 und versenkt am 16. Oktober 1914.

CLAN MACTAVISH: Eigner: The Clan Line Steamers Ltd. (bereedert durch Cayzer, Irvine & Co. Ltd.). Amtliche Nummer: 133 100. Registrierungshafen: Glasgow. Rufzeichen: JBQH. Sir W. G . Armstrong, Whitworth & Co . Ltd ., Newcastle-upon-Tyne (Bau-Nr. 847), 1913. 5816 BRT, 137,19 m x 17,4 m. Dreifach-Expansionsmaschine von der Wallsend Slipway & Engineering Co. Ltd., Newcastle-upon-Tyne, eine Welle; 12 kn. Reedereiflagge und -farben: siehe CLAN GRANT. Aufgebracht und versenkt durch die MÖWE am 16. Januar 1916.

CLAN MATHESON: Eigner: The Clan Line Steamers Ltd. (bereedert durch Cayzer, Irvine & Co. Ltd.). Amtliche Nummer: 121 305. Registrierungshafen: Glasgow. Rufzeichen: HFQJ. Furness, Withy & Co. Ltd., West Hartlepool, 1906 (Bau-Nr. 289). 4775 BRT, 121,92 m x 15,54 m. Dreifach-Expansionsmaschine von Richardsons, Westgarth & Co. Ltd., Hartlepool, eine Welle; 11 kn. Reedereiflagge und -farben: siehe CLAN GRANT. Ein »Turret»-Dampfer, aufgebracht und versenkt durch die EMDEN am 14. September 1914.

COLEBY: Reederei R. Ropner & Co. Amtliche Nummer: 124 274. Registrierungshafen: Stockton-on-Tees. Rufzeichen: HLKP. Ropner & Son, Stockton-on-Tees, 1907. 3824 BRT, 106,68 m x 15,24 m. Dreifach-Expansionsmaschine von Blair & Co. Ltd., Stockton-on Tees, eine Welle. Schornstein: schwarz mit einem aufgesetzten Quadrat, rot-weiß geviertelt. Hausflagge: rot-weiß geviertelt mit den Buchstaben »R.«, IR.«, »Co.« und »&« in jedem Viertel, im Uhrzeigersinn von links oben zu lesen. Die Farbe der Buchstaben war weiß bzw. rot auf rotem bzw. weißem Untergrund. Ein Trunkdeck-Dampfer, aufgebracht und versenkt durch die KRONPRINZ WILHELM am 27. März 1915.

CONDOR: Eigner: New York & Pacific Steam Ship Co. Ltd. (bereedert durch Grace Bros.). Amtliche Nummer: 102 781. Registrierungshafen: London. Rufzeichen: NCSD. Joseph L. Thompson & Sons, Sunderland, 1893. 3053 BRT, 98,15 m x 12,98 m. Dreifach-Expansionsmaschine von J. Dickinson, Sunderland, eine Welle. Reedereiflagge und -farben: siehe CHARCAS. Aufgebracht durch die KARLSRUHE am 11. Oktober 1914 und versenkt am 14. Oktober 1914.

CONWAY CASTLE: Eigner: The Ship »CONWAY CASTLE« Co. Ltd. (bereedert durch R. Thomas & Co.). Amtliche Nummer: 101 959. Registrierungshafen: London. Rufzeichen: MWHL. W. Pickersgill & Co., Sunderland, 1893. 1694 BRT, 86,87 m x 11,66 m. Stahlrumpf, Barktakelung, drei Masten. Aufgebracht und versenkt durch die DRESDEN am 27. Februar 1915.

CORBRIDGE: Eigner: Corbridge Steam Ship Co. Ltd. (bereedert durch J. Hoggarth & Son). Amtliche Nummer: 128 515. Registrierungshafen: Cardiff. Rufzeichen: HRLG. R. Thompson & Sons, Sunderland, 1910 (Bau-Nr. 264). 3687 BRT, 106,68 m x 15,24 m. Dreifach-Expansionsmaschine von der North East Marine Engineering Co. Ltd., eine Welle; 9 kn. Aufgebracht durch die MÖWE am 11. Januar 1916 und versenkt am 30. Januar 1916.

CORNISH CITY: Instow Steam Ship Co. Ltd. (bereedert durch William Reardon Smith & Son). Amtliche Nummer: 123 680. Registrierungshafen: Bideford. Rufzeichen: HGRV. Joseph L. Thompson & Sons, Sunderland, 1906. 3816 BRT, 105,46 m x 15,06 m. Dreifach-Expansionsmaschine von J Dikkinson & Sons Ltd., Sunderland, eine Welle; 10 kn. Schornstein: rot mit einem weißen Rand sowie mit einem schwarzen S und einem schmalen schwarzen Band am unteren Ende. Hausflagge: rot mit einem schwarzen S. Als CHARLTON für W. & E.S. Lamplough in London gebaut und 1912 verkauft. Aufgebracht und versenkt durch die KARLSRUHE am 21. September 1914.

DEE: Reederei: Le Nouveau Chantier Ltd. Amtliche Nummer: 89 486. Registrierungshafen: Port Louis, Mauritius. Rufzeichen: KDFM. Russell & Co., Glasgow, 1885. 1169 BRT, 65,58 m x 10,69 m. Eisenrumpf, Barktakelung, drei Masten. Aufgebracht und versenkt durch die WOLF am 31. März 1917.

DEMETERTON: Gemeinsame Eigner: die Carlton Steam Ship Co. Ltd. und die Camboy Steam Ship Co. Ltd. (bereedert durch R. Chapman & Sons). Amtliche Nummer: 133 557. Registrierungshafen: Newcastle-upon-Tyne. Rufzeichen: JFQK. Ropner & Sons, Stockton-on-Tees, 1914. 6048 BRT, 126,49 m x 16,76 m. Dreifach-Expansionsmaschine von Blair & Co. Ltd., Stockton-on-Tees, eine Welle. Schornstein: schwarz mit einem kleinen weißen Rechteck – weiß-rot diagonal geteilt – zwischen zwei schmalen weißen Bändern. Hausflagge: weiß-rot diagonal geteilt. Die Buchstaben »R«, »&«, »C« und »S« , im Uhrzeigersinn gelesen, erschienen je nach Untergrund in Weiß oder Rot. Aufgebracht und versenkt durch die MÖWE am 13. März 1917.

DIPLOMAT: Eigner: Charente Steam Ship Co. Ltd. (bereedert durch T. & J. Harrison Ltd.). Amtliche Nummer: 131 457. Registrierungshafen: Liverpool. Rufzeichen: HWQM. Charles Connell & Co. Ltd., Glasgow, 1912. 7615 BRT, 143,26 m x 17,42 m. Dreifach-Expansionsmaschine von Dunsmuir & Jackson Ltd., Glasgow, eine Welle; 12 kn. Reedereiflagge und -farben: siehe AUTHOR. Aufgebracht und versenkt durch die EMDEN am 13. September 1914.

DRAMATIST: Eigner: Charente Steam Ship Co. Ltd. (bereedert durch T. & J. Harrison Ltd.). Amtliche Nummer: 135 544. Registrierungshafen: Liverpool. Rufzeichen: JDVF. Charles Connell & Co. Ltd., Glasgow, 1914. 5415 BRT, 124,99 m x 15,93 m. Dreifach-Expansionsmaschine von Dunsmuir & Jackson Ltd., Glasgow, eine Welle; 12 kn. Reedereiflagge und -farben: siehe AUTHOR. Aufgebracht und versenkt durch die MÖWE am 18. Dezember 1916.

DROMONBY: Reederei J. Ropner & Co. Amtliche Nummer: 112 424. Registrierungshafen: West Hartlepool. Rufzeichen: RWPD. Ropner & Sons, Stockton-on-Tees, 1900. 3627 BRT, 100,71 m x 14,15 m. Dreifach-Expansionsmaschine von Blair & Co. Ltd., Stockton-on-Tees, eine Welle. Reedereiflagge und -farben: siehe COLEBY. Aufgebracht und versenkt durch die MÖWE am 13. Januar 1916.

DRUMMUIR: Eigner: The Ship »DRUMMUIR« Co. Ltd. (bereedert durch Hind, Rolph & Co.). Amtliche Nummer: 86 233. Registrierungshafen: Victoria/British Columbia. Rufzeichen: TQVW. W.H. Potter & Son, Liverpool, 1882. 1844 BRT, 82,42 m x 12,01 m. Eisenrumpf, Barktakelung, vier Masten. Für die Reederei Gillison & Chadwick gebaut, aber 1900 an Kapitän John Barneson in Victoria/British Columbia verkauft. Ca. 1908 – immer noch in Kanada unter einer Tochterfirma registriert – an den Eigner James Rolph & Co. in San Francisco weiterverkauft. Aufgebracht durch die LEIPZIG am 2. Dezember 1914 und versenkt am 6. Dezember 1914.

DUCHESS OF CORNWALL: Reederei Robert Moulton Ltd. Amtliche Nummer: 113 878. Registrierungshafen: St. John's, Neufundland. Rufzeichen: NTJR. M. Nash, Burgeo/Neufundland, 1903 (?). 152 BRT, 32 m x 7,77 m. Holzrumpf, Barktakelung, drei Masten. Aufgebracht und versenkt durch die MÖWE am 6. Dezember 1916.

DUPLEIX: Reederei Société Anonyme des Armateurs Nantais. Flagge: Frankreich. Registrierungshafen: Nantes. Rufzeichen: HWRG. Ateliers et Chantiers de la Loire, Saint Nazaire, 1900. 2206 BRT, 84,28 m x 12,27 m. Stahlrumpf, Barktakelung, vier Masten (?). Aufgebracht und versenkt durch die SEEADLER am 5. März 1917.

EDDIE: Eigner: Thomas Turnbull & Son Shipping Co. Ltd. (bereedert durch T. Turnbull & Son). Amtliche Nummer: 106 101. Registrierungshafen: Whitby. Rufzeichen: HWRP. T. Turnbull & Sons, Whitby, 1895. 2652 BRT, 94,49 m x 13,11 m. Dreifach-Expansionsmaschine von Blair & Co. Ltd., Stockton-on-Tees, eine Welle. Aufgebracht durch die MÖWE am 16. Februar 1917 und offensichtlich versenkt am 17. Februar 1917.

EDINBURGH: Reederei J. Stewart & Co. Amtliche Nummer: 90 059. Registrierungshafen: Glasgow. Rufzeichen: JWPH. Charles Connell & Co., Glasgow, 1885. 1473 BRT, 73,63 m x 11,58 m. Eisenrumpf, Barktakelung, drei Masten. Aufgebracht und versenkt durch die MÖWE am 20. Januar 1916.

ELSINORE: Eigner: Bear Creek Oil & Shipping Co. Ltd. (bereedert durch C.T. Bowring & Co.). Amtliche Nummer: 135 530. Registrierungshafen: Liverpool. Rufzeichen: JDQH. Swan, Hunter & Wigham Richardson Ltd., Newcastle-upon-Tyne, 1913. 6542 BRT, 128,14 m x 16,61 m. Dreifach-Expansionsmaschine von der Wallsend Slipway & Engineering Co. Ltd., Newcastle-upon-Tyne, eine Welle. Schornstein: schwarz mit einem roten Schrägkreuz auf einem weißen Band. Hausflagge: ein rotes Schrägkreuz auf weißem Grund. Aufgebracht und versenkt durch die LEIPZIG am 11. September 1914.

ENCORE: Reederei Simpson Lumber Co. Flagge: USA. Amtliche Nummer: 136612. Registrierungshafen: San Francisco. Rufzeichen: KNCD. A. M. Simpson, North Bend/Oregon, 1897. 651 BRT, 55,4 m x 11,07 m. Holzrumpf, Barktakelung, vier Masten. Aufgebracht und versenkt durch die WOLF am 13. Juli 1917.

ESMERALDAS: Reederei Pacific Steam Navigation Co. Amtliche Nummer: 123 985. Registrierungshafen: Liverpool. Rufzeichen: HGTB. Sir James Laing & Sons, Sunderland, 1906. 4678 BRT, 118,87 m x 15,24 m. Dreifach-Expansionsmaschine von G. Clark Ltd, Sunderland, eine Welle; 12 kn. Schornstein: ledergelb. Hausflagge: ein blaues Kreuz auf weißem Grund mit einer goldenen Krone in der Mitte. In den vier Ecken befanden sich die im Uhrzeigersinn gelesenen Buchstaben P, S, C und N. Aufgebracht und versenkt durch die MÖWE am 10. März 1917.

FARRINGFORD: Eigner: Harrogate Steam Ship Co. Ltd. (bereedert durch Jenkins Bros.). Amtliche Nummer: 106 410. Registrierungshafen: Sunderland. Rufzeichen: PKBJ. Joseph L. Thompson & Sons Ltd., Sunderland, 1896. 3146 BRT, 99,06 m x 13,82 m.Dreifach-Expansionsmaschine von Dickinson & Sons Ltd., Sunderland, eine Welle; 11 kn. Aufgebracht und versenkt durch die MÖWE am 11. Januar 1916.

FLAMENCO: Reederei Pacific Steam Navigation Co. Amtliche Nummer: 124 003. Registrierungshafen: Liverpool. Rufzeichen: HJKC. Sir James Laing & Sons, Sunderland, 1906. 4629 BRT, 118,87 m x 15,24 m. Dreifach-Expansionsmaschine von G. Clark Ltd., Sunderland, eine Welle; 12 kn. Reedereiflagge und -farben: siehe ESMERALDAS. Aufgebracht und versenkt durch die MÖWE am 6. Februar 1916.

FLORIDE: Reederei Compagnie Générale Transatlantique. Flagge: Frankreich. Registrierungshafen: Le Havre. Rufzeichen: JGTH. Chantiers et Ateliers de Provence, Port de Bouc, 1907. 6629 BRT, 125,93 m x 15,9 m. Dreifach-Expansionsmaschine durch die Bauwerft in Marseilles, eine Welle. Schornstein: rot mit einem schwarzen Rand. Hausflagge: weiß mit einem großen Ball in der Gösch und den Buchstaben »CIE« und »GLE« über dem Wort »TRANSATLANTIQUE«, sämtlich in Rot. Aufgebracht und versenkt durch die PRINZ EITEL FRIEDRICH am 19. Februar 1914.

FOYLE: Reederei Mercantile Steam Ship Co. Ltd. Amtliche Nummer: 115 800. Registrierungshafen: London. Rufzeichen: THPG. Joseph L. Thompson & Sons Ltd., Sunderland, 1902. 4147 BRT, 105,16 m x 14,76 m. Dreifach-Expansionsmaschine von Richardsons, Westgarth & Co. Ltd., Hartlepool, eine Welle; 10 kn. Aufgebracht und versenkt durch die EMDEN am 27. September 1914.

FRENCH PRINCE: Eigner: Prince Line Ltd. (bereedert durch J. Knott). Amtliche Nummer: 111 306. Registrierungshafen: Newcastle-upon-Tyne. Rufzeichen: ?. Sir James Laing & Sons Ltd., Sunderland, 1900 (Bau-Nr. 577). 4766 BRT, 119,3 m x 15,6 m. Dreifach-Expansionsmaschine von Blair & Co. Ltd., Stockton-on-Tees, eine Welle; ca. 11 kn. Schornstein: schwarz mit den weißen Federn des Prince of Wales auf einem breiten roten Band. Für die Meantic Steamship Co. Ltd. als MINEOLA gebaut und 1901 mit dem Eigner North Atlantic Steamship Co. Ltd. registriert. 1912 als BULGARIAN PRINCE von der Prince Line gekauft und 1915 in FRENCH PRINCE umbenannt. Aufgebracht und versenkt durch die MÖWE am 16. Februar 1917.

GEORGIC: Reederei Oceanic Steam Navigation Co. (White Star Line). Amtliche Nummer: 105 326. Registrierungshafen: Liverpool. Rufzeichen: NWMG. Harland & Wolff Ltd., Belfast, 1895. 10 077 BRT, 170,26 m x 18,36 m. Dreifach-Expansionsmaschinen von der Bauwerft, zwei Wellen. Schornstein: lederfarben mit einem schwarzen Rand. Hausflagge: ein roter schwalbenschwanzförmiger Wimpel mit einem weißen fünfzackigen Stern. Aufgebracht und versenkt durch die MÖWE am 10. Dezember 1916.

GLADYS ROYLE: Reederei James Westoll. Amtliche Nummer: 104 341. Registrierungshafen: Sunderland. Rufzeichen: NMQC. Short Bros., Sunderland, 1894. 3268 BRT, 107,16 m x 13,74 m. Dreifach-Expansionsmaschine von W. Allan & Co. Ltd., Sunderland, eine Welle. Schornstein: schwarz. Hausflagge: ein blaues W auf weißem Grund mit einem kleinen blauen Anker in der Gösch. Aufgebracht und versenkt durch die SEEADLER am 9. Januar 1917.

GLANTON: Reederei Steel Young & Co. Amtliche Nummer: 104 815. Registrierungshafen: London. Rufzeichen: NPHB. Ropner & Son, Stockton-on-Tees, 1894. 3021 BRT, 98,2 m x 12,62 m. Dreifach-Expansionsmaschine von Blair & Co. Ltd., Stockton-on-Tees, eine Welle. Aufgebracht und versenkt durch die KARLSRUHE am 18. Oktober 1914.

GOVERNOR: Eigner: Charente Steam Ship Co. Ltd. (bereedert durch T. und J. Harrison Ltd.). Amtliche Nummer: 137 483. Registrierungshafen: Liverpool. Rufzeichen: JLWN. D. & W. Henderson & Co.Ltd., Glasgow, 1915. 5524 BRT, 124,97 m x 15,9 m. Dreifach-Expansionsmaschine von der Bauwerft, eine Welle; 12 kn. Reedereiflagge und -farben: siehe AUTHOR. Aufgebracht und versenkt durch die MÖWE am 14. März 1917.

GUADELOUPE: Reederei Compagnie Générale Transatlantique. Flagge: Frankreich. Registrierungshafen: Le Havre. Rufzeichen: JLMV. Chantiers de l'Atlantique, Saint Nazaire, 1906. 6600 BRT, 131,83 m x 15,93 m. Dreifach-Expansionsmaschine von der Bauwerft, eine Welle. Reedereiflagge und -farben: siehe FLORIDE. Aufgebracht und versenkt durch die KRONPRINZ WILHELM am 9. März 1915.

HEMISPHERE: Eigner: Hemisphere Steam Ship Co. Ltd. (bereedert durch W. Thomas, Sons & Co. Ltd). Amtliche Nummer: 106 587. Registrierungshafen: Liverpool. Rufzeichen: PRVG. Bartram & Sons, Sunderland, 1897. 3486 BRT, 106,68 m x 14,15 m. Dreifach-Expansionsmaschine von J. Dickinson & Sons, Sunderland, eine Welle. Aufgebracht durch die KRONPRINZ WILHELM am 28. Dezember 1914 und versenkt am 7. Januar 1915.

HIGHLAND BRAE: Eigner: Nelson Steam Navigation Co. Ltd. (bereedert durch H. & W. Nelson Ltd.). Amtliche Nummer: 129 153. Registrierungshafen: London. Rufzeichen: HRWC. Cammell, Laird & Co., Birkenhead, 1910. 7364 BRT, 126,09 m x 17,12 m. Dreifach-Expansionsmaschine durch die Bauwerft, eine Welle; 13 kn. Schornstein: rot mit einem schwarzen Rand über drei gleich breiten Bändern in den Farben Weiß, Schwarz und Weiß. Hausflagge: die der Royal Mail Steam Packet Co. (siehe BRECKNOCKSHIRE). Aufgebracht durch die KRONPRINZ WILHELM am 14. Januar 1915 und versenkt am 31. Januar 1915.

HIGHLAND HOPE: Eigner: Nelson Steam Navigation Co. Ltd. (bereedert durch H. & W. Nelson Ltd.). Amtliche Nummer: 115 954. Registrierungshafen: London. Rufzeichen: TSRK. Russell & Co., Port Glasgow, 1903. 5159 BRT, 117,14 m x 15,54 m. Dreifach-Expansionsmaschine von Rankin & Blackmore, Greenock, eine Welle; 10 kn. Reedereiflagge und -farben: siehe HIGHLAND BRAE. Aufgebracht und versenkt durch die KARLSRUHE am 14. September 1914.

HITACHI MARU: Reederei Nippon Yusen Kabushiki Kaisha. Flagge: Japan. Amtliche Nummer: 10 577. Registrierungshafen: Tokio. Rufzeichen: LCBS. Mitsubishi-Werft- und Maschinenbau-Gesellschaft, Nagasaki, 1906 (Bau-Nr. 188). 6716 BRT, 137,1 m x 15,27 m. Dreifach-Expansionsmaschinen von der Bauwerft, zwei Wellen; 14 kn. Schornstein: schwarz. Hausflagge: weiß mit zwei roten Horizontalstreifen. Aufgebracht durch die WOLF am 26. September 1917 und versenkt am 6. November 1917.

HOLMWOOD: Reederei F.S. Holland. Amtliche Nummer: 132 732. Registrierungshafen: London. Rufzeichen: HWCS. Northumberland Ship Building Co. Ltd., Newcastle-upon-Tyne, 1912. 4223 BRT, 115,75 m x 14,96 m. Dreifach-Expansionsmaschine von Richardsons, Westgarth & Co. Ltd., Hartlepool, eine Welle. Aufgebracht und versenkt durch die DRESDEN am 26. August 1914.

HORACE: Eigner: Liverpool, Brazil & River Plate Steam Navigation Co. Ltd. (bereedert durch Lamport & Holt Ltd.). Amtliche Nummer: 105 355. Registrierungshafen: Liverpool. Rufzeichen: PDGS. D. & W. Henderson & Co., Glasgow, 1895. 3335 BRT, 106,68 m x 13,92 m. Dreifach-Expansionsmaschine von der Bauwerft, eine Welle; 10 kn. Reedereiflagge und -farben: siehe CERVANTES. Aufgebracht und versenkt durch die MÖWE am 9. Februar 1916.

HORNGARTH: Eigner: Horngarth Steam Ship Co. Ltd. (bereedert durch Turnbull Bros.). Amtliche Nummer: 132 858. Registrierungshafen: Cardiff. Rufzeichen: HVCW. R. Thompson & Sons Ltd., Sunderland, 1911. 3609 BRT, 109,8 m x 15,75 m. Dreifach-Expansionsmaschine von Blair & Co. Ltd., Stockton-onTees, eine Welle. Aufgebracht und versenkt durch die SEEADLER am 11. März 1917.

HURSTDALE: Reederei Lambert Bros. Ltd. Amtliche Nummer: 115 321. Registrierungshafen: Liverpool. Rufzeichen: TQPF. J. Blumer & Co., Sunderland, 1902. 2752 BRT, 95,71 m x 14,15 m. Dreifach-Expansionsmaschine von J. Dickinson & Sons Ltd., Sunderland, eine Welle. Schornstein: schwarz mit einem roten Dreieck auf einem breiten weißen Band. Hausflagge: weiß mit einem großen roten Dreieck, die Spitze nach oben gerichtet. Aufgebracht und versenkt durch die KARLSRUHE am 23. Oktober 1914.

HYADES: Eigner: British & South American Steam Navigation Co. Ltd. (bereedert durch R.P. Houston & Co.). Amtliche Nummer: 110 588. Registrierungshafen: Liverpool. Rufzeichen: RFTQ. J. Blumer & Co., Sunderland, 1900. 3352 BRT, 106,81 m x 14,33 m. Dreifach-Expansionsmaschine von J. Dikkinson & Sons Ltd., Sunderland, eine Welle; 11 kn. Aufgebracht und versenkt durch die DRESDEN am 21. August 1914.

INDIAN PRINCE: Eigner: Prince Line (bereedert durch J. Knott). Amtliche Nummer: 129 755. Registrierungshafen: Newcastle-upon-Tyne. Rufzeichen: HRKC. John Readhead & Sons Ltd., South Shields, 1910 (Bau-Nr. 414). 2846 BRT, 103,73 m x 14,1 m. Dreifach-Expansionsmaschine von der Bauwerft, eine Welle; 11 kn. Reedereiflagge und -farben: siehe FRENCH PRINCE. Aufgebracht durch die KRONPRINZ WILHELM am 4. September 1914 und versenkt am 9. September 1914.

INDRANI: Eigner: Indra Line Ltd. (bereedert durch T. B. Royden & Co.). Amtliche Nummer: 131 440. Registrierungshafen: Liverpool. Rufzeichen: KWBN. Charles Connell & Co. Ltd., Glasgow, 1912 (Bau-Nr. 345). 5706 BRT, 131,09 m x 16,46 m. Dreifach-Expansionsmaschine von Dunsmuir & Jackson Ltd., Glasgow, eine Welle; 12 kn. Aufgebracht durch die KARLSRUHE am 17. September 1914, später als *KD II* in Dienst gestellt und am 9. November 1914 selbstversenkt.

INDUS: Reederei James Nourse Ldt. Amtliche Nummer: 118 440. Registrierungshafen: London. Rufzeichen: VRNL. Charles Connell & Co. Ltd., Glasgow, 1904. 3413 BRT, 106,68 m x 13,11 m. Dreifach-Expansionsmaschine von D. Rowan & Co., Glasgow, eine Welle; 12 kn (?). Schornstein: lederfarben mit einem kleinen Kreis roter Dreiecke, direkt unterhalb eines schwarzen Randes gelegen. Hausflagge: weiß mit einem kleinen blauen Rhombus auf einem blauen Schrägkreuz. Aufgebracht und versenkt durch die EMDEN am 10. September 1914.

INVERCOE: Reederei G. Milne & Co. Amtliche Nummer: 99 643. Registrierungshafen: Aberdeen. Rufzeichen: MVTL. A. McMillan & Co., Dumbarton, 1892. 1421 BRT, 72,54 m x 14,07 m. Stahlrumpf, Barktakelung, drei Masten. Aufgebracht und versenkt durch die PRINZ EITEL FRIEDRICH am 12. Februar 1915.

ISABEL BROWNE: Reederei August Troberg. Flagge: Rußland. Registrierungshafen: Mariehamn. Rufzeichen: TVNK. Russell & Co., Port Glasgow, 1885. 1315 BRT, 70,23 m x 10,1 m. Eisenrumpf, Barktakelung, drei Masten. Aufgebracht und versenkt durch die PRINZ EITEL FRIEDRICH am 26. Januar 1915.

ABKÜRZUNGSVERZEICHNIS

AEG	Allgemeine Eletrizitäts-Gessellschaft
A.G.	Aktiengesellschaft
A.K.0.	Allerhöchste Kabinettsorder
atü	Atmosphärenüberdruck: 1 kg/cm^2
B.d.A.	Befehlshaber der Aufklärungsschiffe
BL (Breech Loading)	(brit.) Kurzbezeichnung für Hinterlader
BRT	Bruttoregistertonne: 1 BRT = 100 Kubikfuß = 2,83 m^3
C/...	Construktionsjahr, z. B. C/88 (1888)
CWL/KWL	Konstruktionswasserlinie
cwt. (hundred-weight)	(brit.) Gewichtsmaß: 50, 802 kg
DDG	Deutsche Dampfschiff-Gesellschaft
d.R.	der Reserve
DSO (Distinguished Sevice Order)	(brit.) Tapferkeitsauszeichnung
E-Meßgerät	Entfernungsmeßgerät
FKpt.	Fregattenkapitän
F.T.	Funkentelegraphie (heute: Funk)
ha	Hektar
HAPAG/Hapag	*H*amburg-*A*merikanische-*P*aketfahrt-*A.-G.* (Hamburg-Amerika-Linie)
hm	Hektometer
HMAS	(brit.) Her/His Majesty Australian Ship
HMS	(brit.) Her/His Majesty Ship/Submarine
ihp	(brit.) indicated horse power: siehe PSi
IWM	(brit.) Imperial War Museum
KAdm.	Konteradmiral
kn	Knoten: Seemeile (1853 m) pro Stunde
KKpt.	Korvettenkapitän
Kptlt.	Kapitänleutnant
KptzS.	Kapitän zur See

L/...	Länge des Rohres nach Anzahl der Kaliber
lb (pound)	(brit.) Gewichtsmaß: 0,45359 kg
LtzS.	Leutnant zur See
Mk (Mark)	(brit.) Typ, Modell
MTB (motor torpedoboat)	(brit.) Motortorpedoboot, Schnellboot
N	Nord/nördl. Breite
NDL	Norddeutscher Lloyd
NRT	Nettoregistertonne: 1 NRT = 100 Kubkfuß = 2,83 m^3
O	Ost/östl. Länge
ObltzS.	Oberleutnant zur See
OKW	Oberkommando der Wehrmacht
Psi	infizierte Pferdestärke: Maßeinheit für Dampfmaschinen
RN (Royal Navy)	(brit.) Königliche Marine
RNR (Royal.Naval Reserve)	(brit.) Königliche Marinereserve
rw.	rechtweisend
S	Süd/südl. Breite
S.K.	Schnellfeuerkanone
S.M.S./SMS	Seiner Majestät Schiff
S.S. (steam ship)	(brit.) Dampfschiff
t	metrische Tonne (mt) zu 1000 kg
T-Halbflottille	Torpedoboot-Halbflottille
ts	(brit.) »long ton« zu 1016 kg
U	Kennbuchstabe für Unterseeboot
US	United States
V_0 (V-Null)	Anfangsgeschwindigkeit eines Geschosses
VAdm.	Vizeadmiral
WPS	Wellen-PS: Maßeinheit für Turbinen
W	West/westl. Länge
z.D.	zum Dienst

Auf den Meeren der Welt

Mike J. Whitley
Zerstörer
im Zweiten Weltkrieg
2.500 Schiffe mit allen Daten.
320 Seiten, 475 Abb., geb.
DM/sFr 88,– / öS 687,–
Bestell-Nr. 01426

Antony Preston
Kreuzer 1880-1990
Geschichte, Technik, Bewaffnung wegweisender Kreuzer.
192 Seiten, 228 Abb., geb.
DM/sFr 49,– / öS 382,–
Bestell-Nr. 01322

Antony Preston
Berühmte Kriegsschiffe
1914 bis heute
10 führende Schlachtschiffe.
120 Seiten, 140 Abb., geb.
DM/sFr 39,– / öS 304,–
Bestell-Nr. 01218

René Greger
Schlachtschiffe der Welt
Alle Typen und ihre Technik aus dem 1. und 2. Weltkrieg.
260 Seiten, 295 Abb., geb.
DM/sFr 78,– / öS 609,–
Bestell-Nr. 01459

V. E. Tarrant
Kurs West
Eine Chronik der deutschen U-Boot-Offensiven 1914-1945.
276 Seiten, 150 Abb., geb.
DM/sFr 69,– / öS 538,–
Bestell-Nr. 01542

Erminio Bagnasco
U-Boote im 2. Weltkrieg
Geschichte und Technik von 2.500 Schiffen aller Nationen.
296 Seiten, 550 Abb., geb.
DM/sFr 29,80 / öS 221,–
Bestell-Nr. 01252

Willi Schultz, **Kreuzer Leipzig 1929-1946**
1931 in Dienst gestellt, galt er als schönstes Schiff der deutschen Marine und war bis Kriegsende 1945 im Einsatz. Die Auswertung von Kriegstagebüchern, Logbüchern und Erlebnisberichten sorgen für eine nahezu lückenlose Dokumentation. Ein besonderes Kapitel widmet sich auch den gleichnamigen Vorgängern und weiteren Namensträgern »Leipzig« in den deutschen Marinen.
225 Seiten, 110 sw-Abb., gebunden
ca. DM/sFr 59,–/öS 437,– Bestell-Nr. 01754

Motor buch Verlag

DER VERLAG FÜR
MARINE-BÜCHER

Postfach 10 37 43 · 70032 Stuttgart
Telefon (0711) 2108065 · Fax (0711) 2108070

Stand Juli 1996 – Änderungen in Preis und Lieferfähigkeit vorbehalten